Füller / Michel (Hrsg.)
Die Ordnung der Räume

RAUMPRODUKTIONEN: THEORIE UND GESELLSCHAFTLICHE PRAXIS

Herausgegeben von Bernd Belina, Boris Michel und Markus Wissen

Band 15

Die Buchreihe bildet ein Forum kritischer Raumforschung im Rahmen kritischer Gesellschaftstheorie. Ihr Ziel ist es, Debatten zugänglicher zu machen, zu bündeln, zu initiieren und zu kritisieren. Kritische Raumforschung untersucht die soziale Produktion von Raum und die je spezifischen gesellschaftlichen Verräumlichungen.

Kritische Raumforschung als Gesellschaftsforschung fragt nach den aktuellen räumlichen Transformationsprozessen, denen der physisch-materielle Raum inklusive seiner sozialen Bedeutungen unterworfen ist. Dazu gehören neue Formen der Inwertsetzung und Politisierung von Natur und gebauter Umwelt, die Umstrukturierung städtischer, staatlicher und globaler Räume, räumliche Strategien der Kontrolle oder die Produktion und Veränderung räumlicher Maßstabsebenen.

Kritische Raumforschung rückt soziale Kämpfe um und mittels Raumproduktionen und damit gesellschaftliche Widersprüche in den Mittelpunkt.

Kritische Raumforschung kritisiert gesellschaftswissenschaftliche Konzepte von Raum, die diesen losgelöst von jeglicher Materialität konstruieren; ebenso kritisiert sie Konzepte, die Gesellschaft an diese Materialität fesseln. Kritische Raumforschung sucht nicht nach einer „Raumtheorie", sondern nach gesellschaftlichen Raumverhältnissen.

Henning Füller, geb. 1977, Dr. phil., ist wissenschaftlicher Mitarbeiter am Institut für Geo- graphie der Universität Erlangen-Nürnberg. In seiner Forschung thematisiert er die Schnittstelle von Macht, Raum und Sicherheit auf der Ebene der Stadt, derzeit in einem Projekt zu Fragen von Biosicherheit und Biopolitik. Letzte Veröffentlichung (zusammen mit Nadine Marquardt) *Die Sicherstellung von Urbanität*, Münster 2010.

Boris Michel, geb. 1977, ist seit 2009 wissenschaftlicher Mitarbeiter am Institut für Geographie der Universität Erlangen-Nürnberg, er studierte Soziologie in Münster und promovierte zu „Global City als Projekt", veröffentlichte u.a. *Staat und Gouvernementalität*, Münster 2005.

Henning Füller / Boris Michel (Hrsg.)

Die Ordnung der Räume

Geographische Forschung im Anschluss an Michel Foucault

WESTFÄLISCHES DAMPFBOOT

Die Publikation wurde ermöglicht aus Mitteln der FAU
Erlangen-Nürnberg

Bibliografische Information der Deutschen Nationalbibliothek
Die Deutsche Nationalbibliothek verzeichnet diese Publikation in der Deutschen Nationalbibliografie; detaillierte bibliografische Daten sind im Internet über http://dnb.d-nb.de abrufbar.

1. Auflage Münster 2012

Umschlag: Lütke Fahle Seifert AGD, Münster
Druck: Rosch-Buch Druckerei GmbH, Scheßlitz
Gedruckt auf säurefreiem, alterungsbeständigem Papier
ISBN 978-3-89691-917-5

Inhalt

Henning Füller / Boris Michel

Einleitung
Raum als Heuristik für die sozialwissenschaftliche Machtanalyse[1]

„Foucault aurait-il pu révolutionner la géographie?" so fragt Claude Raffestin (1997) in Anlehnung an einen programmatischen Aufsatz, in dem Paul Veyne solches für die Geschichtswissenschaft behauptet (Veyne 1997). Und tatsächlich haben sich im Anschluss an Foucault in der deutschsprachigen Geographie in den letzten Jahren neue Betrachtungsweisen etabliert und Forschungsfragen werden anders gestellt. Sicherlich hat keine Revolution stattgefunden, aber die Geographie ist aufmerksamer geworden für die Kontingenz gesellschaftlicher Verhältnisse, für Fragen von Macht und für die Funktion von Raumbildern, Grenzziehungen und Architekturen.

Aber nicht nur Foucault hat die deutschsprachige Geographie verändert. Die geographische Rezeption vermag auch einen neuen Blick auf Foucaults Werk zu werfen (Philo 2012). Diese erneute Bezugnahme steht im Kontext einer seit den frühen 2000er Jahren stattfindenden breiten Re- und Neu-Lektüre von Foucault in den Sozial- und Kulturwissenschaften.

Gleichwohl – und diese Beobachtung bildet den Ausgangspunkt des vorliegenden Sammelbandes – wurde die zentrale Bedeutung der Kategorie des Raums für die von Foucault vorgestellte Perspektive in der deutschsprachigen Bezugnahme trotz der Vielzahl an publizierten Arbeiten bislang wenig thematisiert. Trotz einem andauernden Interesse an Foucault und einem weiterhin großen Interesse an Fragen gesellschaftlicher Raumproduktion und ihrer Rückwirkungen seit dem „spatial turn" gibt es in den deutschsprachigen Sozialwissenschaften überraschend wenig Beschäftigung mit den räumlichen Dimensionen in Foucaults Werk. Dies gilt selbst für die Rezeption im Rahmen der neueren Kulturgeographie. Fragen

1 Ein besonderer Dank gilt den Teilnehmer_innen des Workshops „Raum als Dimension von Machtverhältnissen", der im Juli 2010 in Erlangen stattfand. Der Band ist in Teilen ein Ergebnis der auf dem Workshop geführten Diskussion. Darüber hinaus bedanken wir uns bei Mélina Germes, Georg Glasze, Sonja Kraus, Markus Ott, Stella Schäfer und Pauline Steinberger.

von Macht und Raum werden hier zumeist als eine Spielart gesellschaftlicher Diskurse thematisiert. Die These der Funktion von Sprache als Medium von Wahrheit und Wirklichkeit wird zum Ausgangspunkt genommen, um Raumvorstellungen und Raumbilder gegen ihre vermeintliche Natürlichkeit zu lesen. „Arbeiten mit Foucault" ist etwa in dieser Linie der Kulturgeographie bisher meist synonym mit der kritischen Analyse von (diskursiv hergestellten) Raumkonstruktionen (z.B. in Glasze/Mattissek 2009).

Dabei ist die Hinwendung zu Foucaults Konzepten entlang der Kategorie des Raums durchaus vielversprechend, nicht zuletzt da dies helfen kann, bisherige Fallstricke der Rezeption zu vermeiden. Zum einen unterstreicht die Heuristik des Raums die Funktion des Nicht-diskursiven und fordert zu einer notwendigen „Re-Materialisierung" des Machtbegriffs Foucaults heraus, die in der Überbetonung des Macht/Wissen-Komplexes in der Diskursanalyse oft unterblieben ist. Zum anderen legt die Betonung des Räumlichen eine topologische Perspektive nahe, welche Ungleichzeitigkeiten und gegenläufige Entwicklungen eher wahrzunehmen vermag. Die verkürzte Analyse einer allumfassenden und konsistenten „Rationalität des Regierens", ein klassisches Problem der Gouvernementalitäts-Literatur (vgl. Collier 2009), kann damit vermieden werden.

Auch wenn die Betonung einer Raumdimension somit sicherlich keinen völlig neuen Foucault erschließt[2] und seine Arbeiten den Begriff von Raum nicht in umfassendem Maße neu bestimmen, so bietet die Dimension des Raums einen hilfreichen und bisher zu wenig beachteten konzeptionellen Ausgangspunkt, um die gegenwärtigen Formen des Regierens und ihre Techniken zu identifizieren und dabei den gesellschaftskritischen Impuls des Theorieangebots Foucaults zu bewahren.

Es lohnt sich daher aus mehreren Gründen, das Angebot Foucaults für eine räumlich sensible Gesellschaftsanalyse erneut zu prüfen. Der Sammelband zielt somit darauf, die Annahme eines wechselseitigen Verhältnisses von Macht und Raum deutlicher zu fassen und den möglichen Gewinn für die Analyse aktueller gesellschaftlicher Phänomene auszuloten.

2 Vgl. Elden/Crampton: „our aim here is not to show that somehow space is the hidden explanatory lens through which Foucault's work must be seen, but rather that it is a factor, at times only in the margins or in the background, that can be found throughout much of his work." (Elden/Crampton 2007: 8f)

Raum bei Foucault

Raumbezüge spielen im Werk Foucaults eine zentrale, allerdings oft implizit gelassene Rolle. Fragen nach Raum und seiner Bedeutung für spezifische Diskurse und Machttechnologien ziehen sich in unterschiedlicher Weise und in unterschiedlicher Intensität durch das gesamte Werk. In der geisteswissenschaftlichen Rezeption wurde die „Räumlichkeit" von Foucaults Arbeiten und Denken bereits früh herausgestellt. Gilles Deleuze spricht etwa von Foucault als einem „neuen Kartographen" (Deleuze 1977) und die große Bedeutung raumbezogener Metaphern innerhalb des foucaultschen Denksystems wurde bereits im Anschluss an seine frühen Schriften thematisiert. Einschlägig und oft angeführt für diesen Zusammenhang ist das ursprünglich in der Zeitschrift Hérodote abgedruckte Gespräch mit französischen Geographen. Hier bekennt Foucault am Ende:

> Je weiter ich gehe, desto mehr habe ich den Eindruck, dass die Formation der Diskurse und die Genealogie des Wissens nicht von Bewusstseinstypen, Wahrnehmungsmodalitäten oder Formen von Ideologien, sondern von Machttaktiken und Strategien her zu analysieren ist. Taktiken und Strategien, die sich durch die Einpflanzungen, Verteilungen und Ausschneidungen, die Kontrolle von Territorien und die Organisation von Gebieten entfalten [...]. (Foucault 2003a: 53)

Das Bekenntnis Foucaults zur Zentralität des Raums für seine Perspektive auf das Funktionieren von Macht hat für die sozialwissenschaftlichen Rezeption zunächst kaum eine Rolle gespielt. Die „Entdeckung" Foucaults für eine räumliche und geographische Perspektive auf gesellschaftliche Verhältnisse fand zentral in der anglosprachigen Geographie statt und in der Rückschau auf diese Rezeption[3] wird deutlich, inwiefern Räumliches in doppelter Weise, bzw. auf zwei unterschiedlichen Ebenen Bedeutung hat für das Denken Foucaults: Zum einen thematisiert er Raum und räumliche Anordnungen als einen Aspekt gesellschaftlicher Kräfteverhältnisse und damit als einen Gegenstand der Machtanalyse. Zum anderen präsentiert Foucault einen topologischen Blick auf Geschichte, er privilegiert die wechselseitigen Bezüge heterogener Elemente gegenüber einer linearen Genealogie. Raum stellt für Foucault somit nicht nur einen Aspekt der kulturellen Praktiken dar, die es zu untersuchen gilt, sondern auch eine methodische Vorkehrung, ein Analyseraster (vgl. Johnson 2008).

Die Auseinandersetzung mit der Topologie Foucaults, also mit seiner impliziten Verwendung eines räumlichen Analyserasters, durchzieht die Bezugnahmen in

3 Eine ausführlichere *archäologische Skizze* der Rolle und Bedeutung von Foucault und 'Foucault' in der anglophonen Geographie findet sich bei Matthew Hannah (2007). Vgl auch Crampton und Elden (2007).

der anglophonen Geographie (Philo 1992; Hannah 2006) und wird mit dem gegenwärtigen Interesse an „Netzwerk-Ontologie" wie in der ANT oder den Debatten der „Flat-Ontology" erneut stärker thematisiert (Murdoch 2006; Füller/Michel 2008). Eine markante und streitbare Position, die Raum als Aspekt der Methode Foucaults erstmals explizit betont, findet sich bereits früh im Umfeld der L.A. School. Für die geographische Rezeption einschlägig (vgl. Hannah 2007) präsentiert Edward Soja Foucault als einen postmodernen Geographen (Soja 1989, 1996), der beispielhaft zeigt, inwiefern Raum als zentrales Moment der Gesellschaft zu begreifen ist und Geschichte entsprechend vom Raum her zu denken sei.

Dieser Vorschlag fällt in die Zeit einer erbitterten Debatte um den Nutzen bzw. die Verkürzungen postmoderner Ansätze und Sojas Essentialisierung von Raum ist heftig kritisiert worden (z.B. Philo 1992). Nuancierter arbeitet in der Folge etwa Stuart Elden das implizite räumliche Verfahren von Foucaults Genealogie heraus, das sich treffend als eine Kartierung der Gegenwart [*mapping the present*] beschreiben lässt. Wie Elden betont, führen die zentralen Arbeiten Foucaults beispielhaft eine räumliche Analytik vor. „If we examine Foucault's major works, we see that his histories are not merely ones in which space is yet another area analysed, but have space as a central part of the approach itself." (Elden 2001: 118) Folgt man der Interpretation Eldens, so hat Foucault das Programm einer „räumlichen Geschichte" angelegt, eine historisch fundierte Gesellschaftsanalyse entlang der Kategorie Raum, und nicht etwa eine Geschichte des Raums. „Space should not be simply an object of analysis but part of the conceptual armoury we have for analysis itself. This is the difference between a spatial history and a history of space." (Elden 2001: 151)

Ein Teil der geographischen Rezeption betont somit die methodische Relevanz der Kategorie des Raums für das Denken Foucaults. Seinem relationalen Machtbegriff, d.h. seiner Abkehr von einem organisierenden Zentrum der Macht und seinem Versuch, a-priori Annahmen zu vermeiden, könne mit einer solchen topologischen Perspektive am ehesten gerecht werden. So schreibt etwa Gilles Deleuze: „Kurz, dem Funktionalismus Foucaults entspricht eine moderne Topologie, die nicht länger einen privilegierten Ort als Ursprung der Macht bezeichnet und die keine Lokalisation an einem einzigen Punkt mehr akzeptieren kann" (Deleuze 1977, 105f). Anstatt einer vereinheitlichenden „globalen Geschichte" (Foucault 1973: 19) können so die unterschiedlichen relevanten Elemente in ihren Beziehungen und Verteilung in den Blick geraten. „What Foucault seems to be proposing here is a form of spatial ontology which proceeds by imagining a hypothetical space or plane across which all of the events and phenomena relevant to a substantive study are dispersed, and this means [...] being scattered over the space available." (Philo 1992, 148)

Neben der Thematisierung der räumlichen Analytik Foucaults ist in der Geographie aber vor allem auf die Funktion von Raum als eine zentrale Dimension der Machttechniken Bezug genommen worden. So zeigt Foucault in „Überwachen und Strafen" anschaulich inwiefern eine disziplinäre Macht unter anderem effektiv wird durch die Anordnung der Körper im Raum. Aber auch in seiner Beschreibung der Herausbildung von Asylen und Spitälern in Wahnsinn und Gesellschaft (1969) oder der Identifizierung eines biopolitischen Zugriffs auf Bevölkerung über die Gestaltung von Milieus in der Geschichte der Gouvernementalität (Foucault 2004) betont Foucault immer wieder, dass es auch räumliche Anordnungen sind, entlang derer die Individuen auf unterschiedliche Weise zum Objekt von Machtverhältnissen werden.

Dieser Hinweis Foucaults auf den Zusammenhang von Macht, Raum und Körper bildete für eine Reihe von Geograph_innen erstmals den Anlass, sich näher mit den Arbeiten Foucaults auseinander zu setzen (vgl. Hannah 2007). Im Effekt wurde Foucault in der Geographie insbesondere gelesen als ein Analytiker kleinteiliger Machtverhältnissen und ihrer Räumlichkeit, als ein „geometer of power" (Laurier/Philo 2004, 422). Autoren wie Derek Gregory, Chris Philo oder Felix Driver nutzen Foucaults Arbeiten zu Wahnsinn, Krankenhaus und insbesondere Gefängnis und Überwachung für Analysen machtvoller sozialer Institutionen und für eine Neubestimmung des Verhältnisses von Macht, Wissen und Subjekt (Driver 1985; Philo 1992; Gregory 1994).

> It is not that he wants to establish a general theory of space (or power, for that matter). It is rather that he sees spatial organisation as an important part of social, economic, and political strategies in particular contexts. (Driver 1985: 427)

Lässt sich die geographische Rezeption anfänglich noch klarer trennen in Arbeiten, die Foucaults räumliche Analytik betonen und Arbeiten, die konkrete Räume/Orte als Aspekt von Machtverhältnissen analysieren, so verschwimmt diese Trennung in der seit den späten 1990er Jahren einsetzenden Hinwendung zu Rationalitäten des Regierens und deren Räumlichkeit.

In diesen Arbeiten, die vor dem Hintergrund einer sich in den Sozialwissenschaften zunehmend etablierenden Gouvernementalitäts-Literatur entstehen, liegt das Augenmerk auf der Art und Weise des Regierens von Individuen und Bevölkerung und dabei explizit auf der Funktion von Raum (Philo 2001; Hannah 2000, 2007; Huxley 2006, 2007; Legg 2007).[4] Ein wichtiger Bezugspunkt sind die nun zugänglichen späteren Arbeiten Foucaults, insbesondere seine Vorlesungen

4 Hieran schließen aus der deutschsprachigen Geographie an: Füller/Marquardt 2010; Michel 2005.

am Collège de France. Hier betont Foucault die Verbindung von Rationalitäten des Regierens und Raum, beispielhaft stellt er etwa unterschiedliche Schemata der Stadtplanung und Stadtgestaltung als Ausdruck von unterschiedlichen Rationalitäten des Regierens vor (Foucault 2004). Im Anschluss daran versuchen eine Reihe von Arbeiten Raum explizit zum Dreh- und Angelpunkt einer Gouvernementalitätsanalyse zu machen (*spatial governmentality*, vgl. Merry 2001, Robins 2002, Huxley 2007, Beckett/Herbert 2008). Analog zu Foucaults Beispielen in den Vorlesungen steht hier Raum als Machttechnik im Zentrum, also wie etwa durch die Gestaltung von (Stadt-)Räumen mögliches Handeln beschränkt und zu bestimmtem Verhalten angeregt werden kann, kurz: Wie Raum als ein Mittel für ein „Regieren aus der Distanz" (Rose 1996) relevant wird.

Zugleich erfordert die Perspektive auf Machttechniken und Rationalitäten dezidiert ein räumliches Analyseraster, was in den bisherigen Arbeiten jedoch teils zu wenig zum Tragen kommt (Collier 2009). „Regieren" wird nicht ausgehend von einem Zentrum gedacht, sondern in dem Zusammenwirken unterschiedlicher Techniken, Verfahren und Einrichtungen. In den Hinweisen, die Foucault in seinen späten Arbeiten zu dieser Perspektive auf das „Regiert werden" gibt, betont er besonders das Nebeneinander und die Widersprüche unterschiedlicher Techniken der Macht, die in ihrer Positivität, also ausgehend von ihrem Auftauchen und in ihrer Beziehung zu untersuchen sind.

> „Mit anderen Worten, anstatt sich zu fragen, wie der Souverän oben erscheint, sollte man eher versuchen herauszubekommen, wie sich ausgehend von der Vielfalt der Körper, der Kräfte, der Energien, der Substanzen, der Begierden und der Gedanken fortschreitend, real und materiell die Subjekte konstituiert haben." (Foucault 2003b, 237)

Die Genealogie untersucht somit „den Ausbruch eines Kampfes, der einen Raum definiert und lichtet" (Dreyfus/Rabinow 1994, 138), wie Hubert Dreyfus und Paul Rabinow diese topologische Perspektive mit Hilfe der Metapher des Raums umschreiben.

Raum als doppelte Heuristik

Aus der Durchsicht der geographischen Rezeption wird die Bedeutung von Raum für das Denken Foucaults und die beiden Ebenen deutlich, auf denen Raum bzw. Räumlichkeit eine Rolle spielt, für seine Konzeption einer Genealogie, von Macht und Regieren. Wie Elden und Crampton betonen, erschließt sich mit der Wahrnehmung dieser zentralen Stellung des Raums kein „neuer" Foucault. Allerdings bietet der Nachvollzug seiner doppelten räumlichen Perspektive eine hilfreiche Heuristik bei der Übertragung der Begriffe Foucaults in ein konzeptionelles Raster sozialwissenschaftlicher Forschung. Nimmt man die Zentralität von Raum für das Denken Foucaults ernst, ergeben sich zwei Imperative, zum einen die Betonung nicht-diskursiver Aspekte von Macht und zum anderen eine Betonung von Widersprüchen und Ungleichzeitigkeiten. Diese beiden Imperative einer stärker auf die Kategorie Raum orientierten Rezeption und insbesondere ihre Verbindung halten wir für einen fruchtbaren und noch zu wenig eingelösten Denkanstoß bei der Konzeption einer Machtanalyse im Sinne Foucaults.

Insbesondere bedarf es einer solchen Heuristik, da Foucault weder eine Theorie der Gesellschaft entwickelt noch eine Methodik zur Analyse von Macht formuliert. Foucaults Einsatz ist auf dem Feld der Sozialtheorie, wobei er jedoch keine geschlossene Theorie des Sozialen formuliert, sondern eher Fluchtlinien einer kritischen Infragestellung unserer Gegenwart aufzeigt (Demirović 2008). Er präsentiert mit seinem Werk entsprechend keinen Korpus von Wissen oder von theoretischen Bausteinen, sondern eine Haltung, „ein *Ethos*, ein philosophisches Leben, in dem die Kritik dessen, was wir sind, zugleich die historische Analyse der uns gegebenen Grenzen ist und ein Experiment der Möglichkeit ihrer Überschreitung" (Foucault 1990: 53). Zugleich nimmt er nicht philosophische Konzepte zum Ausgangspunkt sondern entfaltet seine Begriffe wie Macht, Disziplin oder Subjekt an konkreten Gegenständen wie etwa der Klinik, dem Gefängnis oder der Sexualität historisch fundiert und mit zeitdiagnostischem Interesse, ohne das Verfahren dieser konkreten Analysen im Detail zu explizieren.

Entsprechend ist es keineswegs trivial, die Konzepte Foucaults als Werkzeuge zur Analyse empirischer gesellschaftlicher Phänomene anzuwenden, anders als Foucault mit seiner viel zitierten Metapher des „Werkzeugkastens" selbst suggeriert. Bei der Übertragung in das Korsett einer methodisch systematischen und fallbezogenen Sozialforschung kommt es beinahe zwangsläufig zu einer verkürzenden „Disziplinierung Foucaults" (Kocyba 2004).

Angesichts dieser Schwierigkeiten ist die Betonung der Rolle von Raum ein hilfreiches orientierendes Korrektiv. Zum einen verweist die Verbindung von Macht, Raum und Körpern auf die Notwendigkeit, nicht-diskursive Aspekte von Machttechniken ernst zu nehmen. Gerade in der deutschsprachigen Rezeption ist dies ein noch zu wenig thematisierter Aspekt. Nicht zuletzt aus methodischen Erwägungen ist die vorherrschende Form der Bezugnahme auf Foucault in der deutschsprachigen empirischen sozialwissenschaftlichen Forschung wohl nach wie vor die Diskursanalyse in ihren unterschiedlichen Spielarten (Keller et al. 2001; Keller 2005; Jäger 1999; Diaz-Bone 2006). Jenseits der Frage, ob eine so betriebene Diskursanalyse überhaupt die von Foucault präsentierte Perspektive aufnimmt (Sawyer 2002), besteht dabei die Gefahr, das Projekt Foucaults auf das poststrukturalistische Axiom der Kontingenz sprachlicher Repräsentation zu reduzieren und damit entscheidende Aspekte gesellschaftlicher Machtverhältnisse aus dem Blick zu lassen – etwa implizit institutionalisierte Zugriffsformen auf die Individuen. „Aus der Einsicht in die Zeichenförmigkeit der Welt wurde die selbstreferentielle Analyse, die sich in ein geschlossenes Zeichenuniversum hineinmanövrierte" (Krasmann 2005: 14), so fasst Susanne Krasmann die Aporie eines konsequenten Sozialkonstruktivismus zusammen, dessen Vertreter_innen sich nicht selten auch auf Foucault berufen. Wie gesehen betont Foucault allerdings an verschiedenen Stellen die Bedeutung nicht-sprachlicher Aspekte für seinen Diskursbegriff. Zu der skizzierten Aporie nimmt er explizit Stellung und bringt früh den Begriff des Dispositivs ins Spiel, mit dem er sich aus jener „Sackgasse" befreit habe:

> „In der 'Ordnung der Dinge,' wo ich eine Geschichte der Episteme schreiben wollte, bin ich in eine Sackgasse geraten. Jetzt dagegen will ich versuchen zu zeigen, daß das, was ich Dispositive nenne, ein sehr viel allgemeinerer Fall der Episteme ist. Oder eher, daß die Episteme, im Unterschied zum Dispositiv im allgemeinen, das seinerseits diskursiv und nichtdiskursiv ist, und dessen Elemente sehr viel heterogener sind, ein spezifisch diskursives Dispositiv ist." (Foucault 1978: 123).

In der philosophischen Rezeption ist der Begriff des Dispositivs und die darin angelegte Verschränkung des Sagbaren und des Sichtbaren bereits früh herausgestellt worden (Deleuze 1977, 1992; Ewald 1991; Gehring 2004). Es liegen auch erste Überlegungen zur Übertragung der Figur in das Handwerkszeug der empirischen Sozialforschung vor (insb. Bührmann/Schneider 2008). Zumeist wird an dieser Stelle aber weiter pragmatisch entschieden. Die komplexen und zirkulären Beziehungen von Wissensordnungen und impliziten Formen der Institutionalisierung von Machtverhältnissen werden ausgeblendet, nicht zuletzt zugunsten einer besser methodisch abgesicherten und routinisierbaren Diskursanalyse, die dann auch eher den üblichen Standards der Wissensproduktion genügt (vgl. auch Marquardt/Schreiber in diesem Band). Die Betonung einer immer auch räumlichen Dimension von Machttechniken zwingt demgegenüber dazu, die nicht-sprachlichen Formen wahrzunehmen, in denen sich Machtverhältnisse ebenfalls auf Dauer stellen.

Diese Rekonzeptionalisierung des Diskursbegriffs als eine Verschränkung von sprachlichen und nicht-sprachlichen Aussagen ist in der letzten Zeit und im Zuge der Fokussierung auf das „Regiert werden" zunehmend erfolgt. In den Arbeiten zur Gouvernementalität stehen Rationalitäten und Techniken der Macht im Fokus. Hier wird bereits versucht, Anordnung, Sichtbarkeit, Architektur und

Materialität als zentrale Momente eines „Spiel(s) der Kräfteverhältnisse“ wahrzunehmen, wie es die Betonung eines räumlichen Foucault nahe legt.

Hier wird allerdings die Orientierung relevant, welche sich aus der zweiten Ebene des Raumbezugs gewinnen lässt, die Hinwendung zu gesellschaftlichen Phänomenen mit Hilfe eines räumlich orientierten Analyserasters. Eine wiederholte Kritik an der Literatur zur Gouvernementalität ist eine immanente Tendenz zur Generalisierung. Im Ergebnis erscheint die in den Arbeiten identifizierte Rationalität des Regierens oftmals als eine geschlossene und homogene Einheit, etwa des „neoliberalen Regierens“ oder der „Biopolitik“.

Eine Ursache ist die von Foucault selbst öfters angebrachte Periodisierung von Souveränität, Disziplin und Sicherheit, die er aber explizit nicht als strenge zeitliche Abfolge versteht (Foucault 2004, 27). Dennoch besteht in der Gouvernementalitäts-Literatur die Tendenz, nach solchen Abfolgen zu suchen mit der Gefahr, das zu Erklärende und die Erklärung zu vertauschen. Die zu erklärende gesellschaftliche Realität fügt sich dann beispielsweise nahtlos in die Erklärung „neoliberales Regieren“. Diese Kritik formulieren etwa Nikolas Rose et al. in einer Bestandsaufnahme der Gouvernementalitäts-Literatur:

> „This tripartite division of liberalism, welfarism, and advanced liberalism was initially a heuristic device to mark the differences among these new arts of government. Later, at least to some extent, it became formalized into a typology and chronology in which explanation consisted of trying to place each and every program, strategy, or technology analyzed under this general covering law.“ (Rose et al. 2006, 92)

Mit der Betonung einer topologischen Perspektive lässt sich einer solchen schematischen und oftmals zirkulären Analyse entgegen wirken. Ein solche Betrachtung sucht dezidiert nicht danach, entlang eines zeitlichen Entwicklungspfades zu unterteilen, sondern nimmt ein Feld von heterogenen Techniken, Verfahren und Institutionen an und stellt die Wechselwirkungen und Beziehungen heraus. Eine zentrale Wendung in der Analyse von Machtwirkungen, die Foucault in seinen späten Vorlesungen betont, die in der Gouvernementalitäts-Literatur aber nicht genügend wahrgenommen wurde. „The later lectures [...] suggest what I propose to call a 'topological' analysis of power that examines how existing techniques and technologies of power are re-deployed and recombined in diverse assemblies of biopolitical government.“ (Collier 2009, 79) Die Auseinandersetzung mit der doppelten Bedeutung von Raum für das Denken Foucaults kann somit zu einer höheren Präzision einer kritischen Analyse gegenwärtiger Machtverhältnisse auf der Ebene der zu untersuchenden Gegenstände und auf der Ebene des Analyserasters beitragen.

Beiträge des Bandes

Der vorliegende Band versammelt eine Reihe von Beiträgen, die sich mit der Heuristik des Raums bei Foucault auf konzeptionelle Weise oder als Orientierung einer konkreten empirischen Forschungsfrage auseinandersetzen. Wie oben skizziert sehen wir die spezifische Qualität und zugleich die Herausforderung von Foucaults Denkens darin, Fluchtlinien für eine grundsätzliche Kritik zu öffnen im Kontrast sowohl zu einer „Großtheorie" von Gesellschaft als auch zu einem klar umrissenen Forschungsprogramm. In diesem Sinne zielt die Zusammenstellung darauf, den Gewinn einer „geographischen" d.h. auf Raum orientierten Beschäftigung mit Foucault für ein breites Feld von Gegenständen und Fragestellungen deutlich zu machen und die Auseinandersetzung mit dieser hilfreichen Perspektive auf das Denken Foucaults anzuregen. Die vielfältigen Ordnungen des Raumes, die in den einzelnen Beiträgen jeweils expliziert werden, sollen ausdrücklich nicht über den Leisten einer „Raumtheorie bei Foucault" geschlagen werden.

In dem Beitrag von Nadine Marquardt und Verena Schreiber wird die Problematik der reduzierten Wahrnehmung Foucaults als einem Theoretiker von Sprachspielen anhand seiner Rezeption innerhalb der deutschsprachigen Kulturgeographie diskutiert. Unter Rückgriff auf Beispiele aus unterschiedlichen Werken Foucaults argumentieren beide für eine aktive Wahrnehmung des Nichtdiskursiven, d.h. von Architekturen, Sichtbarkeiten und Anordnungen, die sich nicht aus den Formen der Wissensproduktion ableiten lassen. Einer solchen genauen Lektüre Foucaults lassen sich durchaus forschungspraktische Hinweise entnehmen u.a. eine topologische Perspektive und eine konsequente Hinwendung zu den neuralgischen Punkten des gegenwärtigen „Regiert-werdens".

Auf einer konzeptionellen Ebene argumentiert der Beitrag von John Pløger für eine nicht-funktionalistische Lesart des Dispositiv-Begriffs und formuliert einen Vorschlag, wie dieser Begriff das Räumliche als Element in dem Gefüge von Machtverhältnissen auf der Ebene der Stadt zu verstehen hilft. Gegen funktionalistische Lesarten hebt er neben dem ordnenden auch den generativen Aspekt räumlicher Arrangements hervor. „Raum ist aktiv" und das Dispositiv geht nicht in der Funktion einer Apparatur des Regierens auf. Mit dieser Konzeption eines Dispositivs des Raums präsentiert Pløger schließlich auch ein Konzept, das der angesprochenen Tendenz innerhalb der Gouvernementalitäts-Literatur entgegen steht, Machttechniken – also z.B. eine Gefängnisarchitektur – zu umstandslos unter eine Programmatik des Regierens zu subsumieren.

Neben der konzeptionellen Diskussion der „Geographie Foucaults" und den Konsequenzen für sozialwissenschaftliche Bezugnahmen bieten die folgenden

Beiträge Anwendungsbeispiele einer an Foucault orientierten Auseinandersetzung mit unterschiedlichen (An-)Ordnungen des Raums.

Martin Geiger greift auf Konzepte Foucaults zurück, um das europäische Migrationsregime auf räumlich ausgerichtete und bevölkerungsbezogene Steuerungstechniken hin zu untersuchen. Insbesondere gelingt es mit dieser Perspektive, die indirekte Form der Steuerung in einem von der IOM und anderen Akteuren umgesetzten „Management der Migration" herauszuarbeiten.

Markus Termeer vermisst die Geometrie der Macht wie sie in den Großwohnsiedlungen des modernen Städtebaus zum Ausdruck kommt. Zumindest auf der programmatischen Ebene ist die Gestaltung von Wohnraum für Arbeiter_innen seit den 1920er Jahren auch die bauliche Manifestation eines erzieherischen Anspruchs. Wie Termeer zeigt, verlängert der Wohnungsbau ein fordistisches Ideal der Trennung von Produktion und Reproduktion und deren geschlechtliche Zuordnung in den Bereich des Alltags. Derart als Machttechnik isoliert, weist die „Raumprogrammierung" in den Großwohnsiedlungen eine Kontinuität von der Weimarer Republik über die rationalisierte Wohnbauproduktion des Nationalsozialismus bis in den sozialen Wohnungsbau der Nachkriegszeit auf.

In einem völlig anderen Kontext zeichnet Katharina Abdo nach, wie das disziplinierende Moment von Architektur zur Sortierung, Separierung und Sicherstellung zum Einsatz kommt. Präzise verfolgt sie die Abwicklung an einem Checkpoint, über den der Ein- und Austritt von Palästinenser_innen aus dem Westjordanland nach Israel kontrolliert wird. Neben unterschiedlichen physischen Barrieren sind insbesondere vorgeschaltete administrative Entscheidungen und deren materielle Präsenz in Form von Magnetkarten und Datenbanken zentral für die Praxis der Grenzsicherung, wie Abdo zeigt. Entsprechend empfiehlt sie abschließend, solchen sozio-technischen Arrangements eine größere Rolle bei der Konzeption einer an Foucault orientierten Machtanalyse beizumessen.

Auf einer gesamtgesellschaftlichen Maßstabsebene nimmt Katharina Manderscheid die Strukturierung von Mobilität durch ein „automobiles Dispositiv" in den Blick. Damit kann sie gegenüber der gängigen Mobilitätsforschung zeigen, dass der motorisierte Individualverkehr nicht nur die dominante Form der Fortbewegung in westlichen Gesellschaften darstellt, sondern dass diese Hegemonie sich grundsätzlicher in einer Strukturierung von Handlungsmöglichkeiten, Denkweisen und Identifikationsangeboten niederschlägt. Das automobile Dispositiv ist ökonomisch, politisch und sozio-kulturell fest verankert durch die damit verbundenen Materialitäten, Diskurse und Selbstbilder.

Sebastian Dirks nimmt Bezug auf die von Foucault vorgeschlagene Betrachtung „anderer Räume" (Heterotopie) und benutzt diese Heuristik für eine ausdrücklich die Perspektive der Betroffenen einbeziehenden Nachvollzug der räumlichen Kontroll- und Ausgrenzungsstrategien in einer deutschen Mittelstadt. „Andere Orte" fixieren das Außerhalb der Norm an konkreten Orten und tragen damit entscheidend zur Stabilisierung sozialer Ordnung im „Restraum" bei, wie Dirks Beitrag anschaulich macht. Auf der konzeptionellen Ebene zeigt der Beitrag die Notwendigkeit, gerade die Funktion solcher „anderer Räume" für die Etablierung hegemonialer Macht/Wissen-Formationen ins Zentrum zu stellen, wenn die Heuristik der Heterotopologie für die kritische Gesellschaftsanalyse fruchtbar gemacht werden soll.

In ähnlicher Weise greift Nina Schuster auf den Vorschlag Foucaults zurück, „anderen Räumen" besonderes Augenmerk zu widmen, und sie in ihrer kompensatorischen bzw. illusionären Funktion für die hegemoniale Normen- und Ordnungsstruktur der Gesellschaft heranzuziehen. Am Beispiel von Partys der Drag Kings und Transgender Szene zeichnet sie die vielfältigen Formen nach, in denen hier für einen kurzen Moment solche Räume geschaffen werden, in denen die Dekonstruktion hegemonialer Zweigeschlechtlichkeit und die Neuaushandlung von Rollenerwartungen und geschlechtlicher Identität möglich werden.

In einem dritten Beitrag, der sich dieses Vorschlags Foucaults als Ausgangspunkt bedient, setzen Jan-Erik Steinkrüger und Swen Zehetmair sich zunächst mit zentralen Kritiklinien am Begriff der „Heterotopie" auseinander. Dabei verteidigen sie Foucault gegen Kritiken, wie sie unter anderem von David Harvey formuliert wurden. Die Autoren benutzen das Konzept der Heterotopie im Anschluss als ein Analyseraster einer historischen Untersuchung von Freizeitorten wie dem Vergnügungspark und dem Fußballstation. Im Zentrum stehen die panoptischen sowie heterotopischen Funktionen beider Einrichtungen und deren historischer Wandel.

Gegenüber der oftmals auf das Sagbare orientierten Analysen von Macht/Wissen erinnert Katharina Klung an die Figur des Sichtbaren, der von Foucault ein eigener Stellenwert zugesprochen wird. Mit seiner spezifischen Konzeption des Sichtbaren eignet sich Foucault für die Auseinandersetzung mit dem Medium Film und den darin reproduzierten Machtverhältnissen, was bisher allerdings noch selten fruchtbar gemacht wurde. An Beispielen von Filmen des *Cinéma de banlieue* entwickelt Klung eine Lesart filmischer Wirklichkeitserzeugung im Hinblick auf die Parameter von Raum und Macht. Ein besonderes Interesse gilt dabei der Verhandlung und Sichtbarkeit von Einschluss und Ausschluss, Zentrum und Peripherie.

In Form eines kritischen Werkstattberichts legt Susanne Schregel abschließend noch einmal grundlegende Schwierigkeiten eines Arbeiten „mit" Foucaults

Machtbegriff dar. Wenn Foucault darauf verzichtet, ein Wesen von Macht theoretisch zu bestimmen, vielmehr ausschließlich nach Machtwirkungen sucht, bleibt sein Ansatz offen gerade für den historischen Wandel in den Formen und Zielsetzungen des „Regiert werdens" bzw. von Macht. Zugleich hat ein solcher Ansatz kein Kriterium mehr, um sich einer Außenperspektive zu versichern. Entsprechend findet eine Anwendung seiner Machtanalyse oftmals exakt die Formen der Selbstführung, des biopolitischen Regierens oder der Disziplinarmacht die Foucault an anderen Gegenständen und teils in einem anderen historischen Kontext herausgearbeitet hat, wie Schregel am Beispiel ihrer eigenen Untersuchung zur Friedensbewegung in der BRD bemerkt. Die Heuristik des Raums, bzw. die ausdrückliche Suche nach Spuren der Macht im Raum stellt für Schregel einen möglichen Weg dar, um die Inspiration einer kritischen Machtanalyse nach Foucault zu bewahren.

Diese skeptischen Hinwendung zu Foucault im abschließenden Beitrag führt noch einmal zur Intention des Bandes zurück. Eine von den Analysen Foucaults angeregte Auseinandersetzung mit den vielfältigen Formen des gegenwärtigen „Regiert werdens" erfordert es, die Begriffe für den jeweiligen Gegenstand selbst zu bestimmen und anzupassen. Eine ausdrückliche Wahrnehmung von Raumbezügen, dies ist unser Einsatz hier, kann bei dieser Übertragung in ein eigenes Instrumentarium eine noch zu wenig beachtete Hilfestellung leisten. In diesem Sinne sind die vorliegenden konzeptionellen Klärungen und die unterschiedlichen Anwendungsbeispiele als Anregung, nicht als Anleitung zu lesen, gegenwärtige (An-)Ordnungen mit Hilfe Foucaults kritisch zu hinterfragen.

Literatur

Bührmann, Andrea D. und Schneider, Werner (2008): Vom Diskurs zum Dispositiv. Eine Einführung in die Dispositivanalyse. Bielefeld: Transcript.

Beckett, Katherine und Herbert, Steve (2008): Dealing with disorder: Social control in the post-industrial city. *Theoretical Criminology*, 12(1), S. 5–30.

Collier, Stephen J. (2009): Topologies of Power: Foucault's Analysis of Political Government beyond 'Governmentality'. *Theory Culture & Society* 26 (6), S. 78–108.

Crampton, Jeremy W. und Elden, Stuart (Hg.) (2007): Space, Knowledge, and Power. Foucault and geography. Aldershot: Ashgate.

Deleuze, Gilles (1977): Kein Schriftsteller: Ein neuer Kartograph. In: Gilles Deleuze und Michel Foucault (Hg.): Der Faden ist gerissen. Berlin: Merve, S. 100–136.

– (1992): Foucault. Frankfurt am Main: Suhrkamp.

Demirović, Alex (2008): Das Problem der Macht bei Michel Foucault. Institut für Politikwissenschaft. Wien (IPC Working Papers, 2).

Diaz-Bone, Rainer (2006): Zur Methodologisierung der Foucaultschen Diskursanalyse. In: Forum Qualitative Sozialforschung 7 (1), Art. 6, URL: http://nbn-resolving.de/urn:nbn:de:0114-fqs060168 (08.10.2012).

Dreyfus, Hubert, und Paul Rabinow (1994): Michel Foucault. Jenseits von Strukturalismus und Hermeneutik. Weinheim: Beltz.

Driver, Felix (1985): Power, space, and the body: a critical assessment of Foucault's Discipline and Punish. *Environment and Planning D: Society and Space* 3 (4), S. 425-446.

Elden, Stuart (2001): Mapping the Present: Heidegger, Foucault and the Project of a Spatial History, London: Continuum.

Elden, Stuart und Crampton, Jeremy W. (2007): Introduction. In: dies. (Hg.): Space, Knowledge and Power: Foucault and Geography. Aldershot: Ashgate, S. 1–16.

Ewald, François (1991): Eine Macht ohne Draußen. In: François Ewald und Bernhard Waldenfels (Hg.): Spiele der Wahrheit. Michel Foucaults Denken. Frankfurt am Main: Suhrkamp.

Foucault, Michel (1969): Wahnsinn und Gesellschaft. Frankfurt am Main: Suhrkamp

– (1973): Archäologie des Wissens. Frankfurt am Main: Suhrkamp.

– (1976): Überwachen und Strafen. Die Geburt des Gefängnisses. Frankfurt am Main: Suhrkamp.

– (1978): Ein Spiel um die Psychoanalyse. Gespräch mit Angehörigen des Départment de Psychoanalyse der Universität Paris VIII in Vincennes. In: Dispositive der Macht. Michel Foucault über Sexualität, Wissen und Wahrheit, S. 118–175. Berlin: Merve.

– (2000): Die Gouvernementalität. In: Ulrich Bröckling, Susanne Krassmann und Thomas Lemke (Hg.): Gouverenementalität der Gegenwart. Studien zur Ökonomisierung des Sozialen. Frankfurt am Main: Suhrkamp, S. 41–67.

– (2003a): Fragen an Michel Foucault zur Geographie (Gespräch). In: Daniel Defert und François Ewald (Hg.): Dits et Ecrits. *Schriften in vier Bänden: Band 3. 1976 – 1979.* Frankfurt am Main: Suhrkamp, S. 38–53.

– (2003b): Vorlesung vom 14. Januar 1976. In: Defert, Daniel und François Ewald (Hg.) *Dits et Ecrits. Schriften in vier Bänden: Band 3. 1976 – 1979.* Frankfurt am Main: Suhrkamp, S. 231–250.

– (2004): Vorlesung 1. Sitzung vom 11. Januar 1978. In: Ewald, François und Alessandro Fontana (Hg.) *Geschichte der Gouvernementalität 1: Sicherheit, Territorium, Bevölkerung*, Frankfurt am Main: Suhrkamp, S. 13-51.

Füller, Henning und Marquardt, Nadine: Die Sicherstellung von Urbanität. 1. Aufl. Münster: Westfälisches Dampfboot.

Füller, Henning und Michel, Boris (2008): Zur poststrukturalistischen Kritik des Scale-Konzepts. Für eine (topologische) Machtanalyse. In: Markus Wissen, Bernd Röttgers und Susanne Heeg (Hg.): Politics of Scale. Münster: Westfälisches Dampfboot, S. 144–168.

Gehring, Petra (2004): Foucault. Die Philosophie im Archiv. Frankfurt am Main, u.a: Campus.

Glasze, Georg und Mattissek, Annika (2009): Handbuch Diskurs und Raum. Theorien und Methoden für die Humangeographie sowie die sozial- und kulturwissenschaftliche Raumforschung. Bielefeld: Transcript.

Gregory, Derek (1994): Geographical Imaginations. Oxford: Blackwell.

Hannah, Matthew (2000): Governmentality and the Mastery of Territory in Nineteenth-century America. Cambridge: Cambridge University Press.

– (2006): Torture and the Ticking Bomb: The War on Terrorism as a Geographical Imagination of Power/Knowledge. *Annals of the Association of American Geographers* 96 (3): S. 622–640.

– (2007): Formations of 'Foucault' in Anglo-American Geography: An Archaeological Sketch. In: Jeremy W. Crampton und Stuart Elden (Hg.): Space, Knowledge, and Power. Foucault and geography. Aldershot: Ashgate, S. 83–105.

Huxley, Margo (2006): Spatial rationalities: order, environment, evolution and government. *Social & Cultural Geography* 7 (5): 771–787.

– (2007): Geographies of Governmentality. In: Jeremy W. Crampton und Stuart Elden (Hg.): Space, Knowledge, and Power. Foucault and geography. Aldershot: Ashgate, S. 185–204.

Jäger, Siegfried (1999): Kritische Diskursanalye. Duisburg: DISS.

Johnson, Peter (2008): Foucault's Spatial Combat. *Environment and Planning D: Society and Space* 26 (4), S. 611–626.

Keller, Rainer (2005): Wissenssoziologische Diskursanalyse: Grundlegung eines Forschungsprogramms. Wiesbaden: VS Verlag.

Keller, Rainer; Hirseland, Andreas; Schneider, Werner (Hg.) (2001): Handbuch Sozialwissenschaftliche Diskursanalyse. Band 1: Theorien und Methoden. Opladen: Leske + Budrich.

Krasmann, Susanne (2005): Die Materialität der Gewalt: Oder: Warum die Kategorie des Raumes für eine politische Soziologie der Gegenwart nützlich sein könnte. In: Martin Krol et al. (Hg.): Macht – Herrschaft – Gewalt, Münster: Lit, S. 13–34.

Kocyba, Herrmann (2004): Die Disziplinierung Foucaults. In: Dirk Tänzler, Hubert Knoblauch und Hans-Georg Soeffner (Hg.): Neue Perspektiven der Wissenssoziologie. Konstanz: UVK, S. 137–156.

Laurier, Eric; Philo, Chris (2004): Ethnoarchaeology and undefined investigations. *Environment and Planning A* 36 (3), S. 421–436.

Merry, Sally (2001): Spatial Governmentality and the New Urban Social Order: Controlling Gender Violence through Law. *American Anthropologist* 103 (1): 16–29.

Michel, Boris (2005): Stadt und Gouvernementalität. Münster: Westfälisches Dampfboot.

Murdoch, Jonathan (2006): Post-structuralist geography: a guide to relational space. London, u.a.: Sage.

Philo, Chris (1992): Foucault's geography. In: *Environment and Planning D: Society and Space* 10 (2), S. 137–161.

– (2001): Accumulating populations: bodies, institutions and space. *International Journal of Population Geography* 7 (6), S. 473-490.

– (2012): A 'new Foucault' with lively implications: or 'the crawfish advances sideways'. *Transactions of the Institute of British Geographers,* early view. URL: http://onlinelibrary.wiley.com/doi/10.1111/j.1475-5661.2011.00484.x/abstract;jsessionid=71AB C03644D42B933CEF4DA600FFE361.d03t03 (08.10.2012)

Raffestin, Claude (1997): Foucault aurait-il pu révolutionner la géographie? In: Dominique Franche (Hg.): Au risque de Foucault. Textes. Paris: Centre Georges Pompidou (Supplémentaires), S. 141–149.

Robins, Steven (2002): At the limits of spatial governmentality: a message form the tip of Africa. *Third World Quarterly* 23 (4): 665–690.

Rose, Nikolas (1996): Governing 'advanced' liberal democracies. In: Andrew Barry et al. (Hg): *Foucault and political reason. Liberalism, neo-liberalism and responsibilities of government.* Chicago: University of Chicago Press, S. 37–64.

Sawyer, R. Keith (2002): A discourse on discourse: An archeological history of an intellectual concept. *Cultural Studies* 16 (3): S. 433–456.

Soja, Edward (1989): Postmodern geographies: the reassertion of space in critical social theory. London: Verso.

– (1996): Thirdspace: Journeys to Los Angeles and Other Real-and-Imagined Places. Oxford: Blackwell.

Veyne, Paul (1997): Foucault revolutionizes history. In: Arnold I. Davidson (Hg.): *Foucault and His Interlocutors.* Chicago: University of Chicago Press, S. 146-182.

Nadine Marquardt / Verena Schreiber

Die Neue Kulturgeographie und Foucault

Arbeiten mit und in gemischten Zuständen

Einleitung

Die Neue Kulturgeographie konnte sich in den letzten Jahren zu einer relativ eigenständigen Teildisziplin in der Geographie entwickeln. Das sozialkonstruktivistische Projekt der Verunsicherung vermeintlicher Gewissheiten, das insbesondere auf die Analyse sprachlicher und symbolischer Formen von Repräsentation fokussierte, wurde hierbei zum zentralen identitätsbildenden Element. Ein Blick in aktuelle Tagungsprogramme, Fachzeitschriften und Forschungsprojekte zeigt, dass es damit allerdings nicht mehr weit her zu sein scheint. Der bisweilen hermetische Jargon des Poststrukturalismus hat das Projekt einer theoretischen Neuausrichtung und die Suche nach neuen Arbeitsweisen offenbar selbst in Misskredit gebracht, zumindest provoziert er in regelmäßigen Abständen kritische Zwischenbilanzen und die Identifikation von Leerstellen und Limitationen der Neuen Kulturgeographie. In diesem Zusammenhang wird auch die sprachanalytisch orientierte Geographie, die nach der „diskursiven Konstruktion" von Räumen fragt, zunehmend selbst in Frage gestellt. Diskursanalytisch orientierte geographische Arbeiten gelten ihren Kritiker_innen als Wegbereiter einer im Zuge des *cultural turn* zunehmend „dematerialisierten Geographie" (Tagung „Neue Kulturgeographie VI" im Jahr 2008[1]), die sich durch Praxisferne und mangelnde Sensibilität für Macht- und Herrschaftsverhältnisse auszeichne.

Aber ist Diskursanalyse zwangsläufig gleichbedeutend mit einer Untersuchung der „nicht-materielle[n] Geographien der Zeichen und Symbole" (Bernd/Pütz 2007: 19) und einer Vernachlässigung nicht-diskursiver, materieller Praktiken? Warum erscheint das „Verhältnis von konstruktivistischen bzw. poststrukturalistischen Ansätzen zu Materialität und Materialisierung" (NK IX 2012) so

1 Im Folgenden werden Verweise auf die Tagungsreihe „Neue Kulturgeographie" abgekürzt als „NK".

erklärungsbedürftig? Verweist die aktuelle Kritik an diskurstheoretischen Arbeitsweisen und die Forderung nach einer „Re-Materialisierung der Geographie" (NK VI 2008) tatsächlich auf eine theoretische Leerstelle, oder ist diese vermeintliche Leerstelle selbst Artefakt der Rezeptionsgeschichte der Diskurstheorie in der Geographie? Muss die Diskursanalyse mit materiellen und machtkritischen Perspektiven ergänzt werden, oder wird ihr hier etwas wieder angeklebt, was zuvor weggeschnitten wurde? Diesen Fragen wollen wir im folgenden Beitrag nachgehen und uns hierfür auf einen Autor beziehen, der vor allem für die erste Phase der Neuen Kulturgeographie (sozialkonstruktivistische Kulturgeographie) zum Sinnstifter wurde, als zentraler Stichwortgeber aber auch durch die zweite Phase der Neuen Kulturgeographie (re-materialisierte Kulturgeographie) geistert: Michel Foucault.

Kaum ein anderer Autor hat das Geographie-Machen in den letzten Jahren derart beeinflusst und zu einer solchen Fülle an unkonventionellen Forschungsarbeiten geführt. Auf die Frage, was an Foucault inspiriert, gibt aber gerade die deutschsprachige Geographie weniger die potenziell auf die Geographie übertragbaren Raumbegriffe Foucaults oder seine komplexen Analysen von Machtverhältnissen als Antwort, als vielmehr konstruktivistische Grundpositionen, sprachwissenschaftliche und diskursanalytische Verfahren oder Alternativen zum Konzept des intentionalen Akteurs der handlungsorientierten Sozialgeographie. Auffällig ist auch, dass die Vielschichtigkeit von Foucaults Schaffen nicht nur als Potenzial für neue geographische Arbeitsweisen und Theoriebildung gewürdigt wird. In der Geographie sind Foucault-inspirierte Arbeiten bislang vor allem dafür zuständig, die diskursiven (verstanden als die sprachlichen) Dinge des Lebens zu analysieren. Gleichzeitig wird die Diskurstheorie Foucaults aufgrund ihres sparsamen Umgangs mit konkreten methodischen Richtlinien für ihre mangelnde Operationalisierbarkeit kritisiert. Vor allem die Übersetzung von Foucaults Arbeiten in „handhabbare" sozialwissenschaftliche Methoden gilt als zentrale Herausforderung, was wiederum zur „Anreicherung" von Foucault mit linguistischen und wissenssoziologischen Verfahren geführt hat. Gleichzeitig und als Antwort auf die sprachanalytisch orientierte Neue Kulturgeographie und die Dominanz linguistischer Verfahren gewinnen aktuell Ansätze an Bedeutung, die wieder stärker für eine Berücksichtigung des Materiellen und des Nicht-Diskursiven plädieren und die Foucaults *Diskurs*theorie hierfür ebenfalls eher als ergänzend und erklärungsbedürftig denn richtungsweisend einstufen.

Vor dem Hintergrund dieser spezifischen Rezeption Foucaults in der deutschsprachigen Geographie und der gegenwärtig lauter werdenden Forderung nach einer „Re-Materialisierung" geographischer Perspektiven stellen wir mit diesem Beitrag erneut die Frage nach dem Zusammenhang von Diskursivem und Nicht-Diskursivem in Foucaults Arbeiten. Selbst verstrickt in die disziplinären Debatten verfolgt unser Beitrag zwei Anliegen: Erstens spüren wir einigen Diskussionspfaden nach, die die eigentümliche Lesart der Foucault'schen Schriften in der deutschsprachigen Geographie und die aktuelle Forderung nach einer Ergänzung der Diskurstheorie um materielle Ansätze wohl eher erklären können, als die Lektüre seiner Originaltexte.[2] Im Anschluss an diese Rekonstruktion werden wir im zweiten Teil des Beitrags einen weiteren Schritt hinter die spezifische Rezeption Foucaults und die aktuellen Diskussionen in der Geographie zurücktreten und fragen, wo und wie Foucault selbst die Vermittlung und das wechselseitige Voraussetzungsverhältnis zwischen Diskursivem und Nicht-Diskursivem angelegt hat.

(1) Foucault und die Diskursanalyse in der Neuen Kulturgeographie

Foucault wurde in der deutschsprachigen Geographie im Kontext von mehreren Wenden einflussreich. Zum einen hat die Integration neuer sprach- und kulturwissenschaftlicher Ansätze in die geographische Theorie- und Methodendebatte es überhaupt erst möglich gemacht, dass Foucaults gesellschaftskritische und philosophische Studien in der Geographie wahrgenommen wurden. Erst im Zuge des *linguistic turn* erschienen neben den Texten von de Saussure u.a. auch Foucaults Arbeiten als richtungsweisend für ein anderes Geographie-Machen, das auf die Bedeutung von Sprache und Zeichensystemen fokussiert. In der

2 Als Indikator der unterschiedlichen humangeographischen Wissenschaftstrends, über die auch Foucault in die Geographie gelangte und die sowohl seine spezifische Auslegung und Verortung, als auch die aktuelle Kritik an diskursanalytischen Fragestellungen und Arbeitsweisen bedingen, dienen uns weniger die Texte einzelner Autor_innen, als vielmehr die Themen der Tagungsreihe Neue Kulturgeographie. Die Neue Kulturgeographie hat sich in den vergangenen Jahren in der deutschsprachigen Geographie als verbindender Schlüsselbegriff für eine Vielzahl von theoretischen und empirischen Ansätzen etabliert, die insgesamt für eine Erneuerung geographischen Arbeitens im Kontext des *cultural turn* stehen. In den Programmen der seit 2004 jährlich stattfindenden Tagungsreihe verdichtet sich das „Rauschen" kritischer Auseinandersetzungen um zeitgenössische geographische Theoriebildung und Arbeitsweisen auf beispielhafte Weise. Im Spannungsfeld dieser Debatten, Problematisierungen und programmatischen Richtungswechsel – von „Sprache & Zeichen" (NK III 2005) hin zur „Re-Materialisierung" der Geographie (NK VI 2009) und schließlich zu Geographien „*nach* dem Cultural Turn" (NK IV 2012, eigene Hervorhebung) – lässt sich auch die geographische Foucaultrezeption einordnen und besser verstehen.

deutschsprachigen Geographie wurde Foucault fortan vor allem als Begründer der Diskurstheorie geführt, während andere Aspekte seiner Arbeiten weitgehend unberücksichtigt blieben.

Für den deutschsprachigen Kontext identifizieren wir gegenwärtig vier Diskussionslinien, welche die Integration von Foucaults Arbeiten in die Geographie charakterisieren: Foucault gilt als zentraler Stichwortgeber einer sozialkonstruktivistisch und poststrukturalistisch ausgerichteten Geographie (1). Er wird hier vor allem als Alternative zu entscheidungs- und handlungstheoretischen Ansätzen sozialkonstruktivistischen Geographie-Machens geführt (2). In der Rezeption wurden Foucaults Texte vor allem im Zusammenhang mit dem *linguistic turn* relevant (3). Foucault gilt als Stifter neuer Methoden (4), was allerdings – so die gängige Einschätzung – eine Operationalisierung seiner Diskurstheorie für geographisches Arbeiten nötig werden lässt.

(1) *Poststrukturalistischer Sozialkonstruktivismus*: Foucaults Arbeiten werden (nicht nur in der Geographie) vor allem für ihre „poststrukturalistische Philosophie" gewürdigt (Moebius und Reckwitz 2008; Münker und Roesler 2000; Stäheli 2000). Foucault galt etwa Edward Soja in den 1990er Jahren zusammen mit Henri Lefebvre als zentraler Vordenker für eine Neuausrichtung der Geographie und für die theoretische Begründung der so genannten *postmodern geographies* (1989). Folgt man gängigen Begriffsbestimmungen, ist den poststrukturalistischen Theoretiker_innen ein Aufgreifen des sprachtheoretischen Differenzparadigmas eigen, das als kritischer Einspruch gegen totalisierende Tendenzen philosophischer Theorien (vgl. Münker und Roesler 2000: X) und paradigmatisch in der Konstatierung des Zerfalls der großen Erzählungen der Moderne (Lyotard 1994 [1979]) weitergeführt wurde. Poststrukturalist_innen lehnten im Gegensatz zum Strukturalismus die Existenz überzeitlicher Strukturen ab und verwiesen im Gegenzug auf die (diskursive) Bedingtheit jeglichen Wissens. Der Poststrukturalismus frage daher auch nicht nach den Ursprüngen von Wissenssystemen, sondern nach ihren Entstehungsbedingungen, „nach den Mechanismen diskursiver und semiotischer Stabilisierung und Destabilisierung, nach der Subjektivierung von Körpern und Psychen, nach der gesellschaftlichen Produktion von Differenzmarkierungen und Ausschlußmechanismen, nach kulturellen Intertextualitäten und Kulturkämpfen" (Moebius und Reckwitz 2008: 9). Mit diesen Interessensgebieten erlangte die poststrukturalistische Perspektive auch Relevanz für die Geographie. In Form der Diskursanalyse trägt die poststrukturalistische Geographie der Erkenntnis Rechnung, dass Räume und Orte soziale Konstrukte seien, die mittels Sprache und Handlung produziert und reproduziert würden (vgl. Gebhardt et al. 2007: 174).

(2) *Alternative zum intentionalen Akteur*: Für die jüngere, sozialkonstruktivistisch orientierte Sozialgeographie wurden zunächst handlungsorientierte Fragestellungen charakteristisch. Im Anschluss an die einflussreichen Arbeiten von Benno Werlen (1987, 1995) fragten viele Arbeiten nach den Interessen und der Ressourcenausstattung unterschiedlicher Akteure bei der Austragung von Konflikten. „Handlung" wird in diesem Kontext als eine „menschliche Tätigkeit im Sinne eines intentionalen Akts" (vgl. Gebhardt et al. 2007: 593) gefasst und die daran anschließende Frage, wie „Subjekte über ihr alltägliches Handeln die Welt [...] auf sich beziehen" (Werlen 1997: 212), mit interpretativ-verstehenden Verfahren erschlossen. Das in diesem Ansatz angelegte handlungsfähige und mündige Subjekt geriet jedoch zunehmend in die Kritik; allein mit einem intentionalen Handlungsbegriff sei die Komplexität gesellschaftlicher Machtbeziehungen nicht angemessen zu erschließen. In diesem Kontext wurde vor allem die frühe, strukturalistisch inspirierte Subjektkritik Foucaults, seine Behauptung einer relativen Autonomie des Diskurses und der damit verbundene Entwurf des Subjekts als „determinierte Funktion" (Foucault 1981 [1969]: 136) relevant. Nach Foucault treten „[d]ie Menschen [...] ständig in einen Prozess ein, der sie als Objekte konstituiert und sie dabei gleichzeitig verschiebt, verformt, verwandelt – und der sie als Subjekte umgestaltet" (Foucault 2005a [1980]: 94). Mit der Auslegung von Foucaults Diskursbegriff in dem Sinne, dass „die Sprache spricht" und nicht die Subjekte oder gar intentionale Akteure, nahmen Arbeiten an Bedeutung zu, die sich stärker „subjektfreien" Texten und deren Machteffekten in Form von Medien- und Programmanalysen widmeten. Die Forschung mit einem lebendigen Gegenüber trat in den Hintergrund.

(3) *Linguistic turn*: Während Foucault in der angloamerikanischen Geographie schon deutlich früher rezipiert wurde und dort insbesondere in der Funktion einer Abgrenzung zu marxistischem Denken und einer postmodernen Neuausrichtung der wissenschaftlichen Debatten und Arbeitsweisen,[3] waren es in Deutschland insbesondere die Wissenssoziologie und sprachtheoretische Ansätze, über die Foucault Eingang in die Geographie fand. Der konzeptionellen Verschränkung mit diesen beiden Gebieten ist geschuldet, dass Foucault in der deutschsprachigen Geographie lange Zeit vorrangig für seinen Diskursbegriff geachtet wurde, andere Foucault'sche Konzepte und Themen (Macht, Disziplinierung, Subjekt, Gouvernementalität, Biopolitik) aber erst mit deutlicher Verzögerung in die Theoriedebatte Einzug hielten. So stechen quantitativ und hinsichtlich ihres

3 Zur Rekonstruktion der Rezeption Foucaults in der angloamerikanischen Geographie vgl. Hannah (2007).

Konkretisierungsgrads vor allem die sprachanalytisch ausgerichteten Adaptionen seiner Arbeiten hervor. In viele aktuelle geographische Arbeiten, die sich unter der Bezeichnung Diskursanalyse und dem Bedürfnis nach neuen Denkangeboten vereinen, fließt ein entsprechend breites Spektrum an sprachwissenschaftlichem Vokabular und sprachanalytischen Instrumentarien ein. Charakteristisch für geographische Arbeiten, die an diese Theorierezeption anschließen, ist der empirische Fokus auf eine „Geographie der Zeichen" und auf „Diskurslandschaften". „Semiotische Möglichkeiten" für empirisches Forschen sollen ausgelotet und neue Fragen wie die nach der „Konstruktion von Raumbedeutungen", nach der „diskursiven Produktion" städtischer Identität oder nach den „diskursiven Rahmungen" geopolitischer Leitbilder beantwortet werden (vgl. die Programme der NK I 2004 und NK II 2005).

Interessanterweise wird insbesondere Foucault als Mitstifter dieser Art sprachwissenschaftlichen Geographie-Machens aufgeführt. Darin zeigt sich bereits die erste dominant gewordene Lesart seiner Schriften. Das an Foucault anschließende Diskursverständnis ist geprägt von der spezifischen Rezeption Foucaults über die Linguistik, was zu einer verbreiteten Gleichsetzung von Diskurs und Sprache geführt hat. Vor diesem Hintergrund werden auch das Zeichenmodell de Saussures und die archäologischen Werke Foucaults in der Geographie vielfach in einer Linie verortet. Insbesondere Foucaults Ausführungen in *Die Ordnung der Dinge* (1971 [1966]) und in der *Archäologie des Wissens* (1981 [1969]) gelten als poststrukturalistische Umarbeitung der Thesen de Saussures zur Differentialität von Sprache.

Zu beobachten ist insgesamt eine selektive Übernahme einzelner Konzepte des Theoriegebäudes, nicht selten gerechtfertigt mit dem Verweis auf Foucaults eigenes Statement, seine Bücher seien wie „kleine Werkzeugkisten" (2002b [1975]: 887) zu benutzen. In geographischen Schriften steht Foucault häufig in inhaltlicher Nähe zu de Saussure, deutlich seltener aber in der Nähe von Phänomenologen wie Martin Heidegger und Maurice Merlot-Ponty oder marxistischen Theoretikern wie Louis Althusser, die auf sein Schaffen ebenfalls eine wesentliche Ausstrahlung gehabt haben. Effekt dieser selektiven Rezeption ist der Verlust derjenigen Zusammenhänge, in denen das Foucault'sche Schaffen doch eigentlich zu verorten ist: Die Kritik phänomenologischer Arbeiten am cartesianischen Materialitäts- und Raumdenken (*res extensa*), oder ihre Betonung der Verleiblichung von Machtstrukturen und Subjektivitätsformen sind für das Verständnis von Foucaults Theorie wesentlich. Und trotz seiner scharfen Kritik am vorherrschenden Marxismus der 1970er Jahre steht Foucault selbstverständlich in der Tradition herrschafts- und machtkritischer Sozialtheorien, die er mit seinem

Analyseprogramm einer Untersuchung der Mikrophysik von Macht wesentlich erneuern konnte. Ein eindimensionales Verständnis vom Poststrukturalismus als Absage an marxistische Theorien verkennt diese enge Verwandtschaft.

(4) *Neue Methoden*: Als empirische Wissenschaft verfolgt auch die gegenwärtige Geographie eine deutliche Methodenorientierung. Dieses Selbstverständnis zieht nach sich, dass neue Theoriedebatten immer gleichzeitig auch im Hinblick auf die Frage nach ihrer geeigneten Operationalisierung geführt und bewertet werden. So stellt etwa das Überblickswerk *Geographie* (Gebhardt et al. 2007: 180) heraus, dass die Diskursanalyse in der geographischen Praxis vor allem wichtig sei, weil sie konkrete Hilfestellungen bei der Projektkonzeption und der konkreten methodischen Analysearbeit böte. Ein forschungspraktisch orientiertes Lesen und Auslegen von philosophischen Texten konnten wir in den letzten Jahren besonders eindrücklich bei der Rezeption der Diskurstheorie im Allgemeinen und der Foucault'schen Schriften im Besonderen beobachten. In diesen Abwägungsprozessen werden Theorie und Methode häufig als Nullsummenspiel verhandelt, in der Form „stark in der Theorie, schwach in der Methodik" und umgekehrt. Für die deutschsprachige Geographie ist die Diskussion diskurstheoretischer Aspekte im Hinblick auf methodologische und methodische Fragen charakteristisch geworden und hat eine andauernde Debatte um das „richtige" Diskursanalysewerkzeug entfacht (vgl. Glasze und Mattissek 2009; Bauriedl 2007; Mattissek und Reuber 2007; Klemm und Glasze 2005). Die „Methodisierung" Foucaults wird dabei maßgeblich von sprachwissenschaftlichen Verfahren angeführt. Diskursanalyse in der Geographie zu betreiben heißt, Textmaterial mit linguistischem Werkzeug auf „Raumkonstruktionen" hin zu analysieren. Mit der vielfach vertretenen Position, dass Foucault selbst kein adäquates Analyseinstrumentarium für diskursanalytisches Arbeiten hinterlassen hätte (z.B. Reuber und Pfaffenbach 2005: 206), rücken dann zwangsläufig der Wissenssoziologie und den Sprachwissenschaften entlehnte Datenerhebungs- und Auswertungsverfahren in den Mittelpunkt. Sprachwissenschaftliche Überlegungen bestimmen im Ergebnis nicht nur die theoretische Rezeption von Foucault als Autor des *linguistic turn*, sondern haben auch in der empirischen Ausrichtung und der konkreten Praxis geographischer Arbeiten eine spezifische Rezeption befestigt.

(2) Problematisierungen und Neuausrichtungen

Die Adaption diskursanalytischer Theorien und Arbeitsweisen in der Geographie hat in den letzten Jahren eine programmatische Neuausrichtung provoziert. „Nur" Diskursanalyse, verstanden als semiotisch oder linguistisch angelegter Fokus auf im weitesten Sinne Sprachliches, Symbolisches und Formen der Repräsentation, gilt mittlerweile als nicht mehr ausreichend, um *state of the art*-Geographie zu betreiben. Die aktuelle Kritik an der vermeintlichen Dominanz sprachanalytischer Verfahren ist kein exklusiv geographisches Phänomen, sie verweist auf ähnliche Debatten und kritische Zwischenbilanzen in den sozial- und kulturwissenschaftlichen Nachbarsdisziplinen, deren gemeinsame argumentative Stoßrichtung sich mit Karen Barad auf den Punkt bringen lässt: „Language has been granted too much power. The linguistic turn, the semiotic turn, the interpretative turn, the cultural turn: it seems that at every turn lately every 'thing' – even materiality – is turned into a matter of language" (Barad 2003: 801).

Neuere poststrukturalistisch inspirierte praxistheoretische Arbeiten im Kontext des *performative turn* haben das Repertoire konstruktivistischer Geographien entsprechend erweitert und versprechen eine größere Nähe zu alltäglichen Praktiken der Raumproduktion. Die jüngere Diskussion um eine „Re-Materialisierung" der Neuen Kulturgeographie ist ebenfalls Teil dieses Richtungswechsels. Die Dominanz diskursanalytischer Perspektiven wird in zweierlei Hinsicht problematisiert: hinsichtlich ihres „Verlusts der Bodenhaftung" (1) und damit verbunden hinsichtlich ihres „Verlusts gesellschaftskritischer Perspektiven" (2).

(1) *Verlust der Bodenhaftung*: Die Diskursanalyse gilt ihren Kritiker_innen als problematisch, da sie – verstanden als einseitiger Fokus auf die immateriellen und symbolischen Aspekte der Konstruktion von Räumlichkeit – gewaltige blinde Flecken im Hinblick auf die spezifische Materialität von Räumen produziere: „Human geography's [...] obsession with the 'immaterial' seems to have made it inattentive to the actual, everyday materiality of the places in which people actually dwell" (Latham/McCormack 2004: 702). Eine (erneute) Auseinandersetzung mit Materialität ist das aus dieser Kritik resultierende Gebot der Stunde. In der Geographie lässt sich ein intensives, neu erwachtes Interesse an Nicht-Diskursivem und Materialität ausmachen, das etwa in der Forderung nach einer „Re-Materialisierung der Geographie", Leitmotiv der Tagung „Neue Kulturgeographie VI" im Jahr 2009, einen pointierten Ausdruck findet. Nicht selten wird dieses neue Interesse an Materialität auch als programmatische Wende „zurück zur Wirklichkeit" inszeniert und als Korrektiv der Entwicklung der letzten Jahre, als „gritty reality check" (ebd.), ins Feld geführt. Die bemerkenswerte Wortwahl der „*Re*-Materialisierung" deutet bereits an, dass die Auseinandersetzung mit materiellen Praktiken von einigen Autor_innen gar als Rückkehr zu Wissensrepertoires und Kompetenzen der Geographie gedeutet wird, die im sozialkonstruktivistischen Exzess von *linguistic turn* und *cultural turn* verloren gegangen seien. Gefordert ist eine Rückkehr zu den „more 'thingy', bump-into-

able, stubbornly there-in-the-world kinds of 'matter' [...] with which earlier geographers tended to be more familiar" (Philo 2000: 33) und ein Nachdenken über neue geographische Arbeitsweisen „nach dem Cultural Turn" (vgl. NK IX 2012, eigene Hervorhebung).[4] Diskurstheoretisch orientierte Geographien sehen sich nun zusehends mit dem Vorwurf konfrontiert, die Wirklichkeit in unzulässiger Weise auf ihre vermeintlich sprachliche Konstituierung reduziert zu haben und sich nur noch mit der diskursiven Konstruktion von Räumlichkeit statt mit „tatsächlichen" Räumen zu beschäftigen. Der Vorwurf eines zunehmenden Verlusts der Praxisnähe kulminiert in der Einschätzung, dass Diskursanalytiker_innen mit dem Gestus „alles nur konstruiert" tatsächlich nahelegen wollen, Konstruktionen seien nichts Reales. Was Bruno Latour sozialkonstruktivistischen Arbeiten in den Sozial- und Kulturwissenschaften polemisierend vorwirft, kursiert auch als Ressentiment gegen diskurstheoretisch ausgerichtete Geographien: Die Diskursanalyse, ursprünglich einmal als Waffe der Kritik gegen „vorschnell naturalisierende, objektivierende Fakten" ins Feld geführt, sei nun zunehmend an einer „Verdunkelung" der Wirklichkeit beteiligt (Latour 2007: 19) – „Unser aller Fehler bestand in dem Glauben, daß es keine wirksame Weise gebe, Tatsachen zu kritisieren, es sei denn, indem man sich von ihnen entfernt" (ebd.: 21). An dieser Kritik und dem vielerorts artikulierten Bedürfnis, nun wieder Materialität stärker in den Blick zu nehmen, hat die Auslegung diskurstheoretischer Ansätze in der Geographie sicher selbst einigen Anteil. Eine bestimmte, in diskursanalytischen Arbeiten mitunter anzutreffende Spielart des Konstruktivismus vertieft repräsentationalistische Annahmen, anstatt zu ihrer Infragestellung beizutragen. Dichotomien zwischen Materialität und Diskurs oder Realität und Konstruktion werden reproduziert, obwohl es doch gerade diese Unterscheidungen zu kritisieren gälte.

Ein genauer Blick auf die genannten Auseinandersetzungen zeigt, dass die Kritik an einer sozialkonstruktivistisch und diskursanalytisch ausgerichteten Geographie in sich ausgesprochen heterogen ist. Es kursieren verschiedene, teils

4 Für die Neue Kulturgeographie ergibt sich aus der programmatischen Ankündigung einer nun angebrochenen neuen Zeit „nach" dem *cultural turn* ein besonderes Spannungsverhältnis: Während sie im Zuge von *cultural* und *linguistic turn* weiter daran arbeiten konnte, sich zur konsequent nicht-essentialisierenden Sozial- und Kulturwissenschaft umzudefinieren und vom Raum „loszusagen", ist sie im Kontext des *spatial turn* und der erneut zu beobachtenden Zunahme der Bedeutung des Raumes im aktuellen *material turn* in den Sozialwissenschaften wieder geneigt und gezwungen, eine spezifische „Raumkompetenz" innerhalb der sozialwissenschaftlichen Community zu beanspruchen.

inkommensurable Begriffe von Materialität. So hat etwa der Materialitätsbegriff marxistischer Kritiken an den Forschungsthemen und -praktiken der Neuen Kulturgeographie wenig bis gar nichts mit den aktuellen neophänomenologisch inspirierten Debatten um Materialität und Leiblichkeit oder etwa mit dem poststrukturalistischen Materialitätsbegriff der Actor-Network oder der Assemblage Theory gemein, die wiederum untereinander nicht ohne weiteres vereinbar sind. Diese Unterschiede und Inkommensurabilitäten können hier freilich nicht ausgeführt werden. Als grobe Orientierungshilfe kann allerdings eine Unterscheidung von Jane Bennett (2004) dienen, die zwischen drei Spielarten von Materialismus – historischer Materialismus, „body-materialism" und „thing-power-materialism" – differenziert. Als Gemeinsamkeit aller drei genannten Richtungen kann wohl die Kritik an einem auf Repräsentationen fixierten Sozialkonstruktivismus identifiziert werden, der auch aktuelle sprachanalytische Arbeiten in der Geographie prägt.

(2) *Verlust gesellschaftskritischer Perspektiven*: Verbunden mit der Kritik diskursanalytischer Verfahren als praxisferne Auseinandersetzung mit „immateriellen Konstruktionen" und Vernachlässigung der materiellen Wirklichkeit ist eine zweite Form der Problematisierung, die den Anspruch der Diskurstheorie, ein explizit gesellschaftskritisches Projekt zu sein, vor dem Hintergrund gängiger Umsetzungsweisen in Frage stellt. Die im Jahr 2012 durchgeführte Tagung „Neue Kulturgeographie IX" greift dieses Unbehagen prominent in ihrer programmatischen Ausrichtung auf und will mit den Debatten um die „Re-Materialisierung nach dem Cultural Turn" nicht zuletzt auch zu einer stärkeren „Thematisierung des gesellschaftspolitischen Gehalts" der Neuen Kulturgeographie beitragen (vgl. NK IX 2012). Auch für diese kritische Bestandsaufnahme und das Bedürfnis nach einer stärkeren gesellschaftstheoretischen Rückbindung geographischen Arbeitens gilt, dass die Auslegung sozialkonstruktivistischer und diskurstheoretischer Ansätze in der Geographie sicher selbst einen gewissen Anteil an ihr hat. Tatsächlich wird die Diskurstheorie gegenwärtig vor allem als sprachanalytische Methode aufgegriffen und eher für (neutrale) Fragestellungen zur symbolischen Bedeutung von Räumlichkeit in Anspruch genommen, denn als Möglichkeit, sich gesellschaftlichen Sortierungsprozessen über Raumproduktionen kritisch entgegenzustellen. Im Kontext der diskursanalytisch orientierten Humangeographie wird als derzeitiges Kernproblem eine (noch) defizitäre Übernahme und Inwertsetzung methodischer Entwicklungen in den Sprach- und Medienwissenschaften identifiziert. Auseinandersetzungen mit der Frage, wie den machtkritischen Ansprüchen poststrukturalistischer Theorie auch in der eigenen sozialwissenschaftlichen Analyse Rechnung getragen werden kann, scheinen

demgegenüber sekundär zu sein. Die vage Betonung von Kontingenz fällt entsprechend weitaus weniger elaboriert aus als die ausführlichen Überlegungen zur „Methodisierbarkeit" der Diskurstheorie – und bleibt gleichzeitig häufig die einzig explizit kritische Geste. Viele geographische Arbeiten, die unter der Leitfrage stehen, wie Raum „diskursiv konstruiert" oder „konstituiert" wird und die diese Leitfrage unter Rückgriff auf Textmaterial mit Hilfe zusätzlicher linguistischer und semiotischer Verfahren beantworten wollen, verweisen zwar auf Foucault als zentralen Stichwortgeber für machtkritische Perspektiven. Die nicht zuletzt von Foucault entwickelte Kritik an Wissensproduktion wird aber selten auch auf den Begriff der Methode übertragen.

Interessant ist für uns an dieser Stelle vor allem die Rezeption Foucaults im Spannungsfeld der geschilderten humangeographischen Wissenschaftstrends und Auseinandersetzungen. Wie vielleicht kein zweiter Autor ist Foucault in der seltsamen Position, sowohl von den Vertreter_innen sozialkonstruktivistischer Geographien und den Protagonist_innen diskursanalytischer Verfahrensweisen, wie auch von den Kritiker_innen sozialkonstruktivistischer Ansätze oder den Befürworter_innen einer „Re-Materialisierung der Geographie" und unterschiedlichster praxisorientierter Perspektiven in Beschlag genommen zu werden. Gerade im Zuge der aktuellen Hinwendung bzw. „Rückkehr" zu Materialität und nicht-diskursiven Praktiken kommt es erneut zu etlichen affirmativen Bezugnahmen auf Foucault.

Dabei fällt auf, dass sich diese vielen unterschiedlichen Inbeschlagnahmen in einem Punkt häufig gar nicht so unähnlich sind. Foucault ist nicht nur geteilter Referenzpunkt für gegenläufige Forschungstrends, sondern in gewisser Hinsicht auch ihr gemeinsamer tragischer Held. Seltsame Einigkeit besteht in vielen Arbeiten jeweils darin, dass „Foucault allein" scheinbar nicht wirklich ausreiche, seine Theorie offenbar irgendwie defizitär und hochgradig ergänzungsbedürftig sei. Wahlweise wird Foucault deshalb mit semiotischen und zeichentheoretischen Konzepten „angereichert" und der scheinbar nicht unmittelbar umsetzbaren Diskursanalyse werden (zum Teil sogar quantitative) Methoden zur Seite gestellt. Einer vermeintlich immateriellen, raumlosen Gouvernementalität wird eine für die Materialität von Machtverhältnissen sensiblere „spatial governmentality" entgegengesetzt. Foucault wird „mit Laclau" um das Politische „ergänzt" oder „mit Latour" gelesen, um materiellen Praktiken und der Macht der Dinge einen größeren Stellenwert einzuräumen. Und eine an Foucault angelehnte gesellschaftskritische Analyse von Subjektivierungsweisen und alltäglichen Praktiken auf der „Mikroebene" muss offenbar mit Konzepten zur Analyse der auf ganz anderen *scales* angesiedelten „strukturellen Rahmenbedingungen" verbunden werden.

Gerade angesichts der ungeheuren Dynamik und Geschwindigkeit wissenschaftlicher Trends und der überpointierten Abgrenzungsbewegungen, die sie mitunter produzieren, erscheint es sinnvoll, im Folgenden noch einmal hinter die geschilderten Auseinandersetzungen zurückzutreten und eine alternative Lesart (oder zumindest ein erneutes, genaues Lesen) von Foucault vorzuschlagen. Dabei soll es nicht darum gehen, nun den Anspruch zu etablieren, dass man doch eigentlich alles „am besten mit Foucault und nur mit ihm" untersuchen könne, sondern vielmehr darum, in der Geographie häufig anzutreffende Lesarten in zweifacher Hinsicht zu relativieren. Die Beschäftigung mit Foucaults eigenen historischen Studien kann zweierlei deutlich machen: Zum einen haben geographische Arbeiten, die aus sprachanalytischer Perspektive die „diskursive Konstitution von Raum" untersuchen – so interessant und innovativ sie auch sein mögen! – eher wenig mit Foucaults eigenen Analysen der Räumlichkeit von Machtbeziehungen gemein. Dass Foucault von der diskursanalytisch orientierten deutschsprachigen Geographie konsequent im Feld sprachwissenschaftlich inspirierter Spielarten des Poststrukturalismus verortet wird, ist nach einer Lektüre seiner Schriften vielleicht nicht ganz falsch, aber doch merkwürdig eintönig. Es ist natürlich auch kein Wunder, dass Foucaults Theorie vor dem Hintergrund einer solchen Verortung dann konsequenterweise nur noch als defizitär und ergänzungsbedürftig erscheinen kann, denn Vorlagen für sprachanalytische Verfahrensweisen finden sich in ihr ja tatsächlich kaum. Gleichzeitig bleibt ihr enormes Potential gerade für geographische Fragestellungen und Theoriebildung ungenutzt – Foucaults Auseinandersetzungen mit „anderen Räumen" und Heterotopien, mit architektonischen Figuren und dem Design moderner Disziplinarinstitutionen, mit den Ambitionen von Stadtplanern und historisch tatsächlich umgesetzten Formen der Stadtgestaltung oder seine Arbeit mit dezidiert räumlichen Konzepten wie Territorium, Milieu oder Dispositiv haben der Geographie mehr zu bieten. Vor dem Hintergrund dieser Einschätzung lässt sich eine zweite Infragestellung vornehmen, die wiederum die neuere Kritik diskursanalytischer Verfahren und ihre vermeintliche Ergänzungsbedürftigkeit oder Praxisferne betrifft. Denn auch die Forderungen nach einer theoretischen Ergänzung diskursanalytischer Perspektiven um Materialität, materielle und nicht-diskursive Praktiken oder nach einer Ergänzung diskurstheoretischer Ansätze um gesellschaftskritische Perspektiven sind vielleicht angesichts aktueller Lesarten und Umsetzungen der Diskurstheorie in der Geographie einigermaßen legitim – im Hinblick auf die Arbeiten von Foucault selbst aber ebenfalls recht merkwürdig, steht in ihnen doch immer das machtvolle Zusammenspiel von Sagbarem und Sichtbarem, diskursiven und nicht-diskursiven Praktiken, Problematisierungen und Techniken explizit im Mittelpunkt des Interesses.

Uns erscheint es an dieser Stelle also sinnvoll, nicht nur einen, sondern zwei Schritte hinter die geschilderten Auseinandersetzungen und Grenzziehungen zurücktreten: hinter die aktuelle Kritik an der Diskurstheorie und die Forderung nach einer Re-Materialisierung geographischen Arbeitens, aber auch hinter die gängige Einschätzung, Foucault müsse mit sprachanalytischen bzw. linguistischen oder wissenssoziologischen Arbeitsweisen ergänzt werden, die ihrerseits die erstgenannte, neuere Kritik überhaupt erst möglich gemacht hat. Jenseits dieses Debattenverlaufs möchten wir erneut danach fragen, wie sich mit Foucault die Vermittlung und das wechselseitige Voraussetzungsverhältnis von Diskursivem und Nicht-Diskursivem denken lässt und welche Perspektiven sich hier für geographische Untersuchungen eröffnen. Zu diesem Zweck werden wir Foucault möglichst häufig selbst das Wort geben. Anders als Arbeiten, die davon ausgehen, dass es eine „Foucault'sche Diskursanalyse" im Sinne eines wiederholbaren Vorgehens überhaupt nicht gäbe (Keller 2008: 73) und die auf Basis dieser Behauptung dann endlose methodische „Ergänzungen" vornehmen, gehen wir davon aus, dass Foucaults historische Untersuchungen durchaus einen Fundus an Inspiration und auch an methodischen Prämissen und Ansatzpunkten gerade für geographisches Arbeiten bieten – wenn man sich denn mit ihnen beschäftigt.

(3) Materialität von Machtverhältnissen: Drei Beispiele aus Foucaults Arbeiten

Foucaults historische Analysen ziehen Leser_innen in ihren Bann. Angesichts der „langen Geschichte der Verunglimpfung des Raumes" (Massey 2005: 21, eigene Übersetzung) und der Marginalisierung von „Raumfragen" in der modernen Philosophie signalisieren Foucaults Arbeiten eine Aufmerksamkeit für die Räumlichkeit von Machtverhältnissen, die ihresgleichen sucht. Seine Arbeiten „überkreuzen und unterfüttern" geographische Reflexionen zum Verhältnis von Gesellschaft und Raum und sind Wasser auf die Mühlen einer Geographie, die sich von Philosophie und Sozialwissenschaften häufig als „fehl am Platz und zwischen den Stühlen" wahrgenommen oder auch gänzlich ignoriert wähnt.[5]

5 Diese Selbstbeschreibung wählen die Herausgeber der geographischen Zeitschrift *Hérodote* gleich zu Beginn ihres Interviews mit Foucault im Jahr 1976, um diesen anschließend zu fragen, ob die Geographie denn nicht wenigstens in seiner Archäologie einen „Platz" haben, „ihren Ort finden könnte" (Foucault 2003a [1976]: 38 f.). Auch der berühmte *spatial turn* scheint an dieser prekären Position der Geographie (und an ihrer Selbstwahrnehmung als marginalisiert) kaum etwas geändert zu haben, wie Nigel Thrift und Mike Crang bemerken: „[T]his spatial turn was not a cause for disciplinary

Nicht umsonst gehört das Interview mit den Herausgebern der *Hérodote*, in dem Foucault sich am Ende sogar zu der Aussage hinreißen ließ, die Geographie stehe „wirklich im Zentrum dessen“, womit er sich befasse (Foucault 2003a [1976]: 54), wohl zu den meistzitierten Foucaultquellen zumindest der angloamerikanischen Geographie (Crampton/Elden 2007: 1).

Vor allem Foucaults „späte“, machtanalytische Arbeiten sind reich an minutiösen Beschreibungen der Verschränkung von Techniken der Wissensproduktion und des Regierens mit räumlichen Anordnungs- und Interventionspraktiken. Im Zentrum der Analyse stehen nicht etwa Raumsemantiken oder die diskursive Konstruktion räumlicher Repräsentation, sondern konkrete, materielle Räume, die Machteffekte entfalten und Wissen ermöglichen sollen. Drei Beispiele aus Foucaults Untersuchungen, in denen die Materialität von Räumlichkeit eine zentrale Rolle spielt, möchten wir im Folgenden kurz umreißen.[6] In ihnen zeigt sich ein integrierter Blick auf das wechselseitige, wirkungsvolle Durchdringen von Diskursivem und Nicht-Diskursivem, der für die Foucault'sche Diskursanalyse so zentral ist. Im anschließenden letzten Teil möchten wir einige Grundsätze dieses Arbeitens in aus Diskursivem und Nicht-Diskursivem „gemischten Zuständen“ explizieren.

(1) *Materielle Herstellung von Sichtbarkeit als Voraussetzung für Macht/Wissen*: Gilles Deleuze hat darauf hingewiesen, dass Sagbarkeit und Sichtbarkeit in Foucaults Analyseperspektive immer untrennbar zusammengehören: „Wenn man die Theorie der Sichtbarkeiten vergisst, dann verstümmelt man die Vorstellung, die Foucault sich von der Geschichte macht, aber man verstümmelt auch sein Denken, die Vorstellung, die er sich vom Denken macht“ (Deleuze 1987: 72). Der

triumphalism that others were turning to geography, since most of it seemed resolutely ignorant of geographers and geography as a discipline. Indeed, it seemed at various times to show both deliberate ignorance of geography while – lest anyone might become chauvinistic or proprietary over the claims of the discipline—also displaying how limited much geographical thought had been" (Crang/Thrift 2000: xi).

6 Im Hinblick auf die Debatten um eine Re-Materialisierung, welche die Neue Kulturgeographie aktuell dominieren und zu denen wir mit diesem Beitrag Stellung beziehen wollen, verzichten wir darauf, weitere bei Foucault angelegte Raumbegriffe auszuführen, in deren Kontext das Zusammenspiel diskursiver und nicht-diskursiver Praktiken weniger explizit thematisiert wird. Konzeptionen von Strukturräumen im weiteren Sinne finden sich etwa in seinen früheren Schriften *Die Ordnung der Dinge* (1971 [1966]) und *Die Archäologie des Wissens* (1981 [1969]). Eine umfassende Rekonstruktion der unterschiedlichen Raumkonzepte und des Projektes einer „spatial history“ bei Foucault hat Stuart Elden in mehreren Publikationen vorgelegt (Elden 2001, 2007; Crampton/Elden 2007). Für eine Zusammenstellung der „Raumangebote bei Foucault“ vgl. auch Schreiber (2009).

Begriff der Sichtbarkeit geistert durch alle Phasen des Foucault'schen Werkes; er findet sich in kleineren, verstreuten Texten zu Malerei und Fotografie ebenso wieder, wie in großen Schlüsselwerken. In *Überwachen und Strafen* (1977 [1975]) analysiert Foucault das Gefängnis als spezifische Anordnung der Sichtbarkeit, des Gesehenwerdens der Häftlinge und der Unsichtbarkeit der Wärter. Während in aktuellen diskursanalytischen Arbeiten Materialität häufig zum passiven Träger von Bedeutung und letzten Effekt von Diskursen degradiert wird, verhält es sich bei genauem Hinsehen in Foucaults Analyse genau anders herum: Der materielle Raum ist, so wie er in *Überwachen und Strafen* von Foucault diskutiert wird, keine aus einem Prozess linearer Kausalität hervorgegangene „Sedimentierung" diskursiver Praktiken, die sich wie Schwebstoffe langsam ablagern. Materialität ist vielmehr eine der zentralen Voraussetzungen für die Produktion von Macht/Wissen. Wissen ist hier nicht die Produktionsinstanz des Raumes, der architekturale Raum selbst ist die Bedingung der Möglichkeit der Produktion von Wissen. Gleichzeitig ist das Sichtbare als „Feld neuer Einsätze der Macht und des Wissens" (de Certeau 1991: 230f.) nicht einfach gegeben, sondern selbst etwas hergestelltes. John Rajchmann betont diese Bedeutung der unterschiedlichen Formen von Sichtbarkeit und ihrer Herstellung über räumliche Arrangements für Foucaults Machtanalytik: „Hospitäler, Armenhäuser, Museen, öffentliche Badeanstalten, Schulen, Hauswesen, Asyle sind allesamt Räume, in denen sich die Rationalität einer genau ausgearbeiteten Konstruktion dessen, was gesehen werden kann, rekonstruieren lässt. Sie sind Räume konstruierter Sichtbarkeit" (Rajchman 2000: 51). Über die architektonische Gestaltung und Ausrichtung der Zellen, die vereinzelnde Verortung der Gefangenen, über Blickachsen und Lichtverteilungen, die die Beobachter unsichtbar und die Eingesperrten sichtbar werden lassen, wird das panoptische Gefängnis zur asymmetrischen „Sichtbarkeitsmaschine" und zum „analytischen Raum" (Opitz 2007: 47). Die Disziplin basiert maßgeblich auf dieser „Umkehrung der Ökonomie der Sichtbarkeit" (Foucault 1977 [1975]: 241), die Machtausübung über eine „konzertierte Anordnung von Körpern, Oberflächen, Lichtern und Blicken" (ebd.: 259) organisiert.

Das Gefängnis wird in *Überwachen und Strafen* nicht als Raum der verfestigten Repräsentation und Institutionalisierung von Herrschaftsansprüchen vorstellig.[7] Es ist nicht als von diskursiven Prozessen hervorgebrachte „soziale Konstruktion"

7 Foucault räumt an anderer Stelle ein, dass es diesen Repräsentationscharakter der Architektur als Abbild sozialer Hierarchien geben mag; das militärische Lager etwa sei „ein genaues Abbild der Machtpyramide im Medium der Architektur. Aber das ist ein extrem einfaches und außergewöhnliches Beispiel" (Foucault 2005b [1982]: 340).

oder „Bedeutungseffekt" interessant, sondern in seiner spezifischen Materialität, die nicht lediglich als Folge, sondern als *Voraussetzung* und Teil eines komplexen Macht/Wissen-Dispositivs diskutiert wird. Es geht „nicht um Metaphern" (Foucault 2005b [1982]: 339), sondern um Verräumlichung als materielle Praxis, um „Techniken des Raumes" (ebd.), die hier zum Einsatz kommen. Das von Foucault vorgeschlagene positivistische und empirische Forschungsprogramm zur Analyse von Machtverhältnissen beinhaltet insofern durchaus eine Auseinandersetzung mit denjenigen nicht-diskursiven Praktiken, die zur Herstellung von Sichtbarkeitsordnungen beitragen, denn „[s]owenig die Aussagen ablösbar sind von ihren Ordnungen, so wenig sind die Sichtbarkeiten von ihren Maschinen ablösbar" (Deleuze 1987: 83). Für die machtanalytische Phase ist diese Fokussierung zentral und tritt in den historischen Analysen besonders deutlich hervor. Doch auch in seinen früheren, archäologischen Werken wie *Wahnsinn und Gesellschaft* (1973 [1961]) und *Die Geburt der Klinik* (1988 [1963]), in denen die Machtanalytik noch nicht explizit im Mittelpunkt des Interesses steht, untersucht Foucault letztlich „*Geographien* [...] nicht der Krankheiten, sondern der medizinischen Implantationen mit ihrer jeweiligen Interventionszone und ihrer Handlungsmodalität" (Foucault 2003b [1976]: 126, eigene Hervorhebung). Natürlich interessiert sich Foucault an anderer Stelle ebenso intensiv für gerichtspsychiatrische Gutachten, medizinische Dossiers oder pädagogische Literatur, Textmaterial also, das zur historischen Produktion von Normalität, Pathologie und Delinquenz als Wissensgegenstände wesentlich beigetragen hat (eine minutiöse Untersuchung solcher Schriftstücke liefert etwa die Vorlesungsreihe *Die Anormalen* [2003c]). Doch gerade in *Überwachen und Strafen,* dem Herzstück seiner Auseinandersetzung mit der Disziplinarmacht, sind es unverkennbar die materiellen Bedingungen und die nicht-diskursiven Praktiken der Wissensproduktion, die im Zentrum der Analyse stehen.[8]

8 Demgegenüber ist in der Geographie wie auch in anderen Sozialwissenschaften der Gegenstand, an dem diskursanalytisch angesetzt wird, in den meisten Fällen ausschließlich Textmaterial. Wenn über Textquellen hinaus anderes empirisches Material in die Analyse einbezogen wird, dann häufig in ergänzender Funktion und in der Regel nicht ohne den Hinweis, dass Bilder, Karten, Filme und ähnliches im Grunde ebenfalls „im weitesten Sinne als Text" zu verstehen seien und entsprechend analytisch „gelesen" werden könnten. Natürlich hat auch Foucault selbst seine historischen Untersuchungen maßgeblich über die Auseinandersetzung mit Textmaterial organisiert – er ist aber gleichzeitig weit entfernt davon, die Welt „als Text" zu verstehen oder eine Definition von Diskursen als Gesamtheit sprachlicher Produkte oder Elemente zu entwickeln.

(2) *Parzellierung als Technologie der Individualisierung – Zugriff auf Körper über Raumproduktion und Einverleibung von Macht/Wissen*: Die disziplinierende Subjektivierung als „Modus der Individualisierung der Mannigfaltigkeiten" (Foucault 2004: 28) operiert vor allem mit räumlichen Strategien. Foucault beschreibt eine Strukturierung des Raumes mithilfe der Zellentechnik, die in der panoptischen Architektur und ihren potenziell subjektivierenden Effekten eine weitere Intensivierung erfahren und die Disziplinargesellschaft weit über das Gefängnis hinaus strukturiert hat.

Erste Zielscheibe der disziplinären Machtmechanismen ist der Körper: „[...] der Kapitalismus, der sich Ende des 18. und Anfang des 19. Jahrhunderts entwickelt, hat zunächst einmal ein erstes Objekt vergesellschaftet, den Körper, in seiner Funktion als Produktiv- oder Arbeitskraft. Die Kontrolle der Gesellschaft über die Individuen wird nicht nur über das Bewusstsein oder durch die Ideologie, sondern ebenso im Körper und mit dem Körper vollzogen." (Foucault 2003d [1977]: 275).[9] Individuen und Individualität sind nicht so sehr das Ausgangsmaterial der Disziplinarmacht als vielmehr ihr Effekt. Ein Tiefeneffekt, der sowohl über diskursive Praktiken (wie etwa in der Beichte oder später auch in der psychoanalytischen Gesprächssituation, in der wir angehalten sind, eine tiefere Wahrheit über uns zu gestehen) als auch nicht-diskursive Praktiken (der körperlichen Ertüchtigung oder der Anordnung im Raum, z.B. im Klassenzimmer) hergestellt wird. Die Parzellierung, die jedem Individuum seinen Platz und jedem Platz sein Individuum zuordnet, ist Erkenntnisraster und materiell-räumliche Praxis zugleich.

9 Auch im Zusammenhang mit seiner Kritik am Sexualitätsdispositiv in *Der Wille zum Wissen* (1983 [1976]) macht Foucault einerseits deutlich, wie Subjektivitäten einverleibt werden und wie Machtstrategien am Körper anzusetzen versuchen, andererseits stellt er aber auch ein widerständiges Potential von Leiblichkeit in Aussicht, das gegen die Zugriffe der Macht in Anschlag gebracht werden könne (Foucault 1983 [1976]: 151). Aus dekonstruktivistischer Perspektive hat Judith Butler Foucault dafür kritisiert, dass dieser in *Der Wille zum Wissen* die „Trope der vordiskursiven, libidinösen Mannigfaltigkeit" (Butler 1991: 146) aufrufe und damit so etwas wie eine vordiskursive Leiblichkeit unterstelle, während stärker Deleuze-inspirierte Lesarten gerade diesen Verweis auf Leiblichkeit und Lüste (und ihre potenzielle Widerständigkeit) in Foucaults Spätwerk aufgreifen, um über die Materialität von Leiblichkeit jenseits von Fragen nach ihrer diskursiven Repräsentation nachzudenken (z.B. Grosz 1994, für die deutschsprachige Kulturgeographie vgl. die Arbeiten von Jürgen Hasse [2009]). Auch an dieser Stelle zeigt sich also das Potenzial von Foucaults konsequent *nicht* kategorisch unterscheidendem Blick auf das unentwirrbare Zusammenspiel zwischen Diskursivem und Nicht-Diskursivem, der ein Zusammendenken von poststrukturalistischen und phänomenologischen Perspektiven ermöglicht.

Gleichzeitig bewegt sich Foucaults Auseinandersetzung mit dieser Bedeutung der Materialität von Räumlichkeit für Machtstrategien aber auch weit jenseits raumdeterministischer Perspektiven. Die Frage etwa, ob Architekten ähnlich wie Ärzte, Gefängniswärter, Richter oder Psychiater als Schlüsselfiguren in Herrschaftskonstellationen anzusehen seien, verneint Foucault entschieden: Der Architekt sei „keine Person dieser Art" (Foucault 2005b [1982]: 332). Auch wenn er durchaus mit all den Techniken zu tun habe, über die Macht ausgeübt wird, letztendlich „hat der Architekt keine Macht über [uns]" (ebd.).[10] Interessant ist für Foucault vor allem die symbolische und materielle Praxis der vereinzelnden Verortung als strategischer Bestandteil der Disziplinarmacht, die sich die praktische Ortsgebundenheit der Körper zunutze zu machen sucht. Die Entstehung der Disziplinargesellschaft wird aber *nicht* ursächlich von der physisch-materiellen Gestaltung des Gefängnisses, der Schule, Kaserne oder Klinik abgeleitet. Eine solche Lesart wäre eine unzulässige Verkürzung der Bedeutung, die der Räumlichkeit von Machtverhältnissen von Foucault beigemessen wird – so auch Paul Rabinow, der Foucaults Auseinandersetzung mit Urbanistik und Raumgestaltung in eigenen Untersuchungen weiterverfolgt hat: „[...] Foucault is absolutely not maintaining, as has sometimes been alleged, that architectural form by itself carries with it an inherent political significance or function. Rather, he maintains only that spatial localizations, and particularly certain architectural projects, have been part of political strategies at certain historical moments" (Rabinow 2003: 355, vgl. auch Rabinow 1989). Die Nutzung und gesellschaftliche Bedeutung von Orten steht in keinerlei zwangsläufigem Zusammenhang mit ihrer materiellen Beschaffenheit – eine zentrale Einschränkung, die für politische Projekte aller Art gleichermaßen zutrifft. Foucault beschreibt in seinen historischen Analysen zwar, wann und wie Architektur und Städtebau „politisch" bzw. zu Techniken des Regierens wurden, weist aber gleichzeitig auch die Gestaltungsphantasie zurück, der physisch-materielle Raum könne quasi aus sich selbst heraus emanzipatorische Impulse generieren oder zur Lösung sozialer Probleme beitragen: „Wenn man einen Ort fände [...] an dem tatsächlich Freiheit ausgeübt wird, dann nicht aufgrund der Eigenschaften von Objekten, sondern dank der Praxis der Freiheit" (Foucault 2005b [1982]: 330). Die Materialität von Räumlichkeit

10 Foucault verneint die Frage nach Architekten als Schlüsselfiguren in Herrschaftskonstellationen nicht nur, sondern wirft in dem hier zitierten Interview ebenfalls korrigierend ein, dass auch Priester, Richter, Psychiater, etc. für ihn ohnehin nicht als „Herrschaftsfiguren" interessant seien, sondern vielmehr als Menschen, „die im Feld der Machtbeziehungen bedeutsam sind" (Foucault 2005b [1982]: 332).

ist bei Foucault also weder passive Trägerin diskursiver Bedeutungsproduktion, noch sind materielle Räume in irgendeiner eindeutig determinierenden Form als „Herrschaftsbehälter" oder gar als potenzielle „Befreiungsmaschinen" aufzufassen (ebd.: 331).

(3) *Stadtplanung als erster Verdichtungspunkt (neo)liberaler Gouvernementalität – die räumlich konnotierte Gestaltung der „Rahmenbedingungen" für Zirkulation und Selbststeuerung*: In Foucaults Auseinandersetzungen mit der Räumlichkeit von Machtverhältnissen geht es nicht nur um Sichtbarkeitsproduktion oder den Zugriff auf Körper. In der *Geschichte der Gouvernementalität I* (2004) nimmt Foucault solche Räume in den Blick, deren Aufgabe es ist, Zirkulation zu organisieren und sicherzustellen. Für ihn ist die Stadt des 18. Jahrhunderts ein Sicherheitsraum, dessen Gestaltung vor allem Multifunktionalität ermöglichen, erleichtern, nahelegen soll. Kollektive Infrastruktur herstellen, auf Wahrscheinlichkeiten einwirken, um „gute", sich potenziell „selbst steuernde" Zirkulation (von Luft, Waren, Geld, Arbeitskraft) zu ermöglichen und „schlechte" Zirkulation (von Krankheiten, Kriminalität, Revolten) in Maßen zu halten, ist die neue Maxime dieser Form der Stadtgestaltung. Für seine Genealogie moderner Gouvernementalität und Biopolitik wählt Foucault diese lokalen Problematisierungen und Techniken, mit denen „die Städtebauer den städtischen Raum denken und zu modifizieren versuchen" (Foucault 2004: 40) als ersten Anknüpfungspunkt. Anders als die Disziplinarmacht, die die Stadt „von einer geometrischen Figur aus, einer Art architektonischem Modul, nämlich dem Karree oder dem Rechteck" (Foucault 2004: 34) zu reorganisieren versuchte, ist für die moderne Sicherheitsstadt vor allem charakteristisch, dass hier pragmatisch versucht wird, mit dem Gegebenen zu arbeiten. Der Wechsel der Machttypen impliziert nicht nur neue Formen der diskursiven Benennung von Problemen, vielmehr sind die neuen Formen der Regulation auch gleichbedeutend mit und abhängig von einer veränderten Form materieller Gestaltung.[11]

---

11 Gleichzeitig warnt Foucault aber auch davor, die Idee einer historischen Abfolge unterschiedlicher Machttypen zu stark zu betonen oder zu unterstellen, jede Phase habe ihre klar abgrenzbare Form architektonischer Repräsentation, an der man dann den historischen Wechsel von Machttypen ablesen könne. Um das spezifische Mischverhältnis und Nebeneinander von Machtmechanismen nicht aus den Augen zu verlieren, setzt die Analyse deshalb konsequent an den konkreten Techniken des Regierens an, ohne von vornherein von geschlossenen, aufeinander folgenden Machtsystemen auszugehen (Foucault 2004.: 22f.). Die Beispiele der Stadtgestaltung sind für diese Perspektive hilfreich – Foucault kann anhand der Beispiele distinkte Formen der Gestaltung thematisieren und gleichzeitig deutlich machen, dass es offensichtlich

Auch im Kontext der Gouvernementalitätsvorlesungen wird das Zusammenspiel diskursiver und nicht-diskursiver Praktiken im Regieren also prominent anhand der unterschiedlichen Behandlung der „Raumprobleme" (ebd.: 28) deutlich gemacht. Und auch hier sind es im Hinblick auf die Gestaltung des Raumes ebenfalls nicht die symbolischen Formen der Repräsentation, die für Foucault von Interesse sind – es ist der unmittelbare Anwendungsbezug der Stadtgestaltung, ihre pragmatische Struktur, ihre Reaktion auf konkrete Probleme, die im Zentrum der Analyse stehen. Der Begriff der Gouvernementalität, der in diesem Zusammenhang entwickelt wird, steht entsprechend auch „nicht für eine mythische Zeichenpraxis [...], sondern verweist auf unterschiedliche Handlungsformen und Praxisfelder, die in vielfältiger Weise auf die Lenkung und Leitung von Individuen und Kollektiven zielen" (Lemke 2007: 13).[12]

In diesem Kontext der Genealogie moderner Gouvernementalität nimmt das analytische Konzept der Problematisierung eine Schlüsselstellung ein. Prozesse der Problematisierung zu untersuchen, herauszufinden „[w]ie und warum bestimmte Dinge (Verhalten, Erscheinungen, Prozesse) zum Problem" (Foucault 1996: 178) und damit zu Gegenständen der Bearbeitung wurden, ist Foucaults erklärtes Ziel. Auch in der hier von Foucault vorgenommenen Bestimmung des Konzepts der Problematisierung wird die Differenz zu solchen diskursanalytischen Arbeiten deutlich, die diskursive Praktiken vor dem Hintergrund eines spezifischen Verständnisses von Konstruktivismus privilegieren, denn Problematisierungen sind für Foucault gerade kein ausschließlich diskursives Phänomen. Problematisierung bedeutet „nicht die Darstellung eines zuvor existierenden Objekts, *genauso wenig* aber auch die Erschaffung eines nicht existierenden Objekts durch den Diskurs" (Foucault 2005c [1984]: 826, eigene Hervorhebung) – es ist vielmehr auch hier die Gesamtheit diskursiver und nicht-diskursiver Praktiken, die etwas „als Objekt für das Denken" konstituiert (ebd.).

---

nicht einfach darum ging, zu bestimmten historischen Zeitpunkten einfach „alles neu zu bauen oder eine [neue] symbolische Form vorzuschreiben" (ebd.: 36).

12 Für geographische Perspektiven ist nicht zuletzt der Verweis auf die Interventionszonen und Handlungsfelder des Regierens zentral, die aus diesem Zusammenspiel von diskursiven und nicht-diskursiven Praktiken hervorgehen und die anzeigen, dass jedwede Form der Problematisierung immer räumliche Implikationen mit sich bringt. Vor dem Hintergrund dieser Begriffsentwicklung und der unterschiedlichen Beispiele, die Foucault heranzieht, erscheint auch die Rede von einer „spatial governmentality" einigermaßen redundant – was wäre denn überhaupt ein empirisches Beispiel für eine „raumlose, immaterielle Gouvernementalität", die kein Feld ausweist, das sie bearbeitet, die ohne Anwendungsbezug bleibt?

Was Foucault mit seiner Analyse der Gestaltung des städtischen Raumes im 16., 17. und 18. Jahrhundert vorschlägt, ist eine Beobachtung zweiter Ordnung von diskursiven und nicht-diskursiven Praktiken, die vor allem danach fragt, welchem Zweck die Verräumlichung sozialer Fragen und die damit einhergehenden Gestaltungsbestrebungen jeweils dienen sollen, ohne in funktionalistischer Zwangsläufigkeit zu unterstellen, dass dieser Zweck auch erreicht wird. Die Effekte und Gefahren räumlicher Semantiken, die von der Neuen Kulturgeographie in den letzten Jahren so gerne in den Blick genommen wurden, scheinen Foucault durchaus bewusst gewesen zu sein. Er selbst räumt an anderer Stelle ein, etwa in *Die Ordnung der Dinge*, „gelegentlich räumliche Metaphern benutzt" zu haben, letztendlich sei es ihm aber nicht darum gegangen, „sie zu verteidigen, sondern zu untersuchen" (Foucault 2005b [1982]: 339). Foucault stellt ein reflektiertes Arbeiten mit sprachlichen Verräumlichungen und einen nüchternen Blick auf den Zusammenhang zwischen Macht/Wissen und Raumproduktion unter Beweis, der die Kritik und das Unbehagen der Neuen Kulturgeographie gegenüber der aktuellen Raumkonjunktur in den Nachbardisziplinen und den reduktiven Raumsemantiken, die im Kontext von *spatial turn* und poststrukturalistisch inspirierten Arbeiten bisweilen produziert werden, geradezu zu antizipieren scheint.[13]

(4) Arbeiten in gemischten Zuständen

Die drei gewählten Beispiele aus Foucaults Arbeiten zeigen, dass dieser immer an solchen Formen der Problematisierung und Intervention interessiert war, in denen sich Denk- und Handlungsformen systematisch verschränken. Inspirationen für die Neue Kulturgeographie geben Foucaults Arbeiten in mehrfacher Hinsicht: für

13 Eine frühe Kritik an der Konjunktur räumlicher Metaphern in den Sozial- und Kulturwissenschaften liefern Neil Smith und Cindy Katz (1993: 67): „In social theory and literary criticism, spatial metaphors have become a predominant means by which social life is understood. 'Theoretical spaces' have been 'explored', 'mapped', 'charted', 'contested', 'colonized', 'decolonized', and everyone seems to be 'travelling'. But, perhaps surprisingly, there has been little, if any, attempt to examine the different implications of material and metaphorical space. [...] many current spatial metaphors, such as 'positionality', 'locality', 'grounding', 'displacement', 'territory', 'nomadism' require urgent critical scrutiny. The appeal of these spatial metaphors lies precisely in the new meanings they impart, but it is increasingly evident that these metaphors depend overwhelmingly on a very specific and contested conception of space and that they embody often unintended political consequences." Zur Auseinandersetzung mit dem *spatial turn* und zur Kritik an der „Raumkonjunktur" bzw. „Raumfalle" vgl. für die deutschsprachige Kulturgeographie v.a. Lossau (2009), Lippuner/Lossau (2004).

eine theoretische Reflexion des Zusammenwirkens von Diskursivem und Nicht-Diskursivem (1), für eine von dieser Reflektion angeleitete Forschungspraxis im Feld „gemischter Zustände“ (2) und schließlich für die spezifische Auswahl der Untersuchungsgegenstände und den damit verbundenen Anspruch an die eigene Arbeit (3).

(1) *Anknüpfungspunkte für die theoretische Reflexion des Zusammenspiels von diskursiven und nicht-diskursiven Praktiken*: Deleuze bezeichnet das Zusammenspiel diskursiver und nicht-diskursiver Praktiken im Anschluss an Foucault als „gemischte Zustände“, deren „multilineare“ (im Sprachgebrauch vieler aktueller Arbeiten wohl eher: „messy“) Verschneidung analytisch nicht zugunsten einer Seite auflösbar ist (Deleuze 1993: 125). Eine genauere Auseinandersetzung mit Foucaults Begriffsverwendungen macht deutlich, dass die Grenzziehung zwischen diskursiven und nicht-diskursiven Praktiken als dichotomes Gegensatzpaar kaum Sinn macht. Auch die Privilegierung des Diskurses als Untersuchungsgegenstand und eine einseitige analytische Fokussierung auf diskursive Praktiken scheint vor dem Hintergrund von Foucaults eigenen Untersuchungsgegenständen und Vorgehensweisen als fragwürdig. In seinen Analysen des Zusammenhangs von Macht und Wissen weist Foucault immer wieder daraufhin, wie unmittelbar die Produktion von Wissen auch von nicht-diskursiven Praktiken abhängig ist. Vor allem materiell-räumlichen Arrangements wird ein besonderes Gewicht für die Versuche der Produktion und Stabilisierung von Machtverhältnissen eingeräumt, weshalb sie auch besonders sorgfältig analysiert werden. Materialität ist in Foucaults Analysen kein passiver Träger von Bedeutung, Räume sind nicht das „Ergebnis“ diskursiver Bedeutungsproduktion, sie gehen nicht als Endprodukt aus machtvollen Diskursen hervor. Gleichzeitig sind auch diskursive Praktiken für Foucault „keineswegs immateriell“ (Foucault 1991 [1971]: 37), keine Form der Repräsentation, die sich wie eine sekundäre Schicht über die Wirklichkeit legt, die uns nunmehr nur noch vermittelt zugänglich ist. Für das diskursive Ereignis gilt, dass es immer unmittelbar „auf der Ebene der Materialität wirksam ist, Effekt ist; es hat seinen Ort und besteht in der Beziehung, der Koexistenz, der Streuung, der Überschneidung, der Anhäufung, der Selektion materieller Elemente [...], es produziert sich als Effekt einer materiellen Streuung“. Entsprechend muss sich die Analyse ebenfalls in der „paradoxen Richtung eines Materialismus des Unkörperlichen“ (ebd.) bewegen. Foucault legt nahe, den Diskurs als Praxis zu analysieren, „der sich an ein bestimmtes Feld von Gegenständen wendet, der sich in den Händen einer gewissen Zahl von statuarisch bezeichneten Individuen befindet, der schließlich bestimmte Funktionen in der Gesellschaft zu erfüllen hat, sich über Praktiken artikuliert“ (Foucault 1981 [1969]: 234).

Foucault selbst hat in einem Interview auf die wiederholte Nachfrage, was denn nun der genaue Unterschied zwischen diskursiven und nicht-diskursiven Praktiken sei, etwas ungehalten geantwortet, dass ihn dieser eigentlich überhaupt nicht weiter interessiere. Für das, was er in den Blick nehme, sei „es kaum von Bedeutung, zu sagen: das hier ist diskursiv und das nicht" (Foucault 1978: 124f.). Es scheint fast, als würde die Differenzierung zwischen diskursiven und nicht-diskursiven Praktiken lediglich gemacht, um sie anschließend als analytisch nicht weiter hilfreich wieder zu suspendieren. So frustrierend diese Rücknahme analytischer Postulate für diejenigen sein mag, die auf der Suche nach möglichst eindeutigen methodischen Analyseanweisungen sind, so sinnvoll erscheint sie doch im Hinblick auf die Gegenstände, die Foucault selbst untersucht hat. Offensichtlich besteht ein Unterschied zwischen theoretischen Differenzierungen, die Foucault (vor allem in Interviews auf konkrete Nachfragen hin) vornimmt und den tatsächlichen Arbeitsweisen, die sich in seinen Untersuchungen finden lassen. Hier konfrontiert er uns nämlich beharrlich mit einer „Menge von Relationen, die Orte definieren, sich [aber] nicht aufeinander reduzieren" lassen (Foucault 2005d [1984]: 934).

(2) *Forschungspraxis im Feld gemischter Zustände:* Jenseits des Potenzials für geographische Theoriebildung sind es vor allem Foucaults forschungspraktische Postulate, die Reiz ausüben und die besonders anschlussfähig für geographisches Arbeiten sind. Foucault schlägt vor, konsequent auf die konkreten Formen der Machtausübung, auf das „praktische Feld" zu fokussieren, da sich Machtbeziehungen besser über die Positivität ihrer Verkettung untereinander, über ihre Anordnung und über ihre Beziehungen aufzeigen ließen, als über eine historische Entwicklung oder den Nachvollzug ihrer Abfolge. Foucault plädiert also für eine „topologische Perspektive" (Rabinow 2003: 354), die Deleuze folgendermaßen beschreibt: „gemischte Zustände [...] analysieren, Gefüge, Verkettungen, von Foucault Dispositive genannt" (Deleuze 1993: 125). Foucaults Machtanalytik knüpft an verschiedenartigen Dingen an, „sie arbeitet in einer Vielzahl von Registern; sie durchläuft Zwischenräume und Abstände; sie hat ihren Bereich dort, wo die Einheiten nebeneinander stehen, sich trennen, ihre Ränder festlegen, sich gegenüberstehen und zwischen sich leere Räume zeichnen" (Foucault 1981 [1969]: 224). Spekulativer kann man kaum ins Feld ziehen.

Foucault arbeitet nicht nur im Feld gemischter Zustände, er versucht auch Untersuchungsinstrumente zu entwickeln, die diesen unentwirrbaren Zuständen Rechnung tragen. Eine kategorische Unterscheidung zwischen diskursiven und nicht-diskursiven Praktiken führt uns analytisch vielleicht nicht weiter, wohl aber viele andere der Instrumente, die Foucault uns zur Verfügung überlassen hat. In einem Interview bekundet dieser, bevorzugt mit solchen Instrumenten zu arbeiten, die er im Rahmen seiner Forschungsarbeiten und Analysen *vorfindet*: „Ich habe keine Methode, die ich unterschiedslos auf verschiedene Bereiche anwende. Im Gegenteil [...], ich isoliere ein und denselben Objektbereich mit Hilfe von Instrumenten, die ich vorfinde oder die ich mir in meiner Forschungsarbeit selbst schaffe, ohne dabei dem Problem der Methode eine besondere Stelle einzuräumen. [...] Ich taste mich voran und fabriziere nach besten Kräften Instrumente, die Objekte sichtbar machen sollen" (Foucault 2003d [1977]: 521f.). Viele Konzepte, die im Mittelpunkt der Analyse stehen, haben deshalb einen Doppelcharakter. Veränderte Sichtbarkeiten sind nicht nur als Gegenstand interessant, sie sollen auch als analytischer Effekt aus der Untersuchung hervorgehen. Foucault verdeutlicht uns den Zusammenhang von Macht und Raumproduktion und die Bedeutung der Herstellung von Sichtbarkeiten nicht nur, er arbeitet auch selbst als „visueller Historiker" und „Kartograph" (Deleuze 1987: 32ff.), vor allem sein analytischer „Kunstgriff des Vorher-Nachher-Bildes" (Rajchmann 2000: 51) erhellt uns die Historizität unserer unscheinbarsten Alltagshandlungen und alltäglichsten Erfahrungen (in der Familie, der Schule, in Prüfungssituationen, etc.), die nicht länger selbstverständlich erscheinen.

Ähnlich verhält es sich mit dem Konzept der Problematisierung. Foucault untersucht den Wandel gouvernementaler Problematisierungen, gleichzeitig soll eben diese Auseinandersetzung mit der Historizität von Problemdefinitionen und -bearbeitungen des Regierens auch neue, veränderte Problematisierungen ermöglichen, „außerhalb jeder sowohl *abstrakten* als auch *einschränkenden* Totalisierung so *konkrete* wie *allgemeine* Probleme [...] *eröffnen* wie eben möglich – Probleme, die die Politik von hinten her angehen, die sich diagonal durch die Gesellschaft hindurchziehen" (Foucault 2005e [1984]: 718, Hervorhebung im Original). Problematisierungen sind hier potenziell Untersuchungsgegenstand, analytische Vorgehensweise und Reflexion des eigenen Vorgehens zugleich, sie sind eine „Form der Kritik, die sich gerade nicht durch den Bezug auf ein Recht oder eine Wahrheit legitimiert, sondern Kritik aus sich selbst heraus ohne jede Zensurinstanz begründet, [...] 'Problematisierung' der Art und Weise, wie wir heute Kritik üben, als Formulierung von Fragen, auf die andere immer schon Antworten haben" (Lemke 1997: 36).

Verbunden mit dem Fokus auf Problematisierungen erklärt Foucault in der *Geschichte der Gouvernementalität*, eine „Geschichte der Techniken im engeren Sinne" (Foucault 2004: 23) entwickeln zu wollen, die mit gängigen Versuchen der Identifikation historischer Abfolgen und Zwangläufigkeiten notwendig bricht. Techniken (Formen der Selbst- und Fremdführung, die Zellentechnik, die Beichttechnik, etc.) stehen im Mittelpunkt der Analyse einer Mikro*physik* der Macht (in vielen Adaptionen im Sinne von *scale*-Modellen interpretiert als Analyse der Mikro*ebene* gesellschaftlicher Prozesse, obwohl Foucault dieser Lesart explizit widerspricht [vgl. 2004: 513f.]). Gleichzeitig verweist die vielzitierte Metapher der Werkzeugkiste darauf, dass Foucault seine analytischen Konzepte ebenfalls als technische Geräte, als „Schraubenzieher" (Foucault 1976: 53) oder „Skalpelle" (Foucault 2002a [1975]: 894) begreift; sie sind als „als Instrument, Taktik oder Beleuchtung" (ebd.) zu verwenden und müssen ihren Gebrauchswert immer wieder neu unter Beweis stellen. Die Pointe des in der Foucault-Rezeption so häufig bemühten Begriffs der Werkzeugkiste ist unserer Ansicht nach deshalb auch nicht so sehr die Einladung zur selektiven Entnahme einzelner Theoriekonzepte[14], sondern die Aufforderung zum konsequenten Arbeiten an der Wirklichkeit mit ihnen.

Dass Foucaults Analysen überzeugen, liegt schlicht auch daran, dass ihr Instrumentarium jeweils aus der Problematisierung des Vorgefundenen entwickelt wurde und ihm damit exklusiv gerecht werden kann. An diese Vorgehensweise können sich auch geographische Arbeiten anlehnen. Es ist gerade kein Defizit, Foucault ein geeignetes Analyseinstrumentarium an die Seite stellen zu müssen, sondern sein Vermächtnis, ein spezifisches Werkzeug der Kritik entwickeln zu können, das aus der Auseinandersetzung mit dem Gegenstand gewonnen wurde.

(3) *Auswahl der Untersuchungsgegenstände und Anspruch an die eigene Arbeit*: Die Kritik an den theoretischen Grundlagen sozialkonstruktivistischer Arbeiten, an der Dominanz sprachanalytischer Perspektiven und der Vorwurf ihrer Untauglichkeit für eine adäquate, kritische Analyse aktueller Probleme werden häufig miteinander verbunden artikuliert. Ein elaborierterer Begriff von Konstruktion, wie etwa Latour ihn fordert, oder die stärkere Betonung eines wie auch immer gearteten „Eigensinns" des Materiellen, machen eine Untersuchung, die solche theoretischen Reflexionen leistet, aber noch nicht zu einer kritischen. Kritik impliziert nicht nur einen veränderten Modus der Bearbeitung, sondern immer auch eine spezifische Themenwahl. Foucaults Arbeiten bieten in dieser Hinsicht eine dritte Inspirationsquelle für Arbeiten der Neuen Kulturgeographie. In einem Interview auf den „roten Faden" seines Schaffens angesprochen, antwortet dieser nicht mit seinen theoretisch-konzeptionellen Interessen, sondern verweist auf

14 Zur Kritik an diesem Vorgehen vgl. auch McFarlane (2006: 1): „While presenting interesting and groundbreaking empirical work, the theoretical component of Foucauldian scholarship was largely left behind remaining neglected by central figures in governmentality, who tended to defend their reluctance to develop 'the theory' with an appeal to the famous quip about developing 'theory as a toolkit'."

seine Themen: „Nach alledem wird man mich fragen: 'Was soll das Gerede, haben Sie nun einen roten Faden oder nicht?' [...] Es gibt heute in der Gesellschaft – und da kommt die Politik ins Spiel – eine Reihe von Fragen, Problemen, Wunden, Verunsicherungen und Ängsten, welche die eigentliche Triebkraft hinter meinen Wahlentscheidungen bilden, hinter den Zielen und Objekten, die ich analysiere, und in der Art, wie ich sie analysiere. Denn was wir sind – die Konflikte, Spannungen und Ängste in uns –, ist letztendlich der Boden, auf dem wir uns bewegen, und ich wage nicht zu sagen: der feste Boden, denn per definitionem ist er vermint und gefährlich" (Foucault 2003d [1977]: 523). Die „Brennpunkte der Erfahrung" (2009 [2008]: 15), die Foucault zum Gegenstand seiner Untersuchungen macht, weisen immer auf uns zurück und zeigen ein spezifisches Verhältnis auf, in dem wir zu ihnen stehen.[15] Die Relevanz von Arbeiten der Neuen Kulturgeographie bemisst sich diesem analytischen Anspruch folgend dann auch daran, ob es ihr gelingt, die Probleme, Konflikte, Wunden, Verunsicherungen zu identifizieren und zu untersuchen, welche heute die unseren sind und uns in unserer Existenzweise beeinflussen. Die Frage, wie es möglich ist, „daß man nicht derartig, im Namen dieser Prinzipien da, zu solchen Zwecken und mit solchen Verfahren regiert wird – daß man nicht so und nicht dafür und nicht von denen da regiert wird" (Foucault 1992 [1978]: 11f.), wird in den aktuellen Debatten zur Diskurstheorie in der Geographie bisher nur vereinzelt als zentrale Herausforderung aufgegriffen. Zwar sehen gerade poststrukturalistische Methodenkonzeptionen „in einer gewissen 'Standpunktlosigkeit' [...] ihr eigentliches Kritikpotenzial" (Freikamp et al. 2008: 13), gerade Foucaults Verständnis von Kritik als Infragestellung unhinterfragter Selbstverständlichkeiten ist aber nie nur „nüchterne Diagnose, sondern immer auch politische Konstruktion, deren Plausibilität davon abhängt, daß sie ihren Adressaten als glaubwürdige Rekonstruktion ihrer Erfahrung erscheint" (Wolf 2003: 49).

Es bliebe die Charakteristik und das Potenzial von Foucaults Arbeiten unbeachtet, wenn dieser der Neuen Kulturgeographie nur als der jeweils ergänzungsbedürftige Stichwortgeber für *linguistic* oder *material turn* dienen würde. Seine Arbeiten eröffnen vielmehr Möglichkeiten der Begegnung, jedoch niemals als

---

15 Zum Zusammenhang zwischen dem Begriff der Erfahrung, der v.a. für das Spätwerk Foucaults bedeutsam ist, und der Entwicklung einer kritischen Haltung vgl. auch Lemke (2011: 27): „[...] there is an intimate link between the inquiry into critique and the interest in experience in Foucault's later work. My thesis is that Foucault's account of critique is informed by a specifc reading and understanding of experience. He conceives of experience as a dynamic interplay between games of truth, forms of power and relations to the self."

rein theoretisierbare Unterscheidung, die unabhängig des konkret Gegebenen besteht. Wenn die Neue Kulturgeographie also die Positivitäten auf ihre Akzeptabilitätsbedingungen hin untersuchen will, dann müssen „die Beziehungen vervielfältigt werden, müssen die verschiedenen Typen von Beziehungen, die verschiedenen Verkettungsnotwendigkeiten differenziert werden, müssen die Interaktionen und die zirkulären Aktionen entziffert werden, müssen heterogene Prozesse in ihrer Überlagerung betrachtet werden" (Foucault 1992 [1978]: 37). Geographie als Interesse an gemischten Zuständen, so meinen wir, wird dann viel variantenreicher. Die Integration ähnlicher Ordnungen unähnlicher Dinge ist mit Foucault vor allem eine Herausforderung am Gegenstand und kein theoretischer Schlagabtausch zwischen Konstruiertem und etwas „mehr Wirklichem".

Literatur

Barad, Karen (2003): Posthumanist Performativity: Toward an Understanding of How Matter Comes to Matter. In: Signs: Journal of Women in Culture and Society 28 (3): 801–31.

Bauriedl, Sybille (2007): Räume lesen lernen: Methoden zur Raumanalyse in der Diskursforschung [86 Absätze]. In: Forum Qualitative Sozialforschung/Forum: Qualitative Social Research 8 (2). Internet: http://www.qualitative-research.net/fqs-texte/2-07/07-2-13-d.htm.

Bennett, Jane (2004): The Force of Things: Steps Toward an Ecology of Matter. In: Political Theory 32 (3): 347-372.

Berndt, Christian und Robert Pütz (2007): Kulturelle Geographien nach dem Cultural Turn. In: dies. (Hrsg.): Kulturelle Geographien. Zur Beschäftigung mit Raum und Ort nach dem Cultural Turn: 7-25. Bielefeld (transcript).

Butler, Judith (1991): Das Unbehagen der Geschlechter. Frankfurt am Main (Suhrkamp).

– (2003): Noch einmal: Körper und Macht. In: Honneth, Axel und Martin Saar (Hrsg.): Michel Foucault. Zwischenbilanz einer Rezeption: 52-67. Frankfurt am Main (Suhrkamp).

Crampton, Jeremy und Stuart Elden (2007): Introduction – Space, Knowledge and Power: Foucault and Geography. In: dies. (Hrsg.): Space, Knowledge and Power: Foucault and Geography: 1-16. Aldershot (Ashgate).

Crang, Mike und Nigel Thrift (2000): Preface. In: dies. (Hrsg.): Thinking space: xi-xii. London und New York (Routledge).

De Certeau, Michel (1991): Das Lachen Michel Foucaults. In: Schmid, Wilhelm (Hrsg.): Denken und Existenz bei Michel Foucault: 227-240. Frankfurt am Main (Suhrkamp).

Deleuze, Gilles (1993): Die Dinge aufbrechen, die Worte aufbrechen. In: Deleuze, Gilles: Unterhandlungen. 1972-1990: 121-135. Frankfurt am Main (Suhrkamp).

– (1987): Foucault. Frankfurt am Main (Suhrkamp).

Elden, Stuart (2001): Mapping the Present: Heidegger, Foucault and the project of a spatial history. London (Continuum).

Elden, Stuart (2007): Rethinking Governmentality. In: Political Geography 26 (1): 29-33.

Foucault, Michel (1971 [1966]): Die Ordnung der Dinge. Frankfurt am Main (Suhrkamp).

– (1973 [1961]): Wahnsinn und Gesellschaft. Frankfurt am Main (Suhrkamp).

– (1976): Mikrophysik der Macht – Über Strafjustiz, Psychiatrie und Medizin. Berlin (Merve).

– (1977 [1975]): Überwachen und Strafen. Die Geburt des Gefängnisses. Frankfurt am Main (Suhrkamp).

– (1978): Dispositive der Macht. Über Sexualität, Wissen und Wahrheit. Berlin (Merve).

– (1981 [1969]): Archäologie des Wissens. Frankfurt am Main (Suhrkamp).

– (1983 [1976]): Sexualität und Wahrheit I. Der Wille zum Wissen. Frankfurt am Main (Suhrkamp).

– (1985): Geschichte der Sexualität. Interview mit Michel Foucault. In: Ästhetik und Kommunikation 15 (57/58): 157-164.

– (1988 [1963]): Die Geburt der Klinik. Eine Archäologie des ärztlichen Blicks. Frankfurt am Main (Fischer).

– (1991 [1971]): Die Ordnung des Diskurses. Frankfurt am Main (Fischer).

– (1992 [1978]): Was ist Kritik? Berlin (Merve).

– (1996): Diskurs und Wahrheit. Die Problematisierung der Parrhesia. Berlin (Merve).

– (2002a [1975]): Auf dem Präsentierteller. In: Defert, Daniel und François Ewald (Hrsg.): Michel Foucault. Dits et Ecrits. Schriften in vier Bänden. Band II 1970-1975: 888-895. Frankfurt am Main (Suhrkamp).

– (2002b [1975]): Von den Martern zu den Zellen. In: Defert, Daniel und François Ewald (Hrsg.): Michel Foucault. Dits et Ecrits. Schriften in vier Bänden. Band II 1970-1975: 882-888. Frankfurt am Main am Main (Suhrkamp).

– (2003a [1976]): Fragen an Michel Foucault zur Geographie. In: Defert, Daniel und François Ewald (Hrsg.): Michel Foucault. Dits et Ecrits. Schriften in vier Bänden. Band III 1976-1979: 38-54. Frankfurt am Main (Suhrkamp).

– (2003b [1976]): Fragen von Michel Foucault an „Hérodote". In: Defert, Daniel und François Ewald (Hrsg.): Michel Foucault. Dits et Ecrits. Schriften in vier Bänden. Band III 1976-1979: 125-126. Frankfurt am Main (Suhrkamp).

– (2003c [1999]): Die Anormalen. Vorlesungen am Collège de France 1974-1975. Frankfurt am Main (Suhrkamp).

– (2003d [1977]): Die Geburt der Sozialmedizin. In: Defert, Daniel und François Ewald (Hrsg.): Michel Foucault. Dits et Ecrits. Schriften in vier Bänden. Band III 1976-1979: 274-298. Frankfurt am Main (Suhrkamp).

– (2003e [1977]): Macht und Wissen. In: Defert, Daniel und François Ewald (Hrsg.): Michel Foucault. Dits et Ecrits. Schriften in vier Bänden. Band III 1976-1979: 515-538. Frankfurt am Main (Suhrkamp).

– (2004): Geschichte der Gouvernementalität I. Sicherheit, Territorium, Bevölkerung. Vorlesungen am Collège de France 1977-1978. Frankfurt am Main (Suhrkamp).

– (2005a [1980]): Gespräch mit Ducio Trombadori. In: Defert, Daniel und François Ewald (Hrsg.): Michel Foucault. Dits et Ecrits. Schriften in vier Bänden. Band IV 1980-1988: 51-119. Frankfurt am Main (Suhrkamp).

– (2005b [1982]): Raum, Wissen und Macht. In: Defert, Daniel und François Ewald (Hrsg.): Michel Foucault. Dits et Ecrits. Schriften in vier Bänden. Band IV 1980-1988: 324-341. Frankfurt am Main (Suhrkamp).

– (2005c [1984]): Die Sorge um die Wahrheit. Gespräch mit François Ewald. In: Defert, Daniel und François Ewald (Hrsg.): Michel Foucault. Dits et Ecrits. Schriften in vier Bänden. Band IV 1980-1988: 823-836. Frankfurt am Main (Suhrkamp).

– (2005d [1984]): Von anderen Räumen. In: Defert, Daniel und François Ewald (Hrsg.): Michel Foucault. Dits et Ecrits. Schriften in vier Bänden. Band IV 1980-1988: 931-942. Frankfurt am Main (Suhrkamp).

– (2005e [1983]): Politik und Ethik. Ein Interview. In: Defert, Daniel und François Ewald (Hrsg.): Michel Foucault. Dits et Ecrits. Schriften in vier Bänden. Band IV 1980-1988: 715-724. Frankfurt am Main (Suhrkamp).

– (2009 [2008]): Die Regierung des Selbst und der anderen. Vorlesungen am Collège de France 1982-1983. Frankfurt am Main (Suhrkamp).

Freikamp, Ulrike et al. (2008): Einleitung. Zum Verhältnis von Forschungsmethoden und Gesellschaftskritik. In: dies. (Hrsg.): Kritik mit Methode? Forschungsmethoden und Gesellschaftskritik: 7-18. Berlin (Karl Dietz).

Gebhardt, Hans et al. (2007): Geographie. Physische Geographie und Humangeographie. München/Heidelberg (Elsevier).

Glasze, Georg und Annika Mattissek (Hrsg., 2009): Handbuch Diskurs und Raum. Theorien und Methoden für die Humangeographie sowie die sozial- und kulturwissenschaftliche Raumforschung. Bielefeld (transcript).

Grosz, Elizabeth A. (1994): Volatile Bodies: Toward a Corporeal Feminism. Bloomington (Indiana University Press).

Hannah, Matthew G. (2007): Formations of 'Foucault' in Anglo-American Geography: An Archaeological Sketch. In: Crampton, Jeremy W. und Stuart Elden (Hrsg.): Space, Knowledge and Power. Foucault and Geography: 245-263. Aldershot (Ashgate).

Hasse, Jürgen (2009): Unbedachtes Wohnen. Lebensformen an verdeckten Rändern der Gesellschaft. Bielefeld (transcript).

Keller, Reiner (2008): Diskurse und Dispositive analysieren. Die Wissenssoziologische Diskursanalyse als Beitrag zu einer wissensanalytischen Profilierung der Diskursforschung. In: Historical Social Research 33 (1): 73-107.

Klemm, Jana und Georg Glasze (2005): Methodische Probleme Foucault-inspirierter Diskursanalysen in den Sozialwissenschaften. Tagungsbericht: „Praxis-Workshop Diskursanalyse" [64 Absätze]. In: Forum qualitative Sozialforschung/Forum: Qualitative Social Research 6 (2). Internet: http://nbn-resolving.de/urn:nbn:de:0114-fqs0502246.

Latham, Alan und Derek P. McCormack (2007): Moving cities: rethinking the materialities of urban geographies. In: Progress in Human Geography 28 (6): 701-724.

Latour, Bruno (2007): Das Elend der Kritik. Vom Krieg um Fakten zu Dingen von Belang. Zürich (diaphanes).

Lemke, Thomas (1997): Eine Kritik der politischen Vernunft: Foucaults Analyse der modernen Gouvernementalität. Hamburg (Argument).

– (2007): Gouvernementalität und Biopolitik. Wiesbaden (VS Verlag für Sozialwissenschaften).

– (2011): Critique and Experience in Foucault. In: Theory, Culture & Society 28 (4): 26-48.

Lippuner, Roland und Julia Lossau (2004): In der Raumfalle. Eine Kritik des spatial turn in den Sozialwissenschaften. In: Mein, Georg und Markus Rieger-Ladich (Hrsg.): Soziale Räume und kulturelle Praktiken. Über den strategischen Gebrauch von Medien: 47-63. Bielefeld (transcript).

Lossau, Julia (2009): Räume von Bedeutung. Spatial turn, cultural turn und Kulturgeographie. In: Czáky, Moritz und Christoph Leitgeb (Hrsg.): Kommunikation – Gedächtnis – Raum: Kulturwissenschaften nach dem „Spatial Turn": 29-44. Bielefeld (transcript).

Lyotard, Jean-François (1994 [1979]): Das postmoderne Wissen. Wien (Passagen).

Massey, Doreen (2005): For space. London (Sage).

Mattissek, Annika und Paul Reuber (2007): Poststrukturalistische Methoden in der Geographie: das Beispiel der Diskursanalyse. In: Gebhard, Hans et al. (Hrsg.): Geographie. Physische Geographie und Humangeographie: 173-183. München/Heidelberg (Elsevier).

McFarlane, Craig (2006): Book Review: Empirical Insights and Theoretical Confusions. In: International Journal of Baudrillard Studies 3 (2): 1-9.

Moebius, Stephan und Andreas Reckwitz (2008): Poststrukturalismus und Sozialwissenschaften: Eine Standortbestimmung. In: dies. (Hrsg.): Poststrukturalistische Sozialwissenschaften: 7-23. Frankfurt am Main (Suhrkamp).

Münker, Stefan und Alexander Roesler (2000): Poststrukturalismus. Stuttgart (Metzler).

Opitz, Sven (2007): Eine Topologie des Außen – Foucault als Theoretiker der Inklusion/Exklusion. In: Anhorn, Roland, Frank Bettinger und Johannes Stehr (Hrsg.): Foucaults Machtanalytik und Soziale Arbeit: 41-57. Wiesbaden (VS Verlag für Sozialwissenschaften).

Philo, Chris (2000): More words, more worlds. Reflections on the „cultural turn" and human geography. In: Cook, Ian et al. (Hrsg.): Cultural Turns/Geographical Turns: Perspectives on Cultural Geography: 26-53. Harlow (Prentice Hall).

Rabinow, Paul (1989): French Modern: Norms and Forms of the Social Environment. Chicago (University of Chicago Press).

Rabinow, Paul (2003): Ordonnance, Discipline, Regulation: Some Reflections on Urbanisms. In: Low, Setha M. und Denise Lawrence-Zúñinga (Hrsg.): The Anthropology of Space and Place: 353-362. Malden (Blackwell). (Zuerst erschienen in: Humanities in Society 1982, 5 [3-4]: 267-278).

Rajchman, John (2000): Foucaults Kunst des Sehens. In: Holert, Tom (Hrsg.): Imagineering: visuelle Kultur und Politik der Sichtbarkeit: 40-63. Köln (Oktagon).

Reuber, Paul und Carmella Pfaffenbach (2005): Methoden der empirischen Humangeographie. Braunschweig (Westermann).

Schreiber, Verena (2009): Raumangebote bei Foucault. In: Glasze, Georg und Annika Mattissek (Hrsg.): Handbuch Diskurs und Raum. Theorien und Methoden für die Humangeographie sowie die sozial- und kulturwissenschaftliche Raumforschung: 199-212. Bielefeld (transcript).

Smith, Neil und Cindy Katz (1993): Grounding metaphor: towards a spatialized politics. In: Keith, Michael und Steve Pile (Hrsg.): Place and the politics of identity: 67-83. London (Routledge).

Soja, Edward W. (1989): Postmodern Geographies: The Reassertion of Space in Critical Social Theory. London (Verso).

Stäheli, Urs (2000): Poststrukturalistische Soziologien. Bielefeld (transcript).

Thrift, Nigel (2004): Intensities of Feeling: Towards a Spatial Politics of Affect. In: Geografiska Annaler. Series B, Human Geography 86 (1): 57-78.

Werlen, Benno (1987): Gesellschaft, Handlung und Raum. Grundlagen handlungstheoretischer Sozialgeographie. Stuttgart (Franz Steiner Verlag).

– (1995): Sozialgeographie alltäglicher Regionalisierungen Bd. 1: Zur Ontologie von Gesellschaft und Raum. Stuttgart (Franz Steiner Verlag).

– (1997): Sozialgeographie alltäglicher Regionalisierungen Bd. 2: Globalisierung, Region und Regionalisierung. Stuttgart (Franz Steiner Verlag)

Wolf, Markus (2003): Kritische Neubeschreibung. Michel Foucaults Beitrag zu einer kritischen Theorie sozialer Praxis. In: *Dialektik. Zeitschrift für Kulturphilosophie* (2/2003:): 27-50.

John Pløger

Foucaults Dispositiv und die Stadt[1]

Michel Foucault hat als einer der ersten thematisiert, inwiefern Städte zu Orten der Einschließung devianter Personen in psychiatrischen Kliniken, Gefängnissen und Asylen wurden, was etwa im 17. Jahrhundert begann (Foucault 1976; 1999). In diesen Arbeiten hat er auch die Bedeutung von städtischer Planung für diese biopolitische bzw. politische Form des Zugriffs auf Körper herausgestellt. Inzwischen haben eine Reihe von Autor_innen diese bio-politische Perspektive im Kontext der Stadtplanung aufgegriffen (Philo 1992, Rabinow 1989). Weitere Autoren knüpfen an die räumliche Perspektive Foucaults an und stellen die Funktion städtischer Planung und Architektur als Teil einer Apparatur zur Normalisierung heraus. Über diagrammatische Anordnung und die Lenkung des Blicks werden disziplinarische Räume hergestellt, um das Verhalten im Alltag in bestimmter Weise zu lenken. Inzwischen existiert ebenfalls ein breiter Forschungsstand zur 'dunklen Seite' planerischer Macht, beispielsweise zu ethnischer Segregation (Yiftachel 1995) oder zur Manipulation von Meinungen (Flyvbjerg 1991). Weitere Auseinandersetzungen mit Foucaults Thematisierung von Raum befassen sich mit Konzepten wie Heterotopie ' 'Anderen Räumen' (vgl. u.a. Genoccio 1995; Hetherington 1997; Soja 1995) oder Agonismus (Gunder 2003; Hillier 2003; Wennman 2003).

Nur wenige Autor_innen haben bisher die zentrale Bedeutung des Dispositivs für Foucaults Beschäftigung mit Raum betont (Deleuze 1991) und wie diese spezielle Perspektive Foucaults unser Verständnis von der Bedeutung von Verräumlichung für städtische Politik und Planung (Brenner 1994) schärfen kann. Im Folgenden möchte ich diese besondere Relevanz von Foucaults Konzept des Dispositivs für Stadtplanung herausarbeiten.

Stadtplanung berührt auf unterschiedliche Weise Fragen des Dispositivs: Zum einen geht es bei der Stadtplanung um das Verhältnis zwischen dem Sagbaren und

---

1 Dieser Text eschien erstmals 2008 als „Foucault's Dispositif and the City" in der Zeitschrift Planning Theory. Die Herausgeber danken dem Verlag für die Überlassung der Rechte.

dem Sichtbaren, Diskurs und Materialität. Zweitens wird Stadtplanung durch die Beziehung zwischen Gesagtem (Pläne, Texte und Kommunikation) sowie dem Ungesagten (Strategien, Interessen, Intentionen, Vorurteile etc.) geprägt. Als ein Gegenstand öffentlicher Debatten ist Stadtplanung schließlich drittens in hohem Maße abhängig von dem Zusammenspiel gelebter Diskurse, institutionalisierter Diskurse und architektonischer Diskurse. Also von all jenen Dimensionen, in denen sich eine Gesellschaft ihr Zusammenleben räumlich gestaltet. Relevante Elemente sind dabei sowohl planerische Vorgaben (Pläne), wissenschaftliche Aussagen (über die Effekte und Bedeutung von „Dingen") oder nicht zuletzt die Form, in der öffentliche Teilhabe institutionalisiert ist.

Im vorliegenden Aufsatz betone ich das Generative dispositiver Anordnungen exemplarisch anhand der Stadtplanung (Huxley 2006; Osborne und Rose 1999; 2004; Joyce 2003; Rabinow 2003). Dabei möchte ich mich zentral auf Foucaults eigene Aussagen zum Dispositiv des Städtischen stützen. Die meisten Autor_innen verbinden mit dem Begriff Dispositiv eine 'technische' Konnotation und bevorzugen entsprechend in der englischen Übersetzung den Begriff der 'Apparatur [apparatus]'. In meinen Augen steht hingegen das Dispositiv in enger Verbindung zu einem zentralen Motiv in Foucaults Arbeiten: zur Formierung von disziplinarischen Kräften aus der Verbindung von Macht, Wissen und Raum. Raum hat für Foucault dabei eine aktive Bedeutung.

Anhand von Problemen der Stadt entstand in Gesellschaften eine Vorstellung von der Möglichkeit mittels Raum zu disziplinieren. Diese Erkenntnis folgte unter anderem aus der Erfahrung der Bedrohung der Stadt durch unkontrollierbare Infektionskrankheiten. In dieser Situation wurde auf Seiten der Regierung deutlich, inwiefern bio-politische Strategien – Techniken der Überwachung, Registrierung, Klassifizierung und Verteilung und nötigenfalls Verbannung der Bewohner – die Verbreitung solcher Krankheiten eindämmen können. Europäische Städte wurden in der Folge nach den Mustern geplant und gebaut, am sichtbarsten werden diese in den großen Hygiene-Projekten der 1820er Jahre in Frankreich und zwischen 1880 und 1930 in skandinavischen Ländern. Über die Stadt erkannten Architekten und Planer die Machtwirkungen des Raums und insbesondere dessen normalisierende Kraft. Daraus leitet sich das Interesse für die Ethik der Anordnung von Räumen ab. Die Stadt wurde das Labor für die aufkommende disziplinarische Gesellschaft, nach Deleuze (1993) die Kontrollgesellschaft.

Während Städte und Bevölkerung mit der Machtdimension des Raums und der Möglichkeit der Disziplinierung durch Raum konfrontiert wurden, bleibt die Frage, wie Raum wirkt, Effekte zeitigt und Affekte hervorbringt. Was liegt zwischen (symbolischem) räumlichem Ausdruck und Wirkungen des Raums? Semiotiker_innen würden Raum als Text beschreiben (Barthes 2006), Architekturtheoretiker_innen würden Architektur als intentional beschreiben. In beiden Fällen kommen kollektive Wertvorstellungen im Raum zum Ausdruck. Repräsentation bei Foucault ist aber nicht zu verstehen als Repräsentation durch Sprache oder Worte. Für ihn „gibt es kein singuläres Repräsentationsverhältnis" (Colebrook 1999: 179 eigene Übers.) also etwa Sprache oder Worte. Gleichwohl schreibt Foucault etwa der Architektur durchaus eine ideologische und intentional symbolische Funktion zu. Während Le Corbusier bestimmte Intentionen verfolgte (Foucault 2005), so sieht Foucault solche Intentionen nicht zwangsläufig an kulturelle Symbole oder andere bedeutsame Zeichen im linguistischen Sinn geknüpft. Wie der Transfer von signifikanten Symbolen in die architektonische Praxis erfolgt, wird bei Foucault kaum thematisiert, – ist dies ein unbewusster Vorgang, vollzieht er sich durch den kulturalisierten Körper oder einen ontologisch verankerten sense of place? Muss Raum interpretiert werden, oder...? Diesbezüglich bleibt Foucault (2003) ambivalent. Mit dieser Ambivalenz möchte ich mich im Folgenden beschäftigen unter Rückgriff auf Foucaults Arbeiten zur Stadt und im Besonderen unter Rückgriff auf seine Überlegungen zur Bedeutung des Dispositivs für die Stadt.

Von Foucaults Arbeiten über Raum werden meist seine Analysen zu Räumen der Einschließung und Einsperrung herangezogen, etwa zu den Gefängnissen oder zur der Einschließung der 'Wahnsinnigen'. In beiden Fällen ist die Funktion des Blicks zentral für Foucault. In diesen Arbeiten betont er die zentrale Stellung des Körpers für die Funktion disziplinarischer Räume sowie die individuell-körperliche Erfahrung des Ortes gegenüber einem verstehenden 'Lesen' des Raums. Wie ist der Körper in der Lage, die normativen Implikationen des Raums zu 'verstehen', die Einschreibung bestimmter ethischer Codes und erwarteter Verhaltensregeln? Gemäß einer aktuellen Sichtweise, im Anschluss an Deleuze, wird Raum aktiv über Verbindungen, Beziehungen sowie/oder Verschaltungen und ruft so Empfindungen und Effekte hervor (Hillier 2009). Oder es ist die Rede von einer 'Ontologie' der Begegnung und des Zusammentreffens auf Basis der Prinzipien der Verbindung, des Ausgreifens und des permanenten Veränderns (Amin und Thrift 2002: 27). Die nahe liegende Antwort für Architekten und Planer ist, dass Raum etwas repräsentiert oder symbolisiert und die Möglichkeit eines Effekts sich daran bemisst, ob diese Zeichen oder Symbole 'gelesen' werden. Dies kann auch dadurch geschehen, dass Individuen den Raum körperlich erfahren, solange sie aufgrund ihrer kulturell geprägten Körperlichkeit diese Bedeutungen wahrnehmen. Sozialisierte Körper 'verstehen' intuitiv. Wie zu zeigen sein wird, stellt Foucault solche hermeneutische Lesarten infrage, die auf eine 'versteckte Bedeutung' als Bezugspunkt für die Interpretation durch ein Subjekt rekurrieren. Aber er weist auch einen bloßen Naturalismus (reine Körperlichkeit) zurück. In meinen Augen verweist der Dispositiv-Begriff auf eine gesellschaftliche, diskursive Form des 'Herauslesens' von Bedeutung aus Raum. Auf diese Weise ist die spezifische Verbindung von „Formen und Normen" (Rabinow 1989) zu verstehen. Andererseits spielen auch Ereignisse und Möglichkeiten eine substantielle Rolle für die Bewegungen, Flüsse und Gegenüberstellungen im Raum. Foucault betont explizit, dass der Architekt keine Macht über ihn habe (Foucault 2005: 333). Menschen können den Raum immer auch anders nutzen.

Der Umgang mit Raum ist eine *Wechselwirkung* (original deutsch) oder Faltung zwischen Geist und Körper bei der Wahrnehmung und Erkenntnis eine Rolle spielen. Wie Jean Hillier formuliert: „Bedeutung ist relational, sie entsteht aus einer dynamischen Interaktion zwischen bedeutungstragenden Elementen in komplexen offenen Systemen" (Hillier 2007: 188 eigene Übers.). Foucault sieht keine versteckte Bedeutung, die den Handlungen der Akteure unbewusst zugrunde liegt, aber er gesteht zu – auf Grundlage seiner Beschäftigung mit Nietzsche – dass Handlungen von inter-subjektiven Bedeutungen innerhalb kollektiver Systeme der Sinnzuschreibung geprägt sind (Hjelmar und Germer 1994). Übereinstimmend mit Heidegger fasst er die Welt als „Text": als etwas, das als eine Reihe von Aussagen existiert, denen wir eine Bedeutung zuschreiben. Von Nietzsche übernimmt Foucault auch dessen spezifische Hermeneutik, wonach es keine letztgültige Instanz für das Verständnis von Bedeutung gibt. „Es existiert nicht die eine, objektive Betrachtungsweise, sondern eine Welt voll Interpretationen" (Schmidt und Kristensen 1985, eigene Übers.) Aber wirkt sich dieser Nietzscheanismus auf das Konzept des Dispositivs aus? Und wenn ja, wie?

In der Rezeption wird Foucaults Dispositiv überwiegend reduktionistisch als ein Versuch aufgefasst, ein funktionalistisches Konzept als einen „Grundbaustein" ['basic unit' (Brenner 1994: 687)] zu definieren. Eine solche Lesart erlaubt zwar, die Ordnungsfunktion des Dispositivs wahrzunehmen, blendet aber dessen generative Dimension aus. Diese reduktionistische Lesart ignoriert etwa die Arbeiten Foucaults zum Dispositiv der Sexualität und der dort betonten Hervorbringung der Kategorien Sex und Macht. Solch eine funktionalistische Sichtweise kann zudem die moralische Dimension geplanter Räume und Aspekte der davon ausgehenden Politisierung und Subjektivierung nicht wahrnehmen. Wird das Dispositiv bloß als die Einrichtung eines disziplinarischen Apparats oder Mechanismus gesehen, bleibt das generative Moment des Dispositivs entnannt. In diesem Zusammenhang scheint mir die Übersetzung von Dispositiv als Versammlung [Assemblage] (Valverde 2007) hilfreicher.

Tatsächlich lässt sich das Panoptikon als ein funktionalistischer Apparat zur Etablierung von Ordnung und Disziplin verstehen und wie Brenner (1994) gezeigt hat lässt sich diese Lesart mit unterschiedlichen Stellen insbesondere aus „Überwachen und Strafen" belegen.[2] Es darf jedoch nicht vergessen werden, dass Foucault das Panoptikon auch als ein räumliches Dispositiv zur Reform der Moral beschreibt. „Der Panoptismus ist imstande, die Moral zu reformieren" (Foucault 1976: 266). Ein (räumliches) Dispositiv ist daher nicht gleichzusetzen mit einem funktionalistischen Imperativ. Foucault sieht immer ein Ensemble sozial-räumlicher Dispositive am Werk, die bestimmte disziplinarische oder moralisierende Räume zur Folge haben. Das 'Möglichkeitsfeld' oder die Effekte des Raums ergeben sich aus einem Zusammenspiel des Gesagten und Ungesagten, da Raum immer nur ein Bestandteil jener „'Kerker'-Mechanismen" ist, „die ebenso eine Normalisierungsmacht ausüben" (Foucault 1976: 395 f). Auch Brenners Hinweis auf den direkten funktionalistischen Zusammenhang, in dem Foucault den Begriff gebraucht, nämlich als „Antwort auf einen Notstand [urgence]" (Brenner 1994: 687) stützt Brenners Argumentation nur vordergründig, da mit dem Dispositiv durchaus eine „Taktik" oder eine „Zielsetzung" verbunden sein kann. Allerdings ist das Dispositiv eine Pluralität, eine Vielfalt. Planungsvorstellungen, politische Intentionen oder architektonische Ziele können auf solche inhärenten Taktiken zurückgreifen, aber die tatsächlichen Effekte resultieren aus dem spezifischen Zusammenspiel der konkreten Umstände (Anordnungen, Verbindungen, Formen der Beziehungen, spezifische Artikulationen und Lesarten etc.). In meinen Augen ist das Dispositiv somit als generativ zu verstehen (vgl. Huxley 2006) bzw. es ist die ihm eigene Beharrlichkeit zu betonen, statt es funktionalistisch zu lesen. Nicht zuletzt stellt Foucault das Dispositiv als etwas vor, das sowohl auf sichtbare als auch auf unsichtbare Bedeutungen im Spiel der Kräfteverhältnisse Einfluss hat. Diese aktive Dimension des Raums bei Foucault, als ein Dispositiv unter anderen, gilt es ernst zu nehmen.

Dieser Beitrag hat damit folgende Ziele: Erstens eine kategoriale Auseinandersetzung mit dem Begriff Dispositiv, gerade weil in der englischen Übersetzung einige der von Foucault zugeschriebenen Bedeutungen und der (gesellschaftlichen)

2 In der jüngst erschienen englischen Übersetzung seiner Vorlesungen zu „Sicherheit, Territorium und Bevölkerung" spricht Foucault tatsächlich über Apparate im Sinne Brenners: „regulatory apparatus (appareil) that prevents ..." (Foucault 2007: 69).

Epistemologie des Begriffs offensichtlich weggefallen sind. Zweitens möchte ich mich mit der üblichen Verwendung des Dispositivs als einem 'technischen' Begriff und als einem greifbaren Arrangement auseinander setzen. Eine Diskussion, die sich aus Foucaults eigenen Arbeiten zur Stadt ergeben. Daran anschließend möchte ich in einem dritten Teil auf eine Verwendung des Dispositivs bei Foucault hinweisen, die über einen solchen räumlichen, technischen bzw. greifbaren Begriff hinausweist. Dabei beziehe ich mich auf die Arbeiten Foucaults zur 'gesunden Stadt' und zum Panoptikon, in denen er die Funktion eines breiter gefassten räumlichen Dispositivs für Stadtplanung illustriert.

Apparat, Versammlung, Dispositiv

Wie es scheint ist die Übersetzung von Foucaults Begriff dispositif als Apparat [apparatus] ins englische inzwischen breit akzeptiert. Damit wird die technische Bedeutung des Konzepts betont, oder wie Rabinow (2004, 115) es ausdrückt, das Konzept verweist auf eine Maschine oder ein Gefüge. Im diesem Sinn versteht Rabinow das Dispositiv als als etwas, „das die bereits vorhanden Akteure, Dinge und Institutionen in einen neuen Existenzmodus hebt, sie in ein neues Gefüge einspannt; ein Gefüge, das die Dinge in einer anderen Weise geschehen lässt." (ebd.). So etwa das beginnende „ökonomische Management" der Gesellschaft, das er zudem als einen Apparat beschreibt „dessen Zweck Kontrolle und Steuerung ist", was sich am deutlichsten im 18. Jahrhundert erweist, als „die Politik der Gesundheit eine Politik des Apparats gewesen ist" (ebd.: 58). In einem Gespräch, in dem Foucault ausdrücklich nach seinem Verständnis des Dispositiv-Begriffs gefragt wird, wird es in der englischen Übersetzung mit Apparat wieder gegeben. Folgende Antwort gibt Foucault auf die Frage nach dem Dispositiv:

> [...] erstens ein entschieden heterogenes Ensemble, das Diskurse, Institutionen, architekturale Einrichtungen, reglementierende Entscheidungen, Gesetze, administrative Maßnahmen, wissenschaftliche Aussagen, philosophische, moralische oder philantrophische Lehrsätze, kurz: Gesagtes ebenso wie Ungesagtes umfasst. Soweit die Elemente des Dispositivs. Das Dispositiv [engl. apparatus] selbst ist das Netz, das zwischen diesen Elementen geknüpft werden kann. Zweitens möchte ich in dem Dispositiv gerade die Natur der Verbindungen deutlich machen, die zwischen diesen heterogenen Elementen sich herstellen kann. So kann irgendein Diskurs mal als Programm einer Institution, mal im Gegenteil als ein Element erscheinen, das es erlaubt, eine Praktik zu rechtfertigen oder zu verschleiern, die selbst stumm bleibt, oder er kann als Sekundärinterpretation dieser Praktik funktionieren und ihr Zugang zu einem neuen Rationalitätsfeld verschaffen. Kurz, zwischen diesen diskursiven oder nicht-diskursiven Elementen gibt es gleichsam ein Spiel, gibt es

> Positionswechsel und Veränderungen in den Funktionen, die ebenfalls sehr unterschiedlich sein können. Drittens verstehe ich unter Dispositiv eine Art – sagen wir – Gebilde, das zu einem historisch gegebenen Zeitpunkt vor allem die Funktion hat, einer dringenden Anforderung nachzukommen. Das Dispositiv hat also eine dominante strategische Funktion.“ (Foucault 2003: 392 ff)

Ich habe Foucaults Antwort relativ ausführlich zitiert, um die Unmöglichkeit zu zeigen, das Konzept auf eine „Gerätschaft“, einen institutionalisierten Zweck oder ein funktionales System im Sinne Brenners (1994) zu reduzieren. Ein Dispositiv ist um einiges mehr. Um Foucaults Interesse für die Beziehungen unterschiedlicher Elemente zu betonen, könnte eine Übersetzung von Dispositiv als Versammlung [assemblage] oder Deleuze's ‘agencement’ einschlägig sein. Aus einer anderen Perspektive scheint der dänische Begriff ‘installation’ eine geeignete Übersetzung, da hier der technische Aspekt mit der gesellschaftlichen Institutionalisierung dispositiver Ensemble verbunden wird (Foucault 1978). Möchte man das Diskursive betonen, ist wieder eine andere Übersetzung nötig. Wenn also mangels eines adäquaten Begriffs im englischen auf ‘apparatus’ zurück gegriffen wird, ist damit eine reduktionistische Lesart vorgezeichnet im Hinblick auf Foucaults Anspruch, mit dem Begriff sowohl diskursive Praktiken, die Verschaltung diskursiver Ensemble und die Institutionalisierung von Diskursen zusammen zu denken. Ein disziplinierter Körper mag das Ergebnis eines funktionierenden Dispositivs sein, aber diese Wirkungsweise ist nicht technischer Natur oder der Effekt eines Apparats, eine körperliche Funktionalität. Vielmehr geht es um den Effekt einer Normierung oder um „Normalisierungsprozeduren“ (Foucault 2003a: 79).

Ein Dispositiv kann materielle/technische/sprachliche Kräfte, Einrichtungen und Anordnungen enthalten, die bei bestimmtem Zusammenwirken Elemente im Raum regulieren, ordnen oder institutionalisieren können. Gemäß Rabinow unterstreicht Foucault diese Verbindung, nach der ein Dispositiv [apparatus] immer mit bestimmten Formationen des Wissens verbunden ist. Das ist es, woraus ein Dispositiv [apparatus] besteht: „Strategien von Kräfteverhältnissen, die Arten von Wissen unterstützen und von diesen unterstützt werden“ (Foucault 2003: 395).

Allerdings beharren Rabinow und Rose (2003) darauf, dass Foucault den Dispositiv-Begriff analog zum englischen Begriff des Apparats [apparatus] verwendet, d.h. um ein Werkzeug oder Einrichtung zu bezeichnen, „die etwas Hervorbringt – ein maschinelles Gestell“ (ebd.: 10 eigene Übers.). Rabinow und Rose beziehen sich dabei auf die Arbeiten Foucaults, wonach „der charakteristische Biologismus“ in der Gesundheitspolitik des 18. Jahrhunderts es nötig machte, dass diese Politik auf einen Apparat zurück greift, der ihre Wirkungen und zugleich den Zugriff auf die Individuen maximiert. Sie stellen dabei Foucaults Äußerung heraus, wonach „das bestimmende Merkmal von Dispositiven ihre Verknüpfung heterogener Elemente in ein gemeinsames Bezugsfeld [réseau] sei" (ebd.: 10 eigene Übers.), „wobei sie vor dem Hintergrund diskursiver Formationen operieren" (ebd.: 11 eigene Übers.). Dabei verweisen Rabinow und Rose das Dispositiv in den Bereich des Regierens, „des Führens der Führungen", während Foucault selbst das Dispositiv als einen „viel allgemeineren Fall der Episteme" (Foucault 2003: 395) sieht, wie er ausdrücklich betont. Die Einsperrung zum Beispiel geht in ihrer Bedeutung weit darüber hinaus, ein Apparat, eine Gerätschaft oder ein Werkzeug zur (räumlichen) Einkerkerung zu sein. Wie Foucault (2003: 393) schreibt konnte über das Gefängnis ein moralisches Dispositiv verbreitet werden, gerade weil diskursive Beziehungen zwischen den Aussagen des Diskurses und die nicht-diskursiven Formationen bestehen (Deleuze 1992a: 49 f).[3] Erst wenn ein Apparat mit wissensbasierten Praktiken verbunden wird, wirkt er als gesellschaftliche Technologie, stellt er ein Regulierungsinstrument wie Recht, Schule oder Einsperrung dar. Möchte man die „Art der Verbindungen" unterscheiden, so spricht einiges dafür, die Bedeutungsdimensionen eines Dispositivs, die Rolle und Relevanz kollektiver Deutungsmuster (Normen, Werte, Kultur etc.) und die diskursive Artikulation von Raum besonders zu berücksichtigen.

Der Bezug auf die Arbeiten von Gilles Deleuze (1992a) vermag das Verständnis des Dispositivs weiter zu präzisieren. Deleuze verbindet das Dispositiv mit Foucaults Machtbegriff, wonach Machtverhältnisse ein „Handeln auf Handlungen" beinhalten. Ein Dispositiv ist ein „in den Raum verteiltes" (Deleuze 1992a) Kräfteverhältnis, das sich sowohl aus diskursiven Elementen (Akten des Sprechens, Worten) und nicht-diskursive Elementen (regulatorische Einrichtungen, Deleuzes „Sichtbarkeiten") speist.

In seinem kurzen Aufsatz „Was ist ein Dispositiv?" (Deleuze 1991, siehe auch Deleuze 1992b)[4] resümiert Deleuze Foucault dahingehend, dass das Dispositiv in der Lage sei, „Sichtbarkeit zu strukturieren", d.h. Sichtbares und Unsichtbares anzuordnen (die Apparatur[5] Gefängnis etwa wurde „benutzt um zu sehen

---

3 Der Satz geht weiter: „Aber er sagt nicht, ob das Nicht-diskursive sich auf Aussagen reduzieren lässt [...]" (Deleuze, 1992a: 50).

4 Anm. des Übers.: Der Aufsatz „What is a Dispositif" (Deleuze 1992b) liegt nur in einer gekürzten deutschen Übersetzung vor (Deleuze 1991). Wo möglich, ist im Folgenden aus der deutschen Übersetzung zitiert. Bezieht Pløger sich auf die ausschließlich auf englisch vorliegende Passagen des Aufsatzes wurde selbst übersetzt.

5 In der englischen Übersetzung wird Dispositiv mit gesellschaftlicher Apparat oder Apparate wieder gegeben (Deleuze 1992b: 159).

ohne gesehen zu werden"). So gesehen beinhaltet das Dispositiv dann sowohl Fluchtlinien der Macht und Fluchtlinien der Subjektivierung, es schafft also Prozesse – entlang der Fluchtlinie der Subjektivierung „Das Selbst ist weder ein Wissen noch eine Macht. Es ist ein Individuierungsprozess" (Deleuze 1991: 155) durch Disziplin und Ordnung. „Wir gehören Dispositiven an und handeln in ihnen" (ebd.: 159) in einem fortdauernden Prozess des Werdens innerhalb der Geschichte als einem 'Archiv', das 'vorzeichnet', was wir sind, bevor wir in einem andauernden Vorgang unsere Individualität erlangen. Deleuze fasst zusammen: „Ein Dispositiv umfasst die Wahrheit der Aussagen, die Wahrheit des Lichts und der Sichtbarkeit, die Wahrheit der Macht und von Subjektivierungen. Wahrheit ist ein Effekt der Verbindungslinien, die ein Dispositiv ausmachen." (Deleuze 1992b: 166, eigene Übers.) Wahrheit ist für Deleuze ein Effekt von Aussagen und damit ein Bestandteil von Diskursen. Wahrheit ist ein Dispositiv, welches in einem System kollektiver Bedeutungszuschreibung als geteilter Glaube etabliert bzw. institutionalisiert wird. Dabei handelt es sich nicht um einen technischen Apparat. Es geht um die Macht des Diskurses, um Wissen, um Wahrheit, die aus dem Archiv artikuliert werden muss, durch Wissenschaft, durch Mythen oder was auch immer geteilte Bedeutung gewähren kann. Auch wenn Deleuze das Physikalische des Konzepts eher herunterspielt, ist die Physikalität doch oftmals „die Schwelle dessen, was sichtbar und was sagbar ist" (Deleuze 1992b: 167 eigene Übers.). Das Gefängnis oder Schulen mit ihren Lehrplänen sind dafür Beispiele.[6] Deleuze proklamiert: „unsere Aktualität zeichnet sich in den von den noch bestehenden geschlossenen Disziplinen sehr verschiedenen Dispositionen einer offenen und kontinuierlichen Kontrolle ab" (Deleuze 1991: 160). Diese Kontrollgesellschaft stützt sich sowohl auf nicht-sichtbare Formen der Überwachung als auch auf Modi der Bedeutungszuschreibung (Normen, Werte, Diskurse etc.).

Raum stellt nun einen wichtigen Aspekt eines als regulatorischer Apparat verstandenen Dispositivs dar[7]. Raum muss dann verstanden werden als eine Form der Regulierung und Ordnung von Handlungen, das heißt ein Einwirken auf die

6 Selbstredend funktionieren Institutionen von daher als „Apparate" oder als eine Art von „technischer Einrichtung" zur Steuerung von Handlung, etwa von religiösen Ritualen. Mitunter sogar – wenn wir an bestimmte Länder denken – bei Androhung von Bestrafung oder Tod.

7 Verstanden im Sinne von Osborne und Rose: „Ein Dispositiv, eine Einrichtung oder eine Anordnung kann nicht funktionieren oder umrissen werden entlang einer einzelnen Form oder eines einzelnen Gedankens" (Osborne und Rose, 1998: 49 eigene Übers.).

im Raum agierenden Elemente und deren Beziehung. Wohlgemerkt ist Raum für Foucault keine determinierende Einheit oder Technologie. Er zieht es vor, von Raum als 'équipement'[8], 'arrangement', oder in anderen Worten von Raum als einem Dispositif-Dispositiv zu sprechen. Wenn ein Dispositiv als eine Anordnung von Elementen, als ein Ensemble erscheint, ist es Teil von etwas Relationalem wie etwa Stadtplanung mit ihrer Verbindung von Design und materiellen Objekten. In diesem Fall beinhaltet die Apparatur die Verräumlichung eines gesellschaftlichen Handlungsfeldes über die Fixierung von Materialität im sozialen Raum. Wohlgemerkt müssen diese Materialitäten immer erst in irgendeiner Form repräsentiert werden, um Wirkung zu entfalten.

Epistem, Dispositiv und Hermeneutik

Die Rolle des Epistems ist zentral für das gesamte Werk Foucaults (Foucault 2001) und von daher auch für seine Konzeption des Dispositivs. Ein Epistem befindet sich, so lässt es sich vielleicht ausdrücken, zwischen Worten und Dingen, zwischen dem Sagbaren und dem Sichtbaren, dem Erkannten und dem Erfahrenen als eine „stumme Materialität" (May 1993: 86) des Lebens, der Praxis oder des Tätigseins. In diesem Sinn beinhaltet ein dispositives Ensemble Episteme, die in bestimmten Konstellationen, auf 'Archive' der Erfahrung (körperlich, erinnert), Wissen und Wissensformen, Ungesagtes und Sagbares rekurrieren. Ein Epistem bildet somit die „Bedingung der Möglichkeit" (May 2006: 44), es reizt an und wirkt sich aus. Foucault interessierte sich in der Tradition Nietzsches besonders dafür, wie Episteme erschüttert werden und sich transformieren, statt bloß das jeweils hegemoniale Epistem 'an sich' und 'vor Ort' nachzuzeichnen. Er interessierte sich für die Systeme der Aneignung und Interaktion, aber noch viel mehr für die Ränder dieser Systeme, da sich hier die „Archäologie der Stille" (Schmidt und Kristensen 1985: 54) untersuchen lässt – etwa in der Einhegung und Absonderung dessen, was als 'wahnsinnig', 'anders' oder 'gefährliches Wissen' gilt. Nach Foucault ist jede Aussage ein „Ereignis, das weder die Sprache noch der Sinn ganz ausschöpfen kann" (Foucault 2001: 900). Eine Aussage besteht sowohl aus Worten und Artikulationen, sie transportiert aber auch Erinnerung und Bedeutung, die je nach Konstellation und Situation Wirkung entfalten. Effekt und Affekt sind immer rationale Angelegenheiten.

8 Equipment ist „ein Werkzeug oder ein Apparat", welches allerdings bestimmtes Wissen über seine Anwendungsweise und bestimmte Intentionen voraussetzt.

Das ‘Archiv’ der Stadtplanung lässt sich nach Foucault, analog zu den Feldern Medizin oder Regierung, als das „Spiel der Regeln“ fassen, „die in einer Kultur das Auftreten und das Verschwinden von Aussagen, ihr kurzes Überdauern und ihre Auslöschung, ihre paradoxe Existenz als Ereignisse und als Dinge bestimmen“ (Foucault 2001: 902). Das Archiv bezeichnet somit eine diskursive Formation, die „während eines gegebenen Zeitraums das Auftreten medizinischer Beschreibungen (mitsamt ihrem Gegenstand) möglich machen“ (Foucault 201: 907) bzw. ein „Aussagetypus“ (ebd.) welcher „nur dem Anschein nach ein kohärentes Ganzes“ (Foucault 201: 907), bildet. Solche diskursiven Formationen sind ähnlich den Epistemen zu verstehen als „ein geregeltes System von Differenzen und Streuungen“ (Foucault 2001: 916), welche „in Institutionen, Techniken, individuelle oder kollektive Verhaltensweisen, politische Operationen, wissenschaftliche Aktivitäten, literarische Fiktionen, theoretische Spekulationen eingebettet sind“ (ebd.: 920). Jede Aussage „kann und muss gleichzeitig als Aussageformation betrachtet werden (wenn man die diskursive Ereignismenge betrachtet, aus der sie gebildet ist); als Positivität [...] als Wissen“ (Foucault 2001: 921). Das umreißt ein Epistem. Zu diesem Punkt stellt Foucault heraus, „dass das, was ich Dispositiv nenne, ein viel allgemeinerer Fall der Episteme ist. Oder vielmehr, dass die Episteme ein spezifisch diskursives Dispositiv ist“ (Foucault 2003: 395). Damit stellt er heraus, dass es eine geordnete Beziehung zwischen der Aussage und dem Ding gibt, und dass dieses Beziehungsgefüge zentral ist für die konkrete historische Wirklichkeit. Dieses Gefüge sollte entsprechend Gegenstand unseres Interesses sein.

In der Foucault-Rezeption wird oftmals ausgeblendet, dass seine Archäologie des Wissens und die Episteme, seine Aussagen zu diskursiven Formationen und zu den Dispositiven jeweils mit der übergeordneten Thematik des „Verstehens [connaissance]“ (Foucault 2001: 926) verbunden sind. Das Dispositiv ist Hervorbringend und hat eine unauflösliche Verbindung mit der Problematik der Hermeneutik. Es ist aber auch klar, dass das Dispositiv für Foucault mehr beinhaltet als die Episteme, es kann etwa zusätzlich *équipement* oder Materialitäten umfassen (bspw. architektonische Gestaltung, Wände). Das Potential des Dispositivs, Situationen zu verändern und zu beeinflussen, beruht auf Wissen und Diskursen, auf Repräsentation, dem ‘Lesen’ von Bedeutung und Interpretation, das macht Foucault deutlich. Um den Effekt oder Affekt eines Dispositivs zu lesen, muss man sich der Welt phänomenologisch und hermeneutisch nähern, wobei das Epistem einen unvermeidlich relationalen Aspekt impliziert.

In hermeneutischen Begriffen, die Foucault vermeidet, könnte man sein Anliegen als die Beschäftigung mit der Konzeptionalisierung der Welt und der Benennung der Welt (Bedeutung, Signifikation, Verständnis) umreißen.[9] Dispositiv wird hier nicht als ein Begriff im Singular verstanden oder ein Wort mit einer universalen Bedeutung. Es beinhaltet sowohl Diskursives/Gesagtes als auch Nicht-Diskursives/Ungesagtes und diese unterschiedlichen Elemente werden bedeutsam in einem sich permanent wandelnden sozialen Feld, das von Erfahrungen und Bedeutungsmustern, Praktiken und Räumen geprägt ist. Dabei ist es wichtig, die unvermeidliche Kontingenz und Opakheit eines Dispositivs zu betonen. Zum Beispiel Architektur:

> Architektur lässt sich durchaus als ein 'Text' begreifen, allerdings ist dieses Wissen (dies ist der Vielfalt unterschiedlicher Typen von Erfahrung geschuldet, mit denen Architektur verbunden ist) nicht über einen einheitlichen epistemologischen Zugang zu erfassen. (Teyssot und Stewart 1980: 92)

Um zu funktionieren, muss Architektur dazu angelegt sein, Wissen, Erfahrung, Nutzungsweisen oder Erinnerungen zu 'repräsentieren'. Sie muss als 'Text' funktionieren, 'begreifbar sein' (wenn auch nur intuitiv). Das Design wird auf unterschiedliche Weise gelesen, da das soziale Feld aus einer Vielfalt von sozialen Positionen und unterschiedlichen 'Leser_innen' gebildet wird. Der Effekt von Architektur hat viel damit zu tun, inwiefern Bedeutungsfiguren, diskursive Formationen, Praktiken oder auch unbewusste Erinnerungen angesprochen werden. Teyssot spricht davon, dass der Raum der Architektur sowohl als etwas „Arrangiertes und Konstruiertes [disposed and constructed]" (Teyssot und Stewart 1980: 92) verstanden werden muss sowie als etwas Arrangierendes (Huxley 2006). Architektur gehört zum Bereich des Semantischen oder Semiotischen weit mehr als zu etwas Körperlichem, da die Anordnung von Elementen und die Wirkung dessen eine Bedeutungsformation bildet.

Paul Rabinow, Freund und Übersetzer Foucaults, drückt es folgendermaßen aus:

> „Die Behauptung ist, dass wir alle forwährend interpretieren, ob wissentlich oder unwissentlich, und mit Interpretation meinen wir im Grunde eine konkrete Diagnose der vorgefundenen Situation und ihrer Probleme, also Fragen, die sich nicht in objektiver Weise stellen lassen." (Rabinow in Hjelmar und Germer 1994: 94 f., eigene Übers.)

Distanzierung von den Dingen – eine Analyse unternehmen, mögliche Nutzungsweisen eines Ortes eruieren etc. – „finden statt mittels Interpretation"

---

9 Wichtig ist es sich hier bewusst zu machen, dass es keine reine, logische, absolute Repräsentation geben kann (Colebrook, 1999), worauf Foucault des Öfteren verweist (Foucault 2001a).

(Rabinow in Hjelmar und Germer 1994: 97 eigene Übers.)[10], eine Aussage, die Foucault akzeptiert hätte. Dispositiv mit Anordnung oder etwas Anordnendem zu übersetzen scheint Foucaults Perspektive zu entsprechen und auch der Lesart von Deleuze (1992a), in dem Sinne dass ein Dispositiv intendiert ist: eine generative, bedeutungs-stimulierende Kraft welche 'Wahrheit', 'Objektivität', das 'Normale' oder bestimmte Nutzungen hervorbringt. Dispositive sind konkrete, situative Ensembles von hervorbringenden Kräfteverhältnissen. Die lebendigen Kräfte etwa, wenn sich die Menschen einen Reim darauf machen, was sie sehen, wenn sie Dinge im Raum beschreiben. Wie Foucault bemerkt:

> „Statt den Sinn in einen noematischen Kern einzuschließen, der gleichsam das Herz des Erkenntnisgegenstandes bildet, sollten wir ihn lieber an der Grenze zwischen Dingen und Worten treiben lassen, als das, was von dem Ding ausgesagt wird (weder als dessen Attribut noch als das Ding selbst), und als das, was ihm geschieht (weder als Prozess noch als Zustand)." (Foucault 2002: 101-102)

Foucault verweist hier darauf, dass es „Bedeutung nur für das Bewusstsein geben könne" (Foucault 2002: 104) und dass es „Ereignisse nur in der Zeit geben könne" (ebd.). Dieser Unterscheidung und der simultanen Kraft räumlicher Ko-Existenz, Begegnung, Anordnung und Verbindung muss besondere Aufmerksamkeit zukommen.

Was von einem Dispositiv in Stellung gebracht bzw. disponiert wird, so hebt Foucault hervor, kann somit aus Dingen wie auch aus Wörtern bestehen, und aus dem dazwischen Liegenden. In seinem Werk gibt es, wie es Deleuze formuliert (1993 : 91), „ein bestimmtes Verhältnis zwischen Formen und Kräften", etwa zwischen dem relationalen räumlichen Gefüge und den körperlichen Effekten, die aus der intentionalen Planung von Orten und Räumen erwachsen. In der Lesart von Deleuze (1993: 130) ist dies Teil eines spezifischen Vitalismus' bei Foucault[11], in dem sich „die Kräfteverhältnisse auf einer Lebens- und Todeslinie [entfalten], die sich unausgesetzt faltet und entfaltet und damit gerade die Grenze des Denkens vorzeichnet das Spiel der Kräfte entlang einer Linie von Leben und Tod verläuft, die sich jeweils faltet und entfaltet, entlang der Grenzen des Denkbaren." (ebd.: 132) Die Vitalität des Lebens und dessen Grenzen bilden das Gegenüber des Dispositivs als Form und regulierender Kraft. Entsprechend existiert eine andauernde Spannung zwischen diesen Polen der Vitalität und

10 Oder, wie Dreyfus und Rabinow schreiben: „Foucault bezieht sich auf Sprache als eine Form, in der wir uns auf unser Sein beziehen und daraus unser Handeln ableiten" (Dreyfus und Rabinow 1986: 114 eigene Übers).

11 Zum Vitalismus des Städtischen siehe (Pløger 2006).

allen möglichen Formen der Disziplin/Ordnung. Wir müssen gewahr bleiben dass „Architektur immer eine politische Aktivität gewesen ist" (Deleuze 1993: 158) und dies ist ein Grund warum „Architektur zu sagen scheint 'wir brauchen Menschen'" (ebd.), um Disziplin und Ordnung herzustellen, um zu normieren und Normalität durchzusetzen. Menschen sind Teil des 'gesellschaftlichen Gewebes'. Geplante Räume benötigen Menschen, um Wirkung zu haben. Raum bedarf einer greifbaren Textur – Materialitäten, die aber nach einer Aufladung mit Bedeutung verlangen –, weil Wirkungen erst durch Formen des Lesens, Interpretierens und Übersetzens in Praxis erzielt werden.

Ein räumliches Dispositiv ist somit mehr als eine regulatorische Apparatur, eine materielle Einrichtung oder eine (räumliche) Gegebenheit. Es gilt der üblichen Lesart zu widersprechen, wonach für Foucault „individuelles Verhalten in weiten Teilen durch die Organisation eines gegebenen Raumes determiniert" (Tonkiss 2005: 135, eigene Übers.) sei. Diese Sichtweise führt zu einer Verräumlichung des Gesellschaftlichen, unterschlägt aber völlig die Bedeutung von Gesagtem/Diskursiven/Bedeutungen für den von Foucault beschriebenen Prozess der Herstellung des Sozialen über Raum. Raum determiniert nicht, Raum bedeutet, verteilt, ermöglicht bestimmte Handlungen eher als dass er Handlungen untersagt. In anderen Worten, Raum 'legt nahe' oder 'stimuliert' bestimmtes Verhalten ohne zu determinieren. Wie es bei Foucault explizit heißt und oben bereits zitiert wurde, „Der Architekt hat keine Macht über mich."

Womöglich beschreibt Foucault das Dispositiv des Raums am besten in seiner Antwort auf die Frage, inwiefern Raum „soziale Probleme löst?". Er sagt, „Ich glaube, die Architektur kann etwas Positives bewirken und tut dies auch, wenn ihre auf Befreiung zielenden Absichten mit der realen Praxis von Menschen zusammenfallen, die ihre Freiheit ausüben" (Foucault 2005: 331). Die Wirkung von Raum und seiner Repräsentationen hängt ab von dem In-Beziehung treten zu einem freien Individuum, d.h. sie hängt davon ab, wie Raum gelesen wird, aber auch, wie in ihm agiert wird, er also körperlich erfahren wird.

Raum und Gesellschafts(körper)

Foucault beginnt das Buch „Die Geburt der Klinik" mit den Worten „In diesem Buch ist die Rede vom Raum, von der Sprache und vom Tod. Es ist die Rede vom Blick" (Foucault 1988 : 7). Was bedeuten Raum und Sprache in diesem Zusammenhang? Foucault spricht über die zur Zeit des 18. Jahrhunderts visionären Vorstellungen von Raum und die Sprache der Medizin und noch präziser, den medizinischen Blick – Ärzte, Chiropraktiker, Physiologen etablieren einen neuen medizinischen Diskurs durch neue Formen der Beobachtung des Patienten und eine neue Kommunikation mit dem Patienten über seinen Körper, über Beobachtung und Beschreibung seines Körpers. Hier handelt es sich also um eine sehr greifbare Form des Räumlichen, der Raum des Körpers, über den „unter dem Blick der ersten Kliniker" das zum Ausdruck kommen kann, „was Jahrhunderte lang unter der Schwelle des Sichtbaren und des Aussagbaren geblieben war" (Foucault 1988: 10). Dies geschieht entlang eines performativen Aktes, der eine als krank oder infiziert markierten räumliche Figur und einen überwachenden Blick verbindet. Hier entsteht eine Macht-Wissen-Konstellation, indem ein bereits bestehendes Wissen mit einem neuen und verbesserten, strenger rationalen Wissen über Körper und die gesellschaftlich-räumliche Dimension von Gesundheit und Krankheit verbunden wird.

Foucault (1988) bestimmt drei Formen der Verräumlichungen in der Medizin des 18. Jahrhunderts (Osborne und Rose 2004): eine *erste* Verräumlichung findet auf der Ebene der Konzepte statt, auf der sich die Gegenstände des medizinischen Diskurses formieren. Eine *zweite* Verräumlichung bezieht sich auf die Wahrnehmung der Kranken und eine *dritte* Verräumlichung bezieht sich auf die Beobachtungsapparatur von Krankheiten. Osborne und Rose (2004: 213 f) schlagen eine sozialwissenschaftliche Übersetzung dieser Verräumlichungen vor. Die erste Verräumlichung lässt sich als Modellierung begreifen, als „das Sich-vorstellen von Raum innerhalb der Sphäre des Gedanklichen", wobei der Kerngedanke ist, dass „alles gesellschaftliche oder kulturelle Denken eine Form der Verräumlichung der betreffenden Objekte nahe legt" (ebd.: 213 eigene Übers.), etwa die räumliche Ordnung des Lebens. Die zweite Verräumlichung lässt sich mit Realisierung übersetzen, „die Art und Weise, in der Raum denkbar, konzipierbar und materialisierbar gemacht wird" (Osborne und Rose 2004: 214 eigene Übers.). Oder mit anderen Worten der Raum des praktischen Handelns oder des sich Vorstellens. Die dritte Verräumlichung ist eine der Grenzziehung, der „topographischen Felder" und „Gebiete" (ebd.: 214). Dabei geht es darum, wie Raum als Ort, Grenze, Zone, als Ghetto oder Bereich der Ausgrenzung gedacht wird, etwa wie das Gefängnis oder das Krankenhaus. Weiter ausgeführt geht es bei der Modellierung darum, wie städtisches Leben in Stadtplanung und -politik konzipiert wird, die zweite Form der Realisierung betrifft die Herstellung eines Plans der diese Funktion als gedankliche Repräsentation städtischen Lebens und die dritte Form ist die Materialisierung dieses Plans am jeweiligen Ort. Architekten und Urbanisten entwerfen die räumlichen Formen, die „eine bestimmte Verteilung der Menschen im Raum sicherstellt, ihren Verkehr kanalisiert und ihr wechselseitiges Verhalten kodifiziert." (Foucault 2005: 338) Eine solche

Vorprägung wird also, folgt man etwa Charles Booth, eine „moralische Verräumlichung" beinhalten, „den Versuch, zu disziplinieren und zu beherrschen, eine Form der Ordnung aufzuprägen" (Osborne und Rose 2004: 215 eigene Übers.; siehe auch Huxley 2006).

Foucault hat Raum von seinen frühen Schriften an als etwas verstanden, wo sich Konfigurationen von Wissen, Körpern und dem Verhalten der Individuen vollziehen, eine Beziehung zwischen Körpern, Blicken und Disziplin, die insgesamt in einer machtvollen Verräumlichung spezifischer (gesellschaftlicher/situativer/sozialer) Konfigurationen resultiert. Stadtplanung gründet auf einem „Willen zum Wissen" und schlussendlich ist ihr Ziel gerade eine Verräumlichung des gesellschaftlichen Lebens. Foucault (1984; 2004a) verweist darauf, dass Medizin und Planung beide den Raum sowohl als etwas Rationalisierbares als auch als etwas Partitionierendes betrachten. Auf der einen Seite setzen beide Raum für eine bio-politische Zielsetzung ins Werk, für ein „Aussortieren" mittels Klassifizierung und auf der anderen Seite dient Raum ihnen zur Trennung des „Normalen" von dem „Anormalen", zur Trennung der Kranken von den Gesunden, der Guten von den Schlechten. Auf diese Weise wird der städtische Raum wichtig für das Regieren des städtischen Lebens und für eine politische „Modernisierung der Macht" (Foucault 2003b). Das aufkommende biomedizinische Epistem wird ein wichtiges gesellschaftliches Dispositiv des ‚Aussortierens', der Separierung und Verteilung von Menschen im Raum über die Abstimmung und Institutionalisierung bestimmter Signifikationssysteme. Das Denken über Raum in einem medizinischen Vokabular wurde zu der dominanten Figur in der „Gesundheitspolitik im 18. Jahrhundert'" (ebd.) und in den städtischen Hygiene-Projekten dieser Zeit. Die Verschränkung von Wissen, Raum und dem Sozialen (Ordnung, Disziplin) wurde eine der zentralen und fortdauernden Aufgaben städtischer Planung. Durch diese Verschränkung wurde die Stadt „ein konkretes Milieu des Regierens" (Osborne und Rose 1998: 6 eigene Übers.).

In seiner Ideengeschichte arbeitet Foucault heraus, wie Stadtplanung oder Urbanismus im 18. Jahrhundert politisiert wurden. Architektur und Planung sind von jeher politisch, für politische oder militärische Zwecke eingesetzt worden, aber erst im 18. Jahrhundert kann man beobachten, wie sich „eine Reflexion über Architektur im Blick auf Ziele und Techniken der Regierung von Gesellschaften entwickelt." (Foucault 2005: 324). Von da an wurde die Stadt mit Hilfe der Aufteilung und Abstufung von Raum, durch Zonierung und Pläne beherrscht, regiert und diszipliniert. Urbanismus wurde verstanden als ein Werkzeug zur Herstellung von Ordnung, zur Prävention von Epidemien und Revolutionen und zur Hervorbringung moralisch integrer Familien. Damit wurde Urbanismus stärker Teil eines politischen Denkens über Regierung und des Regierens der Bürger über Raum. Dass Politik – zumindest in Frankreich – sich für Stadtplanung und Architektur zu interessieren begann, lag daran, dass Politiker anfingen, die Stadt als ein Sinnbild zu verstehen, an dem sich eine gesamtgesellschaftliche „Form von Rationalität des Regierens“ (Foucault 2005: 327) ablesen lässt. Die Stadt war ein Beispiel für effizient organisierten Raum, sowohl administrativ wie auch territorial. Die Zielsetzung guten Regierens war es, ein System der allgemeinen Führung von Individuen zu schaffen, in dem alles in Weisen kontrolliert ist, die „keinen Eingriff erfordern“ (Foucault 2005: 327). Beispielsweise können Regierungen durch die Gestaltung von Häusern regulieren, moralisieren und normalisieren (Gromark 1987).

Architektur und die Verräumlichung des Alltagslebens zielen auf den Körper, indem sie eine bestimmte Nutzungsweise des Raums materialisieren. Raum repräsentiert eine Vorstellung bezüglich bestimmter Handlungs- und Nutzungsweisen, Gewohnheiten und Werte. Wie es Foucault ausdrückt:

> „Ich glaube, es ist etwas willkürlich, wenn man die effektive Ausübung von Freiheit, die Praxis der sozialen Beziehungen und die räumliche Aufteilung voneinander trennen wollte. Sobald man diese Dinge voneinander trennt, werden sie unverständlich. Jedes von ihnen lässt sich nur über die jeweils anderen verstehen.“ (Foucault 2005: 331)

Patrick Geddes zielte darauf, „in das Bewusstsein der Bürger einzugreifen“, um das bürgerliche Selbst zu erreichen und eine „dynamische, offene und ethische Anmutung des Städtischen“ zu formen. Geddes sah sich als „Mittelsmann bürgerlicher Formen“ (Osborne und Rose 2004: 219 eigene Übers.), der auf Raum und Verräumlichung des Alltags zurück greift. Im Bezug auf das Städtische lässt sich Raum ebenfalls aus der Perspektive der Ordnungs- und Machtfunktion analysieren, d.h. inwiefern Räume anordnen und hervorbringen etwa in Hygienebestimmungen, Baurecht, einer Zuschreibung von Frauen in den privaten Raum des Haushalts etc. (Huxley 2006: 784).

Städtischer Raum und das Dispositiv

Es wurde angemerkt, dass auch wenn Foucault Raum explizit als eine zentrale Dimension der Machtausübung herausstellt, er weniger auf die Gebäude an sich fokussiert, sondern eher auf Städte und ihr Funktionieren (Wright und Rabinow 1982). Foucault ist mit anderen Worten, eher an Raum interessiert als an Architektur und in meinen Augen noch eher am Dispositiv des Raums. In der Auseinandersetzung mit Foucaults Aussagen zur Stadt wird in der Rezeption eher auf Macht als auf Raum abgehoben, und etwa betont, dass Foucault untersuche, „wie Macht im Raum verteilt ist, in Gebäuden, Institutionen, Routinen des Alltags und den korrespondierenden diskursiven Formen“ (Tygstrup 2006: 175). Dabei steht für Tygstrup wahrscheinlich der Aspekt von Ordnung und Disziplin im Hintergrund, funktionalistische Diagramme, Geometrien und Pläne (Brenner 1994).

Deleuze (1992a) sowie Osborne und Rose (1998) sehen Foucaults Konzept des Diagramms als eine Perspektive, um die Art und Weise des „Regierens der Stadt mittels Raum“ zu untersuchen, d.h. die Lenkung oder Steuerung der Stadtgesellschaft. Die griechische Agora war für Foucault der Ort einer kommunikativen Demokratie, aber zugleich erkannte er in der Stadt einen Ort, „in dem die Machtzentren vielfältig, die Aktivitäten, die Spannungen, die Konflikte zahlreich sind“ (Foucault 1989 : 112). Als Städte sich zu den zentralen Knotenpunkten der Gesellschaft entwickelten, gründete ihr Einfluss nicht allein auf militärischer Stärke oder politischer bzw. ökonomischer Macht.

> „Das städtische Modell ist schließlich siegreich, aber keineswegs aus dem Grund, weil es so etwas wie einen militärischen Sieg davon getragen hätte, sondern einfach, weil es nicht nur den Reichtum, sondern die administrative Fähigkeit, die Moral und eine gewisse Lebensart, eine bestimmte Art zu sein, einen Willen und erneuernde Antriebe auf seiner Seite hat.“ (Foucault 1999a: 272)

Mit anderen Worten gründet die Macht der Städte darin, ökonomische Zentren, administrative Schaltstellen (der Gebietskörperschaft, der Region, der Nation) zu sein und innovative Kräfte zu bündeln. Wie Osborne und Rose (1998) argumentieren, war der griechische Stadtstaat auf der Vorstellung einer „reinen Gesellschaftlichkeit“ gegründet, d.h. „eine Form der Assoziation, die keine vorgängigen Interessen impliziert“ (1998: 2 eigene Übers.). Darüber hinaus stellt die griechische Stadt das erste Auftreten eines spezifischen Machtdiagramms dar, welches die Stadt als Form benutzt. Dieses räumliche Machtdiagramm sollte „eine bestimmte Form des Verhaltens im Sinne einer Selbstregierung anreizen“. Osborne und Rose (1998: 1 eigene Übers.) bezeichnen dieses Diagramm als „räumliches Milieu der Immanenz“, das aus der unmittelbaren räumlichen Form und den raumbezogenen Interaktionen gebildet wird. Sie legen somit nahe, dass die alleinige Fokussierung auf die Agora das räumliche Regieren der Stadt übersieht, welches Körper, Lebensweisen und Vorstellungen erfasst. Foucault hält fest, dass Ende des 18. Jahrhunderts „[...] allerdings nun neue Probleme auf[tauchen]: Es geht darum, sich der Gestaltung des Raumes zu ökonomisch-politischen Zwecken zu bedienen“ (Foucault 2003: 253d). Darüber hinaus werden die Beziehungen zwischen Normen und Formen wichtiger für Foucault. Indem er Raum nun als eine Dimension gesellschaftlicher Machtverhältnisse begreift, werden die der gebauten Umwelt zugrunde liegenden Absichten wichtiger. Diese können „von den großen Strategien der Geopolitik bis zu kleinen Taktiken des Wohnens“ reichen, so etwa den Umstand, dass das Zuhause den Familien „eine Art Sittlichkeit vorschreiben“ wird (Foucault 2003d: 253).

Weder die Perspektive reiner Macht noch die Perspektive des Raums lassen sich bei der Lektüre Foucaults ignorieren. Ebenso zentral für seine Arbeiten zu Raum oder zur Thematik des Städtischen ist die Auseinandersetzung mit der Beziehung zwischen Repräsentation und Sprache, dem Sichtbaren und Unsichtbaren, Bedeutung und Interpretation (Colebrook 1999; Deleuze 1992a). All dies kommt in der Figur des Dispositivs zum Ausdruck. Wenn Foucault von der Stadt als einem (mentalen) Symbol von Disziplin, Ethik oder Moralvorstellungen spricht, geht es um die Problematik eines repräsentionalen räumlichen Dispositivs.

Ich wende mich schließlich den beiden Paradebeispielen für räumliche Dispositive bei Focuault zu: der im engeren Sinne 'gesunden' Stadt und dem Panoptikon.

> „[A]b dem 18. Jahrhundert enthält jede Abhandlung über Politik und Regierungskunst ein oder mehrere Kapitel über Städtebau, den Bau kollektiver Einrichtungen, Hygiene und den Bau von Privathäusern“ (Foucault 2005: 325), wie Foucault betont. Die Frage nach dem Regieren einer Gesellschaft oder einer Stadt wurde zu einer Frage, wie sich Lebensfunktionen, Bewegungen, Austauschprozesse, privates und alltägliches Leben mittels Raum befördern und sicherstellen lassen (Foucault 2004b). Wie Foucault ausführt, hat sich innerhalb der Stadtplanung seit dem 18. Jahrhundert die Kunst des Regierens als Möglichkeit entwickelt, beispielsweise durch kollektive Einrichtungen (etwa Wohnungsbauprogramme oder Hygiene-Standards) kollektive Ordnungsräume zu schaffen. Seine Arbeit zu der Vorstellung einer pathogenen Stadt (Foucault 2003b) im 18. Jahrhundert verdeutlicht die gegenseitige Abhängigkeit von Diskurs und Raum. Beispielhaft sind die politischen Kampagnen zur Sicherstellung von Kontrolle über städtische Teilräume mittels so genannter 'Hygieneprogramme'. Die Stadt verwandelte sich in ein „medizinisch zu behandelndes Objekt“ (ebd.: 30).

Wie Foucault zeigt, geht es bei der Entstehung dieser städtischen Gesundheitspolitiken und ihrer räumlicher Mechanismen weniger um die Sorge für das Wohl der Bevölkerung als vielmehr um eine Form der Sicherheit, in diesem Fall die Bewahrung einer gesellschaftlichen Stabilität in Form der Herrschaftssicherung. Die Stadt wurde als eine Gefahr für die politische Stabilität angesehen, aufgrund der Armutsbevölkerung und resultierenden sozialen Spannungen. Das Gesundheitsregime verdeutlicht dies. Die Stadt ist wegen der Konzentration von Armut, sozialen Spannungen und Krankheitsrisiken bedrohlich für die Struktur politischer Herrschaft aber auch für eine Gesellschaft, die auf eine stabile und gesunde Arbeitskraft und Bevölkerungswachstum angewiesen ist. Dies schaffte die Notwendigkeit, administrative Regularien einzurichten und ein Sicherheitssystem zu etablieren, um ein medizinisch-administratives Werkzeug zum Umgang mit der pathogenen Stadt zu gewinnen, die aus den schlechten Bedingungen in Gefängnissen, auf Schiffen, in Kranken- und Wohnhäusern und aus der Ausbreitung von Krankheiten resultiert. Zuvorderst wurden die Familien zur Sicherstellung der produktiven Arbeitskraft in die Pflicht genommen, aber auch die Städte unterliegen einem Prozess räumlicher Reinigung und die Etablierung räumlicher Diagramme über gesundheitsbezogene Regulierung des öffentlichen Lebens und der Lebensverhältnisse.

> „Die Lage verschiedener Viertel, ihre Feuchtigkeit und ihre Belastung, die Belüftung der Stadt im Ganzen, ihr Kanalisations- und Brauchwasserableitungssystem, die Lage der Friedhöfe und der Schlachthöfe, die Bevölkerungsdichte, das alles zusammen macht die Faktoren aus, die eine entscheidende Rolle für die Sterblichkeit und Krankheitsanfälligkeit der Bewohner spielen. Die Stadt stellt sich mit ihren hauptsächlich räumlichen Variablen als ein medizinisch zu behandelndes Objekt dar." (Foucault 2003b: 30)

Planung und Architektur wurden zu einer Technologie der Macht [*techne*], und sie wurden eingesetzt, um eine gesunde und produktive Bevölkerung zu formen. Wie es bei Foucault heißt, „die urbane Panik ist bezeichnend für die Besorgnis und die gesundheitspolitische Unruhe" (Foucault 2003c: 284) und „die öffentliche Hygiene war eine raffinierte Variante der Quarantäne" (Foucault 2003c: 286).

Die Verräumlichung von Gesundheit in der Stadt bedeutete auch die Überwachung von städtischen Räumen und städtischer Bevölkerung. Ein überwachender Blick wurde durch Gesetze und Kontrollinstrumente geschaffen, aber im Kern ging es um Sichtbarmachung durch Ausleuchtung, offenere und sauberere städtische Räume, Straßenbeleuchtung, ästhetische Vorschriften, Baurecht und Hausordnungen, Renovierung etc. Die Polizei war eine der Institutionen im Sinne einer „Gesamtheit der Mechanismen, durch die Ordnung, das kanalisierte Wachsen der Reichtümer und die Bedingungen für die Aufrechterhaltung der Gesundheit im 'Allgemeinen' sichergestellt werden" (Foucault 2003b: 24) nicht allein durch physische Gewalt, sondern durch Formen der Regulierung über Beleuchtung der Straßen, Klassifizierung der Bürger, Kontrolle der Hausordnungen zur Sicherung von Gesundheit und Wohlergehen. Klassifizierung und Regulierung von Raum und Verhalten sind diskursive Akte und solche Diskurse über das 'Normale' waren Teil der polizeilichen Kontrolle städtischer Gesellschaft, Werkzeuge, bei denen es zuvorderst um die „Bewahrung des Unterhalts und um die Erhaltung der 'Arbeitskraft' geht" (Foucault 2003b: 25). Und zwar hauptsächlich über die Beeinflussung alltäglicher Gewohnheiten.

Deleuze liest Foucaults Arbeiten zum Panoptikon als Beispiel für ein Dispositiv, eine „Verschränkung von Sichtbarem und Sagbarem" (Deleuze 1992a). Die räumliche Kontrolle der Stadt, etwa durch Baurecht, lässt sich mit dem Prinzip der Ordnung von Sichtbarkeit in der Logik des Gefängnisses vergleichen. „Die verpestete Stadt, die von Hierarchie und Überwachung, von Blick und Schrift ganz durchdrungen ist" (Foucault 1976: 255). Foucault betrachtet das Panoptikon Benthams als ein Sinnbild für die 'geordnete Gestalt' einer Gesellschaft. „[D]ie Stadt, die im allgemeinen Funktionieren einer besonderen Macht über alle individuellen Körper erstarrt – diese Stadt ist die Utopie der vollkommen regierten Stadt/Gesellschaft" (Foucault 1976: 255). Das Panoptikon ist eine architektonische Form oder Einrichtung, welches Kontrolle und Herrschaft auch ohne aktives Zutun formt, auf Grundlage der Möglichkeit unkontrollierbarer Sichtbarkeit. Dieser unsichtbare Blick ist ein verräumlichter Blick, eine imaginäre Einrichtung oder Technologie der Normalisierung, die über ihre räumliche Anordnung funktioniert; „eine optische Maschine, um zu sehen, ohne gesehen zu werden" (Deleuze 1991: 154). Dieses Spiel des Sichtbaren und des Unsichtbaren ist deshalb machtvoll, da es, wie Foucault es nennt, „eine gewisse Macht des Geistes über den Geist ermöglicht". Das Panoptikon, so Foucault, ist eine für „recht viele verschiedene Bereiche anwendbare Formel 'Macht durch Transparenz'" (Foucault 2003d: 259). Disziplin ist offen, sichtbar und doch diffus.

So schreibt Foucault dem Panoptikon eine Macht des Geistes über den Geist zu und betont damit, dass das Gefängnis auch die Installierung[12] einer Art und Weise der Normalisierung mittels Raum bedeutet. Wenn ein Dispositiv aus Zeichen, materiellen Formen und der Rahmung von bestimmtem Verhalten – etwa der Verweis von Sexualität in die Sphäre des Häuslichen – zusammengesetzt ist, dann funktioniert es sowohl als ein Apparat als auch als eine Anordnung. Es ist ein Apparat im Sinne eines zweckgerichteten physikalischen Phänomens, wobei der Zweck die Institutionalisierung von Ordnung und Disziplin in der Gesellschaft und in der Stadt ist, mittels Kontrollgesetzen und normierenden Diskursen. Ein Dispositiv ist eine Form der Verteilung und Anordnung, da es als Zeichen einer bestimmten Art von Botschaft von den Individuen verstanden werden muss. Diese räumlichen Dispositionen können ihren erwarteten Effekt nicht ohne eine Interpretation oder Entschlüsselung erzielen.

12 Vorschlag der Übersetzung des Begriffs Dispositivs von Søren Gosvig Olesen, dem dänischen Übersetzer von Foucaults Schriften.

Das Dispositiv als Beziehungsgefüge

Foucault versteht ein dispositives Ensemble als ein Bedeutungsgefüge innerhalb des Diskurses, welches dennoch auf eine nicht-diskursive Weise wirksam wird sobald es institutionalisiert oder verkörpert wird. Gebäude mögen 'diskursiv' sein, aber solange diese „programmkonform" (Foucault 2003: 396) sind, ist das für ihn kein linguistisches Problem. Bedeutet dies aber nun, dass die kollektive Bedeutungszuschreibung (Werte, Normen) jenseits der ursprünglichen „Intentionen" außer Acht gelassen werden? Diese Frage scheint in der Tat ein Problem für Foucault, womöglich aufgrund seines Interesses, die Frage des Subjekts frei zu halten von hermeneutischen und linguistischen Beschränkungen. In seinen Arbeiten zur Geburt des medizinischen Blicks – einer für die gegenwärtige Form des Städtischen zentralen Figur – verweist er allerdings auf Nietzsches Bemerkung, dass in der Sprache „ein Sinn Gestalt angenommen hat, der uns überragt" (Foucault 1988: 13), wobei dieser Sinn abhängt von ihrer „Differenz, die sie an andere wirkliche und mögliche, gleichzeitige oder in der Zeit entgegengesetzte Aussagen anfügt" (ebd.: 15). Mit anderen Worten, der 'Überschuss' oder die 'Konnotationen' einer Aussage in einem bestimmten Zusammenhang sind entscheidend. Jedes Wort ist damit ein Bedeutungsträger, der nicht in Gänze kontrolliert werden kann, da sein Bedeutungspotential von der 'Übersetzung' bzw. 'Interpretation' stärker abhängt als von seinem institutionalisierten 'Sprechen'.

Raum, Wissen und Macht werden immer in einer Beziehung stehen und eine Institutionalisierung von Kräfteverhältnissen mit sich bringen. Derartige Institutionen können nicht nur Einrichtungen der Regierung oder Wissensapparate sein, sondern ganz allgemein Formen des Auf-Dauer-stellens von Diskursen in der Öffentlichkeit und im öffentlichen Raum, der im Hinblick auf Foucaults Arbeiten zur Klinik immer durch den Bedeutungsüberschuss der Bezeichnungen gerahmt ist. Foucault (1977) interessierte sich für die „Zunahme von Formen der Normalisierung" und insbesondere für die Verschiebung von Norm/Normativität (als einem Diskurs) zu wirkmächtigen „Techniken" mittels institutionalisierter Disziplinen. Sein Interesse richtete sich nicht allein auf Worte und Bedeutungen, sondern auf ihre Rolle als Bestandteil eines umfangreicheren Gefüges des Diskursiven und Nicht-diskursiven im Raum. Es gibt nicht etwas wie „ein 'Machtzentrum' oder einen Mittelpunkt der Kräfte, sondern ein komplexes Netz aus unterschiedlichen Elementen – Mauern, Raum, Institutionen, Regeln, Diskursen." (Foucault 1976: 396) Dies alles sind wirksame Dispositive und mögliche bedeutungstragende Elemente. Bisweilen heißt es, dass „die Form der Dispositive der Diskurs sei" (Andersen und Christensen 1999: 26 eigene

Übers.), aber präziser gefasst ist das Dispositiv eine „Symbolisierung, eine illustrative Versammlung“ (Raffnsøe 1999: 66 eigene Übers.) unserer gesellschaftlichen Vorprägung. Es betont die Beziehung zwischen Gesagtem und Ungesagtem und hebt gesellschaftliche Muster der Bedeutungszuschreibung, des ‘Lesens’ und Reformulierens von Bedeutung hervor. Foucault betont, dass es ‘kein Wissen ohne definierte diskursive Praxis gibt’, Wissen besteht demnach immer „in einer praktischen Einrichtung, einem ‘Dispositiv’ von Aussagen und Sichtbarkeiten“ (Deleuze 1992a: 72). Die englische Übersetzung setzt hier „Mechanismen“ anstatt Dispositiv und dabei geht das Dazwischen zwischen Aussagen und Sichtbarkeiten verloren. Die Anerkennung einer Beziehung zwischen Aussage (Wörter) und dem Sichtbaren (Dinge) ist entweder körperlich (Erfahrung der Dinge) oder sprachlich (Bedeutung der Wörter). An dieser Stelle soll uns das Problem der Repräsentation nicht weiter beschäftigen. Repräsentieren Wörter/Diskurse ‘die Wirklichkeit’? Es genügt die Erkenntnis, dass es für einen Effekt in der Wirklichkeit einer bedeutsamen Beziehung zwischen Wörtern und Dingen bedarf.

Fazit

Sicherlich thematisiert Foucault die Installierung von regulierenden Prozessen, Formen des Ein- und Ausschlusses durch Raum. Eine institutionalisierte Einrichtung besteht sowohl aus diskursiven als auch aus nicht-diskursiven Elementen in Form des Gesagten und des Nicht-Gesagten und wir wissen aus der Theorie der Architektur, dass ‘die Wände eine Norm vermitteln’, ob im Rathaus oder im Eigenheim. Der zentrale Punkt ist, dass Ideologien und Subjektivierungen „stets eine Einrichtung [agencement] oder ein „Dispositiv“, innerhalb dessen sie wirksam sind, voraussetzen“ (Deleuze 1992: 45) und eine dieser Dispositionen ist, dass die Gestaltung von Raum mit Zeichen operiert, die sich auf ‘das Normale’ beziehen, auf ‘das Angebrachte’, auf Bestrafung, Überwachung und dergleichen. Raum – wie es beispielsweise das Gefängnis veranschaulicht – funktioniert durch „die Form des Sichtbaren im Unterschied zur Form des Sagbaren“ (ebd.: 50). Wie mit dem Gefängnis gründet auch die Räumlichkeit der Stadt in einer ‘Verteilung im Raum’, ‘Ordnung von Zeit’ und ‘Gestaltung des Verhältnis von Raum-Zeit’ (ebd.) für den Alltag der Bewohner/-innen, für Ausgrenzung oder Arbeit. Diese physikalischen Qualitäten bedürfen der Beziehung zu dem Gesellschaftlichen und damit den Dispositiven.

Ist ein Dispositiv damit ein festgefügtes System von Vorgängen oder etwas Funktionales, wie Brenner (1994) suggeriert? Beiden Elementen im Gefüge eines räumlichen Dispositivs – Architektur, die Materialisierung von Raum,

Gegenstände/Objekte im Raum – können funktionale Wirkungen zugesprochen werden (bezogen auf die Regulierung des Verhaltens oder auf körperliche Disziplin). Aber andere Dispositive sind abhängig von Beziehungen oder Situationen, da immer Gefüge von diskursiven und nicht-diskursiven Kräften am Werk sind, wie Foucault es ausdrückt, kontextbezogen und verschränkt mit der historischen Situation, mit Körpern, Bedeutungsmustern etc. Um Foucault zu paraphrasieren: analog zur Macht existiert ein Dispositiv nur „in actu" (Foucault 1976: 114).

Ein Dispositiv ist ein relationales Phänomen, ein Gefüge, das Effekte hervorbringt, aber die Literatur bleibt meist eher vage, wie das genau zu verstehen ist. Wie erwähnt arbeitet Foucault heraus, wie im späten 18. Jahrhundert die Anordnung des Raums für ökonomisch-politische (Gesundheit, Produktivität) und sozio-politische Ziele (Disziplin, Ordnung, Moral) eingesetzt wurde. Räumliche Dispositive konnten und können ohne eine bestimmte Konstellation des Diskursiven und Nicht-Diskursiven keine Wirkungen erzielen. Diese Konstellation wird durch die Gegenstände und Erfahrungen (einschließlich der körperlichen Erfahrungen) geprägt und von kollektiven Bedeutungsmustern, die vermitteln, wie der Raum zu nutzen ist. Man mag die Normativität des Raums nicht immer erkennen, seine disziplinierende Gestaltung oder die sozio-politische Bedeutung von Orten und Gegenständen und Foucault hat Recht, wenn er die hermeneutische Hypothese eines bewussten 'Lesers'/einer bewussten 'Leserin' hinterfragt. Aber Raum muss dennoch auf irgendeine Weise 'überzeugen' – 'der Architekt hat keine Macht über mich' – von daher muss – im Mindesten – etwas vorhanden sein, auf das sich das im Raum verortete Subjekt beziehen kann.

Das Dispositiv besteht, wie Foucault sagt, aus einem Ensemble von Elementen und Beziehungen zwischen diesen Elementen (Architekturen, Diagrammen, Verteilungen, ein Diskurs über die Krankheit und ihre Ursachen, Gesagtes und Nicht-gesagtes). Etwas zwischen dem Körper und dem verkörperten Subjekt muss wirksam werden, um den (institutionalisierten) Apparat in Gang zu setzen und dabei handelt es sich um Diskurse, oder um Systeme kollektiver Bedeutungszuschreibung, wie zum Beispiel Gesundheit, Normalität, Vernunft oder Wahrheit. Ohne eine Repräsentation von Bedeutung – ob in Form eines kulturellen, symbolischen, diskursiven oder verkörperten Archivs – könnte die Wirkung des Raums weder deterministisch noch rationell vorhergesehen und noch weniger angenommen werden. Es bedarf solcher Bedeutungsschemata (Moral, Ethik, 'das Natürliche', 'das Normale' etc.) und eines damit operierenden 'Lesens' des Raums, um Raum für Handeln verfügbar zu machen.

Übersetzung: Henning Füller

Literatur

Amin, Ash, und Nigel Thrift(2002): Cities. Reimagining the urban. Cambridge: Polity Press.

Barthes, Roland (2006): Das Rauschen der Sprache. Frankfurt am Main: Suhrkamp.

Brenner, Neil (1994): Foucault's New Functionalism. Theory and Society 23: 679–709.

Colebrook, Claire (1999): Ethics and representation: from Kant to Post-structuralism. Edinburgh University Press.

Deleuze, Gilles (1991): Was ist ein Dispositiv? In: Spiele der Wahrheit. Michel Foucaults Denken, vol. 640, François Ewald und Bernhard Waldenfels (Hg.), Frankfurt am Main: Suhrkamp Verlag, 153–162

– (1992a): 'What is a Dispositif?', in T.J. Armstrong (Hg..): Michel Foucault. Philosopher New York: Harvester Wheatsheaf, 159-168

– (1992b): Foucault. Frankfurt am Main: Suhrkamp.

– (1993): *Unterhandlungen 1972-1990*. Frankfurt am Main: Suhrkamp

– (1995): *Negotiations*. Columbia University Press.

Dreyfus, Hubert L., und Paul M. Rabinow (1986): What is Maturity? Habermas and Foucault on „What is enlightenment". In: David Couzens hoy (Hg.): *Foucault. A critical reader*. Oxford und Cambridge: Blackwell, 109–122

Flyvbjerg, Bent (1991): Magt og rationality [Macht und Rationalität]. Kopenhagen: Akademisk Forlag.

Foucault, Michel (1976): Überwachen und Strafen. Frankfurt am Main: Suhrkamp.

– (1977): Der Wille zum Wissen: Sexualität und Wahrheit 1. Frankfurt am Main: Suhrkamp.

– (1978 [1976]) Seksualitetens historie 1. Vilje til viden [Geschichte der Sexualität 1, Der Wille zum Wissen], Copenhagen: Rhodos Bibliotek.

– (1984): Space, Knowledge and Power. In: Paul M. Rabinow (Hg.): The Foucault Reader, New York: Pantheon, 239–256

– (1988): Die Geburt der Klinik: Eine Archäologie des ärztlichen Blicks. Frankfurt am Main: Fischer-Taschenbuch-Verl.

– (1989): Die Sorge um sich. Frankfurt am Main: Suhrkamp.

– (1999): In Verteidigung der Gesellschaft: Vorlesungen am Collège de France (1975 – 76). 1. Aufl. Frankfurt am Main: Suhrkamp.

– (1999a): Vorlesung vom 10. März 1976. In Verteidigung der Gesellschaft: Vorlesungen am Collège de France (1975 – 76), 249–275. Frankfurt am Main: Suhrkamp.

– (2001): Über die Archäologie der Wissenschaften. Antwort auf den Cercle d'épistémologie. In: Daniel Defert und Michael Bischoff (Hg.): Dits et écrits: Schriften In vier Bänden: Band 11954 – 1969. Frankfurt am Main: Suhrkamp, 887–931

– (2001a): Dies ist keine Pfeife. In Daniel Defert und Michael Bischoff (Hg.): Dits et écrits: Schriften In vier Bänden: Band 11954 – 1969: Frankfurt am Main: Suhrkamp, 812–831.

– 2002. Theatrum philosophicum. In Daniel Defert und Michael Bischoff (Hg.): Dits et écrits: Schriften In vier Bänden: Band 2: 1970 – 1975: Frankfurt am Main: Suhrkamp, 93–122.

– 2003. Das Spiel des Michel Foucault (Gespräch mit D. Colas, A. Grosrichard u.a.). Daniel Defert und Michael Bischoff (Hg.): Dits et écrits: Schriften In vier Bänden: Band 3 1976 – 1979: Frankfurt am Main: Suhrkamp, 391–429

– (2003a): Sicherheit, Territorium und Bevölkerung. In: Daniel Defert und François Ewald (Hg.): Dits et Ecrits. Schriften in vier Bänden: Band 3. 1976 – 1979, Frankfurt am Main: Suhrkamp, 900–905.

– (2003b): Die Gesundheitspolitik im 18. Jahrhundert. In: Daniel Defert und François Ewald (Hg.): Dits et Ecrits. Schriften in vier Bänden: Band 3. 1976 – 1979, Frankfurt am Main: Suhrkamp 19–37.

– (2003c): Die Geburt der Sozialmedizin (Vortrag). In: (Hg. Daniel Defert und François Ewald) *Dits et Ecrits. Schriften in vier Bänden: Band 3. 1976 – 1979*, Frankfurt am Main: Suhrkamp, 272-298.

– (2003d): Das Auge der Macht. In: (Hg. Daniel Defert und François Ewald) Dits et Ecrits. Schriften in vier Bänden: Band 3. 1976 – 1979, Frankfurt am Main: Suhrkamp, 250–271.

– (2004a): Geschichte der Gouvernementalität 1: Sicherheit, Territorium, Bevölkerung. (Hg. François Ewald und Alessandro Fontana). Frankfurt am Main: Suhrkamp.

– (2004b): Vorlesung 1 Sitzung vom 11. Januar 1978. In: (Hg.. François Ewald und Alessandro Fontana) Geschichte der Gouvernementalität 1: Sicherheit, Territorium, Bevölkerung, Frankfurt am Main: Suhrkamp, 13–51.

– (2005): Raum, Wissen und Macht. In: (Hg. Daniel Defert und François Ewald) *Dits et Écrits. Schriften in vier Bänden. Band 4. 1980-1988*, Frankfurtam Main: Suhrkamp, 324–340.

– (2007): *Security, Territory, Population (Lectures at the College de France)*. London: Palgrave.

Genoccio, Benjamin (1995): Discourse, Discontinuity, Difference: The Question of „Other" Spaces. In: (Hg. Sophie Watson und Katherine Gibson) Postmodern Cities and Space, '. Oxford und Cambridge: Blackwell 35–46.

Gunder, Michael (2003): Passionate Planning for the Others' Desire: An Agonistic Response to the Dark Side of Planning. Progress in Planning 235–319.

Hetherington, Kevin (1997): Badlands of Modernity. Heterotopia and Social Ordering. London: Routledge.

Hillier, Jean (2003): Agonizing over Consensus – Why Habermasian Ideals Cannot Be „Real". Planning Theory 2: 37–59.

– (2009): Assemblages of Justice: The 'Ghost Ships' of Graythorp. International Journal of Urban and Regional Research 33: 640–661.

– (2007): Stretching Beyond the Horizon: A Multiplanar Theory of Spatial Planning and Governance. London: Asghate.

Hjelmar, Ulf, und Søren Germer (1994): Hermeneutik som Retorik: en fortolkning af Michel Foucaults teoretiske projekt. [Hermeneutik als Rhetorik. Eine Interpretation des theoretischen Projekt von Michel Foucault] Grus 15: 91–102.

Huxley, Margo (2006): Spatial rationalities: order, environment, evolution and government. Social & Cultural Geography 7: 771–787.

Joyce, Patrick (2003): The Rule of Freedom: Liberalism and the Modern City. London: Verso.

May, Todd (1993): Between Genealogy and Epistemology: Psychology, Politics, and Knowledge in the Thought of Michel Foucault. Pennsylvania State University Press.

– (2006): The philosophy of Foucault. Ithaca: McGill-Queen's University Press.

Osborne, Thomas, und Nikolas Rose (1999): Governing Cities: notes on the spatialisation of virtue. Environment and Planning D: Society and Space 17: 737–760.

– (1998): Governing Cities. In Governing Cities. Liberalism, Neoliberalism, Advanced Liberalism, 1–37. Toronto: York University.

– (2004): Spatial phenomenotechnics: making space with Charles Booth and Patrick Geddes. Environment and Planning D: Society and Space 22: 209–228.

Philo, Chris (1992): Foucault's geography. Environment and Planning D: Society and Space 10: 137–161.

Pløger, John (2006): In search of urban vitalis. *Space and Culture* 9: 382–399.

Rabinow, Paul M. (2004): Anthropologie der Vernunft. Studien zu Wissenschaft und Lebensführung. Frankfurt/M: Suhrkamp.

– (1989): French Modern: Norms and Forms of the Social Environment. Chicago: University of Chicago Press.

– (2003): Ordonnance, Discipline, Regulation: Some Reflections on Urbanisms. In The Anthropology of Space and Place, Hrsg. Setha M. Low und Denise Lawrence-Zúñinga, 353–362. Oxford und Cambridge: Blackwell.

Rabinow, Paul M., und Nikolas Rose (2003): Foucault today. In The essential Foucault: Selections from essential works of Foucault, 1954-1984, xii–xxxv. New York: New Press.

Raffnsøe, Sverre (1999): Michel Foucaults dispositionelle magtanalytik [Michel Foucaults dispositionale Machtanalytik]. Grus 45–71.

Schmidt, Lars-Henrik, und Jens Erik Kristensen 1985. *Foucault's blik: om det moderne menneskes fødsel* [Foucaults Blick]. Aarhus: Modtryk.

Soja, Edward (1995): Heterotopologies: A Remembrance of Other Spaces in the Citadel-LA. In Postmodern Cities and Space, Hrsg. Sophie Watson und Katherine Gibson,. Oxford und Cambridge: Blackwell, 13–34.

Teyssot, George, und David Stewart (1980): Heterotopias and the History of Spaces. A+U: Architecture and Urbanism, Oktober, 79–106.

Tonkiss, Fran (2005) Space, the City and Social Theory, Cambridge, Polity Press.

Tygstrup, Frederik (2006): Vidensarkæologi og rumanalyse [Die Archäologie des Wissens und Raumanalyse]. In Filosofi & Arkitektur, Kopenhagen: Kunstakademiets Arkitektskole, 157–180.

Valverde, Mariana (2007): Genealogies of European states: Foucauldian reflections. Economy and Society 36: 159–178.

Wennman, Mark (2003): „Agonistic Pluralism“ and Three Archetypal Forms of Politics. Contemporary Political Theory, 165–186.

Wright, Gwendolyn, und Paul M. Rabinow (1982): Spatialization of Power: A Discussion of the Work of Michel Foucault. Skyline, 14–20.

Yiftachel, Oren (1995): The Dark Side of Modernism: Planning as Control of an Ethnic Minority. In: (Hg. Sophie Watson und Katherine Gibson) Postmodern Cities and Space, 'Oxford und Cambridge: Blackwell, 216–242.

Martin Geiger

Migration. Sicherheit. Raum.
Erörterungen zur (neuen) Gouvernementalität der Migration

Im Folgenden steht eine neue Regierungsweise von Bevölkerung und bevölkerungsbezogenen Vorgängen im Mittelpunkt – es geht um die Steuerung internationaler Wanderungen. Migrationspolitik und -steuerung sind seit der Gründung des Nationalstaates und des national- und territorialstaatlich organisierten Staatensystems zwischen zwei Polen eingespannt: Die Ökonomie wirbt allgemein für eine größtmögliche Offenheit im Umgang mit grenzüberschreitenden Austauschprozessen, einschließlich der internationalen Zirkulation oder Migration von Personen. Die Politik ist dagegen in erster Linie am Wohl der Staatsbürger_innen (d.h. den natürlichen Angehörigen des Nationalstaates) und am Fortbestand des Nationalstaates orientiert.

Der Kategorie Raum kommt bei diesem Wechselverhältnis zwischen Ökonomie und Politik eine hohe Bedeutung zu: Nationalstaaten sind territorial verfasst, internationale Migration bedeutet zwangsläufig ein Überschreiten nationalstaatlicher Grenzen; internationale Migration und internationale Migranten_innen stellen die Klammer zwischen Staatsvolk, Staatsapparat und Staatsgebiet grundlegend in Frage. Bis heute verfolgen fast alle Nationalstaaten das Vorhaben, internationale Migration möglichst allumfänglich zu überwachen, zu beeinflussen und generell möglichst restriktiv zu handhaben. Die primäre Zielsetzung liegt darin, die staatliche Souveränität und territoriale Integrität des Nationalstaates sowie den Vorrang der Staatsbürger_innen vor „den Anderen" sicherzustellen.

In den letzten Jahren hat sich nun eine neue internationalisierte Form von Migrationspolitik herausgebildet, das sogenannte Management von Migration. Migrationsmanagement plädiert zwar für eine größere Offenheit gegenüber der internationalen Migration und Mobilität von Personen; allzu einseitig wird allerdings nur der ökonomische Nutzen von Migranten_innen betont und das Prinzip der Selektion von Migranten_innen nach ökonomischer Verwertbarkeit propagiert. Unerwünschten und nicht benötigten Formen der internationalen Migration und Mobilität soll weiterhin restriktiv begegnet werden.

Da die meisten Nationalstaaten nur äußerst begrenzte Zuwanderungsmöglichkeiten offerieren und die grenzüberschreitende Migration und Mobilität weiterhin streng selektiv zu steuern versuchen, zielt ein Großteil der gegenwärtigen Bemühungen auf dem Gebiet des Managements von Migration explizit darauf hin, potenzielle Migranten_innen mittels direkter und subtil-indirekter Techniken von ihrem Migrationsvorhaben abzubringen. Am Fallbeispiel EU-Europa lässt sich beobachten, dass die im Rahmen einer stark auf Externalisierung und Exterritorialisierung angelegten EU-Migrationspolitik stattfindenden und auf Menschen und Bevölkerungen ausgerichteten Management-Bestrebungen ebenfalls, wie schon frühere/traditionellere Formen von Migrations- und Grenzsicherungspolitik, auf Raum zurückgreifen.

Anhand der EU-Migrationspolitik und der Managementansätze der Internationalen Organisation für Migration (IOM) soll im Folgenden das neue Bündel von zugleich räumlich ausgerichteten wie auch bevölkerungsbezogenen Steuerungstechniken und „Managementformen" genauer beleuchtet und diskutiert werden. Dabei wird auf die Gouvernementalitätskonzeption nach Foucault zurückgegriffen: Dies geschieht nicht nur deshalb, weil sich die neuen und älteren bevölkerungs- und migrationsbezogenen Gouvernementalitäten, (Sicherheits-)Diskurse und Dispositive gut mit den Anregungen Foucaults in Bezug setzen lassen, sondern weil sich der ganze Umfang, die Komplexität und die Wirkungsweisen des Migrationsmanagements durch diese „Brille" hindurch ausgezeichnet beobachten und diskutieren lassen.

Territoriale Segmentierung des Sozialen und die Problematisierung internationaler Migration

Obwohl Bevölkerungswanderungen im Laufe der Menschheitsgeschichte immer wieder aufgetreten sind, werden Migrationsbewegungen früherer Epochen üblicherweise von jenen abgegrenzt, die sich ab Mitte des 17. Jahrhunderts innerhalb eines neu entstehenden internationalen Staatensystems zu vollziehen begannen. Nach dem Westfälischen Frieden von 1648, der nach dem Dreißigjährigen Krieg eine grundlegende Revision der früheren Auffassungen zu Staatlichkeit und der internationalen Staaten- und Werteordnung mit sich gebracht hatte, wurde es zum Prinzip, dass die Integrität der staatlichen Gebietshoheit höchsten Schutz genieße und jeder Staat für sich die Verfügungsmacht darüber besitze, wer das nationalstaatliche Territorium verlassen, betreten und wer in diesem verbleiben dürfe (Behr 2004: 52-59; Weiner 1996: 442). Ausgehend von diesem Territorialprinzip (*ius territoriale*) ist es üblich geworden, zwischen zwei Hauptformen der Migration zu unterscheiden, nämlich (1.) Binnenwanderungen, die innerhalb der Grenzen eines Territorial- bzw. Nationalstaates vollzogen werden, und (2.) internationalen Wanderungen (Außenwanderungen), bei denen die auf Dauer erfolgende bzw. dauerhaft werdende Wohnortverlagerung über die Staatsgrenzen mindestens zweier souveräner Staaten hinweg erfolgt (Treibel 1999: 19f.).

Die Problematisierung oder Skandalisierung von Wanderungen betrifft bis in die Gegenwart zumeist (sieht man einmal von „internal displacements" und anderen Sonderformen der Binnenmigration ab) Wanderungsvorgänge, die *inter*-national (also zwischen zwei oder mehreren Staaten) vollzogen werden. Erklären lässt sich dies mit dem spätestens seit dem 17. Jahrhundert für „normal" befundenen Modus der territorialen Segmentierung des Sozialen in eine Vielzahl von, dem Ideal zumindest nach, ethnisch-kulturell homogen konstituierten nationalstaatlichen Bevölkerungscontainern (Bommes/Halfmann 1998: 20). Die territoriale Segmentierung des Sozialen/der „Weltgesellschaft" besitzt bis heute eine große soziale, politische und ökonomische Relevanz und entscheidet, früher wie auch heute noch, über die etwa in der US-amerikanischen Unabhängigkeitserklärung niedergelegten unabdingbaren und unveräußerlichen menschlichen Grundprinzipien von „life, liberty and the pursuit of happiness".

Ausgehend von der territorialen Segmentierung der Weltgesellschaft, der Schablone des auf ethnisch-kultureller Homogenität begründeten Nationalstaates in Gestalt eines Territorialstaates und der weiterhin bedeutungsmächtigen, eingeschliffenen Normalität „nationalgesellschaftlicher", soziopolitischer Grenzziehungen steht die internationale Migration bis heute für einen devianten Prozess; sie gilt als Abweichung von der als Normalität empfundenen Auffassung, jede/r Staatsbürger_in lebe für die Spanne seines/ihres gesamten Lebens in einem (und nur einem) nationalstaatlichen Containerraum und sei in diesem gewissermaßen verwurzelt. Auch jeder/m einzelnen internationalen Migrantin/-en wird Argwohn und Furcht entgegengebracht, personifiziert sie/er doch die Irritation, die nicht bestehende Deckungsgleichheit zwischen Realität und Idealvorstellung, und führt sie/er das Nationalstaatskonstrukt im Grunde ad absurdum (Geiger 2011: 25-31). Migranten_innen stehen für eine „Sicherheitslücke", sie sind potenzielle „Störer" des gewohnten, kleinräumigeren und daher leichter überschaubaren Sozialverbandes an bestimmten Orten (places) – sie sind Fremde, die heute kommen, morgen aber nicht wieder gehen, sondern für ungewisse Zeit oder sogar für immer am neuen Ort bleiben (vgl. Simmel 2002: 47).

Die Thematisierung internationaler Wanderungen und internationaler Migranten_innen als nationalstaatlich und gesellschaftlich relevanten bzw. gefährlichen Problemen durchlief seit dem 17. Jahrhundert allerdings unterschiedliche

Phasen: Migration wurde einmal stärker und einmal weniger stark problematisiert. Im Anschluss an die jeweiligen Problematisierungen bzw. Problematisierungstendenzen wiesen die Steuerungsbemühungen, mit denen die Nationalstaaten auf die „Grenzüberschreitung" durch internationale Migrationsbewegungen und Migranten_innen zu reagieren versuchten, über die Zeit hinweg ebenfalls einen wechselhaften Verlauf zwischen „stärker" und „schwächer" auf (Oltmer 2003). Als koordinierte staatliche Interventionsleistung ist die Steuerung von Migration, die mit dem Anspruch einer möglichst lückenlosen Kontrolle über den Zutritt, Aufenthalt und die Beschäftigung von Personen ausländischer Herkunft verknüpft ist, dann tatsächlich erst im Kontext des Ersten Weltkriegs und der bis 1933 folgenden Zwischenkriegszeit in Erscheinung getreten; während der Zeit des Merkantilismus und der Industrialisierung bildeten restriktive Steuerungseingriffe in den meisten europäischen Staaten noch eher die Ausnahme: Ausländische Arbeitskräfte waren in aller Regel erwünscht und gesellschaftlich akzeptiert. Wie beispielsweise durch den deutschstämmigen, „temporär" nach England ausgewanderten Migrationsforscher Ern(e)st Georg(e) Ravenstein in dessen „Laws of Migration" Ende des 19. Jahrhunderts beschrieben (Ravenstein 1885), kam im Zuge einer raschen wirtschaftlichen Entwicklung vielerorts gerade der „industriellen Reservearmee" (Marx 1983: Band 1 [1867]) von Arbeitskräften aus anderen Regionen eine wichtige Rolle zu. Unter stärkerer Regulierung und Restringierung durften ab der zweiten Hälfte des 19. Jahrhunderts dann in vielen Ländern schließlich nur noch alleinstehende Arbeitskräfte zuwandern. Die Möglichkeit der Arbeitsausübung im Zielland wurde zeitlich befristet, den Arbeitsmigranten_innen war es außerdem untersagt, im Zielland zu heiraten oder Angehörige nachzuholen (Oltmer 2003). Starke nativistische Strömungen hatten in Preußen und in anderen deutschen Ländern zur Folge, dass sich die staatlichen Behörden immer eingehender mit dem Wanderungsgeschehen zu beschäftigen begannen und unter anderem auf der Basis von Melderegistern ihren sanktionierenden Einfluss auf Migrationsbewegungen langsam ausweiteten und optimieren. Die Durchführung migrationssteuernder Maßnahmen, einschließlich der Überwachung ausländischer Personen und der Einführung einer saisonalen Rückkehrpflicht wurden mit der Zeit schließlich zu einer „Verwaltungsroutine", einer Frage des Prinzips. Ende des 19. Jahrhunderts wurden immer häufiger Zwangsausweisungen durchgeführt, während die europäischen Staaten gleichzeitig damit begannen, ihre Bürger_innen mit Personalausweisen und Reisepässen auszustatten.

Migrationssteuerung als gemeinwohlorientiertes Sicherheitsdispositiv

Die verschiedenen Möglichkeiten des Eingriffs in das internationale Wanderungsgeschehen lassen sich unter dem Begriff der Migrationssteuerung fassen; theoretisch konzeptionalisieren lässt sich dieser mit Hilfe des traditionellen Steuerungsverständnisses in den Politikwissenschaften: Steuerung wird dabei als eine Leistung betrachtet, die vom Staat (Steuerungssubjekt) für die Gesellschaft (Steuerungsobjekt) erbracht wird. Diese auch als dominant-hierarchisch bezeichnete, vom Staat unidirektional ausgehende Steuerung der Gesellschaft und des Gesellschaftlichen zielt auf „[...] die Formulierung und die Durchsetzung von allgemeinverbindlichen Verhaltensregeln, die die Bereitstellung öffentlicher Güter wie etwa Sicherheit, Wohlfahrt oder eine gesunde Umwelt sicherstellen sollen [...]" (Brozus et al. 2003: 19). Der Staat greift gemäß dem traditionellen, im Zuge der Diskussion zu Governance und anderen Regelungsformen aber mittlerweile als überholt empfundenen, Steuerungsverständnisses im Interesse des Wohls seiner Bürger_innen gewissermaßen „von oben her" ein. Seine Steuerungsaktivitäten gelten als legitimiert und gerechtfertigt, da allgemein davon ausgegangen wird, dass die Ministerien und Verwaltungen des staatlichen Herrschaftsapparates mittels Wahl oder Zustimmung durch die Bürger_innen beauftragt sind. Staatliche Steuerungseingriffe gelten gemäß traditioneller Steuerungskonzeptionen besonders dann als absolut unerlässlich, wenn „[...] ungesteuerte Handlungszusammenhänge unerwünschte Folgen hervorrufen, also die negativen Konsequenzen der Abwesenheit bzw. des Ungenügens politischer Steuerung die positiven Effekte überwiegen" (Brozus et al. 2003: 19).

Ausgehend von der traditionellen Grundauffassung, die staatlichen Steuerungseingriffe seien prinzipiell immer ausschließlich am Wohl der Gesellschaft orientiert, könnte man von einer *gemeinwohlorientierten* Steuerung des Staates sprechen. Steuerung ist dabei ein viel spezifischerer Begriff als Regieren im üblichen politikwissenschaftlichen Verständnis: Mit dem Begriff der (gemeinwohlorientierten) Steuerung ist die Annahme verbunden, dass der Staat selbst aktiv Partei ergreift und handelt, zum Wohle der Gesellschaft in gesellschaftliche Vorgänge und Zustände steuernd eingreift und gegenüber seinen Bürgern eine gewisse Fürsorge walten lässt. Steuerung bezieht sich im Unterschied zum Oberbegriff Regieren im Folgenden auf den Entwurf und die konkrete Implementation von Steuerungseingriffen.

Die beschriebene Auffassung, der Staat habe für das Wohl seiner Bürger_innen Verantwortung zu tragen, ist allerdings keineswegs alt, sie setzte sich erst im 20. Jahrhundert durch. Ausgehend vom 18. Jahrhundert mussten sich die Bürger_innen der europäischen Staaten zunächst in einem mühsamen und äußerst konfliktreichen Prozess, wie durch Trevor H. Marshall in dessen grundlegender Arbeit beschrieben, erst einmal bürgerliche, politische und schließlich auch soziale und wohlfahrtsstaatliche Rechte erkämpfen (Marshall 1950); im Zuge dieser Entwicklungen differenzierte sich in einigen Ländern der Nationalstaat langsam zu einem Sozial- und Wohlfahrtsstaat aus (Bommes/Halfmann 1998: 20; Bommes 1999: 100-140).

An dieser Stelle lohnt es sich nun, damit zu beginnen „durch die Brille" Foucaults – „mit" Foucault – genauer auf diese Entwicklungen und Umstände zu blicken. So ist bei ihm beispielsweise der Gedanke zu finden, dass der Nationalstaat mit der Zeit nach und nach zu einem „treu sorgenden Vater" geworden sei und das Volk zur „Hauptzielscheibe" seines Regierens (Foucault 2000; 2001; 2004: 147-158). Giorgio Agamben hat diese Gedanken durch die Aussage ergänzt, mit der Transformation der ehemals feudalistischen Staaten zu entwickelten Sozial- und Wohlfahrtsstaaten sei eine „biologische Modernitätsschwelle" (Agamben 2002: 13) überschritten worden. Beide, Foucault und Agamben, regen den Gedanken an, dass die Gattung Mensch und das menschliche Individuum als lebender Körper im Zuge der Herausbildung einer modernen bevölkerungsbezogenen „Bio-" bzw. Gesellschaftspolitik zum Hauptziel politisch-staatlicher Strategien und Ordnungsbemühungen geworden ist. Das staatliche Regieren, genauer die gemeinwohlorientierte Steuerung, ist ihrer Meinung zufolge vor allem darauf ausgerichtet, biologisch-lebensbezogene und gesellschaftliche (Austausch-)Prozesse zu überwachen und steuernd zu manipulieren. Dies kann auch auf indirekt-subtile Art und Weise geschehen – und geschieht meistens auch in dieser Weise; internationale Wanderungsvorgänge und Migranten_innen können ebenfalls zur Zielscheibe dieser neuen speziellen Regierungstechniken werden:

> „[...] population comes to appear above all else as the ultimate ends of governments. In contrast to sovereignty, government has as its purpose not the act of government itself, but the welfare of the population, the improvement of its condition, the increase of its wealth, longevity, health, and so on; and the means the government uses to attain these ends are themselves all, in some sense, immanent to the population; it is the population itself on which government will act either directly, through large-scale campaigns, or indirectly, through techniques that will make possible, without the full awareness of the people, the stimulation of birth rates, *the directing of the flow of the population into certain regions or activities*, and so on [...]." (Foucault 2001: 216f. [1978]; eigene Hervorhebung)

Im 19. Jahrhundert begannen die meisten europäischen Nationalstaaten damit, wie Foucault detailreich beschreibt, umfangreiche Archive zu ihrer Staatsbevölkerung und den Charakteristika der Bevölkerungsmitglieder (beispielsweise

Geburten, Todesfälle, Auftreten von Krankheiten und soziale Abweichungen des Verhaltens) anzulegen. Auch die Gründung von ersten Ausländerregistern und die Einführung von Reisedokumenten fallen in diese Zeit. In der Konsequenz gelang es den Staaten und ihren Verwaltungen, ihren kontrollierenden und zugleich auch (prinzipiell) sanktionierenden oder zumindest zur Sanktion befähigenden Einfluss auf Bevölkerung und Migration erheblich auszuweiten.

Ein wesentlicher Gewinn, der sich aus der Lektüre und der Übernahme von Gedanken und Ansätzen der verschiedenen Foucault'schen Arbeiten zu Gouvernementalität ziehen lässt, liegt gerade darin, diese historischen Entwicklungen nicht einfach nur zur Kenntnis zu nehmen, sondern eine Sensibilität für die Vielzahl von beobachtbaren, mehr oder weniger subtilen Herrschaftspraktiken zu gewinnen. So weist Foucault – im Unterschied zum „mainstream" der meisten politikwissenschaftlichen Autoren_innen – gerade auf die politische Signifikanz von zunächst simpel und „unverdächtig" erscheinenden Techniken der Beobachtung, Kategorisierung, Zählung und Archivierung hin – von Wissensbeständen (Foucault 1981; 2000), die (typischerweise) meist in anderen Zusammenhängen und unter Vorgabe anderslautender Rechtfertigungen geschaffen werden (allgemeine Gesundheitsvorsorge, Umsetzung von Hygienemaßnahmen etc.), von bestimmten politischen Rationalitäten ausgehend, dann aber auch in anderen Kontexten und zu anderen Zwecken Gebrauch finden (können).

In Bezug auf die staatliche Migrationssteuerung, die den Zutritt, Verbleib und den Ausschluss von Migranten_innen regulieren soll, ist der Hinweis wichtig, dass die Gemeinwohlorientierung, der durch den Souverän (den staatlichen Verwaltungs- und Herrschaftsapparat) vorgenommenen Steuerungseingriffe, prinzipiell nur den Staatsbürgern_innen des betreffenden Staates gilt: Bis in die Gegenwart bleiben Ausländer_innen als Nicht-Bürger_innen außen vor, gelten sie als nicht vollständig teilhabeberechtigt und gleichberechtigt, was die sozialen und wohlfahrtsstaatlichen Leistungen des Staates und der Aufnahmegesellschaft, aber auch vielen politischen und teilweise sogar bürgerlichen Rechten anbelangt. Auch als ausdifferenzierter Sozial- und Wohlfahrtsstaat ist der Nationalstaat ein auf Exklusion (Weber 1956: 31 [1922]) und „institutionalisierte Ungleichheitsschwellen" (Bommes/Halfmann 1998: 22) angelegter Nationalstaat geblieben; mit ihm steht weiterhin das Wunschbild in Bezug, dass in jedem räumlich geschlossenen Nationalstaat ein auserwähltes Volk von Menschen mit gemeinsamen Wurzeln, gleicher ethnisch-nationaler Abstammung und gemeinsamer Zukunft lebe. Greift der Staat steuernd in internationale Wanderungsvorgänge ein, dann vor dem Hintergrund, dass dieser weiterhin daran festhält, die für die Staatsbürger reservierten bürgerlichen, politischen, sozialen und wohlfahrtsstaatlichen

Rechte, Leistungen und Möglichkeiten gegenüber Zuwanderungswilligen zu verteidigen und zu verschließen (Brubacker 2000; Mackert 1999). Migrationssteuernde Interventionen können – insbesondere wenn sich diese Steuerung in der Abwehr und Kontrolle von Zuwanderung äußert – demnach als eine spezielle Ausprägung der zuvor angesprochenen gemeinwohlorientierten Steuerung verstanden werden: Die Steuerungsversuche auf internationale Migration und Migranten_innen müssen nämlich unweigerlich im Zusammenhang damit gesehen werden, inwieweit – erstens – jede/-r originär anspruchsberechtigt/-e Bürger_in an den für sie/ihn verbürgten Rechten unbeeinträchtigt partizipieren kann, und – zweitens – inwiefern der Nationalstaat weiterhin die exklusive, nach außen geschlossene Bürgergemeinschaft vereint halten kann. Steuerungsmaßnahmen, die auf die Kontrolle von Migranten_innen, Wanderungsbewegungen und die Unterbindung unerwünschter Migration ausgerichtet sind, unterstützen dabei den, in Bezug auf Nationalstaaten, wichtigsten „Modus sozialer Schließung" (Mackert 1999) – die Staatsbürgerschaft; sie ist es, die bis heute die soziale Differenzierung zwischen Nicht-Bürgern_innen und Staatsbürgern_innen betont und aufrechterhält. Als Modus sozialer und nationalstaatlicher Schließung wirkt sie zugleich sozial einschließend (inkludierend) wie auch ausschließend (exkludierend). Migrationssteuernde Maßnahmen unterstützen die Schließungsformel Staatsbürgerschaft dabei dadurch, dass mit ihrer Hilfe der Kreis der potenziellen Anspruchsberechtigten bewusst klein gehalten wird. Migrationssteuerung dient in den heutigen Sozial- und Wohlfahrtsstaaten also, in anderen Worten ausgedrückt, dazu, den „Kampf um Zugehörigkeit" (Mackert 1999) unter Kontrolle zu halten und den Anspruch von Nicht-Bürger_innen gegenüber dem Staat und auf bestimmte bürgerliche, politische, soziale und wohlfahrtsstaatliche Rechte und Ressourcen zu regulieren.

Wie die Staatsbürgerschaft, unterstützt und „verteidigt" somit auch die Steuerung internationaler Wanderungen die Exklusivität der Staatsbürgernation, indem, mit Blick auf das Gemeinwohl der Bürger, der Zutritt und der Verbleib von allen Nicht-Bürgern_innen überwacht und zielgerichtet beeinflusst wird. Die Grundspannung, unter der die Migrationssteuerung des Staates steht, ist dabei zwischen den wesentlichen Polen der Ökonomie und der Politik angelegt: Während ökonomische Interessen in den meisten Fällen den liberalen, für Offenheit im Umgang mit Zuwanderern (sogar für die Ermöglichung neuer Zuwanderung) plädierenden Pol markieren, bleibt auch das politische Interesse an einer höchstmöglichen Integrität, Homogenität und Souveränität des Nationalstaates bzw. des Staatsbürger_innen-Verbandes dominant. Diese Grundspannung hat zur Folge, dass internationale Migrationsvorgänge überhaupt in den Fokus der

Politik rücken und erst dadurch auch zu einem „Problem" werden, dem man mit bestimmten Steuerungseingriffen begegnen möchte.

An dieser Stelle ist der Hinweis wichtig, dass sich die Politikwissenschaft – sowohl in Deutschland als auch international – eigentlich erst seit relativ kurzer Zeit (ungefähr seit den 1990er Jahren) eingehender mit den politischen Einflussnahmen des Staates (oder anderer Akteure) beschäftigt (Geiger 2011: 46f.). Die Forschung zu Migrationspolitik steht zwar nicht ganz am Anfang, die gewisse „Jugendlichkeit" der migrationspolitischen Forschung ist aber ein weiterer Grund dafür, zusätzlichen Theorieansätzen und Überlegungen gegenüber aufgeschlossen zu sein. Die durch Foucault gegebenen Überlegungen zur Bevölkerung als einer „Hauptzielscheibe" neuer Regierungsformen, und zu Gouvernementalität als einer Verschneidung von direkten bzw. traditionelleren und neueren, indirekt-subtiler wirkenden Regierungsweisen im Rahmen einer bevölkerungsbezogenen „Biopolitik" bringen einen Gewinn für die Analyse und Diskussion von Migrationspolitik. So erweisen sie sich beispielsweise sehr dafür geeignet, die Rationalitäten und den Charakter von Migrationssteuerung zu ergründen, zu konzeptionalisieren und im Hinblick auf unterschiedlichste „Machteffekte" abzuwägen. Erst wenn man mit dem Blick durch die Foucault'sche „Brille" Migrationssteuerung als ein sogenanntes Sicherheitsdispositiv (Foucault 2004: 162) – als Bündel aus verschiedenen Wissensformen, Technologien und Taktiken sowie nicht-diskursiven Materialisierungen wahrnimmt und diskutiert – wird der Umfang und die Komplexität von älteren wie auch neueren Formen der Gouvernementalität von Migration deutlich.

Migrationssteuerung (und im Folgenden auch Migrationsmanagement) basieren auf spezifischen Wissensbeständen, die durch bestimmte gesellschaftliche Diskurse zu internationaler Migration beeinflusst sind (Foucault 1974: 7; 1981; 1991: 133). Steuerungsbezogene Maßnahmen leiten sich aus diesen migrationsbezogenen Wissensbeständen und Diskursen ab; zu einem Teil manifestieren sie sich in Handlungen (Aufgriffe an Grenzen) oder sie materialisieren sich in nicht-diskursiven Effekten wie beispielsweise neuen technologischen Installationen (Grenzschutzanlagen, biometrische Erfassungssysteme etc.).

Migrationsbezogene Interventionen des Staates oder anderer Akteure (Beispiel private Anwerbeinstitutionen) sind seit jeher stark selektiv. Historisch und in der Gegenwart stütz(t)en sie sich meist auf Kategorisierungen im Stil von „verwertbaren" vs. „nicht nützlichen", „zulassungswürdigen" vs. „-unwürdigen" und „guten" vs. „schlechten/gefährlichen" Migranten_innen. Bestimmten Migranten_innen oder Zuwanderungsgruppen werden dabei Problematisierungen in stärkerem Maße als anderen entgegengebracht. Selektive Problematisierungen, Kategorisierungen und Steuerungsinterventionen (ein aktuelles Beispiele hierfür sind die für notwendig befundene und politisch besonders geförderte Zuwanderung von Hochqualifizierten im Gegensatz zur Abschottung gegen weniger qualifizierte und unerwünschte/„illegalisierte" Personen) bilden ein zentrales Moment alter und neuer Gouvernementalitätsformen. Im Folgenden sollen die Produktion und Instrumentalisierung von steuerungsdienlichen Wissensbeständen und die daraus resultierende Formung von Steuerungsobjekten (Subjektivierung) in den Blick genommen werden.

Die Produktion und Instrumentalisierung von Wissensbeständen und die Formung von Steuerungsobjekten

Neben dem Begriff der internationalen Migration wird in der politischen, der behördlich-rechtlichen und der wissenschaftlichen Praxis noch eine Vielzahl anderer Bezeichnungen verwendet. Üblich ist beispielsweise die Unterscheidung nach sogenannten freiwilligen und unfreiwilligen internationalen Wanderungen. Zu den letztgenannten zählen auch die Flucht(-wanderungen), für die die Definition der sogenannten Flüchtlingseigenschaften, wie sie im ersten Artikel der Genfer Flüchtlingskonvention (GFK) 1951 völkerrechtlich festgelegt ist, den maßgeblichen Referenzpunkt bildet (UNHCR 2010). Nach Artikel 33 der GFK sollen Flüchtlinge prinzipiell nicht in Länder zurückgeschickt oder abgeschoben werden, in denen ihre Sicherheit gefährdet ist („non-refoulement"). Diejenigen, die keine Belege für eine individuelle Verfolgung oder Vertreibung im Sinne der GFK anführen können oder sich bei der Antragstellung auf Asyl nicht außerhalb ihres Heimatlandes befinden, werden in aller Regel nicht als Flüchtlinge anerkannt. Ihnen werden vornehmlich ökonomische oder andere Wanderungsmotive anstelle einer individuellen politischen Verfolgung oder Vertreibung unterstellt. Im schlimmsten Fall droht ihnen deshalb eine Ausweisung oder Abschiebung. Obwohl diese streng dichotome Differenzierungsweise durch viele Migrationsforscher_innen angezweifelt wird (Zolberg 1989; Zolberg et al. 1989), kommt in vielen Fällen auch die Migrationsforschung nicht ohne diese Unterscheidungen aus. Indem Forscher_innen zu freiwilliger/ökonomischer Migration oder zu erzwungener Flucht/Vertreibung bzw. Asyl forschen, und sich damit auch für die politische Beratung „anschlussfähig" machen, tragen sie prinzipiell zur Reproduktion von relativ problematischen, teilweise über Leben und Tod entscheidenden Kategorisierungspraxen bei.

Gleiches lässt sich auch in Bezug auf einige weitere Kategorisierungen und „Forschungsfelder" sagen: Seit den 1990er Jahren hat wegen der zunehmenden

Verschärfung nationalstaatlicher Asylregelungen und der Zunahme internationaler Wanderungsbewegungen neben der Unterscheidungsweise freiwillig/unfreiwillig zusätzlich auch die Differenzierung zwischen sogenannten „legalen“ und „illegalen“ (bzw. regulären/irregulären) Wanderungsformen enorm an Bedeutung gewonnen. Neben dem politischen, medialen und gesellschaftlichen Diskurs der momentan stark durch (illegale) Zuwanderung betroffenen Einzelstaaten zeigt sich auch der migrationspolitische Steuerungsdiskurs der EU (Geiger 2011a: 112f.) weitgehend als ein Abwehrdiskurs („anti-illegal immigration discourse“, Walters 2010). Das Adjektiv „illegal“ rückt bestimmte Formen der Einreise, des Aufenthaltes oder der Beschäftigung allerdings direkt in die Nähe krimineller Tatbestände. Auch Wissenschaftler_innen können sich den mächtigen Diskursfeldern zu Legalität/Illegalität kaum entziehen und es fällt ihnen schwer bzw. es ist ihnen oft gar nicht möglich, selbst nicht zur Reproduktion bestimmter Auffassungen beizutragen. Die „UN Convention on Transnational Organized Crime“ unterscheidet noch zwei Sonderformen der illegalen Migration, das sogenannte „smuggling“ und das „trafficking in human beings“ (UN 2000: Annex II). Unter „ smuggling“ (Menschenschmuggel) fallen alle Fälle illegaler Migration, bei denen Migranten_innen mit Hilfe professioneller Schleuserringe und gegen Bezahlung ohne gültige Einreisedokumente und unter bewusster Umgehung oder Täuschung von Grenzkontrollen in ein anderes Land gelangen. Als „human trafficking“ (Menschenhandel) werden dagegen solche Fälle illegaler Migration bezeichnet, bei denen Personen gegen ihren Willen in ein anderes Land verschleppt werden oder bei denen Migranten_innen durch Kriminelle bewusst über die sich im Zielland anschließende Beschäftigung getäuscht werden (beispielsweise statt Au-Pair-Beschäftigung sexuelle Ausbeutung als Zwangsprostituierte). Zentral für das Konzept des Menschenhandels ist dabei das Kriterium, dass Migranten_innen nach ihrem Grenzübertritt in ausbeuterische und menschlich unwürdige Beschäftigungsverhältnisse geraten, die sie unter Zwang ausüben müssen, um für die „trafficker“ materielle Gewinne zu erwirtschaften. Im Unterschied zum Menschenschmuggel gelten beim „Trafficking“ die illegal eingereisten Migranten_innen als Opfer und nicht als Täter_innen. Zahlreiche Migrationsforscher_innen und Sozialarbeiter_innen, die sich mit den Problemen des Menschenschmuggels und -handels auseinandersetzen, äußern allerdings ernste Zweifel an dieser erneut sehr simplen dichotomen Unterscheidungsweise (beispielsweise Agustín 2003; Brennan 2005; Kelly 2005). Ihrer Meinung zufolge ist es in den allermeisten Fällen äußerst schwierig und im Nachhinein oft geradezu unmöglich festzustellen, welche Kenntnisse die betroffenen Männer oder Frauen zu Beginn ihrer Verschleppung tatsächlich über ihr späteres Schicksal besaßen und zu welchem Grad Zwangs- oder Täuschungsmittel eingesetzt wurden.

Deutlich wird damit, dass unter dem allgemeinen Oberbegriff der internationalen Migration eine Vielzahl von ganz unterschiedlichen Phänomenen subsumiert wird, die, trotz aller Unterschiede zueinander, dennoch keine eindeutigen Abgrenzungen zulassen. Die bestehenden Kategorien und die mit ihnen in Verbindung stehenden Wissensbestände sind mit der Annahme verbunden, bestimmte Phänomene der Realität würden sich idealtypisch „nur so" ausprägen und könnten deshalb leicht und eindeutig von anderen, sich ebenfalls „nur so, und nicht anders" darstellenden Formen der internationalen Migration unterschieden werden. Durch die geschaffenen und kontinuierlich reproduzierten Kategorisierungen und damit zusammenhängenden Wissensbestände werden bestimmte Ausprägungen internationaler Migration und verschiedene Figuren des internationalen Migranten (legale und illegale Migranten, Opfer, Täter etc.) allerdings erst (wieder) beobachtbar und in der Folge dann (erneut) als eine spezifisch andere Form der Migration problematisiert und im Interesse von Steuerung praktisch gehandhabt (Foucault 1981: 49f.; Bigo 2001: 15; Crosby 2006; Lenz 2007).

Eine direkte Folge der Setzung und alltäglichen Rekonstruktion dieser Begriffe und Wissensbestände ist die (Re-)Produktion von Steuerungsobjekten mit eingeschränkten Möglichkeiten und Rechten: In manchen Fällen eröffnen sich für die Bezeichneten besondere Schutz- und Hilfsangebote (Opfer des „Trafficking" und Flüchtlinge), während ihnen in anderen Fällen harsche Gegenmaßnahmen drohen (Abschiebung oder Inhaftierung von illegalen Migranten_innen) oder ihnen, relativ unverhohlen, ökonomische Wünsche und Anspruchshaltungen entgegengebracht werden (hochqualifizierte, temporäre Arbeitsmigranten_innen). Die exemplarisch angesprochenen Kategorisierungen und Begrifflichkeiten sind somit bereits selbst Bestandteil von Migrationssteuerung. Nimmt man das Migrationsgeschehen mit ihrer Hilfe (durch ihren „Blick") wahr, liegen bereits mehr oder weniger automatisch bestimmte Steuerungsmaßnahmen als „angemessen", „logisch" und „richtig" nahe (Bigo 2001: 15).

Erkennt man Migrationssteuerung als ein zusammenwirkendes Ensemble aus verschiedenen, intrinsisch miteinander verwobenen Wissensbeständen, Kategorisierungen und Problematisierungen und sich daraus ableitenden Interventionsleistungen und nicht-diskursiven Elementen (beispielsweise „shelter" für „victims of trafficking" oder Abwehrzäune gegen illegale Migration), gewinnt man für die Analyse und das Verständnis von Migrationspolitik mehr Einblicke – so das weiter zu verfolgende Argument – als diejenigen, die möglich wären, würde man sich ausschließlich auf die Sicht- und Deutungsweisen „konventioneller" politikwissenschaftlicher Ansätze (beispielsweise Politikfeldanalyse) verlassen. Ausgehend von den bei Foucault gegebenen Aufrufen zu einer kritischen Dekonstruktion von Macht-Wissens-Komplexen (Foucault 1974; 1981) ist zu sagen, dass es bei der Analyse von Migrationspolitik/-steuerung außerordentlich wichtig ist, an die Verschränkung von Macht und Wissensproduktion zu denken, und sich bewusst zu machen, dass auch die eigene Forschungsarbeit möglicherweise zur Reproduktion problematischer Steuerungsdiskurse und -praxen beiträgt und unter Umständen für bestimmte Steuerungsakteure verwertbar sein könnte.

Migrationsmanagement – eine neue Gouvernementalität der Migration

In den letzten Jahren ist im Politikfeld Migration der Begriff des „Migrationsmanagements" entstanden und mittlerweile zu einem der großen „catch words" in der weltweit, regional und national geführten Diskussion geworden (Geiger/ Pécoud 2010; Georgi 2009). Das Management von Migration könnte man als eine qualitative Weiterentwicklung nationalstaatlicher Migrationssteuerung und als eine im Gegensatz zu früher noch „ausgefeiltere" Gouvernementalitätsform zu internationaler Migration deuten. Dem Migrationsmanagement liegt der Gedanke zugrunde, dass grenzüberschreitende Wanderungen, angesichts fortgeschrittener Internationalisierungs- und Transnationalisierungsprozesse, heute in einer völlig anderen Weise wahrgenommen und insgesamt „logischer", effizienter, effektiver aber auch flexibler gesteuert werden sollten als früher: Statt als Problem und Gefahr, werden auf Dauerhaftigkeit oder auf temporäre (Zwischen-)Aufenthalte angelegte räumliche Bevölkerungsbewegungen im Zuge des „Managements" von Migration (zumindest prinzipiell!) als Chancen begriffen und deshalb auch als speziell zu fördernde internationale Austauschprozesse. Im Management von Migration spiegelt sich dabei ein gewisser Pragmatismus der Migrationspolitik wider, wonach es heute nicht mehr um eine Entscheidung für oder gegen Migration geht (und gehen kann), „[...] sondern nur noch darum, ob und wie [Migration] politisch gestaltet werden soll" oder kann (Wöhlcke 2001: 32). Statt eines vollständigen Kontroll- und Unterbindungsanspruchs zielt Migrationsmanagement auf eine in aller Regel zeitlich befristete und selektive (nicht generelle) Zulassung und Ermöglichung von bestimmten internationalen Mobilitäts- und Wanderungsformen hin.

Das Management von Migration hat sich mittlerweile, trotz aller nationalstaatlichen Souveränitätsvorbehalte, zumindest in Form eines Mega-Diskurses auf der regionalen (beispielsweise EU-Europa) und der globalen Politikebene als

Vorlage für ein neues Steuerungs- bzw. „Governance-Konzept" verbreiten können. Es mangelt allerdings an einer tatsächlichen Implementation des Gesamtansatzes, obwohl einige Teilelemente – beispielsweise die gezielte Neuanwerbung hochqualifizierter Migranten_innen im Rahmen der deutschen Green Card- oder der EU Blue Card-Initiative – bereits Eingang in die aktuelle Politikentwicklung gefunden haben.

Der Ansatz eines neuen und „anderen" Managements von Migration geht auf Bimal Ghosh zurück, der 1993 als führender Angestellter der UN von der „Commission on Global Governance" und der schwedischen Regierung den Auftrag erhalten hatte, Vorschläge zu einer neuen Form der Steuerung internationaler Wanderungen zu entwerfen. Auf der Basis seiner Empfehlungen wurde 1997 mit Mitteln des UN-Weltbevölkerungsfonds UNFPA sowie der niederländischen, schwedischen und schweizerischen Regierung das sogenannte NIROMP-Projekt (New International Regime for Orderly Movements of People) gegründet (Ghosh 1993). Ghosh und sein NIROMP-Projekt traten für einen grundsätzlich neuen, ausgewogeneren Politikansatz ein, einen „balanced approach", der auf der Grundlage neuer Steuerungseingriffe allen Ländern und Migranten_innen dazu verhelfen sollte, einen größtmöglichen Nutzen aus internationaler Migration ziehen zu können („An internationally harmonised policy for movements of people should aim at making the movements more orderly, manageable and productive at both ends of the flow" [Ghosh 1993: 4]). Ghosh plädierte außerdem für das Prinzip einer neuen „regulierten Offenheit": Internationale Wanderungen sollten künftig ökonomisch und soziopolitisch selektiv, nach Maßgabe der Arbeitskräftenachfrage in den Zielländern und unter Berücksichtigung der Negativeffekte für die Herkunftsländer „gemanagt" werden: Alle gewünschten und notwendigen Migrationsströme sollten erleichtert und in besonderem Maße auch politisch, ökonomisch und sozial gefördert/erleichtert werden, während gleichzeitig an einem restriktiven Vorgehen gegenüber allen anderen, „ungewollten" und (vermeintlich) keinen ökonomischen, politischen und sozialen Nutzen bringenden Wanderungsformen festgehalten werden sollte. Nur diese stärkere „Kanalisierung" auf der Basis von zugleich restriktiv wie liberal ausgerichteten Steuerungsformen könne, so Ghosh, das internationale Migrationsgeschehen wieder in einen Prozess überführen, der „orderly" und „productive" ablaufe (Ghosh 2000a; 2000b; 2000c).

Zu den wesentlichen Bestandteilen des sogenannten Managements von Migration und der „managementbezogenen" Dienstleistungen, die die Internationale Organisation für Migration (weltweit *die* internationale Organisation auf dem Gebiet des Managements von Migration) interessierten Staaten gegen Bezahlung offeriert, zählen die Bereiche „migration and development“, „facilitating migration“, „regulating migration“ und „forced migration“ (IOM 2011). Die Bereiche „facilitating“ und „regulating migration“ stellen dabei die Schwerpunkte des Engagements von IOM dar. Die IOM bietet hier unter anderem die Konzeption und Implementation maßgeschneiderter Lösungen zur gezielten Anwerbung von Migranten_innen und der logistischen Abwicklung ihrer Migration an. Eine andere Dienstleistung stellt die Durchführung von „freiwilligen“ Rückkehr- und Reintegrationsmaßnahmen für illegale Migranten_innen, nicht akzeptierte Asylantragsteller_innen oder andere „rückkehrwillige“ Migranten_innen dar (Geiger 2009). Unter dem Slogan „managing migration for the benefit of all“ wird bei allen Aktivitäten suggeriert, dass Migration zum Wohle aller Beteiligten (Ziel-, Herkunfts- und Transitländer, beteiligte Gesellschaften und Migranten) „gemanagt“ wird und unter „menschenwürdigen“ und „geordneten“ Bedingungen ablaufe:

> „IOM is committed to the principle that humane and orderly migration benefits migrants and society. As the leading international organization, IOM acts with its partners in the international community to assist in meeting the operational challenges of migration management, advance understanding of migration issues, encourage social and economic development through migration and uphold the human dignity and well-being of migrants.“ (IOM 2011)

Für die Interpretation des Migrationsmanagements als einem Sicherheitsdispositiv und einer besonderen Form der Gouvernementalität von Bevölkerung spricht die in den folgenden Beispielen beobachtbare Relevanz und Bedeutungszunahme subtil-indirekter Einflussnahmen auf Bevölkerung und Migrant_innen. Deutlich werden diese allerdings erst und nur dann, wenn man die übliche, auf den Staat und dessen typische Interventionen (Grenz- bzw. Passkontrolle, Ausländergesetze etc.) ausgerichtete Perspektive verlässt bzw. diese ergänzt durch eine Sichtweise, die durch den „Werkzeugkasten“ Foucaults angeleitet oder zumindest inspiriert ist. Foucault hat in seinen verschiedenen Arbeiten zu Macht-Wissen-Komplexen, Biopolitik/Gouvernementalität, Diskursen und Dispositiven wiederholt darauf hingewiesen, Macht nicht lediglich in Form von dominant-hierarchischer Steuerung und staatlicher Macht zu verstehen, sondern vielmehr als einen „kaleidoskophaft-komplexen“ Effekt aus unterschiedlichen, sich miteinander verschränkenden Herrschaftstechniken, die physisch-direkt auf Individuen Einfluss nehmen oder mit denen bei den Steuerungssubjekten auf indirekt-subtilem Wege die „Führung des Selbst“ (Selbstlenkung des Verhaltens und Körpers) zu beeinflussen versucht wird.

Das Management von Migration lässt sich, wie die folgenden empirischen Beispiele deutlich machen, als eine neue und komplexe Form der Gouvernementalität von Migration auffassen. So spricht die IOM seit Jahren in breit angelegten Informationskampagnen gezielt Bevölkerungsgruppen und einzelne Gesellschaftsmitglieder sowie Migranten_innen an. Diese Kampagnen stehen unter der Zielsetzung, den Angesprochenen eine „sichere", „legale" und „informierte" Migration zu ermöglichen, den Handel mit Menschen (Trafficking) verhindern zu wollen oder für „freiwillige" Rückkehrangebote zu werben. Im Rahmen dieser Kampagnen erfolgt auf der Basis bestimmter Auffassungen/Wissensbestände (vor allem junge Frauen und Schulabgängerinnen aus der Ukraine sind gefährdet, Opfer von Menschenhändlerringen zu werden) eine Subjektivierung der selektiv Angesprochenen (etwa: alle Schulabgängerinnen in der Region X) als vulnerable Personen und mögliche Opfer des Menschenhandels. Gezielt werden auch junge arbeitslose Männer angesprochen. Die an sie adressierten Kampagnen enthalten Aussagen im Stil von „Du darfst nur legal, also mit gültigen Einreisedokumenten in ein anderes Land reisen", „Du darfst dich dort nur legal mit einer Arbeits- und Aufenthaltserlaubnis aufhalten und einer Beschäftigung nachgehen" oder „Du solltest wieder in dein Heimatland zurückkehren, sobald deine Erwerbstätigkeit beendet ist oder deine Aufenthaltserlaubnis abgelaufen ist".

Der IOM-„World Migration Report 2003" enthält ein Beispiel, das diese subtile Form der Einflussnahme auf das Verhalten und die Lebensweise von Migranten_innen bzw. für „vulnerabel" befundene Personen illustriert: Ein Bild von albanischen Migranten. Fröhlich lachend stehen sie in einer italienischen Backstube und backen Pizza. Darüber der Titel „A Migrant's Story. A New Start through Regular Labour Migration from Albania to Italy". Die IOM weist damit auf das ihrer Meinung nach äußerst erfolgreiche Arbeitsanwerbeprogramm hin, welches die internationale Organisation im Auftrag der italienischen Regierung seit 2000 in Albanien implementiert. Im Text ist die Rede von „successful Albanian job seekers" und ein solcher kommt auch zu Wort: Er berichtet, dass er erst illegal für eine Weile in Griechenland gearbeitet habe, dann aber verhaftet und wieder nach Albanien abgeschoben worden sei. Nun habe er aus seinem Fehler gelernt und es auf legalem Weg versucht. Nach Italien kam er, weil er in der Zeitung eine Annonce sah, in der auf die Gefahren illegaler Migration aufmerksam gemacht und dabei für das italienische Programm der IOM geworben wurde. Er habe „IOM" gelesen und gleich gewusst, dass er über diese Organisation auf sicherem und legalem Weg ins Ausland kommen würde (IOM 2003: 251f.).

Die durch die IOM im Auftrag der Zielstaaten von (illegalen) Migranten_innen herausgegebenen Informationsbroschüren verdeutlichen in äußerst plakativer und einfach zu verstehender Weise die Gefahren der illegalen, unüberlegten und nicht durch IOM begleiteten Migration. Ihre implizite Botschaft lautet: „Auch du könntest so enden“ (zum Beispiel in einem Bordell in der EU) bzw. „Das könnte auch deiner Tochter, Freundin oder Frau passieren“ (zum Beispiel Verschleppung und sexuelle Ausbeutung). Mit den Kampagnen gegen „Trafficking“ verbreitet die IOM, wie im Fall des albanischen Pizzabäckers, „im eigenen Interesse“ der potenziell Betroffenen, eine Warnung vor allen Formen der illegalen, spontanen/autonomen und uninformierten Migration. Die Gefährlichkeit von Migration wird plakativ illustriert mittels des Verweises auf das Bild des unschuldigen, zuvor diskursiv erzeugten und vorgestellten „Opfers“ des Menschenhandels. Diese subtil-indirekten Techniken des Managements von Migration lassen sich als restriktive Steuerungsbemühungen oder Verhinderungspraktiken bezeichnen; trotz ihres humanitären Anstrichs und der Bezugnahme auf das Wohl der Migranten_innen steht die Unterbindung von unerwünschten/illegalen Wanderungen im Vordergrund (Nieuwenhuys/Pécoud 2007). Gezielt wird im Diskurs des Managements von Migration, der eben auf bestimmten steuerungsdienlichen Wissensbeständen und selektiven Problematisierungen sowie Kategorisierungen beruht, auf bestimmte Figuren der Delinquenz, des abweichenden oder gefährlichen Verhaltens verwiesen, wie es auch für viele andere Ausprägungen von Kontroll- und Steuerungspolitik typisch ist (Krasmann 2003: 12):

> „Entweder arbeiten die Akteure [...] mit dem Bild des bösen kriminellen Ausländers oder aber dem des armen Menschenhandelsopfers. Derartige Pauschalisierungen sollen der Abschottungspolitik einen wohlmeinenden Tenor verleihen: der Staat avanciert zum Beschützer und Retter zugleich.“ (Najafi/Rosner 1999: 150)

William Walters spricht in diesem Zusammenhang von einer „imagined sociality“ im Zuge von Migrationssteuerung, bei der nur die Opfer, Täter_innen und bestimmte andere Figuren (beispielsweise Rückkehrer_innen) auf die „Bühne“ der Migrationspolitik gelangen, während alle anderen, „normalen“ und ganz gewöhnlichen Migranten_innen ausgeblendet bleiben (Walters 2010).

Auch bei den von der IOM propagierten Programmen zur „freiwilligen“ Rückkehr illegaler Migranten_innen und abgelehnter Asylbewerber_innen kommt eine implizite Steuerungstechnik zur Anwendung, die direkt auf das einzelne Steuerungsobjekt referiert und dieses dann fast, so könnte man glauben, zu einem Steuerungssubjekt „emanzipieren“ und erziehen will: Ebenfalls mit Plakaten, Informationsveranstaltungen, Broschüren und TV-Spots versucht die IOM illegale Migranten_innen und abgelehnte Asylbewerber_innen zur „freiwilligen“ Rückkehr in ihr Heimatland zu motivieren und verspricht dabei, diese Personen vor der Schmach zu bewahren, in Handschellen in die Heimat überführt zu werden. Ganz strategisch wählt die IOM dabei die Bezeichnungen „erfolgreiche“ oder „nachhaltige“ Rückkehr:

„A successful return and reintegration in the home country positively and directly affects not only returnees and their families, but also the whole society, which gains in economic terms and from the setting up and fostering of local businesses." (IOM Tirana 2006)

Das durch die Zielstaaten von illegalen, nicht mehr „benötigten" bzw. nicht (mehr) erwünschten Migranten_innen forcierte, durch und durch *unfreiwillig* stattfindende Rückkehrprojekt wird diskursiv zu einem „nützlichen" Projekt des Einzelnen und der Herkunftsgesellschaft gemacht: Mit einer „freiwilligen" Rückkehr bietet sich die Chance, zur Entwicklung der Heimat beizutragen und nicht als schmachvoll gescheiterte/-r und dann abgeschobene/-r Migrant_in, sondern als „erfolgreiche/-r" Rückkehrer_in gelten zu können.

Die geschilderten Fallbeispiele machen deutlich, dass sich im Zuge des Managements von Migration neue, bislang eher ungewohnte und nicht „traditionelle" Formen der Migrationssteuerung mit solchen verschränken, die eher konventioneller Art sind (beispielsweise Grenzschutz, Visaerfordernisse etc.). Die neuen indirekt-subtilen Formen der Einflussnahme auf Individuen und deren Verhaltensweisen, die begleitet sind durch das Angebot von Gesundheitschecks vor der Ausreise (Bezugnahme der Einflussnahme dabei auf den Körper und die Gesundheit von Migrant_innen), suggerieren dabei alle, dass der lange Zeit als „deviant" betrachtete Prozess der internationalen Migration in ein positives Phänomen überführt werden könne, schlichtweg ein ganz „normaler" Vorgang sei.

Wie für Sicherheitsdispositive und moderne Formen der Gouvernementalität typisch, zieht das Management von Migration dabei keine absoluten Grenzen zwischen Verbotenem und Erlaubtem. Stattdessen wird mit Zuhilfenahme der Zur-Schau-Stellung strategisch konstruierter Subjekte (Figuren des/-r Migranten_in) eine Bandbreite von Variationen mit bestimmten Optima (Lemke et al. 2000: 13) eröffnet und verdeutlicht. Es klingt grotesk: Unter aktiver Selbstbeteiligung am Management von Migration sollen die Steuerungsobjekte selbst – als handlungsfähige Subjekte – zur Unterbindung ihrer eigenen (sic!) illegalen, gefährlichen, nicht behördlich genehmigten oder ökonomisch wenig lohnend erscheinenden Migration beitragen und stattdessen einen möglichst „vernünftigen" (ökonomisch, sozial und politisch „rationalen") Weg einschlagen. Also: keine Migration oder nur in ein bestimmtes Land, Migration nur zu einem bestimmten Zeitpunkt, für eine kurze Zeit, zu einem bestimmten Zweck etc.

Migrationsmanagement und Raum

Das Management von Migration lässt sich als Sicherheitsdispositiv und neue bevölkerungsbezogene Gouvernementalitätsform zusätzlich hinsichtlich der Kategorie Raum diskutieren. Geht man von der traditionell vorherrschenden (und recht naheliegenden) raumgebundenen Konzeptionalisierung von Migration als einem Vorgang „von einer Raumeinheit in eine andere" aus (ausführlicher dazu: Geiger 2011: 41-44), so liegt es nahe, dass auch neuere Formen des Umgangs mit Migration (Beispiel Migrationsmanagement) durch Staaten oder andere Akteure (Beispiel IOM) neben der Bevölkerung bzw. den (potenziellen) Migranten_innen ebenfalls bzw. weiterhin auf Raum rekurrieren. Auch die neue Ausprägung einer zunehmend internationalisierten, stark durch internationale Regierungsorganisationen (IOM, UNHCR etc.) getragenen Migrationspolitik im Zuge des Managements von Migration hebt den engen, traditionellen Nexus zwischen Migration und Raum nicht auf; außerdem gründet sich auch das Management von Migration weiterhin auf dem Anspruch, die Sicherheit, Integrität und Souveränität des Nationalstaates weiter zu verteidigen. Also bleibt auch der Nexus zwischen Migration, Sicherheit und Raum weiterhin bestehen.

Deutlich wird die enge Verbindung zwischen Migration, Sicherheit und Raum unter anderem am Beispiel der Migrationspolitik der Europäischen Union und ihrer Mitgliedsstaaten. In mittlerweile schon drei Handlungsprogrammen, dem Tampere-, Haager- und Stockholmer Programm (für die Jahre 2000-2004; 2005-2009; 2010-2014), hat sich die EU das Ziel vorgegeben, in ihrem „Inneren" (auf dem Gebiet ihrer Mitgliedsstaaten) einen „Raum der Freiheit, der Sicherheit und des Rechts" zu schaffen (Rat der Europäischen Union 1998; Geiger 2011: 155f.). Gleichzeitig schenken die EU-Institutionen und -Mitgliedsstaaten der gemeinsamen Außengrenze dieses Raumes schon seit den 1990er Jahren (Schengener und Dubliner Abkommen und Schaffung des EG-Binnenmarktes) große Aufmerksamkeit, hängt der Schutz eines gemeinsamen „EU-Europas" ohne Binnengrenzen doch entscheidend davon ab, ob entlang dieser EU-Außengrenze (potenziell) gefährliche Bewegungen und Störungen (beispielsweise durch internationale Migration) entschärft und abgewendet werden können (Geiger 2011: 155-162).

In den letzten 20 Jahren, in denen sich eine gemeinsame EU-Migrationspolitik herauszubilden begann, fällt allerdings auch die Entstehung des besagten „Managements" von Migration. Dieser Ansatz basiert auf einer stärkeren Einbeziehung von internationalen und nichtstaatlichen Akteuren „jenseits" des Nationalstaates (Geiger/Pécoud 2011), dazu zählen auch solche Akteure, die „jenseits" der supranationalen EU-Institutionen und EU-Spezialagenturen (EU-Grenzschutzagentur Frontex) stehen: Zu nennen sind als entscheidende Akteure des Managements von Migration unter anderem die Internationale Organisation für Migration (IOM), die Organisation für Sicherheit und Zusammenarbeit in Europe (OSZE), das UN-Hochkommissariat für Flüchtlinge (UNHCR) oder auch das Internationale Zentrum für die Entwicklung von Migrationspolitik (ICMPD) (Geiger 2011: 20 und 175-184).

Aus der Konsequenz der beiden zeitgleichen Entwicklungen (1. verstärkte migrationspolitische Zusammenarbeit der EU und 2. Herausbildung eines internationalen Managements von Migration mit stärkerer Berücksichtigung von Akteuren „jenseits“ des Staates) ergab sich im Fall der EU ein interessantes Zusammentreffen von Externalisierung und Exterritorialisierung: Die EU nimmt Nicht-EU-Akteure wie die IOM in Anspruch, um internationale Wanderungsbewegungen bereits im Vorfeld der EU-Außengrenze, also auf dem Territorium von Nicht-EU-Staaten, zu „managen“ (zu kontrollieren, zu verhindern, teilweise auch selektiv zu ermöglichen). Die *Externalisierung* von Steuerungsaufgaben, das heißt der Übertrag von Steuerungsaufträgen an Nicht-EU-Akteure im Zuge der drei genannten Handlungsprogramme und gezielten migrationspolitischen Finanzierungsinstrumenten (Beispiel AENEAS), ist es, die es der EU und ihren Mitgliedsstaaten dabei überhaupt erst ermöglicht, Migrationssteuerung zu *exterritorialisieren* (räumlich also ins Vorfeld/in das Territorium anderer Staaten zu verlagern) (Geiger 2011: 267-290).

Die Verzahnung des internationalen Managements von Migration (Steuerungsaktivitäten internationalerRegierungsorganisationen und anderer Akteure) mit der Vergemeinschaftung und „Europäisierung“ von Migrationspolitik im Fall der EU stellt gerade für die Politische Geographie ein interessantes Forschungsfeld dar. Praxen der strategischen Verräumlichung begleiten nämlich beide Prozesse. Wie das Projekt eines gemeinsamen „EU-Territoriums der Freiheit, der Sicherheit und des Rechts“ bereits aufzeigt, kommt es im Zuge von Europäisierung und einem regionalisierten Migrationsmanagement internationaler Akteure zu einer (Re-)Konstruktion von (neuen) Räumen der Sicherheit (Raum der EU-Staaten) und der migrationsbezogenen Intervention (Vorfeld vor der EU-Außengrenze/Territorium von Nicht-EU-Staaten). Das „Migrationsproblem“ und den Handlungs-/Steuerungsbedarf „verorten“ die EU-Institutionen außerdem fast ausschließlich außerhalb der EU, dort ist es gemäß den produzierten raumbezogenen Handlungslogiken dann auch „logisch“ und „zweckmäßiger“ einzugreifen (siehe dazu ausführlich: Geiger 2011: 112-122). Um Steuerung bzw. Management zu gewährleisten, werden dazu neue Raumkonstrukte durch die EU geschaffen. Die EU tritt als sozusagen als „Raumkonstrukteur“ auf; sie erzeugt im Zusammenspiel eine neue partikuläre „imagined spatiality“ (Walters 2010).

Die in Südosteuropa noch verbleibenden Nicht-EU-Staaten werden unter der Bezeichnung „Westbalkan-Staaten" und unter dem sogenannten Stabilisierungs- und Assoziierungsprozess (SAP) geführt, während sich EU-Anrainer und wichtige Herkunfts- und Transitstaaten wie die Ukraine oder Marokko vor einigen Jahren in das neue Raumkonstrukt einer Europäischen *Nachbarschafts*-Politik (ENP) eingebunden sahen. Den SAP, die ENP und die anderen, ähnlich räumlich aufgespannten Politikprozesse werden durch spezielle Finanzierungsprogramme begleitet, die die „vor-Ort"-Umsetzung von externalisiertem und exterritorialisiertem EU-Migrationsmanagement ermöglichen.

Im Zuge dieser am Beispiel der EU illustrierten Entwicklungen kann beobachtet werden, dass auch im Zuge von Migrationsmanagement Raum als Referenzbasis erhalten bleibt und migrationsbezogene Eingriffe weiterhin in erster Linie räumlich ausgerichtet sind. Gleichzeitig treten aber qualitative Veränderungen in Bezug auf die räumliche Dimension von Migrationspolitik/-management auf: Dadurch, dass die EU in Zusammenarbeit mit Nicht-EU-Akteuren (IOM etc.) bereits *exterritorial* eingreift, verwischt (ungeachtet der programmatisch scharfen Trennung zwischen dem „Raum der Freiheit, der Sicherheit und des Rechts" und dem Raum des SAP oder der ENP) von der Tendenz her, die Trennlinie zwischen Binnen- und Außenraum: Europäisierung, auch im hoch souveränitätsgeladenen Politikbereich Migration (auf dem einige EU-Mitgliedsstaaten, darunter Dänemark, aktuell die Wiedereinführung von Grenzkontrollen innerhalb des Binnenraumes vorantreiben), greift mit allen Konsequenzen bereits im „Vorraum" der EU. Eine Folge daraus ist, dass die EU-Außengrenze mittlerweile keine lineare Abgrenzung mehr ist; sie ist vielmehr exterritorial ausgestülpt, indem sie bereits über mehreren direkten EU-Anrainerländern (Ukraine, Marokko etc.) aufgespannt ist.

Fazit

Die Transnationalisierung des Sozialen (Pries 2008) durch Migration und andere Prozesse ist begleitet durch eine prinzipielle Neuverhandlung des „Dreiecks Gesellschaft, Macht und Raum" (Reuber/Wolkersdorfer 2005: 632). Deutlich wird dies am Beispiel der diskutierten neuen Regierungsweisenvon Bevölkerung und Migration – dem Management von Migration. Als neuer, internationalisierter Modus von Migrationspolitik stellt Migrationsmanagement eine Reaktion auf die Transnationalisierung des Sozialen und die angebliche Aushöhlung der Souveränität und Steuerungskapazität von Nationalstaaten (Castles/Miller 1993; Sassen 1996; Weiner 1995) dar. Wie gezeigt werden konnte, eröffnen sich mit der „Brille" Foucaults entscheidende Einblicke in den Umfang, die Komplexität und die Wirkungsweisen der neuen Taktiken und Techniken auf dem Gebiet der Migration.

Im Hinblick auf Migrationsmanagement sollte allerdings nicht unerwähnt bleiben, dass auch die Kunst „nicht so regiert" zu werden, ein Teil des Puzzles bildet. Empirische Befunde belegen, dass Migranten_innen die verschiedenen Werkzeuge des Managements mittlerweile als Möglichkeiten *für* die Realisierung ihres Migrationsvorhabens kreativ nutzen. Indem sie gezielt von einzelnen Unterstützungsleistungen, wie beispielsweise in Wiedereingliederungsprogrammen des „Anti-Traffickings" oder der „freiwilligen" Rückkehr, Gebrauch machen, gewinnen sie neue Qualifikationen und Informationen hinzu. Anstatt im Herkunftsland für immer zu verbleiben, wie die „Manager" eigentlich zu bezwecken versuchen, lassen sich manche Angebote durchaus für den nächsten Emigrationsversuch nutzen. Die neuere migrationstheoretische Diskussion zur „Autonomie der Migration" (Moulier-Boutang 2002; Karakayalı/Tsianos 2005: 28) rückt statt den Steuerungsakteuren und „Managern", den staatlichen und internationalen Regelungen sowie dem üblich gewordenen Fokus auf Migrationsvermeidungs- und -erleichterungspolitik (Anwerbeprogramme) die Figur des/-er Migrant_in in den Mittelpunkt. Betont wird die Kreativität und Individualität von Migranten_innen sowie die prinzipielle Eigenständigkeit und Unabhängigkeit des Migrantischen gegenüber staatlichen oder internationalen Steuerungs- und „Management"-Bemühungen.

Obwohl eine wichtige Komponente des Managements von Migration darin besteht, im Sinne einer neuen Form bevölkerungsbezogener Gouvernementalität direkt oder in subtiler Weise auf Individuen, Gruppen oder den Bevölkerungen ganzer Länder (pauschaler Vorwurf dabei: alle könnten zu Migranten_innen werden) Einfluss zu nehmen, bleibt die Bedeutung raumbezogener Präventions- und Abwehrstrategien erhalten. Gerade der Blick auf die Situation in Europa und die raumorientierte Präventions- und Steuerungsstrategien der EU (Geiger 2011) macht deutlich, dass im Hinblick auf internationale Wanderungen und ihre Steuerung Raum weiterhin das wichtigste gouvernementale Interventionsfeld bleibt. Migration, Sicherheit und Raum (und „im" Raum bzw. Territorium weiterhin „verschachtelt" gedacht – Bevölkerung) sind weiterhin eng miteinander verwoben, obgleich neue raumbezogene Praxen und Raumkonstrukte entstehen und raumbezogene Eingriffe teilweise, wie gezeigt wurde, eine andere Qualität gewinnen.

Literatur

Agamben, Giorgio (2002): Homo Sacer. Die souveräne Macht und das nackte Leben, Frankfurt am Main.

Agustín, Laura M. (2003): Forget Victimization: Granting Agency to Migrants, in: Development 46 (3), 30-36.

Behr, Hartmut (2004): Entterritoriale Politik. Von den internationalen Beziehungen zur Netzwerkanalyse. Mit einer Fallstudie zum globalen Terrorismus, Wiesbaden.

Bigo, Didier (2001): Migration and Security, in: Guiraudon, Virginie (Hg.): Controlling a New Migration World [Routledge EUI Studies in the Political Economy of Welfare], London, 121-149.

Bommes, Michael (1999): Migration und nationaler Wohlfahrtsstaat. Ein differenzierungstheoretischer Entwurf, Opladen/Wiesbaden.

Bommes, Michael & Jost Halfmann (1998): Einführung: Migration, Nationalstaat, Wohlfahrtsstaat – eine theoretische Herausforderung für die Migrationsforschung, in: Bommes, Michael & Jost Halfmann (Hg.): Migration in nationalen Wohlfahrtsstaaten [Schriften des Instituts für Migrationsforschung und Interkulturelle Studien (IMIS) der Universität Osnabrück], Osnabrück, 9-45.

Brennan, Denise (2005): Methodological Challenges in Research with Trafficked Persons: Tales from the Field, in: International Migration 43 (1+2), 35-54.

Bröckling, Ulrich et al. (Hg.) (2000): Gouvernementalität der Gegenwart. Studien zur Ökonomisierung des Sozialen, Frankfurt am Main.

Brozus, Lars et al. (2003): Vergesellschaftung des Regierens? Der Wandel nationaler und internationaler politischer Steuerung unter dem Leitbild der nachhaltigen Entwicklung, Opladen.

Brubacker, William Rogers (2000): Staatsbürgerschaft als soziale Schließung, in: Holz, Klaus (Hg.): Staatsbürgerschaft. Soziale Differenzierung und politische Inklusion, Wiesbaden, 73-91.

Castles, Stephen & Mark J. Miller (1993): The Age of Migration: International Population Movements in the Modern World, New York.

Cohen, Robin (Hg.) (1996): Theories of Migration [The International Library of Studies on Migration Volume 1], Cheltenham/Brookfield.

Crosby, Alison (2006): The Boundaries of Belonging: Reflections on Migration Policies into the 21st Century [Inter Pares Occassional Paper 7], Ontario.

Dominik, Katja et al. (Hg.) (1999): Angeworben – eingewandert – abgeschoben: Ein anderer Blick auf die Einwanderungsgesellschaft Bundesrepublik Deutschland, Münster.

Foucault, Michel (1974): Die Ordnung des Diskurses. Inauguralvorlesung am Collège de France (2. Dezember 1970), München.

– (1981): Die Archäologie des Wissens, Frankfurt am Main.

– (1991): Botschaften der Macht. Der Foucault-Reader. Diskurs und Medien, Stuttgart.

– (2000): Gouvernementalität, in: Bröckling, Ulrich et al. (Hg.): Gouvernementalität der Gegenwart. Studien zur Ökonomisierung des Sozialen, Frankfurt am Main, 41-67.

– (2001): Governmentality [1978], in: Foucault, Michel (Hg.): Essential works of Foucault, 1954-1984: Power (Vol. 3), London, 216-217.
– (2004): Geschichte der Gouvernementalität. Vorlesung am Collège de France, 1977-1978, Paris.
– (Hg.) (2001): Essential works of Foucault, 1954-1984: Power (Vol. 3), London.
Geiger, Martin (2009): Freiwillige Rückkehr nach Albanien. Das Management von Migration am Beispiel der Rückführungsprogramme der Internationalen Organisation für Migration (IOM), in: Zeitschrift für Bevölkerungswissenschaft 34 (3+4), 275-298.
– (2011): Europäische Migrationspolitik und Raumproduktion. Internationale Regierungsorganisationen im Management von Migration in Albanien, Bosnien-Herzegowina und der Ukraine, Baden-Baden.
Geiger, Martin & Antoine Pécoud (Hg.) (2010): The Politics of International Migration Management, Basingstoke.
– (2010): The Politics of International Migration Management, in: Geiger, Martin & Antoine Pécoud (Hg.): The Politics of International Migration Management, Basingstoke, 1-20.
Georgi, Fabian (2009): Kritik des Migrationsmanagements. Historische Einordnung eines politischen Projekts, in: Juridikum 2, 82-85.
Ghosh, Bimal (1993): Movements of People. The Search for a New International Regime [Paper prepared for the Commission on Global Governance], Geneva.
– (2000a): Introduction, in: Ghosh, Bimal (Hg.): Managing Migration: Time for a new International Regime?, Oxford/New York, 1-5.
– (2000b): New International Regime for Orderly Movements of People: What Will it Look Like?, in: Ghosh, Bimal (Hg.): Managing Migration: Time for a New International Regime?, Oxford/New York, 220-247.
– (2000c): Towards a New International Regime for Orderly Movements of People., in: Ghosh, Bimal (Hg.): Managing Migration: Time for a New International Regime?, Oxford/New York, 6-26.
– (Hg.) (2000): Managing Migration: Time for a new International Regime?, Oxford/New York.
Guiraudon, Virginie (Hg.) (2001): Controlling a New Migration World [Routledge EUI Studies in the Political Economy of Welfare], London et al.
Holz, Klaus (Hg.) (2000): Staatsbürgerschaft. Soziale Differenzierung und politische Inklusion, Wiesbaden.
IOM (2003): World Migration 2003. Managing Migration Challenges and Responses, Geneva.
– (2011): Mission Statement. http://www.iom.ch [Stand: 2011-03-01]
IOM Tirana (2006): Safe Migration is a Choice and an Opportunity [IOM Albania-Newsletter September 2006], Tirana.
Karakayalı, Serhat & Vassilis Tsianos (2007): Movements that Matter. Eine Einleitung, in: Transit Migration Forschungsgruppe (Hg.): Turbulente Ränder. Neue Perspektiven auf Migration an den Grenzen Europas, Bielefeld, 7-17.

Kelly, Liz (2005): You Can Find Anything You Want: A Critical Reflection on Research on Trafficking in Persons Within and Into Europe, in: International Migration 43 (1+2), 235-265.

Krasmann, Susanne (2003): Die Kriminalität der Gesellschaft. Zur Gouvernementalität der Gegenwart, Konstanz.

Lemke, Thomas et al. (2000): Gouvernementalität, Neoliberalismus und Selbsttechnologie. Eine Einführung, in: Bröckling, Ulrich et al.(Hg.): Gouvernementalität der Gegenwart. Studien zur Ökonomisierung des Sozialen, Frankfurt am Main, 7-40.

Lenz, Ramona (2007): Pauschal, Individual, Illegal: Aufenthalte am Mittelmeer, in: Transit Migration Forschungsgruppe (Hg.): Turbulente Ränder. Neue Perspektiven auf Migration an den Grenzen Europas, Bielefeld, 141-154.

Mackert, Jürgen (1999): Kampf um Zugehörigkeit. Nationale Staatsbürgerschaft als Modus sozialer Schließung, Opladen/Wiesbaden.

Marshall, Trevor H. (1950): Citizenship and Social Class, and other Essays, Cambridge.

Marx, Karl (1983): Das Kapital. Kritik der politischen Oekonomie [Jubiläumsnachdruck der Erstausgabe von 1867], Frankfurt.

Merz-Benz, Peter-Ulrich & Gerhard Wagner (Hg.) (2002): Der Fremde als sozialer Typus, Konstanz.

Moulier-Boutang, Yann (2002): Nicht länger Reservearmee. Thesen zur Autonomie der Migration und zum notwendigen Ende des Regimes der Arbeitsmigration, in: Jungle World/Subtropen 15, http://www.nadir.org/nadir/periodika/jungle_world/_2002/15/sub01a.htm [Stand: 15-12-2008].

Najafi, Behshid & Judith Rosner (1999): Frauenhandel im Kontext frauenspezifischer Migration, in: Dominik, Katja et al. (Hg.): Angeworben – eingewandert – abgeschoben: Ein anderer Blick auf die Einwanderungsgesellschaft Bundesrepublik Deutschland, Münster, 150-170.

Nieuwenhuys, Céline & Antoine Pécoud (2007): Human Trafficking, Information Campaigns, and Strategies of Migration Control, in: American Behavioral Scientist 50 (12), 1674-1695.

Oltmer, Jochen (2003): Einführung. Steuerung und Verwaltung von Migration in Deutschland seit dem späten 19. Jahrhundert, in: Oltmer, Jochen (Hg.): Migration steuern und verwalten. Deutschland vom späten 19. Jahrhundert bis zur Gegenwart [Schriften des Instituts für Migrationsforschung und Interkulturelle Studien (IMIS) der Universität Osnabrück], Göttingen/Osnabrück, 9-56.

– (Hg.) (2003): Migration steuern und verwalten. Deutschland vom späten 19. Jahrhundert bis zur Gegenwart [Schriften des Instituts für Migrationsforschung und Interkulturelle Studien (IMIS) der Universität Osnabrück], Göttingen/Osnabrück.

Pries, Ludger (2008): Die Transnationalisierung der sozialen Welt, Frankfurt am Main.

Rat der Europäischen Union (1998): Aktionsplan des Rates und der Kommission: Zur bestmöglichen Umsetzung der Bestimmungen des Amsterdamer Vertrags über den Aufbau eines Raums der Freiheit, der Sicherheit und des Rechts [Vom Rat (Justiz und

Inneres) am 3. Dezember 1998 angenommener Text; Amtsblatt der Europäischen Gemeinschaften Nr. C 019 vom 23.01.1999: 1-15], Brüssel.

Ravenstein, Ernest G. (1885): The Laws of Migration, in: Journal of the Statistical Society of London 48 (2), 167-235.

Reuber, Paul & Günter Wolkersdorfer (2005): Politische Geographie, in: Schenk, Winfried & Konrad Schliephake (Hg.): Allgemeine Anthropogeographie, Gotha/ Stuttgart, 632-664.

Sassen, Saskia (1996): Losing Control? Sovereignty in an Age of Globalization, New York.

Simmel, Georg (2002): Exkurs über den Fremden, in: Merz-Benz, Peter-Ulrich & Gerhard Wagner (Hg.): Der Fremde als sozialer Typus, Konstanz, 47-53.

Transit Migration Forschungsgruppe (Hg.) (2007): Turbulente Ränder. Neue Perspektiven auf Migration an den Grenzen Europas, Bielefeld.

Treibel, Annette (1999): Migration in modernen Gesellschaften. Soziale Folgen von Einwanderung, Gastarbeit und Flucht, Weinheim/München.

UN (2000): General Assembly Resolution 55/25 [United Nations Convention against Transnational Organized Crime and the Protocols thereto], New York: www.unodc.org/documents/treaties/UNTOC/Publications/TOC%20Convention/TOCebook-e.pdf [Stand: 2008-07-15].

UNHCR (2010): Abkommen über die Rechtsstellung der Flüchtlinge vom 28. Juli 1951 und Protokoll über die Rechtsstellung der Flüchtlinge vom 31. Januar 1967, Genf: http://www.unhcr.ch/fileadmin/unhcr_data/pdfs/rechtsinformationen/1_International/1_Voelkerrechtliche_Dokumente/01_GFK/01_GFK_Prot_dt.pdf [Stand 2010-02-01].

Walters, William (2010): Imagined Migration World: The European Union's Anti-Illegal Immigration Discourse, in: Geiger, Martin & Antoine Pécoud (Hg.): The Politics of International Migration Management, Basingstoke, 73-95.

Weber, Max (1956): Wirtschaft und Gesellschaft. Grundriss der verstehenden Soziologie [Studienausgabe von Johannes Winckelmann. Erster Halbband. Nachdruck der Erstausgabe von 1922], Tübingen.

Weiner, Myron (1995): The Global Migration Crisis: Challenge to States and to Human Rights, New York.

– (1996): On International Migration and International Relations, in: Cohen, Robin (Hg.): Theories of Migration [The International Library of Studies on Migration Volume 1], Cheltenham/Brookfield, 441-511.

Wöhlcke, Manfred (2001): Grenzüberschreitende Migration als Gegenstand internationaler Politik, in: Aus Politik und Zeitgeschichte B43, 31-39.

Zolberg, Aristide R. (1989): The Next Waves. Migration Theory for a Changing World, in: International Migration Review 23 (3), 403-430.

Zolberg, Aristide R. et al (1989): Escape from Violence. Conflict and Refugee Crisis in the Developing World, Oxford.

Marcus Termeer

Hochhaussiedlungen als fordistische „Erziehung durch den Raum" und postfordistische „Problemzone"

„bauen bedeutet gestalten von lebensvorgängen" schreibt Walter Gropius 1927 (zit. n. Kuchenbuch 2010: 88). Der Bauhausarchitekt und herausragende Vertreter des Funktionalismus propagiert schon damals das Hochhaus als adäquaten Wohn-Raum für Arbeiter_innen. Nach Adelheid von Saldern nehmen sich die Protagonisten des Funktionalismus seit den 1920er Jahren, Architekten und Stadtplaner wie Le Corbusier, Ernst May oder Walter Gropius, als „Menschengestalter" (Saldern 1999: 108) sowie ihre Programmatik als „Erziehung durch den Raum" (ebd.: 114) wahr. Die architektonische Gestaltung von Lebensvorgängen hat dabei nicht weniger zum Ziel, als die Schaffung eines neuen Menschentypus – analog zum tayloristischen System der Arbeitsorganisation und inspiriert von den Ideen des Industriellen Henry Ford. Gropius strebt damals an, „der 'Wohn-Ford' seiner Zeit zu werden" (Nerdinger 1985: 16).

Ich möchte im Folgenden zunächst die Grundlagen eines solchen „Wohn-Fordismus" in den 1920er Jahren umreißen. Im Anschluss werde ich dann das Massenwohnen in Hochhäusern seit den 1960er Jahren als Entsprechung zur Massenproduktion und räumliche Materialisierung von Machtverhältnissen behandeln. Seit der Krise des Fordismus gilt dieses Konzept einer Urbanität durch Hochverdichtung als verfehlt. Die vormaligen Monumente eines nicht zuletzt sozialdemokratischen Fortschrittsversprechens sind 'heruntergekommen' zu Betonsilos für Sozialfälle. Die peripheren Großwohnsiedlungen werden im Postfordismus mit seiner Renaissance der Innenstädte zugunsten Wohlhabender zu Problemzonen (Michel 2005: 119).

Bei der Darstellung dieser Entwicklung werde ich mich weitgehend auf die Situation in (West-)Deutschland konzentrieren. Denn gerade hier zeigt sich der Wohn-Fordismus, der ja immer auch einhergeht mit einem Wohn-Keynesianismus – wenn auch erst beginnend seit den 1950er/1960er Jahren – in einer besonders umfangreichen Version. Das betrifft zum Einen die systematische Bereitstellung standardisierten Wohnraums und eine ebensolche Kooperation staatlicher Institutionen und privater Investoren:

> „In der Bundesrepublik waren Sozialmietwohnanlagen und suburbane Eigenheimgebiete bis zur Mitte der 70er Jahre die beiden vorherrschenden Formen sozialstaatlich vermittelter Wohnungsversorgung. Dabei sind die aus einem Guß geplanten, meist in kurzer Zeit errichteten und nach einheitlichen Kriterien belegten Großsiedlungen in besonderer Weise zum Symbol für die Interessenkoalition aus Wohnungsbaukapital und staatlichen Apparaten geworden" (Schmoll 1990: 287).

Das betrifft zugleich aber „die spezifisch bundesrepublikanische Konjunktur des fordistischen Regulierungsmodells 'Soziale Marktwirtschaft'", eine „Integration der organisierten Arbeiterbewegung" in einen Kapitalismus, „dessen 'funktionalistische' Formierungspraxis von Massenproduktion, Konsum und Lebensweisen die räumliche Dimension eines modernen Way of Life alltäglich bestimmte", so Walter Prigge (1988: 71). Dies wird konkret durch die „Integration des gemeinwirtschaftlichen Sektors" des Wohnungsbaus, vor allem der gewerkschaftlichen „Neuen Heimat", bei der Produktion von Großwohnsiedlungen. Die Strategie dieser Akteure setzt darauf,

> „sich im Bereich der räumlichen Reproduktion zentraler Elemente des fordistischen Regulierungsmodells zu bemächtigen und auf diesem Wege einer vom Gedanken der Solidarität geprägten Sozialpolitik im Räumlichen Geltung zu verschaffen und das Bauen und Wohnen zu demokratisieren" (ebd.: 70f.).

Die Grundlagen dieses „[i]llusionäre[n] Fordismus", wie ihn Frieder Otto Wolf (1987; im Titel) genannt hat, sind in der Weimarer Republik zu finden. Die sozialdemokratisch orientierte Avantgarde in Architektur und Stadtplanung wie Gropius oder May hofft damals unter dem Motto „Ford oder Marx?" auf einen „demokratischen Kapitalismus", eine fordistische Lösung der „sozialen Frage" (Ronneberger 1999: 439).

Diese soziale Frage, so Klaus Ronneberger in Anlehnung an Michel Foucaults Begrifflichkeit, ist aufs Engste verknüpft mit der „Ökonomie des Lebens". Denn:

> „Schließlich handelt es sich bei dem Vorsorgestaat um eine präventive 'Biomacht'. Mit ihm etabliert sich eine spezifische Körperpolitik, für die statistische Daten über die Bevölkerung zu deren 'ökonomischer Führung' unerläßlich sind. [...] Fragen der Fortpflanzung und Aufzucht, der Körperpflege und Hauswirtschaft bestimmen nun die sozialstaatlichen Programme. Als Bestandteile administrativer Fürsorgepraxis werden Gesetze zum Schutz der Familie erlassen und Maßnahmen zur Sicherung von Gesundheit, Erziehung und der Moral der Bevölkerung ergriffen. Auf diese Weise machen gerade die subalternen Gruppen, die bislang kaum von ihr berührt waren, Erfahrungen mit einer rationalisierten Lebensführung" (ebd.: 436).

Bei der „Normalisierung des proletarischen Alltags" in der Weimarer Republik – in Fabriken, Schulen, aber auch beim Wohnen – treten „mit der gesellschaftlichen Verallgemeinerung der Sozialdisziplinierung [...] deren offen repressive

Elemente in den Hintergrund" zugunsten protofordistischer Elemente. So etwa in den medizinischen, sozial- und ingenieurswissenschaftlichen Kampagnen zur Hygiene oder den städtebaulichen und architektonischen Diskursen (ebd.).

In diesem Kontext führt mich die Frage danach, wie mit Foucault der Raum als Dimension von Machtverhältnissen zu denken wäre, zu drei miteinander verwobenen Ausgangspunkten: 1. dem Verhältnis von Macht und Alltag sowie 2. der Nutzung dieses Alltagsvorgangs als Erziehungsstruktur – also der Planung und Gestaltung von Wohn-Räumen als Disziplinar-Räumen – und 3. der Wohnbaupolitik als biopolitischer Regulierung der Bevölkerung.

Michel Foucaults Hauptbeispiel für disziplinierende Räume ist das panoptische Gefängnis. Dieser Raumtypus ist gedacht für Menschen außerhalb einer sozial definierten Normalität. Die Insass_innen offen repressiv disziplinierender bzw. normalisierender Anstalten sind sich in der Regel ihrer räumlichen Absonderung von der Normalität ebenso bewusst wie des Charakters der Raumstrukturen, in denen sie sich befinden.

Foucault hat in *Überwachen und Strafen* aber auch die Notwendigkeit betont, auch die „Beziehung der Macht zum Alltagsleben" (Foucault 1977a: 263) zu untersuchen. Wohnungen und Wohnhäuser vermitteln Machtstrukturen in (meist) fraglos selbstverständlichen Alltagsräumen, innerhalb der Normalität. Strukturen der gelenkten Wahrnehmung und des leiblichen Nachvollzugs sozialer Machtverhältnisse werden so weitgehend der Reflexion entzogen und verstärken das Unbewusste der Wahrnehmung. Das macht sie gewissermaßen wirksamer.

„Das Panopticon", so Foucault, sei „als ein verallgemeinerungsfähiges Funktionsmodell zu verstehen", weil es die schon angesprochene „Beziehung der Macht zum Alltagsleben" definiere (ebd.). Das Panopticon

> „ist das Diagramm eines auf seine ideale Form reduzierten Machtmechanismus; sein Funktionieren, das von jedem Hemmnis, von jedem Widerstand und jeder Reibung abstrahiert, kann zwar als ein rein architektonisches und optisches System vorgestellt werden: tatsächlich ist es eine Gestalt politischer Technologie, die man von ihrer spezifischen Verwendung ablösen kann und muss. [...] Es handelt sich um einen bestimmten Typ der Einpflanzung von Körpern im Raum, der Verteilung von Individuen in ihrem Verhältnis zueinander" (ebd.: 264).

Foucault bezieht derartige Anordnungen und „Interventionstaktiken der Macht" auf Gefängnisse, Krankenhäuser, Schulen und Werkstätten. Von alltäglichen Wohnräumen ist hier allerdings nicht die Rede. An anderer Stelle spricht Foucault (2005b: 331) davon, dass bestimmte Formen von Wohnarchitektur im panoptischen Sinn repressiv genutzt werden könnten. Ich werde später kurz auf Beispiele derartiger Wohnanlagen in der ersten Hälfte des 20. Jahrhunderts zurückkommen.

Festzuhalten bleibt, dass die von Foucault gezeigten Mechanismen auch in anderen als bloß panoptischen Strukturen auftreten können. Dass also auch die „Wohnmaschine" Le Corbusiers mit Foucaults Worten als eine „Maschine zur Veränderung des Verhaltens, zur Dressur und Korrektur von Individuen", zur Beobachtung, Charakterisierung, Klassifizierung, „analytische[n] Aufteilung" von Körper und Raum, ebenso als „die Maschinerie einer sich verheimlichenden Macht" (Foucault 1977a: 261f.) beschreibbar ist, zeigen schon die Programmatiken ihrer Verfechter.

Nun hat aber Foucault (2005b: 330) über Le Corbusier gesagt, dieser habe die Absicht gehabt, Freiheit zu fördern, dabei aber wohl eher gegenteilige Mittel eingesetzt. Foucault will darauf hinaus, dass Freiheit nur der sozialen Praxis entstammen kann.[1] Zu fragen wäre hier allerdings nach dem Freiheitsbegriff von Architekt_innen wie Le Corbusier oder Gropius, die ihre Planungen als emanzipatorisch verstehen, sich selbst zugleich aber auch „als Sozialingenieure" (Kuchenbuch 2010: im Untertitel). Ich werde im nächsten Kapitel darauf eingehen.

Foucault hat mehrfach betont, dass die beiden von ihm ausgemachten Normalisierungstechnologien – die Disziplinierung des Individualkörpers einerseits und die biopolitische Regulierung der Bevölkerung als Gesamtheit andererseits – „keine Gegensätze bilden, sondern eher zwei durch ein Bündel von Zwischenbeziehungen verbundene Pole" (zit. n. Lemke 2008: 80). Vielmehr übten sie einen „doppelten politischen Zwang" aus, „der in der gleichzeitigen Individualisierung und Totalisierung der modernen Machtstrukturen liegt" (Foucault 2005a: 280). Gerade in der „Architektur als Körperökonomie" (Kuchenbuch 2010: 84) innerhalb des Proto-Wohnfordismus lässt sich dann auch – biopolitisch fundiert – ein Ineinandergreifen der Macht-Technologien beobachten. So dient der kalkulierte Wohn-Raum auch zur Aktivierung von Selbsttechniken zur Normalisierung. David Kuchenbuch (2010: 87) spricht mit Bezug auf Foucault vom „Grundriss als 'Regierung'", eingebettet in einen Zusammenhang veränderter Techniken der Macht, innerhalb dessen die Architektur

> „statt das Wohnverhalten direkt zu kontrollieren, den Grundriss in eine materielle Struktur verwandelte, die im Prozess ihrer Nutzung das Verhalten formen sollte. [...] Architekten verschalteten also Verhaltensnorm und Raumgestaltung" (ebd.: 87f.).

Die Momente der Disziplinierung aber dominieren (noch). So erachten Planer_innen wie Gropius, Hausverwaltungen und Behörden in den 1920er Jahren

1 Zugleich reflektiert er hier offenbar einen eigenen Perspektivenwechsel: Innerhalb seiner *Geschichte der Gouvernementalität* bezeichnet er den „Liberalismus als allgemeinen Rahmen der Biopolitik" (2004b: 43). Dabei geht es um Diskurse der Selbstregulierung und Prozesse der Subjektivierung.

einen zusätzlichen planmäßigen Einsatz von „Wohnungsfürsorgerinnen" für notwendig, um „das Volk zum 'richtigen Wohnen' anzuleiten" (Saldern 1999: 108). Überhaupt gehört zu den „Realitätsvorstellungen des Neuen Bauens" auch der „Anspruch einer expertengeleiteten 'Vormundschaft' über die breiten Massen, die durch Architektur, Pädagogik und Sozialprävention normiert und normalisiert werden sollten", wie Klaus Ronneberger (1999: 440) betont. Anders ausgedrückt und wie gleich noch zu sehen sein wird: Der neue Mensch wird von den Planer_innen einerseits als existent vorausgesetzt, das neue Wohnen erscheint so als Befriedigung seiner Bedürfnisse und Rahmen seiner Selbsttechniken. Andererseits muss er aber zugleich als Individual- wie als Gesellschaftskörper noch geschaffen werden, und zwar mittels des neuen Wohnens.

Damit stellt sich auch die Frage nach der Rolle von Architekt_innen bei der Vermittlung von Macht durch räumliche Strukturen. Bezüglich des Verhältnisses von Raum, Macht und Wissen hat Foucault (2005b) einen kategoriellen Unterschied verdeutlicht: Ärzt_innen oder Priester seien wichtige „Glied[er] in einem Ensemble von Machtbeziehungen", das besteht aus Räumen, Objekten und Personen. „Der Architekt" hingegen gehöre „in eine andere Kategorie". Man müsse

> „ihn – seine Mentalität, seine Einstellung – und seine Projekte berücksichtigen, wenn man diverse Machttechniken verstehen möchte, die in der Architektur eingesetzt werden" (ebd.: 332f.).

Allerdings wird anschließend nicht weiter thematisiert, in welche Kategorie Architekt_innen gehören. Man muss also ergänzen: Sie wirken nicht *in* den Räumen, die sie entworfen haben, sondern *mittels* dieser Räume. Dabei unterliegen Raumstrukturen und soziale Praxen aber ständigen Wechselwirkungen.

Im Folgenden werde ich Diskurse und Praktiken einer angestrebten (Um-) Formung durch das (funktionalistische) Wohnen seit dem frühen 20. Jahrhundert näher betrachten. Da sich Foucault nicht explizit mit dem alltäglichen Wohnen beschäftigt hat, werde ich auch andere Theorien und Beschreibungen einbeziehen. Es geht dabei um eine Programmatik der „Unentrinnbarkeit" von Architektur, deren Raum-Determinismus gemäß der Veränderungen sozialer Praxis allerdings in der Realität nicht haltbar ist. Und damit geht es auch um verschiedene Weisen des Scheiterns einer funktionalistischen „Erziehung durch den Raum".

1 Die „Unentrinnbarkeit der Architektur", oder: Der Wohnraum als Disziplinar-Raum im frühen 20. Jahrhundert

Im Kontext von Sozialökologie, Behaviorismus und des neuen sozialen Massen-Wohnungsbaus der Weimarer Republik, ohne den solche Pläne nicht umsetzbar wären, soll damals „durch bewußte [architektonische] Erziehung“ ein „neuer Menschentyp mit einem rationalisierten modernen Wohnverhalten“ entstehen; eine rationalisierte Privatsphäre angepasst an die Abläufe in der tayloristischen Produktion (Saldern 1999: 108f.) und ebenso angelehnt an die tayloristischen Prinzipien. So auch in den Momenten einer „Versachlichung“ als Ergebnis wissenschaftlicher Analysen der Produktionsprozesse, getrennter Planung und Umsetzung der Rationalisierung:

> „Die tayloristischen Verfahrensweisen ermöglichen es, herkömmliche Kontrollmodelle zumindest teilweise zu ersetzen. Über die enge Einbindung der menschlichen Tätigkeiten in den maschinellen Fertigungsprozeß verschiebt sich die Beaufsichtigung der Arbeitskräfte schrittweise von der ‘persönlichen’ Überwachung hin zur ‘sachlichen’ Disziplinierung. Die Maschine gibt das Tempo vor [...]. Die ‘Versachlichung’ der Betriebsführung [...] nimmt damit der realen Subsumtion der Arbeit unter das Kapital den politischen Charakter“ (Ronneberger 1999: 433).

Vergleichbares strebt das funktionalistische Neue Bauen an: Wissenschaftlich in einzelne Funktionen zerlegt soll der Wohnraum die Lebensführung – streng getrennt nach monofunktional entworfenen, hierarchisierten Räumen (Wohnzimmer, Schlafzimmer, Küche, Bad) – und die Bewegungsmuster der Bewohner_innen vorgeben, wie im Einzelnen noch zu sehen sein wird. Die „Erziehung“ soll so raumstrukturell versachlicht werden in einer neuen „Maschinerie einer sich verheimlichenden Macht“ (s.o.).

Der Begriff der „Wohnmaschine“ erhält hier also eine doppelte Bedeutung. Angestrebt wird eine hoch standardisierte Produktion wie vom Fließband (was dann aber erst mit der Großtafel- bzw. Plattenbauweise seit den 1960er Jahren völlig realisiert wird). Hoch standardisiert soll zugleich das Wohnen sein. Es soll parallel zur Fabrikarbeit „in seine einzelnen Vorgänge zerlegt, auf effizientesten Ablauf organisiert und räumlich reduziert werden“. Le Corbusier und Victor Bourgeois vergleichen dieses Wohnen mit dem Fließband (Nerdinger 1985: 22f.). Die „Standardwohnung“, so Gropius 1929 programmatisch, sei begründet durch ein „sachliches Minimum“. Diese „Minimalwohnung für die städtische Industriebevölkerung“ bedeute: „[J]edem erwachsenen Menschen sein eigenes, wenn auch kleines Zimmer!“ (Gropius 1982a: 120). Eine solche Betonung „der schärferen Ausprägung des individuellen Lebens der kommenden Zeit“ (ebd.) korrespondiert allerdings mit Konstruktionen bloßer Gruppensubjekte, „Arbeitsbienen“ etwa, die Abends in ihre gleichförmigen und funktionalen „Waben“ zurückkehren, wie es der Frankfurter Stadtbaurat Ernst May sah (Saldern 1999: 109f.). Aus dieser Perspektive erscheinen Menschen als Objekte einer hegemonialen Architektur, einer „[g]roßangelegte[n] Regie“ protofordistisch agierender

Architekt_innen und Stadtplaner_innen. Henry Ford selbst verlangte nach solchen Gestalter_innen,

> „die die Kunst der industriellen Verhältnisse beherrschen" und „die *die formlose Masse* in politischer, sozialer und ethischer Hinsicht zu *einem gesunden, harmonischen Ganzen umformen*" (zit. n. Tafuri 1977: 54; Hervorhebung im Original).

Ganz in diesem Sinn postuliert Le Corbusier 1922, dass die moderne Wohnarchitektur die Masse „in Zucht" halten soll. Das Serielle garantiere Schönheit und evoziere „Ruhe, Ordnung und Sauberkeit", was den Bewohner_innen „unweigerlich Disziplin" beibringe (zit. n. Ronneberger 1999: 440). Über „[d]ie Neue Baukunst als Erzieher" schreibt Fritz Wichert sechs Jahre später:

> „Neue Menschen fordern neues Gehäuse, aber neues Gehäuse fordert auch neue Menschen. Die Baukunst [wird] mit der Unentrinnbarkeit, die der Architektur zu eigen ist – zum Lehrer, zum Erzieher" (zit. n. ebd.: 441).

Dieses Unentrinnbare mit seiner Vorstrukturierung von Bewegungsmustern und -abläufen unterliegt systematischer Planung. So wird im Dessauer Bauhaus unter Walter Gropius bis 1926 an einer „Choreographie des Alltags" (zit. n. Thöner 1999: 151) gearbeitet. Im Meisterhaus von Gropius demonstriert Ilse Gropius, wie man sich „ästhetisch-ergonomisch vorbildlich" im Interieur bewegt, wobei ihre einzelnen Bewegungsabläufe minutiös fotografisch dokumentiert werden. Die „richtige" Nutzung „der Neuen Wohnung" und ihres Interieurs, so Wolfgang Thöner, ist „gewissermaßen mitdesignt worden" (ebd.: 154; vgl. die Abb. ebd.: 149).

Als „biologisch" zeitgemäß bezeichnet Gropius 1931 das von Grünflächen umgebene Wohnhochhaus; allerdings nur für das Proletariat. Ihm sei auf diese Weise ein Maximum an „Licht, Luft und Auslaufmöglichkeiten" (Gropius 1982b: 130) zu gewährleisten, anders als in den bisherigen Mietskasernen. Die Arbeiter_innen sollen zugleich möglichst nahe der Fabriken angesiedelt werden, schon um auch hohe Anfahrtskosten und lange Anfahrtszeiten zu sparen und ihnen so zu mehr Freizeit zu verhelfen (ebd.: 127f.). Das „Eigenheim mit Garten" am Stadtrand hingegen bleibe den „gehobene[n] Volksschichten" vorbehalten. Aus Kostengründen und weil „der minderbemittelten Familie die Zeit" zur Pflege von Haus und Garten fehle, was zur Verwahrlosung führen müsse (ebd.: 130).

Gropius argumentiert zudem soziologisch. Er erklärt die Kleinfamilie mit zwei Kindern zur statistisch messbaren Grundeinheit der gegenwärtigen Gesellschaft, an der sich eine genügende Anzahl von „Minimalwohnungen" auszurichten habe (1982a: 114). Zugleich aber sollen die proletarischen Massen mittels funktionalistischer „Minimalwohnungen" (gerade erst) zu Kleinfamilien umgeformt werden. Bereits im 19. Jahrhundert werden Konzepte „der 'geschlossenen Kleinfamilie' in einer 'abgeschlossenen Kleinwohnung'" (Saldern 1995: 127) propagiert, um „die bedrohlich anwachsende Arbeiterklasse [...] der Sittlichkeit" zuzuführen (Keller 2005: 41, Fn. 17). Zwar begünstigt die durchschnittlich vierköpfige Familie Mitte der 1920er Jahre tatsächlich einen „Siegeszug" von Kleinwohnungen, allerdings gefährden, infolge von Wohnungsnot und prekärer finanzieller Lage vieler Arbeiter_innen, noch eine Vielzahl von „Schlafgängern" und „Untermieterfamilien" das geforderte Wohnkonzept (Saldern 1995: 127f.). Dem soll mit einer forcierten „Raumprogrammierung" (Prigge 1988: 72), die etwa große Wohnküchen ausschließt und monofunktionale hierarchisierte Zimmer vorsieht, entgegengewirkt werden.

Gropius argumentiert emanzipatorisch – vordergründig. Die Epoche der Kleinfamilie sei insbesondere auch eine „individuale Epoche mit dem Recht des Individuums" auf dem Weg in eine „genossenschaftliche Zukunftsepoche" (Gropius 1982a: 111). Dem sollen gerade mehrstöckige Großhäuser mit Kleinwohnungen und zentralen Gemeinschaftseinrichtungen Rechnung tragen. Dass hier aber konstant eine politische Richtung beschritten wird, ist nach Winfried Nerdinger zweifelhaft. Gropius, schreibt er, „konnte [...] anscheinend problemlos die Ideologie einer bestimmten Gesellschaftsform über seine Planungen stülpen und wieder entfernen" (1985: 122). Auffällig ist dann auch, dass die von Gropius um 1930 entworfenen Gesellschaftsräume für Wohnhochhäuser etwa mondänen Hotelbars gleichen (vgl. ebd.: 142ff.).

Das vordergründig Emanzipatorische betrifft auch die „Frauenfrage". Die zunehmend rechtlich gleichgestellte, geistig und wirtschaftlich selbständige „Frau sucht nach Wegen, im schweren Existenzkampf [...] Zeit für sich und ihre Kinder zu gewinnen, am Erwerbsleben teilzunehmen und sich aus der Abhängigkeit vom Manne zu befreien" (Gropius 1982a: 116). Diese Frau soll durch eine neue Rationalität und Effizienz von Küchen, Bädern und WC's befähigt werden, auch am öffentlichen Leben, am Erwerbsleben teilzunehmen. Real aber wird die geschlechtsspezifische Arbeitsteilung auf „höherer Ebene" gefestigt. Die Rationalisierung der Hausarbeit – beispielhaft in der ab 1926 von Margarete Schütte-Lihotzky gestalteten „Frankfurter Küche" – ist ein zentraler Punkt des neuen Bauens. Ganz nach den tayloristischen Prinzipien „fließender Fabrikation" werden die Bewegungsabläufe studiert und die gewonnenen Erkenntnisse in normierte und maschinisierte Raumnutzungsvorgaben umgesetzt. Der Plan des Raumes wiederum soll dann die Bewegungsabläufe vorgeben. Hausarbeit, Sorge und Aufzucht bleiben dabei strikt weiblich zugeordnet.

Das Neue Bauen als sozialdemokratisch orientierter Versuch einer fordistischen Lösung der „sozialen Frage" in der Weimarer Republik zielt darauf, „Oase[n] der

Ordnung" (Tafuri 1977: 90) zu schaffen, ohne die kapitalistischen Grundlagen anzutasten (vgl. Herlyn u.a. 1987: 262). Nur: Die als Bewohner_innen anvisierten „minderbemittelten" Klassen können sich die hohen Mieten in den Neubauten meist gar nicht leisten. Vielmehr ziehen hier die „breiten Mittelschichten", ein (ebd.: 261, vgl. ebd.: 36f.). Zudem werden damals nur rund fünf Prozent der Wohnneubauten im funktionalen Stil errichtet, vor allem in Frankfurt oder Berlin (vgl. Ronneberger 1999: 440). Der so geplante „Sozialstaatskompromiß der Weimarer Republik" funktioniert also nicht richtig; auch wenn Gropius weiter Wohnhochhäuser propagiert und auch reihenweise entwirft (vgl. Nerdinger 1985: 136ff.). Massenhaft gebaut werden vielmehr Wohnsiedlungen im Stil des „Heimatschutzes".

Die national-konservative deutsche „Heimatschutz"-Architektur vor allem der „Stuttgarter Schule", begründet in den 1910er Jahren, liefert auch im Faschismus die Masse der Alltagsbauten. Ihre Städtebauprinzipien bleiben ebenso in der Nachkriegs-BRD dominant. Ihre Adaptionen des Gartenstadt-Konzeptes führen seit 1913 und v.a. in den 20er und 30er Jahren zu „Heimstätten"-Siedlungen. Hier werden oft Häuserreihen, von 'Torgebäuden' abgeschlossen, um eine größere Grünfläche platziert (Wohnformen, die im Nationalsozialismus auch als gefängnisartige „Asozialen-Siedlungen" realisiert wurden). Das orientiert sich an den Grundformen Dorf als vorindustrieller 'Idylle' mit einem Hochmaß an sozialer Kontrolle, und am Kasernenhof als Raum einer strukturellen Disziplinierung und gelenkten Wahrnehmung. Programmatisch sollen die sozialen Strukturen als „das bildhaft Wesentliche für jedermann faßbar" werden, heißt es 1942. Geschlossenheit und Einheitlichkeit der Bebauung evozieren einen „führenden Willen" und eine „Gemeinschaft" strikter Hierarchien. Die Wirkmacht des Raumes entspringt dem Prinzip eines umgekehrten Panopticons. Die Einzelnen sind hier – zumindest in den Innenhöfen – den Kontrollblicken der „Gemeinschaft" unterworfen (vgl. Termeer 2009). Dieses Programm einer „Umformung durch Wohnen" (ebd.: 73) dient explizit dem völkischen „Kampf" gegen „Urbanisierung, Proletarisierung, Überfremdung". Im Gegensatz zum Neuen Bauen geht es dieser „konservative[n] Utopie einer 'heilen Moderne" [...] um Formen von Rationalisierung und Disziplinierung als 'Verklärung' einer 'zweckhaften Ordnung'" (ebd.: 74f.).

Im Nationalsozialismus ist das Neue Bauen als „gebaute[r] Sozialismus" verpönt. Dessen Prinzipien der Normierung und Normalisierung werden aber ganz selbstverständlich weiterentwickelt. Ernst Neufert, in den 1920er Jahren Mitarbeiter und dann Chefarchitekt von Gropius in Dessau, veröffentlicht 1936 seine enorm einflussreiche „Bauentwurfslehre". Das Handbuch erlebt 2009 seine 39. Auflage. Während Gropius nach anfänglicher Beteiligung am NS-Wettbewerb um das „Haus der deutschen Arbeit" (vgl. Nerdinger 1985: 263) 1934 ins Exil geht, legt Neufert eine bruchlose Karriere hin. 1938 wird er Beauftragter für Typisierung, Normung und Rationalisierung des Berliner Wohnungsbaus unter Hitlers „Generalbauinspektor" Albert Speer. „Der Mensch als Masz und Ziel" heißt es bei Neufert (1979: 22). Es ist ein gerasterter, geometrisierter Mensch, dessen Raumnutzung hierarchisiert ist, vor allem geschlechtsspezifisch. Küchen wie überhaupt alle Wirtschaftsräume der Wohnungen werden in den Beispielszeichnungen ausschließlich von weiblichen Figuren bei der Arbeit bevölkert (vgl. ebd.: 201ff.). Im Bad werden die nötigen Raummaße beim Waschen in der Wanne von einer männlichen Figur angezeigt, die beim Reinigen der Wanne von einer weiblichen (vgl. ebd.: 220). An der Bebilderung hat sich auch in der hier zitierten 30. Auflage nichts geändert; sie bleibt bis in die 1990er Jahre kaum verändert. „Alles wandelt sich, nur eines nicht: die Haus-Frauen-Arbeit in männlicher Sicht", kommentiert das Kerstin Dörhöfer (1999: 164). Ebenso detailliert werden z.B. die „Bettenstellungen" in den „Schlafräumen" für jeweils zwei Personen behandelt, gegliedert nach „Freunde[n]", „Schwestern", „Brüder[n]", „Gäste[n]" und „Eheleute[n]", was jeweils „gefühlsmäßig bestimmte Forderungen" verlangt (Neufert 1979: 216). Signaturen einer Normalisierung, die zu (Deutschen) Industrienormen werden sollen und wurden. Neuferts Arbeit zeichnet eine kontinuierliche Linie:

> „Die im Neuen Bauen vor allem durch Normierung erzeugten Rationalisierungseffekte werden im Nationalsozialismus durch beginnende Ver-Dinung der Wohnungsbauproduktion erheblich gesteigert: Die Neufertsche Bauentwurfslehre setzt diese Ver-Dinung in architektonische Standards um" (Prigge 1988: 72),

die den Wohnungsbau seit der Nachkriegszeit maßgeblich bestimmen. Verwoben ist dies mit einer weiteren Kontinuitätslinie, dem Konzept des „sozialen Wohnungsbaus". Der Begriff wird während des NS-Regimes geprägt. Er bezeichnet die Transformation der „Kernelemente eines sozialstaatlichen Wohnungs-Baus", woran später in der jungen BRD angeknüpft wurde (ebd.).

2 Massenwohnen als Entsprechung zum Massenkonsum, oder: Die „Erziehung durch den Raum" gerinnt zur DIN-Norm

In den 1950er und 60er Jahren, den Hoch-Zeiten des Fordismus – mit der nun realisierten Aufteilung städtischer Räume nach Funktionen – in der spezifisch bundesrepublikanischen Variante der „sozialen Marktwirtschaft" sind es erneut vor allem sozialdemokratische Stadtverwaltungen, die Großwohnsiedlungen realisieren, zusammen mit genossenschaftlichen und gemeinnützigen Wohnbaugesellschaften oder der gewerkschaftlichen „Neuen Heimat". Die standardisierten „Großtafelbauten" in Beton für 10.000 und mehr Bewohner_innen an den städtischen Peripherien, prototypisch die Gropiusstadt in Berlin oder Chorweiler in Köln, entstehen in den 1960er und 70er Jahren. Es ist betont worden, dieser Großsiedlungsbau sei kein „zwangsläufiges Ergebnis" der in den 1920er Jahren beginnenden Wohnsiedlungspolitik mit ihren „unterschiedlich gestaltete[n] und dimensionierte[n]" Bauten, schon gar keine „bewußte, explizite Wiederanknüpfung" daran. Gleichwohl werde hier aber eine damals entwickelte inhärente „Produktionslogik" der Quantität, Machbarkeit, Funktionalität und Effektivität fortgeführt, ebenso „eine insgesamt autoritäre Grundeinstellung gegenüber der Bewohnerschaft, die es bloß galt, sozialstaatlich zu versorgen". Die Wohnsilos der 60er/70er Jahre seien hierbei allerdings gewissermaßen als Formen der Hybris zu verstehen (Herlyn u.a. 1987: 266f.).

So kritisiert etwa Walter Gropius selbst seit dem Baubeginn 1962 die später sogenannte Gropiusstadt, an deren Planung er 1960 beteiligt war. Diese anfänglichen Pläne sind mehrfach überarbeitet worden, bis hin zu einer Hochverdichtung mit monotoner Nord-Süd-Ausrichtung und flächendeckend mehrstöckigen Hochhäusern, die vor allem im Interesse von Bauindustrie und Investor_innen gelegen sind (vgl. Federbusch 1997: 43, Enke 2002: 16f.).[2] Derartige Veränderungen ursprünglich geplanter „aufgelockerter" Bebauungen durch enorme Aufstockungen und Vernachlässigungen von Grünflächen zugunsten der Kostenkalküle von Großbauunternehmen sind bei der Realisierung solcher Groß-Sozialsiedlungen in Beton praktisch immer zu beobachten. Aber gerade in dieser Form lassen sich solche Häuser durchaus als konsequente Umsetzung der 40 Jahre zuvor projektierten Wohnmaschinerie, der Bienenwaben, des Seriellen und der Unentrinnbarkeit deuten. Sie erscheinen als hybride Weiterführung der funktionalistischen „Erziehung durch den Raum"; selbst wenn davon nicht mehr explizit die Rede ist. Das ist auch gar nicht mehr nötig, denn: „Wir sind das Diagramm der [hierarchisierten] Wohnfunktionen". Mit diesen Worten Gaston Bachelards verweist Walter Prigge (1988: 66) auf inzwischen selbstverständlich tradierte diskursive wie praktisch-körperliche Gewohnheiten:

> „Die ideologische Reproduktion des fundamentalen Themas Wohnen stellt sich [...] bereits in jeder der alltäglichen Redeweisen, in denen wir jene Funktionen durch Benennungen voneinander trennen; in diesem Diskurs der Funktionen konstituieren wir uns – im Handeln wie von selbst – als Subjekte des modernen Wohnens" (ebd.: 67).

2 Allerdings gibt Gropius zu, hier in einer merkwürdigen Lage zu sein, habe er doch selbst in den 30er Jahren Wohnhochhäuser und das Nord-Süd-Schema propagiert (vgl. ebd.).

Zudem ist das Erziehungs-Programm längst zu DIN-Normen geronnen. Anknüpfend an die Arbeiten Neuferts ab 1939, aber auch an die „Reichsbauformen" der „Deutschen Arbeitsfront" von 1940 regeln sie den Wohn- und Bewegungsraum im sozialen Wohnungsbau der BRD. Seit 1951 definiert das Normblatt DIN 18011 die „Stellflächen für Möbel und Öfen im sozialen Wohnungsbau", in der überarbeiteten Form seit 1967 bestimmt es die „Stellfläche[n], Abstände und Bewegungsfläche[n] im Wohnungsbau". Ebenso bestimmt seit 1957 das Normblatt DIN 18022 – „Küche und Bad im Wohnungsbau" – die diesbezüglichen „Planungsgrundlagen". In der Neufassung von 1967 wird dann „die städtische (Küche) als reine Funktionsküche" bestimmt (Hannemann 1999: 421f.) und nicht als Wohnküche, die schon in der Weimarer Republik als Abweichung vom geforderten kleinfamilialen Wohnen verpönt war (und nach 1967 als Wohngemeinschafts-Küche wieder belebt wird).

Die bürgerliche Kleinfamilie ist büchstäblich die Norm. Deren „Heim" und „Intimität" werden von der Öffentlichkeit tendenziell isoliert durch „schleusenartige Übergangszonen", wie Fritz Schmoll (1990: 298) sie nennt: Aufzüge, Treppenhäuser (die oft nur als bloße Feuertreppen konzipiert sind), Laubengänge. Die Zuschnitte der Zimmer richten sich nach der Hierarchisierung der Wohnfunktionen sowie den Standards von Möblierung und Installationen. Abweichende oder sich überlagernde Raumnutzungen sind nicht vorgesehen. Das gilt zwar, jeweils angepasst, auch für andere Wohnungsarten und Einfamilienhäuser. Im „sozialen Wohnungsbau" aber, so Schmoll, sind die bürgerlichen Werte wie Häuslichkeit und familienbezogene Reproduktion und Repräsentation reduziert auf die Bedingungen proletarischen und proletarisierten kleinbürgerlichen Wohnens: die räumliche Trennung von Wohnen und Arbeiten und die Beschränktheit der (Miet-)Zahlungsfähigkeit (ebd.: 298f.).

Hier sind allerdings zwei Klarstellungen nötig. Zum einen geht es um eine Fragmentierung von Wohnen und *Lohn*arbeit. Wohn-Räume sind auch Räume der Gebrauchswirtschaft, ausgeübt noch immer überwiegend von Frauen. Zum anderen gibt es einen Unterschied zur eigentlich geplanten Belegung in den 1920er Jahren. War die damals anvisierte, aber weitgehend verfehlte Zielgruppe die der Arbeiter_innen, ist die Haupt-Zielgruppe der Hochhausquartiere der 60er/70er-Jahre die (untere) Mittelschicht. Sie stellt in den Trabantenstädten zwischen Hamburg und München um 1970 oft bis zu 50 Prozent der Bewohnerschaft, Arbeiter_innen sind hingegen in der Minderheit, schon gar Berufslose. In der Großwohnsiedlung Brüningheide in Münster-Kinderhaus – gebaut 1970-78 – wohnen anfangs gar 70 Prozent Angestellte und Beamt_innen (vgl. Termeer 2010: 27 u. 30). Andererseits dient etwa die Berliner Gropiusstadt sehr wohl auch gezielt zur Umquartierung aus den Altbauten der Arbeiter_innenviertel. Dieter Hoffmann-Axthelm (2002: 164) spricht hier von einem „politische[n] Projekt", das „weniger Stadterweiterung [...] als ein Abriß der innerstädtischen Arbeiterquartiere, der sowohl Arbeitsbeschaffungsprogramm wie Abrechnung mit der historischen Last dieser Bereiche war". Gleichwohl seien die ersten Bewohner_innen auch in die Gropiusstadt gezogen, weil ihnen hier nun moderne Wohnstandards – Heizung, fließend warmes Wasser, Bad und Toiletten innerhalb der Wohnung – geboten wurden (ebd.).

Das neue Massen-Wohnen erscheint als Entsprechung zur Massen-Produktion, die nun auch Massenkonsumption ermöglicht. Frieder Otto Wolf hat die Sozialwohnung wie auch das Eigenheim, das Auto, den Fernseher usw., als „strategische ideologische Ware" charakterisiert, die als solche zur „Instanz der individuellen Wunschproduktion der Konsumentenmassen und damit zu einem Instrument der beständigen Selbst-Normalisierung" ihrer „Lebenspraxen" werden (Wolf 1987: 220). Hierbei existiere eine soziale Hierarchie noch vor den Segmentierungen des Marktes, an deren unteren Ende die Anforderungen an die Selbstnormalisierungen wachsen, bewirkt durch den Raum und durch Kontrollinstanzen wie Hausmeister_innen und Hausordnungen. Dabei werde stets „ein zentrales Anliegen" deutlich: die Unterbindung „jede[r] Art von horizontaler Kommunikation zwischen den Mietern" und „jede[r] Art von unkontrollierte[r] Öffentlichkeit" (ebd.: 223).

Als Wolf das schreibt, gehört das habituelle Zuwiderhandeln – etwa „Vandalismus" oder „Zweckentfremdungen" der Treppenhäuser – gegen solche Restriktionen und die Klage darüber allerdings schon lange zum Alltag.

3 Marode Wohnsilos draußen vor der Stadt, oder: Dysfunktionale disziplinargesellschaftliche Relikte für neu definierte Unterschichten

Verglichen mit den realen Wohnmaschinen der 1970er Jahre, schreiben Ulfert Herlyn u.a., erschienen die Siedlungen der 20er Jahre noch „gleichsam harmlos" und

> „'unverbraucht sozial-reformerisch'. In ihrer quasi 'hybriden Form' in Gestalt der Großsiedlungen der 60er/70er Jahre erwies sich diese Produktionslogik dann nicht mehr als besonders sozialreformerisch, noch – auf's Ganze gesehen – als besonders rational, funktional oder effektiv, sondern verkehrte sich bereits in ihr Gegenteil" (1987: 267).

Mit dem Ende des Fordismus gelten Großwohnsiedlungen als gescheitert. Wenig überraschend ändert sich auch die dortige Bevölkerungsstruktur tief greifend, schon infolge der städtischen Zuweisungspolitiken. Seit 1985 leben etwa in Münster-Kinderhaus 70 Prozent finanzschwacher Haushalte. Hinzu kommen periodische Leerstände (vgl. Termeer 2010: 27). Die „Erziehung durch den Raum" wird zum – allerdings dysfunktionalen – disziplinargesellschaftlichen Relikt, das sich nur noch an eine neu definierte „Unterklasse" wendet im neoliberalen Diskurs einer „Individualisierung" und faktischen Entpolitisierung und den dazugehörigen Transformationen von Raum und Macht. Diese Transformationen haben sich auf dem Gebiet der Ex-DDR seit 1989 „verspätet" und zugleich im Zeitraffer ereignet.

In der DDR wurden wohnfordistische Großsiedlungen – Plattenbauten – flächendeckender als im Westen realisiert. Seit Lenin huldigt bekanntlich der real existierende Sozialismus dem fordistischen Organisationsmodell. Carsten Keller spricht von einem „halbiert[en]" Fordismus, da „der Übergang zu einer intensiven Akkumulation" gescheitert sei (2005: 45). Die Weisen der Normierung der Wohnräume in der DDR sind mit den westlichen vergleichbar (vgl. Hannemann 1999: 405ff.). Vergleichbar ist damit auch die räumliche Vorstrukturierung auf das Modell der bürgerlichen Kleinfamilie und die damit einhergehende „Entproletarisierung" der Bewohner_innen (Keller 2005: 44). Bis zur „Wende" dominiert hier „ein Milieu von Facharbeitern und kleinen Angestellten" mit relativ homogenen Alltags- und Lebenslagen, die geprägt sind durch eine hohe soziale Kontrolle (ebd.: 44 u. 39). Waren diese Neubausiedlungen bis 1989 „ein Element des Aufstiegs", verwandelten sie sich seitdem „in Abstiegsstationen" (ebd.: 44f.). Dabei ist es bezeichnend, dass die „Platte" nun zum Synonym für ein verfehltes System wird; ganz so, als seien solche Häuser auf dem Gebiet der alten BRD nicht selbst bis in Kleinstädte hinein noch heute stark verbreitet.

Der „soziale Wohnungsbau" im Westen ist wesentlicher Teil eines historischen Kompromisses zwischen Kapital und Arbeit, der auf der Kohärenz von Raum, Gesellschaft, Markt und Staat sowie auf einer sozialstaatlichen Stadtentwicklung beruht. Henri Lefebvre hat in den 1970er Jahren den Raum der kapitalistischen Stadt analog zur „generellen Warenform" bei Marx als gesellschaftliches Produkt gezeigt. Der Raum sei homogenisiert und zugleich fragmentiert nach Maßgaben politischer Herrschaft, des Wertes und der Symbolökonomie. In den 80er Jahren manifestiert sich nach David Harvey diese Fragmentierung aufgrund eines veränderten Akkumulationsregimes. Städte definieren sich als Unternehmen und konkurrieren international um wohlhabende Haushalte und Dienstleistungsunternehmen (vgl. Termeer 2010: 21f.). Susanne Heeg (2008: 12ff.) zeigt, wie Stadtplanung sich nun konzentriert auf kurzfristige Trends, innerstädtische Filetgrundstücke und Großprojekte zugunsten dieser Klientel, wobei private Investoren zunehmend ihre Interessen in die Planung einschreiben.

In diesem Kontext lassen sich die Städte von Unternehmensberatern eine „Renaissance der Innenstadt" zugunsten Gutbetuchter versichern und handeln entsprechend. So werden nun allenthalben *Townhouses* oder sogar bisher in Deutschland als unerwünscht geltende *Gated Communities* realisiert. Demgegenüber erscheinen die inzwischen oft maroden Hochhaussiedlungen sozusagen peripherer als zuvor. Aber auch diese Häuser werden nun von internationalen *Real Estate Investment Trusts* gekauft, die große Wohnungsgesellschaften ausschlachten, so in Bremen-Tenever oder in Münster-Kinderhaus – zur Freude der städtischen Wirtschaftsförderung. Die Folgen sind fortschreitender Verfall und massive Leerstände (vgl. Termeer 2010: 31ff.).

Wohnsilos und Luxuswohnanlagen markieren buchstäblich Gegenpole. Pierre Bourdieu hat in diesem Zusammenhang den Begriff der „Ortseffekte" geprägt. Danach setzen besonders abgeschottete Luxus-Räume ein Hochmaß ökonomischen und kulturellen Kapitals voraus und verleihen zugleich soziales und symbolisches Kapital. Die Effekte derart exklusiver und exkludierender Räume verweisen gleichzeitig auf ihr Gegenteil: Auf das stigmatisierte Quartier. Es degradiert „symbolisch jeden einzelnen seiner Bewohner, der [wiederum] das Viertel degradiert. Eine Verdopplung der Enteignung" (Bourdieu 1998: 24f.).

Die Organisation exklusiver Räume entspricht der urbanen Ökonomie der Symbole. Hochhäuser distanzieren; aber in unterschiedlicher Weise. Beim Prestige-Bau wie den im Düsseldorfer Medienhafen geplanten Zwillingswohntürmen „Königskinder", geschmückt mit Dach-Skulpturen von Markus Lüpertz (vgl. www.frankonia-eurobau.de/de/projekte/alle/koenigskinder; abgerufen am 10.12.2010), dient die *Bigness* (Rem Koolhaas) der Präsentation von Macht. Beim Wohnsilo hingegen signalisiert im gängigen Diskurs auch die Größe die Ohnmacht seiner Bewohner_innen.

Bourdieu erachtet räumliche Strukturen als Materialisierungen sozialer Machtverhältnisse. Dabei geht es um die Fähigkeit, Räume zu beherrschen oder ihnen ausgeliefert zu sein. Sozialbau-Hochhaussiedlungen materialisieren symbolische Gewalt, sie strukturieren auch sexistische, rassistische und klassenspezifische Effekte vor. Bourdieus Konzept, wonach der Habitus das Habitat schafft, ist aber nicht zu unrecht auch kritisiert worden. Ellen Bareis bemängelt die ausschließliche Konzentration auf die Entmächtigung der Akteur_innen, die die Orte nicht als eigene besetzen könnten, was dazu führt, sie als Akteur_innen zu marginalisieren und Handlungs- und Wahrnehmungsoptionen in sozialen Kämpfen, Modifizierungsprozesse der Orte und des Habitus zu missachten (Bareis 2007: 113). In der Tat wird auch in solchen Häusern seit Langem etwa durch Wohngemeinschaften der „Grundriss als Regierung" ignoriert. Zugleich kann die dort herrschende Anonymität als Freiheit vor sozialer Kontrolle erlebt werden. Ebenso kann zur Wahrnehmung der Bewohner_innen maroder Wohnsilos auch ein Gefühl des Zu-Hause-Seins gehören. Das aber kann sich im neoliberalen Diskurs des „Selber schuld" dann wieder gegen sie wenden (vgl. Termeer 2010: 40f.).

Neben der Rückkehr des selbstverantwortlichen Subjekts beobachtet Boris Michel zwei weitere Aspekte des neoliberalen städtischen Kontrollregimes: die Konstruktion einer homogenen städtischen Gemeinschaft, innerhalb der Marginalisierte doppelt zum „Verschwinden" gebracht werden sowie den „*Spatial Turn* der sozialen Kontrolle", also eine Praxis räumlicher Exklusion und „segmentierende[r] und festschreibende[r] Nahraumorientierung" (Michel 2005: 17f.). Daran sind zwangsläufig auch Programme wie „Soziale Stadt" beteiligt, selbst wenn hier engagierte Stadtteil-Gruppen sich zurecht als anwaltlich im Sinne der Betroffenen verstehen, finden doch ursprünglich alternative Konzepte der Stadtteilarbeit nun in einem veränderten Kontext statt.

Dieser veränderte, nun neoliberale Kontext kann zu neu zusammengesetzten Wahrnehmungsmustern führen, auch gegen den erklärten Willen von Akteur_innen solcher Stadtteilarbeit. So gehört zu den Aufnahmekriterien für Quartiere ins Programm „Soziale Stadt" auch eine hohe Anzahl von Bewohner_innen „mit Migrationshintergrund" (www.sozialestadt.de/programm/hintergrund/; abgerufen am 12.April 2011). Zu fragen wäre also, ob und wie bei der aktuellen Identifizierung solcher Quartiere als „Problemzonen" auch vormals postmaterialistische Diskurse spezifisch transformiert einfließen, und sich verbinden könnten mit dem was Klaus Ronneberger und Vassilis Tsianos (2009: 137f.) „Raum-Ideologie" nennen, also eine hegemoniale Wahrnehmung, die eine „Überforderung" von Quartieren durch eine zu große Zahl an Migrant_innen behauptet.

Die periphere Großwohnsiedlung, so Dieter Hoffmann-Axthelm über ihre Beziehungsarmut, „ist auf der Behauptung der Unnötigkeit von Geschichte [...] aufgebaut, die gebaute Abwesenheit ist stärker und saugt jede Erzählungsanstrengung mühelos auf". Diese „Gebäudetypologie" sei „strukturell dumm". Innerstädtische Häuser würden unterschiedliche Nutzungen ermöglichen. „Eine Großwohnanlage erlaubt nichts anderes als das isolierte kleinfamiliale Wohnen". Werde dies obsolet, bleibe nur der Abriss (2002: 166f.). Das knüpft erkennbar an Heide Berndts Überlegungen von 1971 in der Tradition Herbert Marcuses an. Und es ist richtig; eigentlich. Nur lebt noch immer eine große Anzahl Menschen in solchen dummen Häusern – meist infolge städtischer Zuweisungspolitik – gegen die sich solche Überlegungen in Kontext veränderter sozialer Diskurse und Praxen auch ungewollt – auch – richten können.

4 Geplante Zwänge versus soziale Praxis, oder: Was sagt das Scheitern des Wohnfordismus?

> „Die großen [Wohn-] Silos repräsentieren den Determinismus unserer Kultur, indem sie eine unveränderte Umgebung konstituieren, die die Bewohner nicht zweckentsprechend verändern und abwandeln können, die vielmehr ständig den Druck ausübt, innerhalb der geplanten Zwänge wohnen zu bleiben."

Diese Position des bildenden Künstlers Stephen Willats (1998: 132), der sich seit Jahren mit dem Leben in Hochhäusern beschäftigt, erinnert stark an Alexander Mitscherlichs Auffassung von Stadträumen als zwingende „Prägestöcke" (Mitscherlich 1965: 9). Die Behauptung eines solchen Raum-Determinismus ist zwar falsch; was heißt das aber für die Existenz geplanter und gebauter Zwänge und die Weisen ihres Scheiterns?

„Wenngleich das Panoptikum eine Institution zur Verhinderung von Freiheit ist", schreiben Bernd Belina und Boris Michel (2007: 22) zum berühmten Raumtypus, „so ist es nicht seine architektonische Form, sondern die soziale Praxis, die es dazu macht". Zu Recht wenden sie sich mit Foucault und Henri Lefebvre „gegen einen Raumfetischismus, der dem Raum 'an sich' bestimmte Eigenschaften zuschreibt. Raum ist vielmehr nur als soziales Verhältnis und im Rahmen sozialer Praxis bedeutsam" (ebd.). Zugleich aber gilt es festzuhalten, dass sich die jeweilige, historisch veränderliche, soziale Praxis materialisiert in räumlichen Strukturen (was auch Widersprüchlichkeiten und Dysfunktionen aufweisen kann) und damit in den architektonischen Formen und ihren ebenfalls historisch-sozial veränderlichen Wirkungen und Wahrnehmungen. Auch aus der Perspektive einer ständigen (und veränderlichen) Wechselwirkung zwischen Raum und sozialer Praxis bleibt der Raum kontextabhängig, aber eben nicht wirkungslos. Mit Martina Löw (2001: 172) ist von einer „Dualität von Raum" auszugehen. Danach werden Räume per Handlung und Wahrnehmung geschaffen und wirken so als Strukturen auf Handeln und Wahrnehmungen zurück.

Was sagt das Scheitern des Wohnfordismus seit Mitte der 1970er Jahre über die soziale Praxis? Michel Foucault hat gezeigt, dass Widerständigkeiten im Liberalismus zu festen Bestandteilen biopolitischer Strategien werden, da „sich die Widerstand leistenden Kräfte gerade auf das berufen, was durch [die biopolitische] Macht in Amt und Würden eingesetzt wird: auf das Leben und den Menschen als Lebewesen" (1977: 172). Foucaults Überlegungen zur Gouvernementalität sind im Anschluss vor allem als Folie zur Analyse des Neoliberalismus verwendet worden (vgl. Lemke 2008: 48). Er selbst hat in diesem Kontext ja eine Verschiebung weg von den starr vorgegebenen Normen der Disziplinarmechanismen und hin zu Sicherheitsmechanismen, die Spielräume lassen, konstatiert (Foucault 2004a: 97f.). Der anhaltend schlechte Ruf von Großwohnsiedlungen seit der Krise des Fordismus ist da nur folgerichtig. Er hat aber eine Pointe. Das „'Scheitern' eines Programmes", schreibt Thomas Lemke (2008: 61) mit Bezug auf Foucault, könne „ungemein 'erfolgreich' sein und gerade aus seinem Scheitern heraus kann es zu einer 'strategischen Ausfüllung' kommen". So in der Fixierung „soziale[r] Dynamiken" (Michel 2005: 119) auf periphere geographische Räume innerhalb der residentiellen Segregation.

Literatur

Bareis, Ellen (2007): Verkaufsschlager. Urbane Shoppingmalls – Orte des Alltags zwischen Nutzung und Kontrolle. Münster

Belina, Bernd & Boris Michel (2007): Raumproduktionen, in: Belina, Bernd & Boris Michel (Hg.): Raumproduktionen. Beiträge der Radical Geography. Eine Zwischenbilanz, Münster, S. 7-34.

Bourdieu, Pierre (1998): Ortseffekte, in: Kirchberg, Volker & Albrecht Gröschel (Hg.): Kultur in der Stadt. Stadtsoziologische Analysen zur Kultur, Opladen, S. 17-25.

Enke, Roland (2002): TAC 5431. Wie Berlin zur Gropiusstadt kam, in: Kolland, Dorothea (Hg.): Der lange Weg zur Stadt. Die Gropiusstadt im Umbruch, Berlin, S. 7-23.

Federbusch, Kerstin (1997): GropiusStadt. Entstehung und Entwicklung der Berliner Großsiedlung, Kassel.

Foucault, Michel (1977a) [1975]: Überwachen und Strafen. Die Geburt des Gefängnisses. Frankfurt a.M.

– (1977b) [1976]: Der Wille zum Wissen. Sexualität und Wahrheit I. Frankfurt a.M.

– (2004a): Geschichte der Gouvernementalität I: Sicherheit, Territorium, Bevölkerung. Vorlesungen am Collège de France 1977-1978. Frankfurt a.M.

– (2004b): Geschichte der Gouvernementalität II: Die Geburt der Biopolitik. Vorlesungen am Collège de France 1978-1979. Frankfurt a.M.

– (2005a): Subjekt und Macht, in: Schriften in vier Bänden. Band IV: 1980-1988. Hg. v. Daniel Defert und François Ewald unter Mitarbeit v. Jacques Lagrange. Frankfurt a.M., S. 269-294

– (2005b): Raum, Wissen und Macht. Gespräch mit Paul Rabinow, in: Schriften in vier Bänden. Band IV: 1980-1988; S. 324-341

Gropius, Walter (1982a) [1929]: Die soziologischen Grundlagen der Minimalwohnung für die städtische Industriebevölkerung, in: Gropius, Walter (Hg.): Architektur. Wege zu einer optischen Kultur, Frankfurt a.M., S. 111-123.

– (1982b) [1931]: Flach-, Mittel- oder Hochbau?, Gropius, Walter (Hg.): Architektur. Wege zu einer optischen Kultur, Frankfurt a.M., S. 124-138.

Hannemann, Christine (1999): Normiertes Glück Ost und West. Über Standard, Norm und Sozialstaatlichkeit, in: Prigge, Walter (Hg.): Ernst Neufert. Normierte Baukultur im 20. Jahrhundert, Frankfurt a.M./New York, S. 405-429.

Heeg, Susanne (2008): Von Stadtplanung und Immobilienwirtschaft. Die „South Boston Waterfront“ als Beispiel für eine neue Strategie städtischer Baupolitik. Bielefeld

Herlyn, Ulfert u.a. (1987): Neubausiedlungen der 20er und 60er Jahre. Ein historisch-soziologischer Vergleich, Frankfurt a.M./New York.

Hoffmann-Axthelm, Dieter (2002): Die Gropiusstadt und die Zukunft der Großsiedlungen, in: Kolland, Dorothea (Hg.): Der lange Weg zur Stadt, Berlin, S. 163-171.

Keller, Carsten (2005): Leben im Plattenbau. Zur Dynamik sozialer Ausgrenzung, Frankfurt a.M./New York.

Koolhaas, Rem (1996): Bigness oder Das Problem der Größe, in: Arch+ 132; S. 42-44

Kuchenbuch, David (2010): Geordnete Gemeinschaft. Architekten als Sozialingenieure – Deutschland und Schweden im 20. Jahrhundert, Bielefeld.

Lemke, Thomas (2008): Gouvernementalität und Biopolitik. Wiesbaden

Löw, Martina (2001): Raumsoziologie. Frankfurt a.M.

Michel, Boris (2005): Stadt und Gouvernementalität, Münster.

Mitscherlich, Alexander (1965): Die Unwirtlichkeit unserer Städte. Anstiftung zum Unfrieden. Frankfurt a.M.

Nerdinger, Winfried (1985): Der Architekt Walter Gropius. Zeichnungen, Pläne und Fotos, Berlin.

Neufert, Ernst (1979): Bauentwurfslehre, 30., vollständig neubearbeitete und erheblich erweiterte Auflage, Braunschweig/Wiesbaden.

Prigge, Walter (1988): Wohn-Fords. Stichworte zum ideologischen Staatsapparat Sozialer Wohnungsbau, in: Prigge Walter & Wilfried Kalb (Hg.): Sozialer Wohnungsbau im internationalen Vergleich, Frankfurt a.M., S. 65-78.

Ronneberger, Klaus (1999): Biomacht und Hygiene. Normalisierung im fordistischen Wohnungsbau, in: Prigge, Walter (Hg.): Ernst Neufert: Normierte Baukultur im 20. Jahrhundert, Frankfurt a.M., S. 432-464.

Ronneberger, Klaus & Vassilis Tsianos (2009): Panische Räume. Das Ghetto und die „Parallelgesellschaft“, in: Hess, Sabine u.a. (Hg.): No integration?! Kulturwissenschaftliche Beiträge zur Integrationsdebatte in Europa, Bielefeld, S. 137-152.

Saldern, Adelheid von (1995): Häuserleben. Zur Geschichte städtischen Arbeiterwohnens vom Kaiserreich bis heute, Bonn.

– (1999): „Statt Kathedralen die Wohnmaschine“. Paradoxien der Rationalisierung im Kontext der Moderne, in: Dies.: Politik – Stadt – Kultur. Aufsätze zur Gesellschaftsgeschichte des 20. Jahrhunderts. Zum 60. Geburtstag herausgegeben von Inge Marßolek und Michael Wildt, Hamburg: S. 105-120

Schmoll, Fritz (1990): Schneller Wohnen. Zum allmählichen Aufstieg und rapiden Verfall des Leitbilds sozialstaatlicher Wohnungsversorgung und Stadtplanung, in:

Borst, Renate u.a. (Hg.): Das neue Gesicht der Städte. Theoretische Ansätze und empirische Befunde aus der internationalen Debatte, Basel/Boston/Berlin, S. 286-316.

Tafuri, Manfredo (1977) [1973]: Kapitalismus und Architektur. Von Corbusiers „Utopia" zur Trabantenstadt, Hamburg/Westberlin/[Rom].

Termeer, Marcus (2010): Münster als Marke. Die „lebenswerteste Stadt der Welt", die Ökonomie der Symbole und ihre Vorgeschichte, Münster.

– (2009): Gartenstadt als Disziplinar-Raum – zur politischen Wirkmacht von „Heimatschutz"-Siedlungen, in: Seidl, Ernst (Hg.): Politische Raumtypen. Zur Wirkungsmacht öffentlicher Bau- und Stadtstrukturen im 20. Jahrhundert = Kunst und Politik. Jahrbuch der Guernica-Gesellschaft Nr. 11, Göttingen, S. 71-86.

Thöner, Wolfgang (1999): Choreographie des Alltags. Figuren der Moderne am Bauhaus und bei Neufert, in: Prigge, Walter (Hg.): Ernst Neufert: Normierte Baukultur im 20. Jahrhundert, Frankfurt a.M., S. 144-158.

Willats, Stephen (1998): Im Märkischen Viertel Berlin, in: Prigge, Walter (Hg.): Peripherie ist überall, Frankfurt a.M./New York, S. 132-137.

Wolf, Frieder Otto (1987): Illusionärer Fordismus, in: Das Argument Nr. 162, Jg. 29, S. 220-229.

Katharina Abdo

Räumliche Kontrolle und Macht
Israels Sperranalage im Westjordanland und ihre kontrollierten Durchgänge

Die Beziehung zwischen Raum, Macht und Gesellschaft spielt bei Foucault, auch wenn er in seinen Arbeiten häufig nicht explizit auf den Raum eingeht, eine entscheidende Rolle: „It is true in one sense that, with some signal exceptions in short works and interviews, Foucault did not write primary texts that foreground spatial concerns, but it is also true that spatiality was more than just a passing interest" (Elden/Crampton 2009: 8).

So ist Foucaults Aussage „Space is fundamental in any form of communal life; space is fundamental in any exercise of power" (Foucault 1968 zit. in Huxley 2009: 190) besonders bei Geographen ein viel zitierter Satz, der die Relevanz räumlicher Aspekte bei der Ausübung von Macht hervorhebt.

Das Westjordanland ist ein Ort intensiver räumlicher Machtausübung. Seit Beginn des Nahostkonflikts stehen territoriale Fragen sowie die Aufteilung von Land im Mittelpunkt der Auseinandersetzungen. Mit Hilfe unterschiedlicher Strategien und auf verschiedenen Ebenen wird das Gebiet zunehmend aufgeteilt und fragmentiert, wodurch die räumliche Bewegung der palästinensischen Bevölkerung des Westjordanlandes kontrolliert und überwacht werden kann. So wurde das Gebiet beispielsweise durch die Osloer Abkommen 1993 vertraglich in A, B und C Regionen aufgeteilt, was eine Vielzahl an einzelnen Inseln entstehen ließ, die mit unterschiedlichen Autonomiezuweisungen versehen wurden (vgl. Gregory 2005). Die „Parzellierung des Raumes" entsteht aber auch durch physisch-materielle Bauten wie Siedlungen, By-pass roads, Checkpoints und Erdwälle, Gittertore und Gräben, die sich in die Landschaft eingraben, sie auf- und unterteilen. Segal und Weizman weisen neben weiteren israelischen Architekten, auf die politische Dimension der Architektur hin: „Planning and building in the West Bank is effectively executing a political agenda through spatial manipulations" (Segal/Weizman 2003: 24; Rotbard 2003: 40).

In diesem Zusammenhang ist auch das größte Bauprojekt in der Geschichte Israels zu sehen. Die Sperranlage, die seit 2002 von Israel mehr oder weniger entlang der Grünen Linie gebaut wird und teils als Mauer, teils als Zaun eine physische Absperrung zum Westjordanland darstellt, kann als weiterer Schritt in der Parzellierung und Aufteilung des Westjordanlandes gesehen werden. Durch die geplante komplette physische-materielle Abschließung[1], die scheinbar nur durch bestimmte Kontrollposten passiert werden kann, kommt es zu einer Raumaufteilung, welche die bisherige Organisation räumlicher Kontrolle und Überwachung erweitert und perfektioniert. War die Bewegungsfreiheit der palästinensischen Bevölkerung des Westjordanlandes bereits vor Beginn des Mauer-Zauns[2] durch Checkpoints, Restriktionen und erforderliche Genehmigungen eingeschränkt, ermöglicht der Mauer-Zaun mit seinen kontrollierten Durchgängen nun eine effektivere Kontrolle und Überwachung der Ein- und Ausreise.

> Israel's Wall has also made it much easier for Israel to impose a total closure over the oPt [occupied Palestinian territories] whenever it chooses, and with relative ease. During periods when a general closure is declared by the Israeli military, such as on Jewish holidays or periods of heightened 'security' alerts, all permits become invalid, and no Palestinian movement across the Wall is permitted (NAD 2009: 5).

Ausgehend von der offiziellen israelischen Sichtweise, ist der Mauer-Zaun eine temporäre und defensive Maßnahme zur Verhinderung weiterer terroristischer (Selbstmord-)Attentate auf israelischem Staatsgebiet. Die gefährdete Sicherheit soll durch den Aufbau von Barrieren und damit durch räumliche Ab- und Ausgrenzung wieder hergestellt werden. Es wird folglich der Versuch einer Verräumlichung von Unsicherheit unternommen. Der Mauer-Zaun wird durch die Ausgrenzung des „unsicheren Anderen" über territoriale Ordnungsprinzipen zur Reinigungspraktik (vgl. Zierhofer 2002: 210).

---

1 Die geplante Länge der Sperranlage beträgt über 700 km. Allerdings sind bislang nur knapp 57% davon fertiggestellt. Äußerst umstritten ist der Verlauf der Sperranlage. Da sich 86% davon östlich der international anerkannten Grünen Linie befindet, wird nach der Fertigstellung ca. 10% des Westjordanlandes zwischen Mauer-Zaun und Grüner Linie liegen (B'Tselem 2010). Diese Kontroverse lasse ich hier außen vor und wende mich in diesem Beitrag den kontrollierten Öffnungen an der Sperranlage zu.

2 94% der Sperranlage werden aus einem mehrgliedrigen Zaunsystem bestehen, 6% aus einer acht bis neun Meter hohen Betonmauer. Um auf beide baulichen Bestandteile hinzuweisen, spreche ich von „Mauer-Zaun". Diese typographische Bezeichnung hat auch die unterschiedlichen Bedeutungszuschreibungen sowie die zahlreichen Positionierungen unterschiedlicher Akteure im Blick. Der Mauer-Zaun ist in einen intensiven gesellschaftlichen Aushandlungsprozess eingebettet. Je nach Interesse und Perspektive wird die Anlage als Security Fence, Anti-Terrorist-Fence, Barrier, Wall, Separation Wall, Apartheid Wall bezeichnet. Die Benennung ist Teil der diskursiven Auseinandersetzung und Bestandteil der Konstruktion von Wirklichkeit.

An den kontrollierten Durchlasspunkten entlang des Mauer-Zauns wird die Gleichzeitigkeit von Verbinden und Trennen, von Öffnen und Schließen sichtbar. Es sind die Nadelöhre, die die sicheren von den unsicheren Räumen trennen sollen. An diesen Durchgängen werden die Kontroll- und Überwachungsmechanismen, denen die Bevölkerung des Westjordanlandes unterworfen ist, sichtbar. Ausgehend von dem Mauer-Zaun mit all seinen Paradoxien möchte ich mir dieses Phänomen der „kontrollierten Öffnungen" näher anschauen und untersuchen, wie physisch-materielle Raumstrukturen in Zusammenhang mit sozialen und technischen Praktiken zur räumlichen Kontrolle und Machtausübung beitragen. Als Beispiel dient mir hierzu der Kontrollposten Gilo 300 im Norden Bethlehems.

Ein-Blick 1: Arbeiten mit Foucault
Aufgrund mehrerer Aufenthalte im Westjordanland, einem zweimonatigen Praktikum bei einer Nichtregierungsorganisation in Bethlehem sowie einem für meine Diplomarbeit durchgeführten Forschungsaufenthalt setzte ich mich mit dem Mauer-Zaun auseinander. Bei meinen Ausflügen nach Jerusalem passierte ich dabei häufig den Grenzdurchgang Gilo 300. Was mich beim Anblick der Kontrollstation – diesem klar gegliederten Raum mit seinen Überwachungstürmen – an Foucault denken ließ, war das durch seine Ausführungen so bekannt gewordene Bild des Panoptikons. Auch das in „Überwachen und Strafen" herausgearbeitete Argument, dass es die Beziehung zwischen Diskursen, sozialen Praktiken sowie der räumlichen Anordnung ist, durch die Machteffekte ausgeübt werden (Foucault 2008 [1975]: 256ff), war für mich ein zentraler Ausgangspunkt für meine weiteren Überlegungen. Helfen Foucaults Begriffe und Einsichten das Phänomen der „kontrollierten Öffnung" zu verstehen? So diente mir Foucault als Einstieg, um mich mit Fragen des Verhältnisses von Raum und Macht näher auseinanderzusetzen. Seine Analysen boten mir Anstoß und Inspiration.

Im Folgenden möchte ich auf das Zusammenspiel von räumlicher Anordnung, sozialen und technischen Praktiken – die an der Kontrollstation zusammentreffen – eingehen und darstellen, wie dadurch Kontrolle und Macht über die palästinensische Bevölkerung des Westjordanlandes ausgeübt werden kann. Am Checkpoint Gilo 300 geschieht dies exemplarisch, so die These. Zunächst werde ich auf die baulichen Elemente, die räumliche Anordnung des Kontrollpunktes und seine einzelnen „Stationen" eingehen, in einem weiteren Schritt komme ich dann auf das Genehmigungssystem und soziotechnische Praktiken zu sprechen. Dabei lasse ich mich bei der analytischen Beschreibung von Foucaults Begrifflichkeiten leiten. In einem zweiten Teil diskutiere ich einige dieser Begrifflichkeiten und setze mich mit einer möglichen Erweiterung Foucaults durch die Akteur-Netzwerk-Theorie (ANT) auseinander. Abschließend gehe ich auf das Verhältnis von Raum und Macht ein.

Die Kontrollstation Gilo 300

Mit dem Bau des Mauer-Zauns wurde auch das Checkpointsystem[3] neu aufgeteilt und klassifiziert. Das vormals eher improvisierte System, in dem sich Regeln jederzeit ändern konnten, wurde im Spiegel-Plan 2004 in ein striktes Prozedere überführt (Keshet 2006; Weizman 2009: 164). Es ist nicht mehr der oder die Soldat_in, welche_r oft willkürlich entscheidet, vielmehr wurde der gesamte Prozess einem komplexen Regelwerk mit automatisierten Bestandteilen unterworfen. „If before, the checkpoint represented an uncertain and transient place, operated by the whims of ad hoc, low-level soldiers and policemen, it is now being transformed, so Israel's official claim goes, into a permanent physical construction, regulated by and operated through automated devices and professional officers" (Braverman 2010: 2). Nach dem Bericht von Baruch Spiegel, IDF-Abteilungsleiter in zivilen und humanitären Angelegenheiten, werden sich am Mauer-Zaun insgesamt zwölf „Abschließungs-Kontrollpunkte[4]", befinden, die die Bewegung zwischen dem palästinensischen Gebiet und der westlichen Seite des Mauer-Zauns regeln (Weizman 2009: 163). Mit Hilfe eines computerunterstützten Genehmigungsverfahrens werden die Grenzüberschreitungspraktiken institutionalisiert. Dies ermöglicht die Herstellung routinisierter und formalisierter Handlungsabläufe, die zu einer Stabilisierung von Machtverhältnissen führen. Braverman beschreibt diese Durchlasspunkte als „the central node of Israel's bureaucracy of occupation" (Braverman 2010: 9). Der Mauer-Zaun und seine Kontrollpunkte werden somit zur räumlichen Strategie der Machtausübung.

Einer der zwölf Abschließungs-Kontrollpunkte ist Gilo 300. Er befindet sich im Norden Bethlehems und ist der offizielle Durchgang entlang des Mauer-

3 Kontrollierte Öffnungen werden als „Machsom" (hebr.: Hindernis, Barriere, Block, Barrikade, Maulkorb, Knebel, Kontrollposten (Keshet 2006: 65)) bezeichnet. Im arabischen Alltagssprachgebrauch wird oft das hebräische Wort verwendet. Braverman macht auf einen Wandel in der Wortwahl aufmerksam: „Instead of what it formerly identified as 'checkpoints', the Israeli vocabulary now emphasizes the terms 'border crossings', and yet more recently, 'international terminals'" (Braverman 2010: 2).

4 Neben den „Abschließungs-Kontrollpunkten" weist Spiegel auch „Einschließungs-Kontrollpunkte" aus. Diese befinden sich innerhalb des Westjordanlandes, ihre Anzahl soll verringert werden (vgl. Weizman 2009: 163).

Zauns, der die Region um Bethlehem mit Jerusalem verbindet. Er wurde am 15. November 2005 durch die israelischen Behörden eröffnet. Der Zugang zum Terminal ist für Palästinenser_innen nur möglich, wenn sie im Besitz einer israelischen Erlaubnis sind oder eine Jerusalemer Identitätskarte besitzen. Diese Kontrollstation ist neben der Road 60 der einzige Zugang zu Jerusalem, der für Palästinenser jedoch nur eingeschränkt nutzbar ist (ARIJ 2006).

Der Grenzdurchgang Gilo 300 besitzt insgesamt drei Kontrollstationen und erreicht damit bei voller Besetzung eine Kapazität von 1500 Menschen pro Stunde (Kershner 2005: 146). Meist sind aber nicht alle Kontrollstationen geöffnet, so dass es in den Stoßzeiten zu einem großen Gedränge und langen Wartezeiten kommt. Laut einer Studie von UNWRA betrug die durchschnittliche Wartezeit an den Grenzdurchgängen des Mauer-Zauns im Januar und Februar 2009 eine Stunde und zehn Minuten, mit einer zeitlichen Varianz von 22 Minuten bis zu drei Stunden. Jeden Tag passieren durchschnittlich 600 palästinensische Arbeiter_innen aus der Region um Bethlehem den Checkpoint Gilo 300 (OCHA 2009: 7). Der folgende Grundriss veranschaulicht die einzelnen baulichen Strukturen der Kontrollstation Gilo 300.

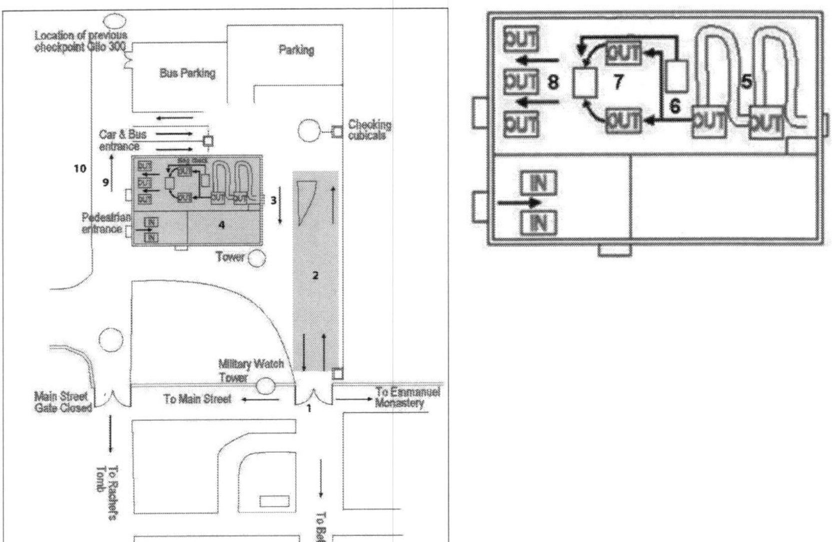

Abbildung 1: Grundriss von Gilo 300 und Ausschnitt
Quelle: http://www.poica.org/editor/case_studies/Bethlehem%20Entrance_2.jpg mit freundlicher Genehmigung von ARIJ.

1. Etablierung eines neuen „Verkehrsknotenpunktes“: Taxi-Sammelstelle mit Verkaufsständen (Schattenökonomie),
2. Abgetrennter Gang, Metallgitter,
3. Drehkreuz, Metalldetektor, erste Ausweiskontrolle,
4. Inneres des Gebäudes,
5. Abgetrennte Gänge zum Warten,
6. Drehkreuz, Kontrolllampe,
7. Durchleuchtung der Taschen und des Körpers, Metalldetektor. Daneben steht ein abgedunkeltes Kontrollhäuschen: man sieht die Sicherheitsleute nicht, hört nur über Lautsprecher verzerrte Befehle in abgehacktem Arabisch,
8. Schranke, weiteres Kontrollhäuschen, Lesegerät für Magnetkarte, Hand scannen, Überprüfung der Genehmigung und Identitätskarte
9. Gang zur „anderen“ Seite
10. Bushaltestelle in die Jerusalemer Altstadt.

In „Überwachen und Strafen“ (1967) analysiert Foucault für Fabriken, Häfen usw. die „Kunst der Verteilungen“, mit der die Kontrolle und Überwachung von Individuen zusammenhängt. Dabei nimmt er explizit auf die räumliche Anordnung Bezug: „Die Disziplin macht sich zunächst an die Verteilung der Individuen im Raum“ (Foucault 1994: 181). Zu diesen Techniken gehören die Klausur (bauliche Abschließung), die Parzellierung (elementare Lokalisierung), die Zuweisung von Funktionsstellen und die Einordnung in Ränge (Foucault 1994: 183ff). Vieles davon spiegelt sich im Grundriss des Checkpoints wider. Die architektonischen Bestandteile an dem Kontrollposten untergliedern den Weg der Passierenden in unterschiedliche Stationen (s. Abb. 1). Diese führen in Zusammenspiel mit weiteren sozio-technischen Praktiken zu einer umfassenden Kontrolle der Körper und Identität der Grenzüberschreitenden.

Bauliche Strukturen, Körper- und Identitätskontrolle

Durch die architektonische Anordnung gelingt es, die Menschen aufzuteilen und zu isolieren, es findet eine Aufteilung und Separierung der einzelnen Körper statt. Die wartende Masse wird durch lange Gänge in Position gebracht (s. Abb. 1, Station 2, 5): sie wird aufgereiht, vereinzelt und ist damit auch leichter kontrollier- und im Notfall bekämpfbar. Dies geschieht durch die bauliche Struktur: Das Gebäude selbst ist rein funktional erbaut und leicht durch verschiebbare Wände in kleine Parzellen aufteilbar. So können innerhalb eines kurzen Zeitraumes abschließbare und abgrenzbare Raumeinheiten gebildet werden, die die Menschen isolieren. Wichtigstes bauliches Merkmal sind neben den verschiebbaren Wänden die Drehkreuze, die Weizman als das „Herzstück" des neuen Designs des Checkpoints-Systems bezeichnet (Weizman 2009: 165). Auch durch sie wird die Menschenmenge separiert und auf Abstand gehalten. „Die Soldaten regeln den Takt der Übertritte, indem sie die Bewegung der Drehkreuze elektronisch steuern. Auf Knopfdruck wird jeweils nur eine Person durchgelassen" (Weizman 2009: 164). Dabei weichen die an den Checkpoints verwendeten Drehkreuze von der gängigen Norm üblicher Drehkreuze ab: Während der Radius von Drehkreuzen in Schwimmbädern oder Bahnhöfen 75-90 Zentimeter beträgt, sind es am Checkpoint nur 55 Zentimeter: „Das hat zur Folge, dass sich die Drehkreuze eng an die Körper der Passierenden drücken und somit sicherstellen, dass sich unter deren Bekleidung nichts verbirgt" (Weizman 2009: 165).

Die beschriebenen physisch-materiellen Raumstrukturen leiten die Wartenden zu unterschiedlichen Kontrollpunkten. Zunächst wird der Ausweis mit der jeweiligen Person abgeglichen (s. Abb. 1, Station 3), dann erfolgt die Körperkontrolle und Kontrolle des Mitgebrachten (Station 7), schließlich die Überprüfung der Genehmigung sowie der Identität mittels einer Magnetkarte und eines Handabdrucks (Station 8). Die Identitätskontrolle steigert sich von Station zu Station und differenziert sich immer mehr aus: Zuerst erfolgt nur ein kurzer Abgleich des Ausweises mit der jeweiligen Person, dann die „Durchleuchtung" des Körpers und der Taschen und schließlich die biometrische Durchleuchtung: auf dem nichtsichtbaren Bildschirm geht ein Fenster auf, in dem die Daten visualisiert werden, die die Person ausmachen: eine Anzahl verschiedener Kriterien, welche die Person in „sicher" oder „unsicher" einstufen. Der Körper der Passierenden wird zum markierten, zum politisch besetzten Körper (vgl. Foucault 1994: 37).

Ein-Blick 2: Arbeiten mit Foucault

Dem Kontrollprozedere am Durchgang Gilo 300 geht jedoch ein anderer Prozess im Macht-Wissenskomplex voraus: die Einordnung und Klassifizierung der Individuen anhand verschiedener Kriterien. Der Filterungsprozess beginnt somit nicht am Checkpoint, sondern bei der Vergabe von Genehmigungen und noch früher beim Sammeln von „sicherheitsrelevanten" Informationen über die Bevölkerung. Zur Kontrollstation kommen nur diejenigen Personen, die bereits eine Genehmigung erhalten haben. Damit dort die Identitätskontrolle funktioniert, ist es erforderlich, dass der Checkpoint in ein verzweigtes Netz von weiteren Praktiken eingebunden ist. Am Checkpoint selbst bündeln sich viele der Prozesse, hier materialisieren sie sich und werden sichtbar. Die Kontrollstation kann somit als Kristallisation von Machtverhältnissen verstanden werden oder als Bestandteil eines Sicherheitsdispositivs im

Sinne Foucaults: „Das, was ich mit diesem Begriff zu bestimmen versuche, ist erstens eine entschieden heterogene Gesamtheit, bestehend aus Diskursen, Institutionen, architektonischen Einrichtungen, reglementierenden Entscheidungen, Gesetzten, administrativen Maßnahmen, wissenschaftlichen Aussagen, philosophischen, moralischen und philanthropischen Lehrsätzen, kurz, Gesagtes ebenso wie Ungesagtes, das sind die Elemente des Dispositivs. Das Dispositiv selbst ist das Netz, das man zwischen diesen Elementen herstellen kann" (Foucault: Dits et Ecrits Bd III 392f, zit. in Agamben 2008: 8). Es ist ein Netzwerk aus unterschiedlichen Elementen, das eine konkrete strategische Funktion und eine Intersektion von Macht- und Wissensbeziehungen beinhaltet (Agamben 2008: 8f).

Von Genehmigungen und Magnetkarten

Die Vergabe der Genehmigungen erfolgt nicht an der Kontrollstation, sondern wird vom israelischen Verbindungs- und Distriktkoordinationsbüro der Ziviladministration, einem untergeordneten Organ der IDF (Israeli Defense Forces), geleitet. Es wurde 1981 eingeführt, um die palästinensische Bevölkerung zu verwalten (Weizman 2009: 155; Keshet 2006: 48). Die Genehmigungen gelten nur für einen begrenzten Zeitraum und sind an bestimmte Kriterien gebunden. Die Vergabe von Arbeitsgenehmigungen, die es der palästinensischen Bevölkerung ermöglicht, legal in Israel zu arbeiten, hängt von dem Alter und Familienstand ab (OCHA 2009: 7). Zudem dürfen gegen den oder die Antragsteller_in keine sicherheitspolitischen Bedenken vorliegen. Wenn ein Familienangehöriger aufgrund sicherheitspolitischer Zwischenfälle registriert wurde, kann dies bedeuten, dass innerhalb der gesamten Familie keine Genehmigungen mehr ausgestellt werden.

> Die hypothetische Annahme, eine Person könnte eine terroristische Tat begehen, genügt für die Ablehnung. Sicherheitsvergehen reichen von illegaler Einreise nach Israel oder Verbindungen mit Organisationen wie Hamas [...] über verwandtschaftliche Beziehungen zu einem terrorverdächtigen Widerstandskämpfer bis hin zur tatsächlichen Planung oder Ausführung von Terrorangriffen (Keshet 2006: 229).

Die Vergabe von Genehmigungen ist ein weiteres Instrument zur Klassifizierung und Aufteilung von Individuen anhand bestimmter Kriterien. Die Genehmigungen sind zudem ein Mittel, die räumliche Bewegung einzelner Personen zu steuern. So kann nicht nur entschieden werden, wer eine Genehmigung bekommt und wer nicht, auch die Anzahl der ausgegebenen Genehmigungen kann je nach wirtschaftlichen und politischen Hintergründen variiert werden. Zudem beschränken die Genehmigungen die zeitliche Dauer des Grenzübertrittes und legen die Funktion fest. Arbeitsgenehmigungen gelten beispielsweise nur von fünf

Uhr morgens bis 19 Uhr abends, die Ein- und Ausreise ist nur an einem Checkpoint möglich. Erst durch die materielle Abschließung des Westjordanlandes und das Schaffen kontrollierter und fixierter Öffnungen an den Checkpoints, kann das Genehmigungssystem wirkmächtig umgesetzt werden.

Voraussetzung für den Antrag einer Genehmigung ist allerdings eine Magnetkarte. Während das Drehkreuz und die abschließbaren Kammern der Hauptbestandteil der architektonischen Elemente des Kontrollsystems sind, steht die Magnetkarte im Mittelpunkt der Kontrolle über die Körper, sie spiegelt die Technifizierung von Sicherheits- und Überwachungsmechanismen wider und wirft die Frage nach der Rolle von technischen Artefakten und digitalen Datenbanken in heterogenen Machtnetzwerken auf. Die Magnetarten gibt es seit 1989 als zusätzliche Identifikationskarte, seit 2005 wurde sie zur „smart card" und beinhaltet seitdem biometrische Daten wie Hand- und Fingerabdruck sowie Gesichtsmerkmale, etwa die Distanz zwischen Nase und Mund (Hass 2007; 2009; Braverman 2010). Galten die Magnetkarten, die neben der „normalen" Identitätskarte existieren, ursprünglich als Beweis, dass bei den israelischen Behörden keine sicherheitsrelevanten Bedenken gegen den/die Träger_in vorlagen und diese_r somit eine Genehmigung für Israel beantragen konnte, wandelte sich laut Hass seit Juni 2008 diese Funktion zunehmend „in a tool for collecting information" (Hass 2009). Zudem spielen sie mittlerweile in dem Kontrollsystem der kontrollierten Öffnungen eine wichtige Rolle: Im Mai 2009 wurde ein neues Computersystem an den Durchgängen des Mauer-Zauns eingeführt (Stop the Wall 2009). Seitdem müssen die palästinensischen Bewohner_innen des Westjordanlandes – die den Checkpoint überqueren wollen – nicht nur ihren Identitätsausweis und die Genehmigung, sondern auch die Magnetkarte vorlegen. Dieser Vorgang entspricht einem vor allem nach 9/11 vorherrschenden Trend der *border securitization*, einer Rekonfiguration der Grenze durch Sicherheits- und Überwachungsmechanismen (Amoore 2006; Amoore/Marmura/Salter 2008). So ist es nicht mehr ausreichend, eine Person visuell und mit Hilfe ihres Personalausweises zu kontrollieren. Es ist die Karte und deren gespeicherte Information, durch die Identitäten her- und festgestellt werden und durch die die Grenzüberschreitenden in sicher und unsicher unterteilt werden.

An der letzten Kontrollstation (s. Abb. 1, Station 8) verdichtet und bündelt sich das komplexe Netzwerk, wobei dem Computer eine zentrale Position zukommt: „Um durch den Checkpoint zu kommen, muss ich die Karte aufs Gerät legen, ebenso meine Hand, dann kommt mein Computerfile auf den Bildschirm" (Palästinenser aus Bethlehem, Juni 2009). Die darin enthaltene Information ist dem/der Antragsteller_in allerdings nicht zugänglich, sichtbar ist sie nur für den Soldaten oder die Soldatin, der/die in dem Kontrollhäuschen sitzt. Damit ergibt sich ein scheinbar panoptischer Bezug. Was Foucault im Hinblick auf den Häftling schrieb, scheint auch auf den Grenzüberschreitenden zuzutreffen: „Er wird gesehen, ohne selber zu sehen; er ist Objekt einer Information, niemals Subjekt in einer Kommunikation" (Foucault 2008 [1975]: 257).

Durch die mit dem Mauer-Zaun in Verbindung stehenden Überwachungs- und Grenzpraktiken wird eine kontinuierliche Registrierung der räumlichen Bewegung der palästinensischen Bevölkerung des Westjordanlandes erreicht. Das neue System erhöht die Übersichtlichkeit und Genauigkeit. Mit der computergestützten Verwaltung von Daten und der räumlichen Ein-/Ausschließung lässt sich die An- und Abwesenheit einzelner Individuen exakt feststellen und deren Bewegungsströme regeln.

Ein-Blick 3: Arbeiten mit Foucault
Doch kann man in diesem Zusammenhang tatsächlich von Panoptizismus sprechen? Foucault als „foundational thinker" der surveillance studies (Wood 2003: 235) bot mir einen geeigneten Ausgangspunkt, um mich mit der Frage nach dem Verhältnis von Macht und Raum in Zusammenhang mit dem Mauer-Zaun und seinen kontrollierten Öffnungen auseinanderzusetzen. Seine Begriffe sind zunächst hilfreich für eine analytische Beschreibung der dort ablaufenden Prozesse. Doch spiegeln sie diese tatsächlich angemessen wider? Im Folgenden möchte ich dies am Beispiel des Konzepts des Panoptizismus und der Subjektivierung kritisch hinterfragen.

Panoptizismus und Subjektivierung

Ob auch elektronische Überwachung als Panoptizismus bezeichnet werden kann, ist in den *Surveillance Studies* umstritten: Während Poster Datenbanken als „electronic superpanopticon" bezeichnet, mit deren Hilfe elektronische „Subjekte" kreiert werden, wendet sich Wood gegen diese Auffassung:

> „If Foucault had continued his genealogical historical account into the twentieth century, it seems unlikely he would have described databases as superpantopic, rather he would have treated the 'database' as a particular political technology, a diagram, a mode of ordering, of its own space/time of power/knowledge" (Wood 2007: 253).

Auch wenn Foucault sich nicht mit dem Einfluss von digitalen Technologien auf die Machtausübung beschäftigt hat, hält er fest, dass das Panoptikum „als ein verallgemeinerungsfähiges Funktionsmodell zu verstehen [ist], das die Beziehungen der Macht zum Alltagsleben der Menschen definiert" (Foucault 2008 [1975]:

263). Dennoch weisen Wood und andere (Vaz/Bruno 2003; Lianos 2003) darauf hin, dass aufgrund der soziotechnologischen Entwicklungen der Panoptizismus nicht mehr die einzige theoretische Ausgangsbasis sein könne, und bezweifeln, ob Modelle wie das Panoptikon hilfreich sind, um heutige Überwachungsprozesse verstehen zu können. Zudem weisen sie auf den historischen Hintergrund des Panoptikons hin, der nicht ohne weiteres auf neue Überwachungstechniken übertragen werden kann (für einen umfassenden Literaturüberblick s. Wood 2003 sowie *Society & Surveillance* 2003 1(3)). Auch wenn das Panoptikon als „Leitmotiv" in den *Surveillance Studies* zunehmend kritisiert wird (vgl. Lianos 2003: 256), dient es vielen Autoren als Metapher, auch im Zusammenhang mit Israel/Palästina. So spricht Braverman beispielsweise vom „panoptic gaze" der israelischen Soldaten (Braverman 2010: 16). Wood warnt jedoch vor einem zu inflationären Gebrauch des Wortes: „The Panopticon remains a useful figure, however every new technology is not the Panopticon recreated, nor does panopticism describe every situation" (Wood 2007: 257).

Dispositive schließen – so Foucault – Subjektivierungsprozesse ein. „For Foucault the Panopticon represented a key spatial figure in the modern project and also a key dispositif in the creation of modern subjectivity, in other words in the remaking of people (and society) in the image of modernity" (Wood 2003: 235). Sind die kontrollierten Öffnungen demnach ein Sicherheitsdispositiv, das Subjekte konstituiert, um diese „zu lenken, zu bestimmen, zu hemmen, zu formen, zu kontrollieren und zu sichern" (Agamben 2008: 26)? Werden durch diese „Mikrophysik der Macht" „gelehrige, fügsame" Körper hergestellt? Handelt sich bei all den beschriebenen Praktiken tatsächlich um Subjektivierungsprozesse im Sinne Foucaults? Agamben macht uns darauf aufmerksam, dass im momentanen Zeitalter Dispositive weniger die Produktion von Subjekten erzeugen, sondern vielmehr Desubjektivierungsprozesse auslösen:

> [W]as wir jedoch jetzt beobachten können, ist, dass Subjektivierungsprozesse und Desubjektivierungsprozesse wechselseitig indifferent werden und nicht mehr auf die Wiederzusammensetzung eines neuen Subjekts hinauslaufen, es sei denn in verhüllter, gleichsam gespenstischer Form (Agamben 2008: 36f).

Aus dieser Perspektive wird durch die Magnetkarte keine neue Subjektivität, sondern lediglich eine Nummer erlangt, „mittels derer man gegebenenfalls kontrolliert wird" (Agamben 2008: 37). Dabei erzeugt der Desubjektivierungsprozess Hybride: „Träger von Karten", die nur in Anwesenheit der Magnetkarte als gut/sicher, als human eingestuft werden. Und tatsächlich gilt dies längst nicht nur an der Kontrollstation oder beim Beantragen einer Genehmigung. Die Magnetkarte wird auch im Alltag schleichend zum ständigen Begleiter der Palästinenser. So beschreibt Hass (2009) die inoffizielle Ausweitung des Gebrauchs: zunehmend wird die Karte auch innerhalb des Westjordanlandes kontrolliert. Die Magnetkarte wird zum ständigen Begleiter, der zur einer Objektivierung führt „... the new technology of smart cards facilitates both an objectification of the Palestinian and a translation of his or her human wholeness into fragmented bodily data" (Braverman 2010: 23; vgl. Amoore 2006). Die Magnetkarte wird zum nicht-menschlichen Aktanten im heterogenen Netzwerk um den Mauer-Zaun.

Ein-Blick 4: Arbeiten mit Foucault
Im Interview mit Hérodote teilt Foucault den ihn interviewenden Geographen mit: „if you find the need to transform my tools or use others then show what they are, because it may be of benefit to me" (zit. in Elden/Crampton 2007: 13). Im folgenden Unterkapitel werde ich auf die ANT als mögliche Erweiterung Foucaults eingehen. Alternative Erklärungsansätze, die über Foucault hinausgehen, fasst Wood in zwei Stränge zusammen: Auf der einen Seite bieten Deleuze und Guattari mit ihren Rhizomen, Netzwerken und assemblages für zahlreiche Studien eine Ausgangsbasis. (Wood: 2007: 255). Auf der anderen Seite stehen Ansätze, die eine ANT-Perspektive einnehmen und für die Wood plädiert: „Actor-Network Theory (ANT) (Latour 2005) is the only comprehensive attempt to develop a post-Foucauldian understanding of power, arguing that society is always what results from the complex interactions between human, inhuman and nonhuman (actor-networks or collectives) rather than being a given thing or a pre-condition, or indeed exclusively 'human'" (Wood 2007: 256).

Beyond Foucault?

Die Akteur-Netzwerk-Theorie geht von der Annahme aus, dass die Welt aus heterogenen Elementen besteht und verwirft dabei jegliche a priori-Unterscheidung zwischen Natürlichem und Sozialem (Callon 2006: 143). Folglich spielen nicht-menschliche Aktanten eine wichtige Rolle. Auch Foucault weist in seinen Schriften – beispielsweise bei der Definition eines Dispositivs – auf die Wichtigkeit von heterogenen Elementen hin. Die ANT geht hier einen Schritt weiter und verleiht auch nicht-menschlichen Aktanten *Agency*. Folglich sind die sozio-technischen Arrangements der ANT eine Erweiterung des foucaultschen Dispositivs, bei dem nicht-menschliche Aktanten entsprechend gewürdigt werden.

Auch im heterogenen Netzwerk der Grenzstation nehmen wie oben beschrieben nicht-menschliche Aktanten (wie Magnetkarte, Computer, Lesegeräte) eine entscheidende Position bei der Überwachung der räumlichen Bewegung der Palästinenser_innen ein. Der foucaultsche Macht-Wissens-Komplex wird dabei um Technik und Digitalisierung erweitert. Die materiell-technischen Bedingungen sind für die Kontrolle und Überwachung räumlicher Bewegungsströme der palästinensischen Bevölkerung unverzichtbar. Braverman nimmt in ihrem Paper eine ANT-Perspektive ein und versucht die heterogenen Netzwerke, das soziotechnische Arrangement am Kontrollposten in den Blick bekommen:

> Although nonhuman actants (Latour 1987) are perceived as stripped form agency and thus as passive and technical, they are in fact a crucial component of the complex identification networks operative in border bureaucracies. Despite being (or precisely because they are) nonhuman, computers, plastic cards, and paper forms are what makes the material connections between the Israeli registries and the Palestinian subjects (Braverman 2010: 23).

Wenn nicht-menschlichen Aktanten im heterogenen Netzwerk des Grenzdurchgangs eine entscheidende Funktion zukommt, müssen sie folglich auch bei einer Analyse von Machtverhältnissen berücksichtigt werden. Genau darum geht es auch der ANT: Als eine „Soziologie der Übersetzung" möchte sie einen neuen Ansatz zur Analyse von Machtverhältnissen entwickeln (Callon 2006: 135) und aufzeigen, dass dies nur erreicht werden kann, „wenn das Nicht-Menschliche in das soziale Gewebe eingebunden wird" (Latour 2006b: 370). Dabei beziehen sich ANTler auf eine foucaultsche Konzeptualisierung von Macht (Callon 2006: 170; Law 2006: 438; vgl. Fox 2000), was in folgendem Zitat besonders deutlich wird: „Die einzige Möglichkeit zu verstehen, wie Macht lokal ausgeübt wird, ist folglich, alles das in Erwägung zu ziehen, was beiseitegelegt worden ist – im Wesentlichen sind dies die Techniken" (Latour 2006a: 209f). In einer Fußnote verweist Latour dabei auf Foucault: „Dies ist das gleiche Resultat wie jenes von Foucault (1977), als er die Vorstellung von Macht, die von Mächtigen gehalten wird, zugunsten von Mikromächten auflöste, die durch die vielen Techniken zur Disziplinierung und zum In-der-Reihe-Halten verteilt wurden. Es ist einfach eine Erweiterung von Foucaults Idee hin zu den vielen Techniken, die in Maschinen und den harten Wissenschaften eingesetzt werden" (Latour 2006a: 210). Aufgabe eines auf der ANT basierenden Ansatzes müsste es folglich sein, das heterogene Netzwerk, in welches der Mauer-Zaun und seine kontrollierten Öffnungen eingewoben sind, sichtbar zu machen, um die „vielen Techniken zur Disziplinierung" analysieren zu können.

Ein-Blick 5: Arbeiten mit Foucault
Doch zurück zum Raum: Welche Rolle spielt der Raum innerhalb des Dispositivs, innerhalb des heterogenen Netzwerkes? Wie lässt sich das Verhältnis zwischen Raum und Macht konzeptualisieren? Verena Schreiber differenziert zwei Raumangebote

aus Foucaults Werken: Zunächst die „Ökonomie praktischer Ortsgebundenheit", mittels derer territoriale Verfügungsgewalt hergestellt werden kann. Sowie einen relational-abstrakten Raumbegriff „[...] im Sinne von Räumlichkeit als Strukturdarstellung von Ordnungen der Ein- und Ausschließung in der Verbindung diskursiver und nicht-diskursiver Praktiken" (Schreiber 2009: 200). Beide „Raumangebote" lassen sich zur Ausübung von Macht nutzen, indem sie in das Dispositiv bzw. das sozio-technische Arrangement eingespannt und zu dessen Bestandteil werden. So auch bei der Kontrollstation. Die Ortsgebundenheit bestimmter Bevölkerungsgruppen sowie die Bedeutungskonstitution von Räumen hängen eng mit Machtverhältnissen zusammen bzw. können dafür genutzt werden.

Zum Verhältnis von Macht und Raum an der Kontrollstation: Die Unabschließbarkeit von „Raum"

Der Raum wird innerhalb des heterogenen Netzwerkes durch räumliche Fixierungspunkte zum Verbündeten. Mittels des Mauer-Zauns und seinen kontrollierten Öffnungen wird Raum gegliedert und aufgeteilt. Dies sorgt für eine Stabilisierung des Netzwerkes. Hier werden Grenzen hergestellt und materialisiert, sie werden als machvoller Effekt des weitläufigen Netzwerkes sichtbar. Dadurch können Individuen im Raum verteilt werden, das System der Ein- und Ausreise wird besser kontrollier- und steuerbar, die räumliche Aufteilung und Anordnung ermöglicht Überwachungsmechanismen. Und dennoch: trotz der strengsten und feinstgliedrigen Kontrolle bleibt der Raum ein hybrides Drittes, welches sowohl offen als auch zu ist. Die beschriebenen heterogenen Netzwerke halten sich nicht an die Grenzziehung des Mauer-Zauns, viel eher durchziehen sie die gesamte Gesellschaft auf beiden Seiten des Mauer-Zauns. Damit weisen sie auf die Unmöglichkeit einer vollständigen Trennung hin. Ganz zu schweigen von den (noch) zahlreichen offenen Stellen des Mauer-Zauns, die sich im Bau befinden oder die bislang nur auf Plänen existieren. So kommen zahlreiche unkontrollierte Öffnungen zustande und mit ihnen ergibt sich die Möglichkeit der „illegalen" Grenzüberschreitung. Diese stellen den Mauer-Zaun mit seinen kontrollierten Öffnungen permanent in Frage und zeigen den brüchigen und porösen Charakter der Konstruktion auf. Zudem soll der Mauer-Zaun für manche Bevölkerungsgruppen möglichst offen bleiben:

> [...] Israel's Separation Barrier is also apparently constructed to block only movement in one direction: from the occupied territories into Israel and only by those who are perceived as threating Israel's national enterprise. The movement of Jewish Israelis, especially settlers, is to remain easy and swift" (Braverman 2010: 6).

Mit dem Dispositiv/dem soziotechnischen Arrangement soll die prinzipielle Unabschließbarkeit jeglicher Differenzierung und die Kontingenz von Grenzziehungen unsichtbar gemacht werden. Das Sicherheitsdispositiv hat die strategisch dominante Funktion das eine vom anderen zu trennen, abzusondern und zu spalten. Es soll die Gleichzeitigkeit von Verbinden und Trennen verschleiern. Dies gelingt zum einen durch die oben beschriebene Einbindung des Raumes, durch das Errichten räumlicher Fixpunkte und Grenzmarkierungen. Die physisch-materiellen Raumstrukturen verfehlen ihre (Macht-)Wirkung nicht. Um eine faktische Ortsgebundenheit von Individuen zu erlangen, bedarf es zum anderen jedoch des „social orderings", der Klassifizierung und Einteilung der Bevölkerung anhand bestimmter Kriterien. Auch hierbei ist ein Bestandteil des heterogenen Netzwerkes dienlich: Durch die Magnetkarte werden Grenzen vervielfältigt, sie werden internalisiert und damit auch transportabel: „The prolonged state of liminality eventually extends to such a degree that the Palestinian comes to embody it and to take it with him or her wherever and whenever they go" (Braverman 2010: 11). Dies führt zu einer Ausweitung der Grenze oder wie Gregory es ausdrückt zu einer „[...] twilight zone, caught in a frenzied cartography of mobile frontiers rather than fixed boundaries" (Gregory 2005: 131).

Die physisch-materielle Raumstruktur des Mauer-Zauns mit den kontrollierten Öffnungen schafft somit keinen klar abgrenzbaren Raum mit der „einen" und der „anderen" Seite, vielmehr entsteht ein Netz bestehend aus einzelnen Inseln, die nur in Zusammenhang mit dem „ordering of individuals" wirkmächtig wird. Erst durch das Zusammenspiel architektonischer Bestandteile und weiteren sozialen und technischen Praktiken werden „sichere" Räume geschaffen, in denen sich die einen grenzenlos bewegen können, und andere in abgeschnittenen, isolierten Gebieten verortet werden. Es entsteht ein Raum, der sich zusammenzieht und gleichermaßen ausdehnt, der abgeriegelt und dennoch auch durchlässig ist, ein Raum, der sowohl den Ein- als auch den Ausschluss ermöglicht.

Literatur

Agamben, Giorgio (2008): Was ist ein Dispositiv? Zürich.

Amoore, Louise (2006): Biometric borders: Governing mobilities in the war on terror. In: Political Geography, 25, S. 336-351.

Amoore, Louise; Marmura, Stephen; Salter, Mark (2008): Editorial: Smart Borders and Mobilities: Spaces, Zones, Enclosures. In: Surveillance & Society, 5(2), S. 96-101.

ARIJ (2006): Die israelischen Besatzungskräfte schließen den Gilo 300 Terminal. Die Gefangenschaft der Bewohner Bethlehems. http://www.poica.org/editor/case_studies/view.php?recordID=766. (12.05.2009).

Braverman, Irus (2010): Civilized Borders: A Study of Israel's New Crossing Administration. In: Antipode, S. 1-32.

B'Tselem 2010: http://www.btselem.org/english/Separation_Barrier/Statistics.asp (22.05.2010).

Callon, Michel (2006): Einige Elemente einer Soziologie der Übersetzung: Die Domestikation der Kammmuscheln und der Fischer der St. Brieuc-Bucht. In: Belliger, Andréa; Krieger, David J. (Hg.): ANThology. Ein einführendes Handbuch zur Akteur-Netzwerk-Theorie. Bielefeld. S. 135-174.

Elden, Stuart; Crampton, Jeremy W. (2007): Space, Knowledge and Power: Foucault and Geography. In: Crampton, Jeremy W.; Elden, Stuart; Foucault, Michel (Hg.): Space, knowledge and power. Foucault and geography. Aldershot. S. 1-16.

Foucault, Michel (2008[1975]): Überwachen und Strafen. Die Geburt des Gefängnisses. Frankfurt am Main.

Fox, Stephen (2000): Communites of Practice, Foucault and Actor-Netzwork Theory. In: Journal of Management Studies, 37(6), S. 853-868.

Hass, Amira (2007): The yearnings for a magnetic card. The Israeli government decided already in 2005 that from 2008 the Palestinians would no longer be allowed to work in Israel. In: Haaretz. http://www.haaretz.com/print-edition/opinion/the-yearnings-for-a-magnetic-card-1.220115. (16.07.2010).

– (2009): Institutionalized voyeurism. In: Haaretz: http://www.haaretz.com/print-edition/opinion/institutionalized-voyeurism-1.3467 (16.07.2010).

Gregory, Derek (2005): Splintering Palestine. In: van Houtum, Henk; Kramsch, Olivier Thomas; Zierhofer, Wolfgang (Hg.): B/ordering space. Aldershot. S. 123-137.

Huxley, Margo (2007): Geographies of Governmentality. In: Crampton, Jeremy W.; Elden, Stuart; Foucault, Michel (Hg.): Space, knowledge and power. Foucault and geography. Aldershot. S. 185-204.

Kershner, Isabel (2005): Barrier. The seam of the Israeli-Palestinian conflict. 1. publ. New York [u.a.]: Palgrave Macmillan.

Keshet, Yehudit Kirstein (2007): Checkpoint Watch. Zeugnisse israelischer Frauen aus dem besetzten Palästina. Hamburg.

Latour, Bruno (2006a): Die Macht der Assoziation. In: Belliger, Andréa; Krieger, David J. (Hg.): ANThology. Ein einführendes Handbuch zur Akteur-Netzwerk-Theorie. Bielefeld. S. 195-212.

– (2006b): Technik ist stabilisierte Gesellschaft. In: Belliger, Andréa; Krieger, David J. (Hg.): ANThology. Ein einführendes Handbuch zur Akteur-Netzwerk-Theorie. Bielefeld. S. 369-397.

Law, John (2006): Notizen zur Akteur-Netzwerk-Theorie: Ordnung, Strategie und Heterogenität. In: Belliger, Andréa; Krieger, David J. (Hg.): ANThology. Ein einführendes Handbuch zur Akteur-Netzwerk-Theorie. Bielefeld. S. 429-446

Lianos, Michalis (2003): Social Control after Foucault. In: Surveillance & Society, 1(3), S. 412-430.

Negotiation Affairs Department (NAD) (2009): Barrier to Peace: The Impact of Israel's Wall Five Years after the ICJ Ruling. http://www.nad-plo.org/userfiles/file/fact%20sheet/FINAL%2520Anniversary%2520of%2520ICJ%2520ruling%2520on%2520the%2520Wall%2520FINAL%25209June09.pdf (12.08.2009).

OCHA (2009): Shrinking Space. Urban Contraction and Rural Fragmentation in the Bethlehem Governorate. Special Focus. http://www.ochaopt.org/documents/ocha_opt_bethlehem_shrinking_space_may_2009_english.pdf. (12.08.2009).

Rotbard; Sharon (2003): Wall and Tower (Homa Umigdal). The mold of Israeli architecture. In: Segal, Rafi; Weizman, Eyal (Hg.): A civilian occupation. The politics of Israeli architecture. London. S. 39-56.

Schreiber, Verena (2009): Raumangebote bei Foucault. In: Glasze, Georg; Mattissek, Annika (Hg.): Handbuch Diskurs und Raum. Theorien und Methoden für die Humangeographie sowie die sozial- und kulturwissenschaftliche Raumforschung. Bielefeld. S. 199-212.

Segal, Rafi; Weizman, Eyal (2003): Introduction. In: Segal, Rafi; Weizman, Eyal (Hg.): A civilian occupation. The politics of Israeli architecture. London. S. 19-26.

Stop the Wall (2009): Checkpoints along the Wall to be computerized. http://stopthewall.org/latestnews/1931.shtml. (12.05.2009).

Vaz, Paulo; Bruno, Fernanda (2003): Types of Self-Surveillance: from abnormality to individuals 'at risk'. In: Surveillance & Society, 1(3), S. 272-291.

Weizman, Eyal (2009): Sperrzonen. Israels Architektur der Besatzung. Hamburg.

Wood, David Murakami (2003): Editorial. Foucault and Panopticism Revisited. In: Surveillance & Society, 1(3), S. 234-239.

– (2007): Beyond the Panopticon? Foucault and Surveillance Studies. In: Crampton, Jeremy W. (Hg.): Space, knowledge and power. Foucault and geography. Aldershot. S. 245-263.

Zierhofer, Wolfgang (2002): Gesellschaft. Transformation eines Problems. Oldenburg.

Katharina Manderscheid

Automobilität als raumkonstituierendes Dispositiv der Moderne

Einleitung

Das Automobil gehört zu den zentralen Kennzeichen industrialisierter Gesellschaften und dürfte wesentlich zur Mobilisierung und Modernisierung beigetragen haben und immer noch beitragen. Allerdings wird das Auto auch mehr und mehr zum gesellschaftlichen Problem, als Quelle klimaschädlicher Abgase, als lärmerzeugendes, platzverbrauchendes fahrendes und parkendes Artefakt in den Städten und als zunehmend kostenintensives Objekt der Lebenshaltung. Dennoch liegt das Auto weitgehend außerhalb des Analysefokus der Sozialwissenschaften.[1]

Erst vereinzelt werden Verkehr und räumliche Mobilität[2] – und damit auch das Auto – als fundamentaler Bestandteil westlich-kapitalistischer Vergesellschaf-

---

1 Die wenigen Arbeiten, die aus sozialwissenschaftlicher Perspektive das Auto untersuchen, sehen es aus materialistischer psychoanalytischer Perspektive als Ausdruck von unguten Entwicklungen als Fetisch, Ersatzbefriedigung oder Kompensationsobjekt (u.a. Gorz 1980; Becker/Kortendiek 2008). Zudem liegen einige kulturalistische Studien vor, die sich mit dem Auto als angeeignetem Objekt materiellen Konsums auseinander setzen, das eng mit spezifischen Wertvorstellungen verbunden ist (u.a. Miller 2001a). Allgemein wird die Geschichte des Automobils als Erzählung genialer technischer Erfindungen von einzelnen Akteuren – allen voran vielleicht Gottlieb Daimler, Armand Peugeot und Henry Ford (Miller 2001: 6; vgl. Dennis/Urry 2009: 28ff.) wieder gegeben. Studien zu Verkehrsverhalten, auch vor sozialwissenschaftlichen Hintergründen, erklären die Nutzung des Autos meist unkritisch mit Rational Choice-Thesen (Gottschalk 2006; Kellerman 2006). In jüngster Zeit finden sich daneben zunehmend verkehrswissenschaftlich-ökonomische und eher populärwissenschaftliche Texte, die sich mit den negativen Konsequenzen des Autofahrens für Gesellschaft und Umwelt mit teils stark moralischem Duktus auseinandersetzen (z.B. Porter 1999; Putnam 2000; Knoflacher 2009).

2 Einer vorläufigen Arbeitsdefinition eines Expertenforums am WZB 1996 zufolge meint der Begriff Verkehr die mit klassischen Messgrößen beschreibbare Bewegung von Gütern und Menschen, der Begriff Mobilität umfasst hingegen ein abstrakteres

tungen (z.B. Kuhm 1997; Miller 2001; Urry 2004; Paterson 2007) und nicht nur als technisches, der Gesellschaft äußerliches Artefakt des Konsums in das soziologische Blickfeld gerückt. Diese beginnende soziologische Beschäftigung mit dem Gegenstand Auto passiert dabei auch im Zusammenhang mit den gesellschaftspolitischen Herausforderungen von Klimawandel und Nachhaltigkeit (u.a. Knie 2007; Schöller et al. 2007; Welzer et al. 2010). Der gesellschaftspolitische Hintergrund erfordert ein sozialwissenschaftlich fundiertes Verständnis des Autos als Vehikel gegenwärtiger Gesellschaften, wenn dieses in seiner gegenwärtigen Form und Nutzung in absehbarer Zeit durch politische Steuerungen, gesellschaftliche Entwicklungen aber auch durch ressourcenökonomische Zwänge, wie das absehbare Ende fossiler Treibstoffe, zur Disposition gestellt werden wird. Denn, so lässt die technische Entwicklung vermuten, es wird auf absehbare Zeit keinen vollständigen, auf anderen Energiequellen basierenden Ersatz für das gegenwärtige benzinbetriebene Auto geben, so dass grundsätzliche Neustrukturierungen der räumlichen Mobilität, und damit auch der sozialräumlichen Beziehungen wahrscheinlich werden.

Ein dominanter Rahmen der entstehenden deutschsprachigen Soziologie der Mobilität und des Autos besteht in der modernisierungstheoretischen Individualisierungsthese (Canzler 2000; Bonß/Kesselring 2001; Rammler 2008), die eine Verbindung zwischen der Herauslösung der Individuen aus sozialen und räumlichen Einheiten, ihre Einbindung in geographisch ausgedehnte Zusammenhänge bei gleichzeitigem Freiheitsgewinn bzw. -zwang auf der Ebene der Lebensführung und der Nutzung des privaten Automobils herstellt. Damit wird der Zusammenhang zwischen gesellschaftlichen Strukturen der Differenzierung und Entstandardisierung einerseits und zunehmenden Mobilisierungen der Individuen andererseits herausgearbeitet. Allerdings läuft diese theoretische Einbettung Gefahr, die kulturelle und ökonomische Strukturierung sowie die Dimension von Macht- und Ungleichheitsverhältnissen in Bezug auf automobile Möglichkeiten und Zwänge zu wenig zu beachten.

Aus einer entgegengesetzten Perspektive argumentiert eine zweite kleine Gruppe von Automobilitätsstudien vor dem Hintergrund marxistischer Ökonomietheorien (Gorz 1977; Wolf 1992; Altvater 2007) und stellen die Signifikanz und Zentralität des Autos und der daran gekoppelten Industrien für die kapitalistische Ökonomie heraus, die dabei auf der Externalisierung einer Vielzahl von mit automobilem Verkehr verbundenen ökologischen und sozialen Kosten basiert.

Feld in Bezug auf die generelle Teilhabe am gesellschaftlichen Leben (Knie 2007: 45f.).

Diese einseitig ökonomische Kontextualisierung tendiert dabei dazu, Autonutzungsmuster von ökonomischen Verwertungsinteressen abzuleiten und verdeckt damit die kulturelle, sozial differenzierte aber auch materiell-geographische Verankerung und Bedingtheit automobiler Gesellschaftsstrukturen.

Ich schlage im Folgenden für die soziologische und geographische Forschung ein Konzept vor, das Automobilität als raumkonstituierendes Dispositiv der Moderne versteht, dessen Hegemonieverlust sich abzuzeichnen beginnt. Unter Rückgriff auf verschiedene Theoriestränge aus dem poststrukturalistischen Zusammenhang zielt dieser Ansatz darauf, die Gesellschaftlichkeit sowie die Machtstrukturierung von Automobilität herauszuarbeiten und damit ein soziologisch angemessenes umfassendes Verständnis des Autos als gesellschaftlichem Vehikel zu entwickeln. Damit stelle ich den individualisierungstheoretischen oder marxistisch-ökonomisch argumentierenden Mobilitätsverständnissen eine machtanalytisch fundierte kritische Sicht gegenüber, in der das automobile Subjekt nicht nur als individualisiertes oder herausgelöstes, oder aber als ökonomisch determiniertes und entfremdetes, sondern als Teil eines umfassenden politischen Komplexes aus Materialitäten, Wissen und Praktiken verstanden wird. Mit dieser dispositiven Konzeptionalisierung von Automobilität soll dann auf den verschiedenen Ebenen des Sozialen nach Beharrungs- und Veränderungstendenzen, Kohärenzen und Brüchen und ihrem Zusammenspiel gesucht werden.

Automobilität als Dispositiv

Dispositive bezeichnen das gesellschaftliche Wissen, das nicht nur in Texten und Sprache, sondern auch in Vergegenständlichungen und nicht-diskursiven Praktiken sowie in Subjektivierungsmustern enthalten ist (Jäger 2001: 72). Anders ausgedrückt kann ein Dispositiv als „Bündel an Modalitäten der Wirklichkeitskonstitution" (Truschkat 2008: 64) beschrieben werden. In der bekanntesten Definition beschreibt Foucault Dispositive als Ensemble von

> „Diskursen, Institutionen, architektonischen Einrichtungen, reglementierenden Entscheidungen, Gesetzen, administrativen Maßnahmen, wissenschaftlichen Aussagen, philosophischen, moralischen und philantrophischen Lehrsätzen, kurz Gesagtes ebenso wie Ungesagtes (...). Das Dispositiv selbst ist das Netz, das man zwischen diesen Elementen herstellen kann" (Foucault 2003: 206).

Foucaults Dispositivkonzept stellt damit nicht einfach ein mehrdimensionales Gesellschaftsverständnis dar, sondern fokussiert die Verbindungen zwischen seinen konstitutiven Elementen, die gerade nicht bruchlos und widerspruchsfrei sein müssen, wie Gilles Deleuze (1991) zusammen fasst:

> „Die Dispositive sind also zusammengesetzt aus Sichtbarkeitslinien, Linien des Aussagens, Kräftelinien, Subjektivierungslinien, Riß-, Spalt- und Bruchlinien, die sich alle überkreuzen und vermischen und von denen die einen die anderen wiedergeben oder durch Variationen oder sogar durch Mutationen in der Verkettung wieder andere erzeugen" (Deleuze 1991: 157).

In der darin zum Ausdruck kommenden Unabgeschlossenheit sieht Deleuze einen entscheidenden Unterschied zu homogenen, abgegrenzten Systemen. Elemente eines Dispositivs vagabundieren offenbar durch verschiedene Felder der sozialen Welt und sind damit selbst als mobil anzusehen. Elemente eines Dispositivs können also durchaus im Kontext eines anderen Dispositivs auftauchen (Jäger 2001: 84). Die Elemente eines Dispositivs entstammen dabei sowohl der sozialen als auch der materiell-stofflichen bzw. technischen Welt, die hier als untrennbar miteinander verwoben gedacht werden.

Ein Verständnis von Automobilität als Dispositiv, wie ich es im Folgenden skizzieren werde, bezeichnet damit einen Fokus auf sozio-technische Formationen, deren Einzelelemente in isolierter Betrachtung nur unvollständig beschrieben werden können. Mehr noch, mit dem Konzept des Dispositivs wird die verschiedentlich vorgebrachte Forderung, den soziologischen Gegenstand der Gesellschaft als soziale Formation durch Relationen von sozio-technischen Hybriden (Latour 2005; vgl. Michael 2001) oder durch eine Soziologie der physischen, virtuellen und vorgestellten Mobilitäten (Urry 2000) zu ersetzen, ernst genommen. Automobilität bezeichnet dann nicht mehr eine Form technisch gestützter Bewegung im geographischen Raum, sondern einen historisch spezifischen Vergesellschaftungsmodus basierend auf dem Zusammenspiel von komplexen Technologien und materiellen Landschaften, Wissensformen und Symboliken, sozialen Praktiken der Interaktion, Konsumption und Produktion sowie gesellschaftlicher Teilhabe als automobile Subjekte.

Dispositive sind immer als Antwort auf eine „Urgence", ein gesellschaftliches Problem (Foucault 1978: 119f.; Caborn 2007: 114) zu sehen und unterliegen entsprechend einem kontinuierlichen historischen Wandel. Zudem sind Dispositive nichts an sich Existentes, sondern müssen auf den verschiedenen gesellschaftlichen Ebenen fortwährend neu hergestellt und an sich ändernde Bedingungen angepasst werden. Grundsätzlich können sie auch durch neue Dispositive abgelöst werden, die aus dem alten oder in anderen Feldern entstehen, das alte ersetzen oder verdrängen. Das von mir vorgeschlagene Automobilitätsdispositiv ist in diesem Sinne als Teil der Durchsetzung eines spezifisch-kapitalistischen Vergesellschaftungstypus, der auf der Herauslösung, Individualisierung und Mobilisierung der Subjekte basiert, zu verstehen.

Das Dispositiv der Automobilität ist in der Gegenwart offenbar im Begriff, an verschiedene Grenzen zu stoßen – die Endlichkeit des Öls als Treib- und Rohstoff, die ökologischen Auswirkungen des wachsenden CO2-Ausstoßes, die Begrenztheit der Flächen für den Ausbau der autobezogenen Infrastrukturen sind nur die offensichtlichsten und werden durch eine Reihe ethisch-sozialer Fragen wie Vorstellungen von „guter Gesellschaft", Gerechtigkeit und Menschenwürde begleitet. Die Frage der Mobilität bezeichnet daher einen zentralen Aspekt möglicher Zukünfte gesellschaftlicher Ordnungen, der, so die These, fundamental mit allen anderen gesellschaftlichen Bereichen verwoben ist. Die Ablösung oder Anpassung der gegenwärtigen Automobilität als hegemonialem Dispositiv an diese Rahmenbedingungen ist jedoch kaum als plötzliches Ereignis oder Ergebnis zentraler Planung vorstellbar, vielmehr ist anzunehmen, dass sich veränderte oder neue raumkonstituierende Dispositive aus Entwicklungen in verschiedensten Bereichen entfalten werden.

Im Folgenden soll das Konzept des Automobilitätsdispositivs entlang der analytisch differenzierten Ebenen von Materialitäten, Diskursen und Wissensformen, Praktiken und Subjektivierungen (vgl. Bührmann/Schneider 2008: 100f.) skizziert werden,[3] um gleichzeitig nach möglichen Brüchen und konkurrenten Dispositiven zu suchen. Damit stehen die Entwicklungen, Reproduktionen, Beharrungstendenzen, Anpassungen, Veränderungen und Verdrängungen der automobilen Hegemonie im Zentrum des vorliegenden Beitrags. Allerdings muss diese erste Analyse notwendigerweise unvollständig bleiben.

Automobile Materialitäten

Neben der Actor-Network-Theorie betont auch die aktuelle Raumsoziologie die Notwendigkeit, Materialitäten als konstitutiven Teil sozialer Prozesse mit in die soziologische Analyse einzubeziehen. Dabei wird jedoch davon ausgegangen, dass Materialitäten und gegenständliche Sichtbarkeiten nicht an sich zu verstehen sind sondern prinzipiell durch diskursive und nicht-diskursive Praktiken hergestellt und aufrecht erhalten werden. Es bedarf der Erzählungen, um aus einem Haufen

3 Dem zentralen Gedanken des Cultural Turns folgend sind dabei auch die nicht-diskursiven Dispositivelemente wie Praktiken, Vergegenständlichungen und Subjektivierungen nur über diskursive Bedeutungszuschreibung und symbolische Praktiken der Sinngebung analysierbar (Caborn 2007: 116; Lossau 2007: 63; vgl. Wrana/Langer 2007). Damit besteht auch die Dispositivanalyse in erster Linie aus der Rekonstruktion von Wissen, das diskursiven und nicht-diskursiven Praxen ebenso wie Vergegenständlichungen aber auch Subjektivierungen zugrunde liegt (Jäger 2001: 84).

Steine das Brandenburger Tor zu machen (Huffschmid/Wildner 2009: Abs. 27). Damit muss, anders ausgedrückt, ein dispositivanalytischer Zugang zu materiell-räumlichen Objektivierungen diese stets ins Verhältnis zu Diskursen und Praktiken stellen und in ihrer Machtwirkung auf Subjekte untersuchen, woraus der Sinn dieser Materialitäten als Teil sozio-technischer Formationen überhaupt erst entsteht (vgl. Bührmann/Schneider 2008: 103f.; Latour 2005: 34ff.).

Die materiell-objektivierte Automobilität oder automobile Landschaften und „Motorscapes" (Edensor 2004), umfassen mehr als das technische Vehikel Auto, das Kingsley Dennis und John Urry als „steel and petrolium car" (Dennis/Urry 2009: 28) bezeichnen. Gemeint sind damit auch die automobilen Infrastrukturen wie Straßen, Parkplätze, Tankstellen, Motels, Drive-Ins etc. Auch darüber hinaus ist die räumliche Gestalt gegenwärtiger gesellschaftlicher Ordnung erst als Effekt des Automobilitätsdispositivs verständlich: Als extremes Beispiel sind viele US-amerikanischen Städte überhaupt nur mit dem Auto zu bewohnen, da andere Möglichkeiten der Fortbewegung nicht vorgesehen sind. Das heißt, es handelt sich um fast reine Autostädte. Aber auch europäische Städte wurden und werden um das Auto herum gebaut und organisiert – Fuss-, Fahrrad- und öffentliche Verkehrswege sind, abgesehen von wenigen Ausnahmen (beispielsweise Venedig), als ergänzend und bereits vom Flächenverbrauch her gesehen, nachgeordnet und zweitrangig angelegt. In diesem Sinne stellt Automobilität für die materielle Raumformation gegenwärtiger kapitalistischer Gesellschaften das hegemoniale Dispositiv dar.

Flankiert wird diese materielle Automobilität durch eine Vielzahl gesellschaftlicher, rechtlicher und politischer Institutionen und Regelungen, die eine weitere, immaterielle Form automobiler Objektivierungen darstellen. Dazu gehören beispielsweise Kraftfahrzeughaftpflichtversicherungen, Verkehrsgesetze, Verkehrserziehung, Planungs- und Verwaltungsadministrationen, Behörden wie das deutsche Kraftfahrt-Bundesamt, das Flensburger Verkehrszentralregister etc., die den massenhaften Autoeinsatz der Gesellschaft organisieren (u.a. Kuhm 1997: 176ff.). Weiterhin ist die Automobilproduktion nicht nur zentraler Bestandteil der Industrialisierung und kapitalistischen Produktion des 20. Jahrhunderts im Allgemeinen und in Deutschland im Besonderen (Wolf 1992; Altvater 2007), sondern zugleich ein weiteres wesentliches Element automobiler Objektivierungen. Diese notwendigerweise unvollständige Aufzählung der objektivierten Manifestationen der Automobilität zeigt die automobile Durchdringung von zentralen gesellschaftlichen Bereichen auf.

Die Emergenz dieser automobilen Landschaften war dabei historisch keineswegs naturwüchsig oder das simple Ergebnis der Durchsetzung einer neuen

Technik. Verschiedene Arbeiten, u.a. von Klaus Kuhm (1995; 1997), Matthew Paterson (2007), Peter Peters (2007) sowie Kingsley Dennis und John Urry (2009) zeigen, dass gerade zu Beginn die Durchsetzung des privaten Automobils sowie der Aufbau entsprechender Infrastrukturen von verschiedenen Interessensgruppen aktiv vertreten und zu diesem Zeitpunkt keineswegs selbstverständlich oder unaufhaltsam war (vgl. u.a. Wolf 1992; Kuhm 1997). Die Verdrängung der älteren öffentlichen Schienenfahrzeuge als massenhaftes Verkehrsmittel resultierte nicht aus dessen technischer oder ökonomischer Unterlegenheit, sie war nur durch politische, nicht durch marktwirtschaftliche Maßnahmen möglich. So entschied beispielsweise der Berliner Senat Anfang der 1960er Jahre, die Straßenbahn in Westberlin, mit der zu diesem Zeitpunkt mehr Menschen als mit allen anderen Transportmitteln zusammen befördert wurden, abzuschaffen, noch bevor Autos zum Massenverkehrsmittel geworden waren (Knie 2007: 51). Erst ab einem bestimmten Zeitpunkt bzw. eines bestimmten Verbreitungs- und Nutzungsgrades privater Autos wird Automobilität hegemonial und es kommt zu einem „Lock-In" der weiteren Entwicklung (Urry 2004: 27) bzw. der kontinuierlichen Selbstreproduktion und -verstärkung der Automobilität. Diesen Zeitpunkt macht Kuhm (1997: 15-120) für Deutschland erst am Ende der 1950er Jahren aus. Die mehrheitliche Verfügbarkeit privater Autos hingegen kann für Deutschland erst Ende der 1960er bzw. Anfang der 1970er Jahre konstatiert werden (Kuhm 1997: 185). Inzwischen verfügen in Deutschland im Jahr 2008 77,1 von 100 Haushalten über ein privates Personenkraftfahrzeug (Statistisches Bundesamt 2008: Ü 2.2), das sind 501 Autos pro 1000 Einwohner_innen (Bundesministerium für Verkehr, Bau und Stadtentwicklung 2010: 57). Allerdings bestehen beachtliche Unterschiede zwischen Zentren und dem ländlichen Raum: Tendenziell scheinen dichte Besiedlung und entsprechend verdichtete Gelegenheitsstrukturen mit geringerer privater Autoverfügbarkeit einher zu gehen als ländliche, dünn besiedelte Regionen (Canzler 2007: 522; Bundesministerium für Verkehr, Bau und Stadtentwicklung 2010: 59). Des Weiteren ist die Autoverfügbarkeit sozial differenziert: häufiger besitzen Familien, Haushalte mit höheren Einkommen sowie Männer ein oder mehrere Pkw (Bundesministerium für Verkehr, Bau und Stadtentwicklung 2010: 57f.). Dabei wächst der Motorisierungsgrad nicht nur in den westlichen Ländern sondern weltweit und weitgehend ungebrochen weiter.

Die Hegemonie des Automobilitätsdispositivs entwickelte sich historisch jedoch keineswegs geradlinig und bruchlos. In der Stadtplanung lassen sich sehr früh gegenläufige Trends zur ausschließlich autogerechten Stadt finden, die sich beispielsweise im Ausbau von Fußgängerzonen in europäischen Städten seit den 1950er Jahren, neuen Trends zu urbanem Wohnen, wie sie mit dem Begriff der

Gentrifizierung (vgl. u.a. Dangschat/Blasius 1990) seit den 1980er Jahren beschrieben werden und planerischen Innovationen wie Verkehrsberuhigungen in Wohnquartieren, Ausbau von Fahrradwegen, dem Entstehen von autofreien Stadtquartieren (z.B. Amsterdam Westerpark, Wien Floridsdorf) in den 1990er Jahren oder dem Aufbau städtischer Fahrradleihsysteme finden lassen. Entsprechend nehmen absolut und relativ Fahrrad- ebenso wie öffentlicher Verkehr langsam zu (vgl. Bundesministerium für Verkehr, Bau und Stadtentwicklung 2010).

Eine weitere Entwicklungsrichtung der Automobilität bezieht sich auf neue Eigentumsformen wie Carsharing-Systeme, die zudem häufig koppelbar sind mit anderen Verkehrssystemen wie Zug- und Flugverbindungen sowie mit mobilen Geräten wie Handy, Smartphone und an das Internet angeschlossene Rechner (vgl. Stiens 2004; Dennis/Urry 2009:155-160; Cohen 2009). Im Gegensatz zu dem traditionellen privat besessenen Automobil eröffnet die Teilhabe in derartigen Netzwerken neue Möglichkeiten der individuellen Verknüpfung verschiedener Verkehrsmittel wie Inter-City-Express-Verbindung mit Hochgeschwindigkeitszügen, Linien- und Billigflügen und zunehmend auch diversen privaten Flugzeugen (Cohen 2009) zwischen Großstädten mit anschließender Fahrt im Carsharing-Auto oder dem Call-a-Bike-Fahrrad in die städtische Peripherie.

Insgesamt zeichnet sich in den letzten Jahrzehnten die Emergenz neuer Mobilitätslandschaften ab, die durch Ungleichheiten, Peripherien, Tunnel und „Wormholes“ sowie unterschiedliche Geschwindigkeiten gekennzeichnet sind. Diesen „Splintering Urbanism“ der auf das „Infrastructural Ideal“ als dem Leitbild einer gleichmäßigen territorialen Erschließung folgt, zeichnen Stephen Graham und Simon Marvin (2001) in ihrer materialreichen Studie nach. Ungleichheiten und Disparitäten nehmen insbesondere regional zwischen städtischen Zentren einerseits und ländlichen Gebieten andererseits, aber vor allem auch zwischen prosperierenden und schrumpfenden Regionen zu (vgl. Stiens 2004; Canzler 2007).

Politisch scheint in diesem Zusammenhang der neoliberale Wettbewerbs- und Privatisierungsgedanke gegenüber dem Prinzip der Daseinsvor- und -fürsorge an Einfluss zu gewinnen (vgl. Gegner 2007: 461; Peck/Tickel 2002). Dazu gehört die nach wirtschaftlicher Leistungsfähigkeit entschiedene Abkoppelung von Regionen von Autobahnen, Hochgeschwindigkeitszugstrecken, die zunehmende Gebührenerhebung für Autobahnbenutzungen in Europa bis hin zum Bezahlen einer schnellen bzw. staufreien Autobahnspur in den USA, usw. Die zugrunde liegende öffentliche Infrastruktur- und Verkehrspolitik zielt nun primär auf die wirtschaftliche Entwicklung und insbesondere die Verbindung der leistungsstarken Zentren und verfolgt entsprechend weniger sozialpolitische Ziele (vgl. BBR 2005; Manderscheid 2012). Neue und alte sozialräumliche Peripherien sind dabei nicht unbedingt durch absolute geographische Randlagen, sondern durch fehlende Verbindungswege und schlechte Erreichbarkeiten charakterisiert (Manderscheid 2007: 65; vgl. Graham 2001; Cass et al. 2005). Dabei könnte gerade der vernachlässigte Ausbau öffentlicher Verkehrsmittel außerhalb der leistungsstarken Zentren im Zusammenspiel mit der bestehenden dezentralen Siedlungsstruktur erneut die private Automobilität in der Fläche fördern – nur in den vernetzten Zentrumslagen lassen sich Inter-City-Express-Mobilitäten (mit Hochgeschwindigkeitszügen und Flugverbindungen) mit anderen kollektiven Verkehrssystemen und nahräumlichem Langsamverkehr kombinieren. Diese zu beobachtende bipolare Entwicklungsrichtung in der Verkehrsentwicklung dürfte sich, sofern es nicht zu radikalen Trendumkehrungen kommt, in den nächsten Jahrzehnten noch verschärfen, wie verschiedene Szenarien (Stiens 2003; Dennis/Urry 2009: 131ff.; Institut für Mobilitätsforschung 2010) nahelegen.

Automobiles Wissen/Diskurse

Wesentlich für einen sich von verkehrswissenschaftlichen oder ökonomischen Ansätzen unterscheidenden soziologischen Zugang zu Automobilität ist ein Verständnis der Verankerung dieses Verkehrsmediums in gesellschaftlichen Wissensbeständen und Diskursen. Im Anschluss an Foucault bezeichnen Diskurse Wissen/Macht-Konfigurationen, die in Prozessen der konflikthaften Auseinandersetzung, der Ausgrenzung von Nicht-Wissen und in konkurrierenden Wissensansprüchen und hegemonialen Definitionsmächten produziert werden (Foucault 2007 [1974]; Keller 2007: Abs. 3). Diskurse meinen dabei nicht ein spezifisches explizites Wissen, sondern vielmehr eine überindividuelle Praxis, die die Art und Weise des Denkens und Sprechens bestimmt (Diaz-Bone 2006: 251). Entsprechend liegt ein Schwerpunkt einer an Foucault orientierten Diskursanalyse gerade in der Frage nach dem Macht/Wissen in seiner historischen Genese, Transformation und den Effekten von Wissenskonfigurationen (Keller 2007: Abs. 9) sowie der Suche nach den zugrunde liegenden Tiefenstrukturen der diskursiven Praxis (Diaz-Bone 2006: 252ff.).

Diskursive Automobilität lässt sich, so meine These, nicht nur in den expliziten Raum- und Verkehrsdiskursen finden, sondern unterliegt als implizite Assoziation weiteren Wissensfeldern und Vorstellungen. Die dabei zu findende Quasi-Naturalisierung von Automobilisierung und Automobilität kann gerade als Kennzeichen für die erfolgreiche Hegemonialisierung verschiedener automobiler Diskurselemente interpretiert werden und entzieht deren aktive politisch-ökonomische Produktion sowie deren soziologisch-gesellschaftliche

Eigenschaften der Wahrnehmung. Verdeckt werden die hinter der automobilen Selbstverständlichkeiten liegenden historisch und politisch zu verortenden Strategien, die der Ausbreitung und privaten Massenmotorisierung gegen die Konkurrentinnen von Eisen- und Straßenbahn vorausgingen (vgl. Wolf 1992; Kuhm 1997; Dennis/Urry 2008) und diese permanent verteidigen.

Die gesellschaftspolitischen Debatten im Nachkriegsdeutschland, die erst in den späten 1950er Jahren klar das Auto als Massenverkehrsmittel favorisierten, werden fundiert von Kuhm (1995; 1997) nachgezeichnet. Automobilität wird in diesen Diskursen nicht isoliert behandelt, sondern mit Aspekten wie technischem Fortschritt allgemein, Modernität, aber auch mit einer „nicht-kollektivistischen Gesellschaftsform" (ADAC-Vizepräsident Bretz, zitiert in Kuhm 1997: 26) verknüpft, also mit Wertvorstellungen, die zu dieser Zeit relevante Orientierungspunkte darstellten. Zudem kann in historischen und gegenwärtigen Raum- und Verkehrsplanungsdiskursen die enge Verbindung zwischen der Wissensproduktion und der Gegenständlichkeit von Automobilität untersucht werden, deren – keineswegs eindimensionaler – Effekt die materielle Landschaftsproduktion und -gestaltung darstellt (vgl. Flyvbjerg 1998; Richardson/Jensen 2003). Charakteristisch für Raum- und Verkehrsplanungen ist deren Inanspruchnahme von objektivierten Wissensgrundlage und ihre Selbstrepräsentation als Teil eines effizienzorientierten Verwaltungshandeln (Bauhardt 2007: 313). Aus einem diskursanalytischen Blick lassen sich jedoch gerade in diesen Planungsdiskursen und -texten gesellschaftliche Strukturierungen, Auslassungen, Engführungen und Zuspitzungen etc. und damit die Kontingenz und selektierende Natur dieser scheinbar objektiven Wissensumsetzungen herausarbeiten. So zeichnet sich die deutsche Nachkriegszeit[4] durch das räumliche Erschließungsleitbild der „gleichwertigen Lebensverhältnissen" (Strubelt 2004) aus, das als Element politischer Strategien des sozialen und geographisch-räumlichen Ausgleichs und der gesellschaftlichen Integration verstanden werden kann. Schon in den 1960er Jahren forderte der deutsche Verkehrsminister Leber, jedem Bundesbürger einen Autobahnanschluss in nicht mehr als zehn Kilometer Entfernung zur Verfügung zu stellen (Gegner 2007: 460). Die darin enthaltene Schlüsselrolle des Autos und der Straßeninfrastruktur findet sich explizit auch in einem Zitat des Verkehrspolitikers Böhringer aus den 1970er Jahren:

> „Für unsere technische Welt ist der Verkehr zur Elementarvoraussetzung der Existenz des Einzelnen und der Gesellschaft geworden. Die Direktverbindung (...) von

4 Ähnliches lässt sich auch für andere europäische Länder in verschiedener Ausprägung finden.

> Haus zu Haus ist nur über die Straße herzustellen. (...) Mit Hilfe der Straße und des auf ihr rollenden Kraftverkehrs gelangen heute Menschen und Dinge in jeden Winkeln der Welt, auch im entlegensten Ort werden Möglichkeiten geboten, die früher fast ausschließlich den Städtern vorbehalten waren. Die Straße ist allgegenwärtig und überall von jedermann benutzbar. Sie stellt praktisch den einzigen Weg dar, über den der Mensch ernährt, versorgt und im umfassenden Sinne sozial betreut werden kann. Die Straße ist auch der einzige Weg, über den alle Menschen uneingeschränkt in die wirtschaftlichen, politischen, sozialen und soziologischen Realitäten integriert werden können" (Böhringer 1974; zitiert nach Kuhm 1995: 168).

Letztendlich ging es dabei um eine gleichmäßige Zugänglichkeit von sozialen, kulturellen und ökonomischen Infrastrukturen und Chancen unabhängig von der geographischen Position, die politisch und raumplanerisch als Automobilität operationalisiert wurde. Der Ausbau des Autoverkehrs wird in diesem Zusammenhang explizit als Daseinsvorsorge selbstverständlich subventioniert – politische Instrumente hierfür sind beispielsweise Institutionen wie Bausparverträge, Pendlerpauschalen, Eigenheimzulagen usw., die eine spezifische automobile Siedlungsstruktur der Suburbanisierung als Kennzeichen der Stadtentwicklungen des 20. Jahrhunderts nach sich ziehen.

Auch in aktuellen deutschen Raumordnungsberichten wird eine generelle Automobilität der Bevölkerung unterstellt und geographische Erreichbarkeiten werden in Autofahrzeiten gemessen (BBR 2005: 122, 127, 130ff.; vgl. Manderscheid/Richardson 2011). Abweichungen von dieser Norm, also öffentliche NahverkehrsnutzerInnen und FußgängerInnen hingegen werden als Spezialfälle konzipiert und entsprechend wird die Förderung öffentlicher Verkehrsmittel vor allem in der jüngsten Zeit zunehmend als Daseinsfürsorge für die ärmeren Bevölkerungsschichten verstanden und durch die Messung an Effizienz- und Kostenkriterien zur Disposition gestellt (Gegner 2007: 460; Manderscheid/Richardson 2011; vgl. BBR 2005). Damit unterscheiden sich die Landschaften privater Autos und öffentlicher Verkehrsmittel systematisch in ihrer „Governance", d.h. der politisch-ökonomischen Strukturierung des Angebots, das einmal scheinbar marktförmig und einmal öffentlich-bürokratisch als sozialpolitische Ergänzung zu ersterer organisiert wird (Knie 2007: 55f). Einzig die Strecken für Hochgeschwindigkeitszüge zwischen (wirtschaftlich prosperierenden) Zentren werden im deutschen Raumordnungsbericht, als wirtschaftsfördernde – und damit notwendige – Subventionierung von öffentlichen Verkehrsverbindungen gerahmt.

Komplexe Verbindungen verschiedener Diskursstränge und kollektiver Leitbilder lassen sich für die miteinander verknüpfte Stadtentwicklung und gesellschaftliche Automobilisierung nachzeichnen: Die gesellschaftlich verankerte Idealvorstellung des suburbanen Lebens als Kompromiss zwischen städtischen und ländlichen Strukturen lässt sich für England bis ins Viktorianische Zeitalter Mitte des 19. Jahrhunderts zurückverfolgen (Miller 2001: 11) und taucht beispielsweise in der Gartenstadtidee von Ebenezer Howard auf. Die Konstruktion von Suburbia als Teil der räumlich-funktionalen Differenzierung der Siedlungsstrukturen und Lebenswelten untersucht Susanne Frank (2003: 275ff.) auf ihre fundamentale Verwobenheit mit Geschlechterordnungen. Aber erst mit der Koppelung mit einer allgemeinen Automobilität als quasi für jeden mögliche Option konnte das Einfamilienhaus am Stadtrand zum gesellschaftlich etablierten, politisch geförderten und kulturell verankerten Leitbild des guten und normalen Familienlebens, inklusive der darin enthaltenen geschlechtsspezifischen Arbeitsteilung werden.

Diskursanalytische Forschungen können automobile Elemente aber auch in Tiefenstrukturen und Kollektivsymbolen der sogenannten interdiskursiven Ebene aufspüren (vgl. Link 2006). Wie Link hervorhebt, wird das interdiskursive Wissen durch Kombination, Koppelung und Integration von Spezialdiskursen generiert, wobei Kollektivsymbole als Allegorien und Embleme einer Kultur ein wesentliches Element solcher Koppelungen sind (Link 2006: 413). Ein wiederkehrendes Moment in Mobilitätsdiskursen scheint die Assoziation von Mobilität mit Freiheit zu sein (u.a. Gartman 2004; Sager 2006). Diese Kollektivsymbolik taucht historisch immer wieder auf, beispielsweise im Amerikanischen Ideal des „Going West", in Vorstellungen und Berichten über das Reisen als Befreiung des Selbst, und geradezu paradigmatisch im Zusammenhang mit dem privaten Automobil. Die Werbung bedient sich deutlich dieser Symbolik, beispielsweise wenn SUVs als Ausdruck grenzenloser „offroad" Freiheit dargestellt werden (vgl. Paterson 2007: 142-162).[5] Ausgeblendet bleiben in diesen (Auto)Mobilität-als-Freiheit-Diskursen hingegen der ambivalente bzw. auf eine Zunahme von Handlungsoptionen reduzierte Charakter, der wachsende Zwang zu Automobilität und die damit untrennbar verbundene Zunahme an Formalisierungen und der Erfahrung von fortwährender Beschleunigung (vgl. Rosa 2005; Kuhm 1997: 182ff.). Zudem steht die Freiheitsassoziation in krassem Gegensatz zur alltäglichen Erfahrung

---

5 In dieser Assoziation von Automobilität gleich Freiheit steht auch die Diskussion über die Ahndung nicht-verkehrsbezogener Vergehen durch Führerscheinentzug. Freiheit in ihrer vollständigen Ausprägung meint entsprechend selbstverständlich die eigenständige Automobilität. Vollständiger Freiheitsentzug meint in dieser Logik den Entzug von geographischer Bewegungsfreiheit im Gefängnis. Einer dem Mobilitätsdispositiv gegenläufigen Logik folgt hingegen die historisch vorgängige Sanktionsform der Verbannung als Ausgrenzung aus lokal verankerten sozialen Gemeinschaften (vgl. Foucault 1992).

von *Rush Hour* und Stau, der nervenaufreibenden Parkplatzsuche in der Stadt sowie dem Erleben von Verkehr als Lärm und Abgasbelastung.

Interdiskurse, Kollektivsymbole, Narrative etc. gehen außerdem in sogenannte Alltagswissensbestände der Subjekte ein und strukturieren – im Sinne eines generativen Prinzips wie der von Bourdieu entwickelte Habitusbegriff (Bourdieu 1996) – deren Denken, Wahrnehmungen und Praktiken. Nicht zuletzt dieses Verständnis von Praktiken als kulturell eingebettete und individuell verinnerlichte unterscheidet den soziologischen Blick von ökonomischen Rational Choice Modellierungen individueller Verhaltensweisen (vgl. Urry 2011: 3f.). Die alltäglichen und habitualisierten Wissensbestände können dabei auch als Grenze bzw. Übergang zwischen der Diskurs- und Wissensebene einerseits und den Subjektivierungsmustern andererseits verstanden werden. Zudem fließt dieses Alltagswissen auch zurück auf die Ebenen von Inter- und Spezialdiskursen. Gerade diese diskursanalytisch stark vernachlässigte Wissensebene der Elementardiskurse (Link 2005: 84ff) bzw. Alltagsdiskurse (Waldschmidt et al. 2007), die von Weert Canzler (2000) als „das Auto im Kopf" bezeichnet wurden und vor deren Hintergrund alltägliche Mobilitätsroutinen erfolgen, ist bislang jedoch kaum Gegenstand sozialwissenschaftlicher Forschung. Zu den Ausnahmen gehört eine qualitative – wenn auch nicht diskursanalytische – Untersuchung von Malene Freudendal-Pedersen (2007), die aus den individuellen Begründungen für spezifische Verkehrsmittelwahlen kollektiv geteilte Elemente eines Automobilitätswissens, die sie als „Structural Stories" bezeichnet, herausarbeitet, deren Funktion darin besteht, alltägliche Entscheidungen scheinbar rational zu begründen (Freudendal-Pedersen 2007: 33). Zu diesen mobilitätsrelevanten Structural Stories gehören Vorstellungen, dass man ein Auto brauche, wenn man Kinder hat und dass der öffentliche Personenverkehr prinzipiell Verspätung habe. Offenbar werden also auf der Ebene der Elementardiskurse Begründungen für eine bestimmte Verkehrsmittelwahl eng mit anderen normativen Diskursen verwoben. Gerade auf dieser Ebene tauchen entsprechend deutlich widersprüchliche Handlungsanforderungen aus diesen verschiedenen Diskurssträngen auf, beispielsweise wenn das Wissen um die negativen ökologischen Auswirkungen des massenhaften Autofahrens mit dem Ideal verantwortungsvoller Elternschaft – wozu die Ermöglichung von diversen Freizeit- und Förderangeboten sowie der Schutz vor unkontrollierbaren Situationen im öffentlichen Raum durch individuelle Autofahrten gehören – in Konflikt tritt (Miller 2001: 22). So kam auch die vom Bundesforschungsministerium geförderte Zukunftsinitiative Mobilitätsforschung zu dem Schluss, dass Verkehrsmittelentscheidungen nicht mit verbesserten Informationsangeboten zu beeinflussen sind, vielmehr dominieren

„eigenzeitliche und -räumliche Motive, [die] (...) nach eigensinnigen Nutzungsinteressen optimiert [werden]." (Knie 2007: 53). Automobiles Alltagswissen, Structural Stories oder eigensinnige Nutzungsinteressen sind dabei weder statisch noch homogen, vielmehr handelt es sich bei automobilem Elementardiskursen offenbar um nur partiell bewusstes Wissen, größtenteils aber um verinnerlichtes, verkörpertes und damit vorbewusstes, kollektives, aber auch sozial und räumlich differenziertes Wissen. Dessen soziologisch fundiertes Verständnis muss als Voraussetzung für jede ernstgemeinte politsch-ökologisch motivierte Intervention in das Verkehrswachstum angesehen werden.

Mobilitätspraktiken – doing space

Über Mobilitäten als repetitive Praktiken werden Räume fortwährend hergestellt und aufrecht erhalten. Im Gegenzug sind Mobilitätspraktiken durch Räume (und damit durch gesellschaftliche Strukturen) strukturiert und werden schließlich als untrennbar verwoben mit Praktiken des Deutens und Interpretierens gesehen, d.h. mit der Ebene von explizitem und inkorporiertem Wissen.

> „We create space in the process of travelling through it and in creating narratives of journeys we simultaneously construct knowledge. 'Every story is a travel story – a spatial practice' (de Certeau 1984: 115-116). In building and making monuments and artefacts we create space through dwelling in it. Spatial history is, then, the reconstruction of the narratives of our movements and 'dwellings-in', through which knowledge and space are brought into being." (Turnbull 2002: 133)

Zur Hervorhebung der kontinuierlichen Herstellungsleistung von gesellschaftlichen Räumen in Praktiken, dem „Enacting" der sozial-räumlichen Relationen, möchte ich Mobilität, in Anlehnung an das Konzept des Doing Gender von West und Zimmerman (1987), als *„Doing Space"* bezeichnen. Die hegemoniale Mobilitätspraktik, das Autofahren, muss dann also als Praktik verstanden werden, die die automobilen Landschaften konstituiert und aufrecht erhält. Dies gilt über die materielle Verkehrsinfrastruktur hinaus auch in einem weiteren Sinne für die techno-soziale Formation der automobilen Gesellschaft überhaupt, deren funktionale und damit verbundene räumliche Differenzierungen in ihrer gegenwärtigen Form auf dem Gebrauch des Automobils fußen (Kuhm 1997: 151-210; Paterson 2007).

Mobilitätspraktiken verstanden als *Doing Space* konstituieren dabei gerade nicht nur einen kollektiv geteilten Raum, sondern es besteht prinzipiell immer eine Vielzahl von Räumen, deren Verhältnis zueinander jedoch durch Machtrelationen geprägt ist (Massey 2005). Entsprechend kann zwischen hegemonialen, ungeordneten und gegenkulturellen Mobilitätspraktiken und Raumkonstitutionen unterschieden werden. Die hegemoniale Mobilitätspraktik des Autofahrens konnte sich unter anderem mit Hilfe der Automobilklubs zu Beginn des 20. Jahrhunderts auf den Straßen gegenüber anderen Praktiken durchsetzen und verdrängte diese anderen Praktiken buchstäblich an den Straßenrand auf Fußwege bzw. ersetzten sie als Massentransportmittel, wie Pferdekutschen und Fahrräder. Entsprechend wurde Straßenverkehr als Automobilität sukzessive institutionalisiert und verrechtlicht (u.a. Kuhm 1995: 174ff.). Nicht-hegemoniale Formen des *Doing Space* im Straßenraum sind daher gerade durch ihre Flüchtigkeit gekennzeichnet – ihr Bestehen erweist sich häufig als unmittelbar an das *Doing Space* gebunden und hört mit diesen auf. Beispiele hierfür sind Demonstrationen, Critical Mass-Fahrradkorsos oder auch andere Events im öffentlichen Raum, bei denen die Straßen für den Autoverkehr gesperrt werden bzw. dieser blockiert wird.

Als massenhafte „normale", und damit hegemoniale Praktik der Mobilität überhaupt wurde Automobilität jedoch erst, wie schon beschrieben, in der Nachkriegszeit in einem Zusammenspiel von Lobbygruppen und Politik ausgehandelt. Die alltäglichen Nutzungsmuster des Autos sind also nicht über dessen technische Struktur determiniert und entstanden historisch keineswegs von selbst. Vielmehr handelt es sich bei Alltags-, Freizeit- und Reisenutzungen des Autos um Verknüpfungen von materiellen Komponenten – Straßen, Parkplätzen, Motels, Naturparks, Einkaufszentren – mit kulturell-symbolischen Elementen und Praktiken. Diese Verknüpfungen oder „Passagen" (Peters 2008) wurden dabei gezielt hergestellt und popularisiert und dabei politisch, rechtlich und ökonomisch abgesichert (u.a. Kuhm 1997: 177). Beispielsweise berichtete die deutsche Nachkriegszeitschrift Motorwelt in jeder Ausgabe über Automobilreisen (Kuhm 1997: 24). Für diese Reisen musste ein Netz von Tankstellen, Campingplätzen und Straßen überhaupt erst gebaut werden, um anschließend über die massenhaften Reisepraktiken aufrecht erhalten zu werden. In ähnlicher Weise entstanden lange automobile Pendelwege erst durch das massenhafte räumliche Auseinandertreten von Wohn- und Arbeitsort, was massiv durch die politisch und kulturell eingebetteten Suburbanisierungsprozesse (s.o.) gefördert wurde.

Diese Verknüpfungen und Passagen implizieren letztendlich immer eine Strukturierung des *Doing Space* durch die Motorscapes: So sind, bezogen auf Handlungsoptionen, die mittels Automobilität verfügbar werden, diese strukturiert durch verkehrstechnische Infrastrukturen wie Straßenanbindung, Parkplatzverfügbarkeit, etc. Im alltäglichen Gebrauch basiert die Nutzung des Autos zu einem großen Teil auf vorreflexiven Routinen als einer Art verinnerlichter Passagen oder dem „Auto im Kopf" (Canzler 2000: 205), auf deren Grundlage

Handlungsmöglichkeiten überhaupt erst entstehen. Damit ist Automobilität nicht einfach eine von bestehenden Bedürfnissen abzuleitende Notwendigkeit, vielmehr entstehen die damit verbundenen Lebenspraktiken überhaupt erst, weil sie über das Auto möglich werden.

Vor dem Hintergrund dieser materiell-räumlichen, aber auch diskursiv-symbolischen Einbettung von automobilen Praktiken des *Doing Space* wird deutlich, dass räumliche Mobilität nur sehr bedingt eine individuell-freiwillige und noch weniger eine objektiv-rationale Wahl, als vielmehr eine gebaute und verinnerlichte geographisch und sozial differenzierte Notwendigkeit und Voraussetzung für die gesellschaftliche Teilhabe darstellt (Urry 2007: 197; vgl. Canzler 2000; Cass et al. 2005; Dangschat 2011). Historisch schlägt sich dies in einem kontinuierlichen Wachstum der mit dem Auto zurückgelegten Distanzen nieder: Weltweit hat sich die motorisiert zurückgelegte Distanz über den Verlauf des letzten Jahrhunderts etwa verhundertfacht, während sich die Bevölkerung im selben Zeitraum nur vervierfacht hat (OECD 2000; Holden 2007: 3). In Deutschland gehen gegenwärtig, wie die Studie 'Mobilität in Deutschland' (Bundesministerium für Verkehr, Bau und Stadtentwicklung 2010: 23-29) zusammenfasst, 90 Prozent aller Personen an einem durchschnittlichen Tag aus dem Haus und legen 3,4 Wege zurück mit insgesamt 39 km, für die sie knapp 1,5 Stunden brauchen. Für den größten Teil dieser Wege (58%) und Strecken (70%) wird dabei das Auto als Fahrer_in oder Beifahrer_in genutzt. Zwar nehmen anteilsmäßig andere Mobilitätsformen, vor allem öffentlicher Transport und Fahrrad, zu, absolut gesehen wächst der Autoverkehr jedoch kontinuierlich weiter (MiD 2008: 87).

Zusätzlich fußt jedoch die Fähigkeit, über Automobilität soziale Räume (der Erwerbstätigkeit oder der sozialen Einbindung) zu konstituieren auf gesellschaftlichen Ressourcen und ist damit prinzipiell sozial stratifiziert (Manderscheid 2009: 18). Autofahren setzt beispielsweise eine Reihe von Kompetenzen und Ressourcen voraus wie die Verfügung über die entsprechenden Papiere und Führerschein, die physische und kognitive Fähigkeit zu fahren, materielle Ressourcen, um den Treibstoff zu bezahlen, Informationen über Straßen, Straßenverhältnisse sowie daran geknüpfte Serviceeinrichtungen, Zugang zu einem Automobil und Parkplätzen, Mobilitätsadressen sowie die zeitlichen Ressourcen (Urry 2007: 197). Ähnlich wird in der aktuellen Verkehrsforschung zwischen körperlichen und mentalen Einschränkungen, Geld- und Zeitmangel sowie Einschränkungen aufgrund schlechter infrastruktureller Anbindung unterschieden, die jeweils zu spezifischen Mobilitätsarmutsausprägungen führen (Dangschat 2011: 61f.; ähnlich: Holden 2007: 61ff.). Bezogen auf den Autoverkehr findet sich entsprechend ein statistischer Zusammenhang zwischen der Einkommenshöhe, der zurückgelegten Tagesstrecke in km sowie der Verfügbarkeit und Nutzung eines privaten Automobils (MiD 2008: 67f.). Ebenso lassen sich deutlich geringere Autonutzungszahlen bei Frauen und bei älteren Menschen finden (MiD 2008: 69-94). Allerdings können allein aus den zurückgelegten Distanzen noch keine ungleichen Chancen abgeleitet werden,[6] vielmehr betont eine soziologische Sicht in diesen sozial ungleich verfügbaren Mobilitätsressourcen wesentliche Elemente des Netzwerkkapitals als der „capacity to engender and sustain social relations" (Urry 2007: 197f.). Das heißt, die sozial und räumlich ungleiche Verfügung über Nutzung und Bedeutung von Automobilität ist sowohl Ausdruck von Ungleichheit als auch ein Ungleichheitsfaktor, da damit ungleiche Chancen, soziale Beziehungen – ökonomischer und sozialer Natur – aufzubauen und zu unterhalten, einhergehen können. Die stratifizierende Wirkung ungleicher Netzwerkkapitalien dürfte dabei durch den neoliberalen Abbau staatlich subventionierter öffentlicher Verkehrsmittel verstärkt werden, da Alternativen in manchen Regionen nicht mehr zur Verfügung stehen (vgl. Cass et al. 2005; Manderscheid 2009).[7]

In den Kernstädten lässt sich gegenwärtig ein Anwachsen der Anteile des langsamen und des öffentlichen Verkehrs gegenüber dem Auto konstatieren (Bundesministerium für Verkehr, Bau und Stadtentwicklung 2010: 25ff). Zugleich nimmt die so genannte Inter-City-Mobilität zu. Zu vermuten ist, dass es einen Zusammenhang zwischen kleinräumiger nicht-automobiler Mobilität innerhalb von verdichteten Siedlungsräumen und Schnellverbindungen zwischen den Siedlungs- und Wirtschaftszentren gibt (auch: Castells 1999). Darauf deuten die Zunahme der Langdistanzreisen mit Bahn und Flugzeug (MiD 2008: 152), wachsende ÖV-Anteile in den Ballungszentren (MiD 2008: 50) und sin-

6 Durch immer wieder auftauchende Konzepte wie 'Mobilitätsarmut' wird hingegen nahe gelegt, dass Mobilität ein an sich erstrebenswertes Gut oder Bedürfnis sei (u.a. ifmo 2008).

7 Dabei muss jedoch zwischen der Optionalität von und dem Zwang zu Mobilität und Immobilität unterschieden werden (Sager 2006; Weiss 2005), die zudem häufig relational zueinander stehen und in ein komplexes Verhältnis von sozialen und materiellen Spatial Fixes und Flows eingebettet sind – sei es auf der Ebene der geschlechtsspezifischen Arbeitsteilung bei langen Pendel- und Arbeitszeiten, innerhalb von Unternehmenshierarchien, auf der Ebene der Verkehrs- und Kommunikationsinfrastruktur oder auf globaler Ebene der Kapitalströme (vgl. Brenner 1998; Kaplan 2003; Adey 2006; Jessop 2007).

kender Führerscheinerwerb[8] in den jüngeren städtischen Generationen (MiD 2008: 72) hin. Neben der in den vergangenen Jahren massiven Zunahme der EasyJet Mobilität zwischen europäischen Zentren durch Billigfluglinien bildet sich außerdem weitgehend unbeachtet, wie Cohen (2009) zeigt, ein privates Flugverkehrsnetz – in Form von Lufttaxis, teilweise oder vollständiger privater Verfügbarkeit o.ä. – als neue elitäre Verbindung für mittlere Intercity-Distanzen, heraus. Kennzeichen dieser High-Speed InterCity-Verbindungslinien ist zudem ihr Multimobilitätscharakter durch den parallelen Ausbau der Internet- und Mobilfunkanbindungen in Flughäfen, Bahnhöfen und Zügen.

Die soziale Stratifizierung der Intercity-Mobilität ebenso wie ihre Ungleichheitswirksamkeit sind jedoch bislang kaum erforscht. Offensichtlich ist hingegen, dass die materiellen Strukturen, d.h. die leichter verfügbaren und besser ausgebauten Verkehrsmittel und die Vielzahl möglichen Wege, in den städtischen Zentren vielfältigere Formen des *Doing Space* als in eher ländlichen Regionen zulassen, wo das private Automobil vielfach die zugänglichste und weitreichendste Mobilitätsform darstellt.

Automobilisierte Subjekte

Mit dem Begriff der Gouvernementalität weitete Foucault sein analytisches Instrumentarium auf das Verhältnis von Subjektivierungsprozessen, Macht und Herrschaftsformen aus (Foucault 2000 [1978]; Foucault 2006). Während Subjektivierungsformen als Effekte von Machtverhältnissen in einer Vielzahl gesellschaftlicher Felder (u.a. Lemke 2000; Bröckling et al. 2000) und auch für räumlich-geographische Fragen (u.a. Huxley 2006; Füller/Marquardt 2009) nachgezeichnet wurden, findet die enge Verwobenheit von moderner Subjektivität und Automobilität kaum sozialwissenschaftliche Aufmerksamkeit.

In Bezug auf automobile Subjektivierungen unterscheide ich dabei zwei miteinander zusammenhängende Aspekte: Erstens, das mit dem Auto umgehende Subjekt im engeren Sinne, das durch eine spezifische körperlich-kognitive Selbsttechnik charakterisiert werden kann. Und zweitens beziehe ich den Begriff auf die auch außerhalb des Autos selbstgesteuerte Mobilität der Subjekte im weiteren Sin-

8 Nach Jahrzehnten des kontinuierlichen Anstiegs auf über 90% eines Jahrgangs verfügen inzwischen nur noch 80% der Altersgruppe der 18-29Jährigen in deutschen Kernstädten über einen Führerschein. Dies korrespondiert mit einer stärkeren ÖV-Nutzung dieser städtischen Gruppe (MiD 2008: 72).

ne (Paterson 2007: 139) als einem gouvernementalen Effekt der produktiven individuellen Mobilisierung der Subjekte in kapitalistischen Vergesellschaftungen.

> „'Auto'mobility thus involves autonomous humans combined with machines with capacity for autonomous movement along the paths, lanes, streets and routeways of one society after another." (Urry 2004: 26)

Wie u.a. Norbert Elias (1999) nachgezeichnet hat, ging die historisch gewachsene und fortschreitende Verkettung der Individuen, die Soziogenese kapitalistisch westlicher Gesellschaften mit der Ausbildung entsprechender Selbststeuerungsmechanismen auf Seiten der Individuen, einer parallelen Psychogenese einher. Vernachlässigt wird von Elias wie von der Mehrzahl der Soziolog_innen dabei jedoch die materiell-technische Dimension dieser Entwicklung: Weder die gesellschaftliche Formation, noch die daraus entstandenen Subjekte sind unabhängig von den sie untereinander verbindenden technischen Artefakten vorstellbar (u.a. Latour 2005: 5). Diese Verwobenheit von Sozio-, Psycho- und Technogenese zeigt sich am Beispiel der Verbreitung des historisch älteren Transportsystems der Eisenbahn und einem fahrplanorientierten Zugverkehr, der das Rückgrat einer ersten territorialen industriellen Entwicklung bildet. Kollektiver Transport und abstrakte, uhrgesteuerte Zeiteinheiten sind die Voraussetzungen für die Organisation von fordistisch industrieller Produktion auf der Basis der Mobilisierung von Arbeitskraft. Mit diesen sozio-technischen Entwicklungen hält ein spezifisch modernes abstraktes Zeitregime sowie eine entsprechende Disziplinierung der Subjekte Einzug in den Alltag breiter Bevölkerungsschichten (Thrift 1996: 265; Paterson 2007: 130; Urry 2007:95ff.; vgl. Elias 1999; Simmel 1984).

> „Im Zusammenhang mit einem Schub zunehmender Differenzierung und Integrierung hat sich in vielen neuzeitlichen Gesellschaften dann eine besonders differenzierte Selbstregulierung des einzelnen Menschen im Sinne der Zeit und eine entsprechend hohe individuelle Sensibilität in Bezug auf die Zeit entwickelt. Der soziale Fremdzwang der Zeit, repräsentiert durch Uhren, Kalender oder auch Fahrpläne, hat in diesen Gesellschaften in hohem Maße diejenigen Eigentümlichkeiten, die die Ausbildung individueller Selbstzwänge fördern." (Elias 1994: XXXII)

Oder, wie von Rammler zugespitzt formuliert:

> „Die schienengebundenen Massenverkehrssysteme der klassischen Moderne sind neben der Disziplinarmacht des Militärs und der arbeitsökonomisch erzwungenen Zeitdisziplinierung durch profitorientierte, hochgradig arbeitsteilige Produktionsabläufe im kapitalistischen Betrieb (...) die zentralen technischen Sozialisationsagenturen der Psychogenese des Zeitbewusstseins in modernen Gesellschaften. Sie tragen damit nicht nur dazu bei, quasi „für sich selbst" die sozial- und individualpsychologischen Voraussetzungen ihrer eigenen Funktions- und Optimierungsfähigkeit zu entwickeln und zu institutionalisieren, sondern auch generell dazu, einen spezifisch

> modernen Typus der sozialen Konstruktion von Zeit, Zeitlichkeit und Zeitbewusstsein gesellschaftsweit durchzusetzen." (Rammler 2001: 179)

Diese transporttechnisch fundierte Integration der Individuen in immer größere soziale Formationen setzt also erhöhte Selbststeuerungsfähigkeiten voraus.

Vor dem Hintergrund des getakteten Eisenbahnverkehrs scheint das massenhaft individuell verfügbare Auto die Zwänge zur Einhaltung eines rigiden Zeitplans zunächst aufzuheben. Nicht zufällig fällt die Hegemonialwerdung des Autos in der Nachkriegsphase zusammen mit zunehmenden gesellschaftlichen Individualisierungstendenzen und die Herauslösung der Subjekte aus vorgegebenen sozialen und räumlichen Zusammenhängen. Die seither entstandenen individualisierten Lebensmuster sind ohne das gewachsene Verkehrsaufkommen, das Verbindungen über große räumliche Distanzen hinweg ermöglicht, nicht denkbar (Canzler 2000: 202). Allerdings geht diese geographische und soziale Herauslösung, wie prominent Beck (1986) herausgearbeitet hat, mit der Herausbildung spezifischer Risiken und Verantwortungen für die Individuen einher. Bezogen auf Automobilität heißt das konkreter, dass der Umgang mit verkehrsbezogenen Risiken, beispielsweise die Unvorhersehbarkeit von Staus, dem Individuum übertragen und damit Teil der Selbstführung bzw. dem spezifischen Zeitmanagement moderner Subjekte wird. Die regulative Disziplinierung der einzelnen Individuen im Zusammenhang von Automobilität wird auch am Bonus-Malus-System des deutschen Autoversicherungssystems und der Eintragung auffälliger Fahrer_innen in das Verkehrszentralregister sichtbar (Kuhm 1997: 181).

Aber auch der Umgang mit Autoverkehr verlief historisch nicht naturwüchsig, sondern wurde von Anfang an begleitet durch explizite Instrumente der Subjektformierung und -disziplinierung. Die Ausbreitung des Autofahrens stellte zunächst neue Anforderungen an alle Gesellschaftsmitglieder, wenn sie nicht mit diesem technischen Artefakt kollidieren wollten. Die extrem hohen Unfallzahlen der Nachkriegszeit in Deutschland wurde von dem soziologischen Zeitgenossen Dieter Claessens (1966: 36 f.) entsprechend mit ungenügend ausgeprägten Distanzierungs-, Abstraktions- und Bewältigungsfähigkeiten der Individuen erklärt und schlussendlich als moralische Inkompetenz der Kleinbürger_innen interpretiert (zitiert nach Kuhm 1997: 179). Das Unfallproblem wurde entsprechend nicht nur mit technischer Verbesserung der Fahrzeugsicherheit, sondern auch mit ergänzenden rechtlichen, sozialen und ökonomischen Formalisierungsprozessen des Verkehrshandelns zur Steigerung der Verkehrsdisziplin gesellschaftspolitisch bearbeitet. Dazu gehörte die inzwischen selbstverständliche Verkehrserziehung und –pädagogik, die ab 1950 unter reger Mithilfe der Automobilclubs in Schule und Medien etabliert wurde (Kuhm 1997: 178ff.).

Das Autofahren selbst ist unmittelbar verbunden mit einer hohen Körperdisziplinierung, die John Urry folgendermaßen beschreibt:

> „Once in the car, there is almost no kinaesthetic movement from the driver. So although automobility is a system of mobility, it necessitates minimal movement once on is strapped into the driving seat. Eyes have to be constantly on the look-out for danger, hands and feet are ready for the next manoeuvre, the body is gripped into a fixed position, lights and noises may indicate that the car-driver needs to make instantaneous adjustments, and so on. [...] The driver's body is itself fragmented and disciplined to the machine, with eyes, ears, hands and feet, all trained to respond instantaneously and consistently, while desires even to stretch, to change position, to doze or to look around are being suppressed. The car becomes an extension of the driver's body, creating new subjectivities organized around the extraordinarily disciplined 'driving body'." (Urry 2004: 31)

In dieser Verwobenheit von Körper und Maschine, die zu spezifischen Empfindungen, Bewegungsabläufen und Raumwahrnehmungen führt (Thrift 2004; Dant 2005; Paterson 2007: 139f.; Sheller 2007), verschiebt sich gegenwärtig das Verhältnis zwischen automobilem Subjekt und materieller Technik durch eine zunehmende Informatisierung, die die Kontrolle des Fahrzeuges im Zusammenspiel mit diversen „intelligenten" Verkehrsteuerungssystemen und Kommunikationstechnologien zum Objekt einer zunehmenden äußerlichen, teils staatlichen, teils privatisierten Überwachung werden lässt (Sheller 2007; vgl. Dennis/Urry 2009: 155ff.; ifmo 2001).

Auto-Mobilisierung im Sinne einer von den Subjekten selbstgesteuerten Mobilität als spezifische Steuerungstechnologie in der kapitalistischen Moderne lässt sich aber auch in einem weiteren Sinne historisch nachzeichnen als verallgemeinerte Entortung und permanente Abgrenzung gegenüber dem Anderen (u.a. Kaplan 2003: 210ff; Haraway 1991: 188). Automobilität als unabhängige Bewegungsfähigkeit der einzelnen Subjekte kann als konstitutives Element funktional differenzierter und individualisierter Gesellschaften und deren spezifischer Freiheitskonzeption verstanden werden (Kuhm 1997; Rose 1999).

Das Dispositiv der Automobilität ist dann sowohl Ausdruck als auch konstitutives Element dieser Subjektivierungsmuster, das eng verflochten ist mit der kapitalistischen Wirtschafts- und Vergesellschaftungsform (Paterson 2007: 121). Das seine Arbeitskraft verkaufende Subjekt kapitalistischer Gesellschaften ist entsprechend ab einem gewissen historischen Zeitpunkt ein automobiles Subjekt. Entsprechend steht der Führerscheinerwerb paradigmatisch für den Eintritt in die Erwachsenenwelt und die damit verbundene räumliche und soziale Unabhängigkeit eines vollwertigen Gesellschaftsmitgliedes. Dieser Entwicklungsstrang der gouvernementalen Mobilisierung findet in neoliberalen Aktivierungspolitiken ihren vorläufigen Höhepunkt, wenn das Automobil bei Bezieher_innen von Leistungen nach dem ALG II als ein Mittel zur Sicherung der Mobilität anerkannt und nicht mehr, wie zuvor, verkauft werden muss (vgl. Leitfaden ALG II/ Sozialhilfe 2005, zitiert in Knie 2007: 50).[9]

Dieser voranschreitende Prozess der Mobilisierung arbeitnehmender Subjekte verweist dabei auch auf die prinzipielle Genderisierung des (auto)mobilen Subjektes als männliches in dem Sinne, als es als ein von Reproduktionsarbeiten freigestelltes Subjekt zu verstehen ist. Hier setzt sich offenbar die Differenzierung von Erwerbs- und Reproduktionsarbeit mit einem klaren Genderbias und den darin enthaltenen Machtstrukturen fort, die sich zudem in der Erzeugung weiterer Subjektpositionen niederschlägt. Dieser selektiv-mobilisierende Zugriff auf das erwerbstätig-produktive Subjekt wird nicht nur ökonomisch-politisch getragen, sondern durch den analog verengten Blick von Verkehrs- und Sozialwissenschaften verdoppelt, die sich nur peripher mit den Mobilitäten nichtproduktiver Subjekte beschäftigen (vgl. Manderscheid 2009; Dangschat 2011). Dabei böte gerade die Analyse des Zusammenspiels von Automobilität und anderen Subjektivierungen (z.B. Fußgänger_innen, Nutzer_innen öffentlicher Verkehrsmittel und Fahrradfahrer_innen) ein breites Forschungsfeld, um die gesellschaftlichen Einbettungen der Autonutzung herauszuarbeiten. Von Interesse sind dann insbesondere die reflexiven Strategien empirischer Subjekte mit den diversen verinnerlichten Anforderungen. Derartige Effekte und Reflexivitäten von Regierungsstrategien bleiben bislang jedoch weitgehend außerhalb des Analysefokus der Gouvernementalitätsstudien.

Diese Regierungstechnik der Mobilisierung der Subjekte ist dabei nicht notwendiger Weise an ein Auto gekoppelt. In den vernetzten urbanen Zentren entstehen gerade in der sogenannten Creative Class städtische Lebensstile, die stärker an Hochgeschwindigkeitszüge und Flugzeuge, vor allem aber an digitale

9 Politisch und gesellschaftlich immer schon ambivalenter als tägliches Pendeln werden intranationale und intraeuropäische Migrationsbewegungen bewertet: Zwar zielen die europäischen Arbeitsmarktpolitiken explizit auf eine verstärkte Mobilisierung der ArbeitnehmerInnen – als Anpassung an die Interessen geographisch ungleicher Arbeitsmärkte (European Commission 2008), andererseits wird jedoch ein Brain-Drain oder gar ein 'Ausbluten' von Regionen befürchtet (BBR 2005: 14; Manderscheid/ Richardson 2011). Noch deutlicher taucht dieses Moment der verwertungslogischen Bewertung von Mobilitäten jedoch in der Steuerung und Regierung von Migrationsbewegungen aus dem außereuropäischen Raum auf, aber auch im Umgang mit nomadischen Lebensstilen wie Roma, Sinti und New Age Traveller (u.a. Gerhard 2000; Shubin 2010).

Informations- und Kommunikationsmedien gekoppelt sind als an ein privates Auto. In der kulturellen Figur des postmodernen Nomaden als mobilem, über Informations- und Kommunikationsnetze angeschlossenen Freelancer, der seine Arbeit prinzipiell überall und jederzeit erledigen kann (Gerhard 2000; Schroer 2006; Gross 2010), zeigt sich eine neue Konfiguration von Freiheitssemantik und Mobilität. Auch hier wäre noch genauer zu untersuchen, ob sich als Reaktion auf eine veränderte gesellschaftliche „Urgence" bzw. den sich abzeichnenden Wachstumsgrenzen des Autoverkehrs neue Subjektivierungsmuster des „vernetzten Subjektes" herausbilden. Dessen Netzwerkcharakter, basierend auf materiellen Strukturen von ICEs, TGVs und digitalen Netzwerken (zu deren Nicht-Ubiquität vgl. Castells 1999; Graham 2001; Wilson/Corey 2011) legt jedoch nahe, dass es sich hierbei eher um exklusiv-elitäre Subjektivierungen handelt, als um zukünftig verallgemeinerbare neue Mobilitätsdispositive.[10]

Schlussfolgerungen

Die Reduktion eines soziologischen Gesellschaftsbegriffes auf Elemente wie Individuen, Handlungen, Institutionen, Diskurse und Symbole sowie deren isolierte Betrachtung ist immer wieder aus verschiedenen Perspektiven kritisiert worden, prominent von der Akteur-Netzwerk Theorie (Latour 2005), die statt dessen einen Fokus auf die Relationen zwischen materiellen und sozialen Elementen postuliert, oder dem *Mobilities Paradigm* (Urry 2000), das gesellschaftliche Relationen als Mobilitäten konzipiert und in den Mittelpunkt der soziologischen Analyse stellen will. Foucaults Dispositivkonzept, das bislang weit weniger Beachtung erfahren hat als Diskursanalysen und Gouvernementalitätsstudien, fokussiert in ähnlicher Weise das Soziale nicht als exklusive „humane" Sphäre sondern im Kontext seiner materiellen und immateriellen Wissensbestände und als fortwährend hergestellt über diskursive und nicht-diskursive Praktiken.

Die im vorliegenden Beitrag vorgeschlagene Konzeption von Automobilität als raumkonstituierendem Dispositiv der Moderne löst diesen Anspruch, Gesellschaft als relationale sozio-technische Formation, die fortwährend im Entstehen ist, ein: Die ständig wachsenden Interdependenzketten bzw. die funktionalen Differenzierungen werden überhaupt erst durch Mobilisierungen von Gütern, Informationen, Bildern und Menschen möglich, d.h. sie sind überhaupt erst im

10 Unterstützt werden derartige Vermutungen durch die Szenarienbildung der Raumplanung (Stiens 2004) und der sozialwissenschaftlichen Mobilitätsforschung (Paterson 2007; Dennis/Urry 2009).

Zusammenspiel mit materiellen Transport- und Kommunikationstechnologien aufgekommen. Ab einem bestimmten historischen Zeitpunkt, der für Deutschland in der frühen Nachkriegsphase ausgemacht werden kann, wird dabei das Auto das hegemoniale Vehikel, das seither die Stadt- und Raumproduktionen beherrscht und über eine Vielzahl von Regelungen, Institutionen und Politiken abgesichert wird. Zudem finden sich auch auf den Ebenen von Diskursen und Subjektivierungen Verwobenheiten mit diesem automobilem Dispositiv. Automobilität ist dabei keineswegs statisch, sondern entwickelt sich, wie im vorliegenden Beitrag angedeutet wurde, fortwährend weiter.

Aus dieser Annahme einer untrennbaren Verwobenheit von Mobilitäten, Materialitäten, Wissen/Macht-Konfigurationen und Subjektivierungen ergeben sich zunächst zwei Implikationen für die empirische Forschung: Erstens muss das verwendete Datenmaterial selbst als Effekt von spezifischen gesellschaftlichen Bedeutungshierarchien, politischen Intentionen und spezifischen Begriffskonzeptionen verstanden werden. Das heißt, das Datenmaterial ist selbst Effekt eines Diskurses. Als Beispiel für den reflektierten Umgang und politische Einordnung von empirischen Daten kann die visuell-ethnographische Studie von Sarah Pink (2008) gesehen werden, die ihre Daten – gefilmte und durchgeführte Stadtrundgänge – in den Kontext des darin enthaltenen Selbst- und Fremdbildes über die Anleitung zu spezifischen Bewegungen und Blickrichtungen einordnet. Damit wird zweitens die Suche nach den nicht-hegemonialen und versteckten bis unsichtbaren Mobilitätspraktiken, dem „Doing of Other Spaces“, ein weiteres Feld von Mobilitätsforschung, das dabei niemals vollständig beschrieben werden kann, da es sich fortwährend weiterentwickelt. Als ein relativ neues, aber unbestritten bereits sehr etabliertes Dispositiv der Raumkonstitution besteht in der Mobiltelefonie mit ihrer ständig wachsenden Funktionalität, über die soziale Beziehungen, Informationen, Bilder und zunehmend auch Güter und Dienstleistungen fast überall verfügbar werden. Allerdings scheinen die Informations- und Kommunikationstechnologien bislang nicht zu einem Rückgang physisch-transportbasierter Mobilitäten geführt zu haben. Im Gegenteil, virtuelle und physische Mobilitäten scheinen sich vielmehr gegenseitig zu stützen und zu stärken (vgl. Larsen/Urry/Axhausen 2006). Damit bleibt offenbar die Frage der physischen Mobilität zentral für die möglichen gesellschaftlichen Zukünfte. Automobilität in ihrer gegenwärtigen Form – als Privatbesitz, angetrieben durch ölbasierte Kraftstoffe und klimaschädliche Abgase produzierend – scheint aus technischen, ökologischen und sozialen Gründen nicht länger beliebig weiter zu vermehren zu sein. Abzuwarten und zu beobachten bleibt, welche Effekte die erstarkenden Klimawandeldiskurse sowie das Nachhaltigkeitsparadigma auf die hegemoniale Selbstverständlichkeit der massenhaften Automobilität hat oder haben wird.[11] Derzeit wird bezüglich der Integration dieser Diskurse in die Planung und Politik vor allem konstatiert, dass es sich lediglich um Anpassungen auf der semantischen Ebene handelt, dahinter liegende neoliberale Restrukturierungen jedoch weiter verfolgt werden (u.a. Raco 2005; Manderscheid 2012). Dazu gehören auch beschränkende und regulierende Maßnahmen des Autoverkehrs, wie höhere technische Standards der Autos, Zufahrtsbeschränkungen in Städte etc., die, solange sie nicht durch Elemente des Ausbaus alternativer Verkehrsmittel begleitet werden, vor allem sozial und räumlich selektierend wirken dürften. Inwieweit sich alternative Raum- und Gesellschaftsordnungsvorstellungen in die alternativen Formen des räumlichen Austausch und Verkehrs einbetten können, im Feld dieser Diskurse etablieren können, erscheint jedoch noch unentschieden.

Gegenstand der vorgelegten dispositivanalytischen Betrachtung von Automobilität war vor diesem Hintergrund die Suche nach sich abzeichnenden Brüchen, aber auch Beharrungstendenzen innerhalb des hegemonialen Mobilitätsdispositivs auf den analytisch zu unterscheidenden Ebenen der Materialitäten, der diskursiven Wissensbestände, der Praktiken und der Subjektivierungen im Zusammenspiel mit weiteren gesellschaftlichen, ökologischen und wirtschaftlichen Kräfteverhältnissen und Machtkonstellationen. Als vorläufiges Ergebnis lassen sich dabei vor allem die starken Beharrungstendenzen bzw. die fundamentale sozio-kulturelle, politische und ökonomische Einbettung und das ungebrochene Wachstum von massenhafter Automobilität feststellen. Autos können in dieser soziologischen Sicht also nicht länger als ein der Gesellschaft äußeres technisches Artefakt gedacht werden, dessen Nutzung allein auf (rationalen) Entscheidungen des Individuums zurückzuführen ist, sondern müssen im weiteren Sinne mit ihren diskursiven, gouvernementalen und handlungssteuernden Dimensionen als elementarer Bestandteil der gesellschaftlichen Formation der Gegenwart verstanden werden. Allerdings zeichnen sich in dieser Verwobenheit von sozialer Formation und Automobilität auch einige gegenläufige Trends ab: Als eine sich bereits deutlich abzeichnende Entwick-

11 Gerade die ökologischen Auswirkungen des Autoverkehrs sind inzwischen in ein breites gesellschaftliches Bewusstsein getreten – als Effekt von Umweltverbänden und gekoppelt an einen allgemeinen Klimawandel-Diskurs. CO2-Ausstoss, sommerliche Ozonbelastungen sowie die jüngste Ölkatastrophe im Golf von Mexiko werden nun als Teil automobiler Raumkonstitutionen einer individualisierten Freiheitsperspektive ebenso wie einer gesellschaftspolitischen Beschränkung der Verantwortung auf territoriale Nationalstaaten entgegen gestellt. Die Etablierung dieses Wissens um fluide und relationale automobile Geographien sind die Voraussetzung für entsprechendes politisch ökologisches Handeln (vgl. Massey 2004; Parry et al. 2007).

lungsrichtung wurde dabei die so genannte InterCityExpress- und EasyJet-Mobilität, verbunden mit den neuen Kommunikationstechnologien einerseits sowie Netzwerken von Individualfahrzeugen wie Carsharing und Leihfahrrädern andererseits identifiziert. Das heißt genauer, Distanzen zwischen den städtischen (prosperierenden) Zentren werden vor allem mit Hochgeschwindigkeitszügen oder Billigflügen zurückgelegt, während die anschließenden Wege mittels lokal verfügbarer Fahrzeuge bewältigt werden können. Allerdings erweist sich dieses Mobilitätsdispositiv als sozial und räumlich begrenztes, nicht zuletzt da die Koppelung verschiedener Systeme auf verdichteten Gelegenheitsstrukturen, wie sie in Großstädten und urbanen Zentren bestehen, aufsetzt. Die Fortsetzung und Steigerung dieses Trends bedeutet dann eine wachsende sozialräumliche Polarisierung des Netzwerkkapitals, d.h. der Möglichkeiten der gesellschaftlichen Teilhabe auf Basis von Mobilität.

Quelle: Andy Singer: No Exit (http://www.andysinger.com)

Literatur

Allen, John (2003): *Lost Geographies of Power*. Malden: Blackwell Publishing.

Altvater, Elmar (2007): Verkehrtes Wachstum. In: Schöller, Oliver; Canzler, Weert; Knie, Andreas (Hrsg.): *Handbuch Verkehrspolitik*. Wiesbaden: VS Verlag für Sozialwissenschaften: 787-802.

Appadurai, Arjun (1990): Disjuncture and Difference in the Global Cultural Economy. In: Featherstone, Mike (Hrsg.): *Global Culture. Nationalism, Globalization and Modernity*. London, Thousand Oaks, New Delhi: Sage: 295-310.

Bauhardt, Christine (2007): Feministische Verkehrs- und Raumplanung. In: Schöller, Oliver; Canzler, Weert; Knie, Andreas (Hrsg.): *Handbuch Verkehrspolitik*. Wiesbaden: VS Verlag für Sozialwissenschaften: 301-319.

Beck, Ulrich (1986): Risikogesellschaft. Auf dem Weg in eine andere Moderne. Frankfurt/M.: Suhrkamp

Becker, Ruth; Kortendiek, Beate (2008): Raum: Feministische Kritik an Stadt und Raum. In: (Hrsg.): *Handbuch Frauen- und Geschlechterforschung*. VS Verlag für Sozialwissenschaften: 798-811.

Bonß, Wolfgang; Kesselring, Sven (2001): Mobilität am Übergang von der Ersten zur Zweiten Moderne. In: Beck, Ulrich; Bonß, Wolfgang (Hrsg.): *Die Modernisierung der Moderne*. Frankfurt/M.: Suhrkamp: 177-190.

Bourdieu, Pierre (1996 [1979]): *Die feinen Unterschiede. Kritik der gesellschaftlichen Urteilskraft*. Frankfurt/M.: Suhrkamp.

Bröckling, Ulrich; Krassmann, Susanne; Lemke, Thomas (Hrsg.) (2000): *Gouvernementalität der Gegenwart. Studien zur Ökonomisierung des Sozialen*. Frankfurt/M.: Suhrkamp.

Bührmann, Andrea D.; Schneider, Werner (2008): *Vom Diskurs zum Dispositiv. Eine Einführung in die Dispositivanalyse*. Bielefeld: transcript.

Bundesamt für Bauwesen und Raumordnung (BBR) (2005): *Raumordnungsbericht 2005*. Bonn: Selbstverlag des Bundesamtes für Bauwesen und Raumordnung.

Bundesministerium für Verkehr Bau und Stadtentwicklung (2010): *Mobilität in Deutschland 2008. Ergebnisbericht Struktur – Aufkommen – Emissionen – Trends*. Bonn und Berlin. (MiD 2008).

Caborn, Joannah (2007): On the Methodology of Dispositive Analysis. In: *Critical Approaches to Discourse Analysis across Disciplines (CADAAD)* 1/1: 112-123.

Canzler, Weert (2000): Das Auto im Kopf und vor der Haustür. Zur Wechselbeziehung von Individualisierung und Autonutzung. In: *Soziale Welt* 51/191-208.

– (2007): Verkehrsinfrastrukturpolitik in der schrumpfenden Gesellschaft. In: Schöller, Oliver; Canzler, Weert; Knie, Andreas (Hrsg.): *Handbuch Verkehrspolitik*. Wiesbaden: VS Verlag für Sozialwissenschaften: 510-532.

Cass, Noel; Shove, Elizabeth; Urry, John (2005): Social exclusion, mobility and access. In: *Sociological Review* 53/539-555.

Castells, Manuel (1999): Space flow – der Raum der Ströme. In: Bollmann, Stefan (Hrsg.): *Kursbuch Stadt. Stadtleben und Stadtkultur an der Jahrtausendwende*. Stuttgart: 39-81.

Claessens, Dieter (1966): Angst, Furcht und gesellschaftlicher Druck und andere Aufsätze. Dortmund: Verlagsbuchhandlung Fr. Wilhelm Ruhfus

Cohen, Maurie J. (2009): Sustainable mobility transitions and the challenge of countervailing trends: the case of personal aeromobility. In: *Technology Analysis & Strategic Management* 21/2: 249-265.

Cresswell, Tim (2006): *On the move: mobility in the modern Western world*. New York; London: Routledge.

Cwerner, Saulo (2006): Vertical Flight and Urban Mobilities: The Promise and Reality of Helicopter Travel. In: *Mobilities* 1/2: 191-216.

Dangschat, Jens S. ; Blasius, Jörg (Hrsg.) (1990): *Gentrification. Die Aufwertung innenstadtnaher Wohnviertel*. Frankfurt/M.; New York: Campus

Dangschat, Jens; Segert, Astrid (2011): Nachhaltige Alltagsmobilität — soziale Ungleichheiten und Milieus. In: *Österreichische Zeitschrift für Soziologie* 36/2: 55-73.

Dant, Tim (2004): The Driver-car. In: *Theory, Culture & Society* 21/4/5: 61-79.

Deleuze, Gilles (1991): Was ist ein Dispositiv? In: Ewald, François; Wadenfels, Bernhard (Hrsg.): *Spiele der Wahrheit. Michel Foucaults Denken*. Frankfurt/M.: Suhrkamp: 153-162.

Dennis, Kingsley; Urry, John (2009): *After the Car*. Cambridge: Polity Press.

Diaz-Bone, Rainer (2006): Zur Methodologisierung der Foucaultschen Diskursanalyse. In: *Historical Social Research*, 31/2: 243-274.

Elias, Norbert (1994): *Über die Zeit*. Frankfurt/M.: Suhrkamp

– (1999 [1939]): *Über den Prozess der Zivilisation. Soziogenetische und psychogenetische Untersuchungen. Zweiter Band Wandlungen der Gesellschaft. Entwurf zu einer Theorie der Zivilisation*. Frankfurt/M.: Suhrkamp.

Ferguson, Harry (2009): Driven to Care: The Car, Automobility and Social Work. In: *Mobilities* 4/2: 275-293.

Flade, Antje; Limbourg, Maria (Hrsg.) (1999): *Frauen und Männer in der mobilen Gesellschaft*. Opladen: Leske + Budrich.

Flyvbjerg, Bent (1998): *Rationality and Power. Democracy in Practice*. Chicago: University of Chicago Press.

Foucault, Michel (1978): *Dispositive der Macht. Über Sexualität, Wissen und Wahrheit*. Berlin: Merve.

– (1991 [1969]): *Archäologie des Wissens*. Frankfurt/M.: Suhrkamp.

– (1992 [1975]): *Überwachen und Strafen*. Frankfurt/M.: Suhrkamp.

– (2003): *Dits et Ecrits. Schriften, Band III, 1976-1979*. Frankfurt/M.: Suhrkamp.

– (2007 [1974]): *Die Ordnung des Diskurses. Mit einem Essay von Ralf Konersmann*. Frankfurt/M.: Fischer.

Füller, Hennig; Marquardt, Nadine (2009): Gouvernementalität in der humangeographischen Diskursforschung. In: Glasze, Georg und Mattissek, Annika (Hrsg.): *Handbuch Diskurs und Raum. Theorien und Methoden für die Humangeographie sowie die sozial- und kulturwissenschaftliche Raumforschung*. Bielefeld: transcript: 83-106.

Frers, Lars (2009): Space, materiality and the contingency of action: a sequential analysis of the patient's file in doctor--patient interactions. In: *Discourse Studies* 11/3: 285-303.

Freudendal-Pedersen, Malene (2007): Mobility, Motility and Freedom: The Structual Story as an Analytical Tool for Understanding the Interconnection. In: *Schweizerische Zeitschrift für Soziologie* 33/1: 27-43.

Gartman, David (2004): Three Ages of the Automobile. The Cultural Logics of the Car. In: *Theory, Culture & Society* 21/4-5: 169-195.

Gegner, Martin (2007): Verkehr und Daseinsvorsorge. In: Schöller, Oliver; Canzler, Weert; Knie, Andreas (Hrsg.): *Handbuch Verkehrspolitik*. Wiesbaden: VS Verlag für Sozialwissenschaften: 455-470.

Gerhard, Ute (2000): „Nomaden". Zur Geschichte eines rassistischen Stereotyps und seiner Applikation. In: Grewenig, Adi; Jäger, Margret (Hrsg.): *Medien in Konflikten. Holocaust – Krieg – Ausgrenzung*. Duisburg: DISS: 223-235.

Glasze, Georg; Mattissek, Annika (Hrsg.) (2009): *Handbuch Diskurs und Raum. Theorien und Methoden für die Humangeographie sowie die sozial- und kulturwissenschaftliche Raumforschung*. Bielefeld: transcript.

Gorz, André (1977): *Ökologie und Politik. Beiträge zur Wachstumskrise*. Reinbek bei Hamburg: Rowohlt.

Gottschalk, Bernd (2006): Wandel des Lebens durch Mobilität – Das große Glücksversprechen. In: Schwäbisch Hall-Stiftung (Hrsg.): *Kultur des Eigentums*. Berlin, Heidelberg: Springer: 461-465.

Graham, Stephen (2001): The city as soiotechnical process. Networked mobilities and urban social inequalities. In: *City* 5/3: 339-349.

– (2002): FlowCity: Networked Mobilities and the Contemporary Metropolis. In: *Journal of Urban Technology* 9/1: 1-20.

Graham, Stephen; Marvin, Simon (2001): *Splintering Urbanism. Networked infrastructures, technological mobilities and the urban condition*. London, New York: Routledge.

Gross, Peter (2010): Der Nomade. In: Moebius, Stephan; Schroer, Markus (Hrsg.): *Diven, Hacker, Spekulanten*. Frankfurt/M.: Suhrkamp: 316-325.

Haraway, Donna (1991): *Simian, Cyborgs, and Women. The Reinvention of Nature*. New York: Routledge.

Holden, Erling (2007): Achieving Sustainable Mobility. Everyday and Leisure-time Travel in the EU. Aldershot: Ashgate.

Huffschmid, Anne; Wildner, Kathrin (2009): Räume sprechen, Diskurse verorten? Überlegungen zu einer transdisziplinären Ethnografie. In: *Forum Qualitative Sozialforschung/Forum: Qualitative Social Research* 10/3: Art. 25.

Huxley, Margo (2006): Spatial rationalities: order, environment, evolution and government. In: *Social & Cultural Geography* 7/5: 771-787.

International Civil Aviation Organization (2009): *Annual Report of the Council*. Chicago.

Institut für Mobilitätsforschung (ifmo) (2010): *Zukunft der Mobilität. Szenarien für das Jahr 2030*. München.

– (2008): Mobilität 2025. Der Einfluss von Einkommen, Mobilitätskosten und Demografie. In: *ifmo-Studien*.

Jäger, Siegfried (2001): Dispositiv. In: Kleiner, Markus (Hrsg.): *Michel Foucault. Eine Einführung in sein Denken*. Frankfurt/M., New York: Campus: 72-89.

Jessop, Bob (2000): The Crisis of the National Spatio-Temporal Fix and the Tendential Ecological Dominance of Globalizing Capitalism. In: *International Journal of Urban and Regional Research* 24/2: 323-360.

– (2007): *Kapitalismus, Regulation, Staat*. Ausgewählte Schriften. Hamburg: Argument Sonderband neue Folge 302.

Kaplan, Caren (2003): Transporting the Subject: Technologies of Mobility and Location in an Era of Globalization. In: Ahmed, Sara; Cataneda, Claudia; Fortier, Anne-Marie; Sheller, Mimi (Hrsg.): *Uprootings/Regroundings. Question of Home and Migration*. Oxford, New York: Berg:.

Keller, Reiner (2007): Diskurse und Dispositive analysieren. Die Wissenssoziologische Diskursanalyse als Beitrag zu einer wissensanalytischen Profilierung der Diskursforschung. In: *Forum Qualitative Sozialforschung/Forum: Qualitative Social Research* 8/2: 1-24.

Kellerman, Aharon (2006): *Personal Mobilities*. London, New York: Routledge.

Knie, Andreas (2007): Ergebnisse und Probleme sozialwissenschaftlicher Mobilitäts- und Verkehrsforschung. In: Schöller, Oliver; Canzler, Weert; Knie, Andreas (Hrsg.): *Handbuch Verkehrspolitik*. Wiesbaden: VS Verlag für Sozialwissenschaften: 43-60.

Kesselring, Sven (2006): Topographien mobiler Möglichkeitsräume. Zur sozio-materiellen Netzwerkanalyse von Mobilitätspionieren. In: Hollstein, Betina; Straus, Florian (Hrsg.): *Qualitative Netzwerkanalyse. Konzepte, Methoden, Anwendungen*. Wiesbaden: VS Verlag für Sozialwissenschaften: 333-358.

Knoflacher, Helmut (2009): *Virus Auto. Die Geschichte einer Zerstörung*. Wien: Ueberreuter.

Knie, Andreas (2007): Ergebnisse und Probleme sozialwissenschaftlicher Mobilitäts- und Verkehrsforschung. In: Schöller, Oliver; Canzler, Weert; Knie, Andreas (Hrsg.): *Handbuch Verkehrspolitik*. Wiesbaden: VS Verlag für Sozialwissenschaften: 43-60.

Kuhm, Klaus (1995): *Das eilige Jahrhundert. Einblicke in die automobile Gesellschaft*. Hamburg: Junius.

– (1997): *Moderne und Asphalt. Die Automobilisierung als Prozeß technologischer Integration und sozialer Vernetzung*. Pfaffenweiler: Centaurus.

Kullman, Kim (2009): Enacting Traffic Spaces. In: *Space and Culture* 12/2: 205-217.

Larsen, Jonas; Urry, John; Axhausen, Kay (2006): *Mobilities, Networks, Geographies*. Hampshire: Ashgate.

Latour, Bruno (2005): *Reassembling the social : an introduction to actor-network-theory*. Oxford: Oxford University Press.

Law, John (2002): Objects and Spaces. In: *Theory Culture Society* 19/5-6: 91-105.

Lemke, Thomas (2001): Gouvernementalität. In: Kleiner, Markus (Hrsg.): *Michel Foucault. Eine Einführung in sein Denken*. Frankfurt/M., New York: Campus: 108-122.

Link, Jürgen (2005): Warum Diskurse nicht von personalen Subjekten 'ausgehandelt' werden. Vom Diskurs- zur Interdiskurstheorie. In: Keller, Reiner; Hirseland, Andreas; Schneider, Werner; Viehöfer, Willy (Hrsg.): *Die diskursive Konstruktion von Wirk-*

lichkeit. Zum Verhältnis von Wissenssoziologie und Diskursforschung. Konstanz: UVK: 77-100.

– (2006): Diskursanalyse unter besonderer Berücksichtigung von Interdiskurs und Kollektivsymbolik. In: Keller, Reiner; Hirseland, Andreas; Schneider, Werner; Viehöfer, Willy (Hrsg.): *Handbuch Sozialwissenschaftliche Diskursanalyse. Band 1: Theorien und Methoden.* 2., aktualisierte und erweiterte Auflage. Wiesbaden: VS Verlag für Sozialwissenschaften: 407-430.

– (2007): Dispositiv und Interdiskurs. Mit Überlegungen zum 'Dreieck' Foucault – Bourdieu – Luhmann. In: Kammler, Clemens; Parr, Rolf (Hrsg.): *Foucault in den Kulturwissenschaften. Eine Bestandsaufnahme.* Heidelberg: Synchron: 219-238.

Lossau, Julia (2007): 'Mind the gap': Bemerkungen zur gegenwärtigen Raumkonjunktur aus kulturgeographischer Sicht. In: Günzel, Stephan (Hrsg.): *Topologie. Zur Raumbeschreibung in den Kultur- und Medienwissenschaften.* Bielefeld: transcript: 53-68.

Löw, Martina (2001): *Raumsoziologie.* Frankfurt/M.: Suhrkamp.

Manderscheid, Katharina (2007): Urbanität im 21. Jahrhundert – Verfall oder Chance einer Lebensform? Eine soziologische Kontextualisierung. In: Baum, Detlef (Hrsg.): *Die Stadt in der Sozialen Arbeit. Ein Handbuch für soziale und planende Berufe.* Wiesbaden: VS Verlag für Sozialwissenschaften: 52-70.

– (2009): Integrating Space and Mobilities into the Analysis of Social Inequality. In: *Distinktion* 18: 7-27.

– (2012): Planning sustainability. Inter- and intragenerational justice in spatial planning strategies. In: *Antipode* 44/1: 197-216

– (2012b): Mobilität. In: Eckardt, Frank (Hrsg.): *Handbuch Stadtsoziologie.* Wiesbaden: VS Verlag für Sozialwissenschaften: 551-570.

Manderscheid, Katharina; Richardson, Tim (2011): Planning Inequality. Social and economic spaces in national spatial planning. In: *European Planning Studies* 19/10: 1797-1815.

Marx, Karl (1973 [1861]): *Grundrisse. Outlines of the Critique of Political Economy.* Harmondsworth: Penguin.

Massey, Doreen; Allen, John; Sarre, Philip (Hrsg.) (1999): *Human Geography Today.* Cambridge: Polity Press.

Massey, Doreen (2004): Geographies of Responsibility. In: *Geografiska Annaler Series B: Human Geography* 86/1: 5-18.

– (2005): For Space. London, Thousand Oaks, New Delhi: Sage.

Michael, Mike (2001): The Invisible Car: The Cultural Purification of Road Rage. In: Miller, Daniel (Hrsg.): Car Cultures. Oxford, New York: Berg: 59-80.

Miller, Daniel (2001): Driven Societies. In: Miller, Daniel (Hrsg.): Car Cultures. Oxford: Berg: 1-33.

– (Hrsg.) (2001a): *Car Cultures.* Oxford: Berg.

Murdoch, Jonathan (2006): *Post-structuralist Geography.* London, Thousand Oaks, New Delhi: Sage.

OECD (2000): Environmentally Sustainable Transport. Futures, strategies and best practices. Synthesis Report of the OECD project on Enviromentally Sustainable Transport EST, presented on occastion of the International est! Conference, 4th to 6th of October. Vienna, Austria: OECD.

Parry, Ian W. H.; Walls, Margaret; Harrington, Winston (2007): Automobile Externalties and Policies. In: *Journal of Economic Literature* XLV/373-399.

Paterson, Matthew (2007): *Automobile Politics. Ecology and Cultural Political Economy.* Cambridge: Cambridge University Press.

Patton, Jason W. (2007): A pedestrian world: competing rationalities and the calculation of transportation change. In: *Environment and Planning A* 39/928-944.

Peck, Jamie; Tickell, Adam (2002): Neoliberalizing Space. In: *Antipode* 34/3: 380-404.

Peters, Peter Frank (2006): *Time, Innovation and Mobilities. Travel in technological cultures.* London, New York: Routledge.

Pink, Sarah (2008): Mobilising Visual Ethnography: Making Routes, Making Place and Making Images [27 paragraphs]. In: *Forum Qualitative Sozialforschung/Forum: Qualitative Social Research* 9/3: Art. 36.

Pießkalla, Michael; Leitgeb, Stephan (2006): Fahrerlaubnisentziehung nach § 69 Abs. 1 Satz 1 2. Alt. StGB auch bei „nicht verkehrsspezifischen" Straftaten? In: *Neue Zeitschrift für Verkehrsrecht* 4: 185-187.

Porter, Richard C. (1999): *Economics at the Wheel. The costs of cars and drivers.* San Diego: Academic Press.

Putnam, Robert D. (2000): Bowling Alone: The Collapse and Revival of American Community. New York: Simon & Schuster.

Rammler, Stephan (2001): *Mobilität in der Moderne. Geschichte und Theorie der Verkehrssoziologie.* Berlin: Edition Sigma

– (2008): The Wahlverwandtschaft of Modernity and Mobility. In: Canzler, Weert; Kaufmann, Vincent; Kesselring, Sven (Hrsg.): *Tracing Mobilities. Towards a Cosmopolitan Perspective*. Aldershot: Ashgate: 57-75.

Richardson, Tim; Jensen, Ole B. (2003): Linking Discourse and Space: Towards a Cultural Sociology of Space in Analysing Spatial Policy Discourses. In: *Urban Studies* 40/1: 7-22.

Rosa, Hartmut (2005): *Beschleunigung. Die Veränderung der Zeitstrukturen in der Moderne.* Frankfurt/M.: Suhrkamp.

Rose, Nikolas (1999): *Powers of Freedom. Refraiming Political Thought.* Cambridge: Cambridge University Press.

Sager, Tore (2008): Freedom as mobility: implications of the distinction between actual and potential travelling. In: Bergmann, Sigurd; Hoff, Thomas; Sager, Tore (Hrsg.): *Spaces of Mobility. The Planning, Ethics, Engineering and Religion of Human Motion.* London: Equinox 243-267.

Sassen, Saskia (2001): *The Global City.* Second Edition. Princeton: Princeton University Press.

Schneider, Norbert F.; Meil, Gerardo (Hrsg.) (2008): *Mobile Living Across Europe I. Relevance and Diversity of Job-Related Spatial Mobility in Six European Countries.* Opladen: Barbara Budrich Verlag.

Schöller, Oliver; Canzler, Weert; Knie, Andreas (Hrsg.) (2007): *Handbuch Verkehrspolitik.* Wiesbaden: VS Verlag für Sozialwissenschaften.

Schroer, Markus (2006): Mobilität ohne Grenzen? Vom Dasein als Nomade und der Zukunft der Sesshaftigkeit. In: Gebhardt, Winfried; Hitzler, Ronald (Hrsg.): *Nomaden, Flaneure, Vagabunden. Wissensformen und Denkstile der Gegenwart.* Wiesbaden: VS Verlag für Sozialwissenschaften: 115-125.

Sheller, Mimi (2007): Bodies, cybercars and the mundane incorporation of automated mobilities. In: *Social & Cultural Geography* 8/2: 175-197.

Sheller, Mimi; Urry, John (2006): The new mobilities paradigm. In: *Environment and Planning A* 38/2: 207-226.

Sheppard, Eric (2002): The Spaces and Times of Globalization: Place, Scale, Networks, and Positionality. In: *Economic Geography* 78/307-330.

Shubin, Sergei (2010): „Where Can a Gypsy Stop?“ Rethinking Mobility in Scotland. In: *Antipode* Early View Online/1-31.

Simmel, Georg (1984 [1903]): Die Großstadt und das Geistesleben. In: (Hrsg.): D*as Individuum und die Freiheit.* Berlin: 192-204.

Statistisches Bundesamt (2008): Wirtschaftsrechnungen. Einkommens- und Verbrauchstichprobe Ausstattung privater Haushalte mit ausgewählten Gebrauchsgütern. In: *Fachserie*, 15/1.

Stiens, Gerhard (2003): *Szenarien zur Raumentwicklung. Raum- und Siedlungsstrukturen Deutschlands 2015/2040.* Selbstverlag des Bundesamtes, Bonn.

– (2004): Aktuelle deutsche Raumentwicklungsszenarien im Vergleich mit Szenarien aus benachbarten Staaten. In: *Informationen zur Raumentwicklung* 1/2. 77-107.

Thrift, Nigel (1996): *Spatial Formations.* London: Sage.

– (2008): *Non-Representational Theory. Space, politics, affect.* Oxon: Routledge.

Truschkat, Inga (2008): *Kompetenzdiskurs und Bewerbungsgespräche. Eine Dispositivanalyse (neuer) Rationalitäten sozialer Differenzierung. Theorie und Praxis der Diskursforschung.* Wiesbaden: VS Verlag für Sozialwissenschaften.

Turnbull, David (2002): Performance and Narrative, Bodies and Movement in the Construction of Places and Objects, Spaces and Knowledges: The Case of the Maltese Megaliths. In: *Theory Culture & Society* 19/5-6: 125-143.

Urry, John (2004): The 'System' of Automobility. In: *Theory, Culture & Society* 21/4/5: 25-39.

– (2007): *Mobilities.* Cambridge: Polity Press.

– (2011): *Climate Change and Society.* Cambridge: Polity Press.

Walker, Gordon (2009): Beyond Distribution and Proximity: Exploring the Multiple Spatialities of Environmental Justice. In: *Antipode* 41/4: 614-636.

Weiss, Anja (2005): The Transnationalization of Social Inequality: Conceptualizing Social Positions on a World Scale. In: *Current Sociology* 53/4: 707-728.

Welzer, Harald; Soeffner, Hans-Georg; Gieseke, Dana (2010): *KlimaKulturen. Soziale Wirklichkeiten im Klimawandel.* Frankfurt/M.: Campus.

West, Candace; Zimmerman, Don H. (1987): Doing Gender. In: *Gender & Society* 1: 125-151.

Wilson, Mark I.; Corey, Kenneth E. (2011): Approaching Ubiquity: Global Trends and Issues in ICT Access and Use. In: *Journal of Urban Technology* 18/1: 7-20.

Wolf, Winfried (1992): *Eisenbahn und Autowahn. Personen- und Gütertransport auf Schiene, Straße, in der Luft und zu Wasser. Geschichte, Bilanz, Perspektiven.* Hamburg, Zürich: Rasch und Röhring.

Wrana, Daniel; Langer, Antje (2007): An den Rändern der Diskurse. Jenseits der Unterscheidung diskursiver und nicht-diskursiver Praktiken. In: Forum Qualitative Sozialforschung/*Forum: Qualitative Social Research* 8/2 Art. 20.

Sebastian Dirks

Heterotopien Sozialer Arbeit

Einleitung

Seit den 1970er Jahren wandelt sich der Wohlfahrtsstaat (Butterwegge 2001). Teil dieser umfassenden „post-wohlfahrtstaatlichen Transformation" (Kessl/Otto 2009: 9) ist eine zunehmende Re-Territorialisierung des Sozialen (vgl. Kessl/Otto 2007). Räumliche Aspekte gewinnen sowohl in der Regierung von Bevölkerungen als auch in den Sozialwissenschaften (*spatial turn*) an Bedeutung. Auch für die Soziale Arbeit als Teil des wohlfahrtstaatlichen Arrangements ist eine solche Transformation zu diagnostizieren. Hinweise darauf geben eine Vielzahl an Veröffentlichungen, die den Nahraum oder den Sozialraum in das Zentrum sozialer Arbeit stellen (z.B. Baum 2007, Biesel 2007, Deinet 2009, Hinte/Treeß 2007, Kessl/Reutlinger/Maurer/Frey 2005, Penta 2007, Stövesand 2007).

Die Nahraumorientierung als skalare Verschiebung von Regierungskonzeptionen wird in den Wissenschaften Sozialer Arbeit kritisch begleitet (z.B. Kessl/Otto 2007). Eine Erforschung (veränderter) räumlicher Praktiken Sozialer Arbeit steht allerdings weitgehend aus. Einige Studien weisen zwar darauf hin, dass nahraumorientierte Soziale Arbeit an der Reproduktion von Problemlagen mitwirken könne (Landhäußer 2009, Manderscheid 2006, Hafner 2005), eine systematische Untersuchung der räumlichen Effekte im Kontext Sozialer Arbeit findet bisher nicht statt.

An dieser Lücke schließt die in diesem Beitrag vorgestellte explorative kommunale Fallstudie[1] an. Sie ist der Beginn einer Erforschung sozialarbeiterischer Praxis[2] im Kontext urbaner Raumproduktionen. Im ersten Abschnitt wird der

---

1 Die kommunale Fallstudie habe ich mit Prof. Fabian Kessl zwischen 2008 und 2009 an der Universität Bielefeld durchgeführt. Finanziert wurde sie durch das Bielefeld Center für Education and Capability Research.

2 Unter sozialarbeiterischer Praxis werden hierbei die Gesamtheit der Praktiken im Kontext von Sozialarbeit und Sozialpädagogik verstanden. Dies beinhaltet die Perspektiven von allen Akteur_innen dieses Feldes (Professionelle, Ehrenamtliche,

Kontext der Studie vorgestellt. Der zweite Abschnitt diskutiert den foucaultschen Begriff der Heterotopie, der im Verlauf der Forschung im Feld zunehmende Relevanz erlangte. Im letzten Abschnitt werden als Erweiterung des foucaultschen Konzeptes mit Hilfe der erhobenen Daten wesentliche Prozesse der Herausbildung von Heterotopien skizziert.

Kontextualisierung der Studie

Vor dem Hintergrund der Diskussion um eine skalare Verschiebung von Regierung (Wissen/Röttger/Heeg 2008), die in einer spezifischen Weise auch die Soziale Arbeit trifft (Clarke 2007, Jessop 2007) hat sich die nahräumliche Ausrichtung Sozialer Arbeit als Arbeitsprinzip durchgesetzt. Gleichzeitig erhalten auch Sicherheits- und Kriminalitätspolitiken verstärkt räumliche Komponenten (Eick/Sambale/Töpfer 2007, Glasze/Pütz/Rolfes 2005, Leipziger Kamera 2009, Michel 2005, Wehrheim 2009). Beispiele hierfür sind Privatisierungen von Bahnhöfen und öffentlichen Räumen, verräumlichte kommunale Rechtsnormen – insbesondere Alkoholverbote, aber auch die in verschiedenen Polizeigesetzen verankerte Möglichkeit der Ausrufung von Gefahrengebieten, in denen verdachtsunabhängige Kontrollen durchgeführt werden können. Solche räumlichen Sonderordnungen in Innenstädten treffen häufig die klassische Klientel Sozialer Arbeit: Obdachlose, Alkohol- und Drogenkonsument_innen. Eine Auseinandersetzung mit dieser Problematik hat Titus Simon in seiner Studie „Wem gehört der öffentliche Raum" (2001) vorgelegt. Jedoch wird hier nur die professionelle Sicht dargestellt. Die Sicht der Klient_innen fehlt, ebenso die Betrachtung des Verhältnisses der professionellen und Klient_innenperspektiven.

In dem von uns untersuchten Beispiel fallen die verschiedenen Diskurse zu räumlichen Transformationen offenkundig ineinander. In einer mittelgroßen deutschen Stadt wurden gleichzeitig eine juristische Regelung über eine innenstadtnahe Grünfläche, sowie eine Etaterhöhung von Einrichtungen der Sozialen Arbeit beschlossen. Im Vorfeld fand eine medial vermittelte Debatte über die Sicherheit an dieser Grünfläche statt.

Die „Nutzungssatzung für die Grünanlage" verbietet explizit das „Lagern" und den „Konsum von Alkohol". Tätigkeiten, die in anderen Grünflächen der Stadt nicht ausdrücklich verboten sind, mit Ausnahme des Alkoholkonsums, der auf Spielplätzen nicht erlaubt ist. Das „Lagern" ist im Rest der Stadt nur als

Nutzer_innen/Adressat_innen Sozialer Arbeit, sowie Institutionen und kommunale Politik).

„Regelmäßigkeit" verboten. Die Grünfläche liegt in unmittelbarer Nähe zum Hauptbahnhof der Stadt. Über sie ist der Zugang zur örtlichen Stadthalle möglich. Weitere Anlieger der Fläche sind ein Hotel einer renommierten Kette, ein großes deutsches Logistikunternehmen sowie einige migrantische Geschäfte und Imbisse. Darüber hinaus liegt der einzige Zugang zur Stadtbahn am Rande des Geländes. Auf dieser Grünfläche hatten sich seit dem Sommer 2007 verstärkt Menschen getroffen, dort Alkohol konsumiert, gegrillt, aber auch illegalisierte Drogen gehandelt. Der Ort wurde zum Aufenthaltsort für eine „störende Trinker-, Drogen- und Obdachlosenszene", wie eine örtliche Zeitung berichtete. Von der Etaterhöhung profitierten Einrichtungen der Drogen- sowie Alkohol- und Obdachlosenhilfe. Sie waren angewiesen, ihre Öffnungszeiten zu erweitern. Die beiden geförderten Einrichtungen sind jeweils in ca. 15 Minuten zu Fuß zu erreichen. Der Abstand zwischen ihnen beträgt ungefähr 20 Minuten Fußweg.

Die Drogenhilfeeinrichtung (ab jetzt DHE) ist ausgestattet mit einer Cafeteria, zum Sitzen, Essen und Plaudern. Sie dient auch als Warteraum für die angeschlossene Substitutionspraxis. Darüber hinaus gibt es zwei Konsumräume (getrennt in intravenösen und intranasalen Konsum), einen medizinischen Versorgungsraum sowie Wasch- und Büroräume.

Das Café für Menschen in besonderen Lebenslagen (Einrichtung für Alkoholiker_innen und Obdachlose, ab jetzt Café) umfasst ähnliche Einrichtungen: Cafeteria, Billard-/Freizeitraum, medizinischer Versorgungsraum, Waschgelegenheiten). Jedoch gibt es hier keine angeschlossene Praxis. Der Konsumraum – denn hier dürfen Bier und Wein konsumiert werden – ist der Caféraum.

Das Ziel der städtischen Maßnahmen war von vornherein klar: Durch den repressiven Einsatz der räumlichen Nutzungsordnung sollten Nutzer_innen illegalisierter und legalisierter Drogen von der Grünfläche vertrieben werden, um in den Armen der Sozialen Arbeit aufgenommen zu werden. Diese Zielsetzung wurde uns von einem interviewten Vertreter der Stadt bestätigt und im Vorweg auch in den örtlichen Medien verbreitet.

Im Mittelpunkt der Studie standen die Fragen nach dem Zusammenhang ordnungspolitischer Maßnahmen im Stadtraum und Sozialer Arbeit sowie die konkreten Raumnutzungen der beteiligten Personen und Institutionen: Wie nutzen verschiedene Gruppen den Raum? Wie begründen einzelne Akteur_innen die Lage in der Stadt? Wie konstituiert sich der genutzte Raum? Welche Funktionen weisen die einzelnen Akteur_innen dem Raum zu?

Zunächst wurden mediale Veröffentlichungen um die Grünfläche gesichtet. Hierbei wurde schnell deutlich, dass sich das zu untersuchende Setting weit um den Ausgangsort aufspannt. So wurden während der Studie zehn ausführliche Expert_inneninterviews geführt (Meuser/Nagel: 1997). Dabei erweiterten wir den üblichen Expertenbegriff, denn dieser schließt explizit Expert_innen des eigenen Lebens aus (vgl. ebd.: 483ff). Die Definition der Expert_innen als Professionelle oder Halbprofessionelle trägt dann womöglich zur Reproduktion des Fachdiskurses bei. Die Perspektive der Raumnutzer_innen wird ausgeblendet, ebenso widersprüchliche Alltagspraktiken und Deutungen. So wurden neben Vertreter_innen der Stadt und der Sozialen Arbeit vor Ort auch Interviews mit Nutzer_innen der Sozialen Arbeit geführt. Ergänzt wurden die Interviews um teilnehmende Beobachtungen und kurze ethnographische Gespräche in der Grünanlage, der DHE und im Café (Friebertshäuser: 1997, Friebertshäuser/Panagiotopoulou: 2010).

Zunächst stand die Heterotopologie (Foucault 1999: 150ff) nicht im Vordergrund unserer Studie, stellte sich jedoch im Verlauf als hilfreich heraus. Denn sie verbindet Machtanalyse und Dispositivanalyse an konkreten Orten. So identifizierten wir die Grünanlage sowie die beiden Einrichtungen Sozialer Arbeit als Heterotopien mit spezifischen Funktionen, die mit einander ins Verhältnis zu setzen und auf ihre Entstehungsbedingungen zu befragen sind.

Heterotopie – Dispositiv – Macht

Durch die Arbeiten Foucaults lassen sich verschiedene Bezüge auf Raum bzw. räumliche Verweise ziehen. Dabei verfolgt er nicht die Idee einer Theorie des Raumes, sondern nutzt räumliche Begriffe entweder metaphorisch, wie bei der Beschreibung von Macht als dynamischem Kräfteverhältnis, das dem physikalischen Begriff von der Kraft entlehnt ist (vgl. Opitz 2004: 27). Oder sein Interesse gilt dem Verhältnis von Macht, Regierungstechniken und Raum, wie in seinen Vorlesungen zu Gouvernementalität, in denen die Verschiebung von einer territorial ausgerichteten souveränen Macht über die Disziplinarmacht zu einer auf die Bevölkerung ausgerichteten neoliberalen Gouvernementalität beschrieben wird (Foucault 2004). Die Heterotopologie als dritter, auf die Frage eines lokalisierbaren Ortes zielender Raumverweis, muss vor dem Hintergrund der erstgenannten Raumverweise gelesen werden.

Im Zentrum der Heterotopologie stehen die Heterotopien als realisierte Orte des Anderen, die nahezu alle Gesellschaften hervorbringen (Foucault 1999: 149f.). Heterotopien sind Orte, die sich auf alle anderen Orte beziehen, so dass sie die „von diesen bezeichneten oder reflektierten Verhältnisse suspendieren, neutralisieren oder umkehren“ (Foucault 1999: 149). Sie seien „Orte außerhalb aller Orte, wiewohl sie tatsächlich geortet werden können“ (Foucault 1999b: 149).

Sie können als Abspaltungen von der Norm, von Macht/Wissen-Formationen beschrieben werden. Als solche Abspaltungen sind sie jedoch ebenfalls keineswegs autonom, sondern vielmehr Orte, die in Beziehung zum Rest-Raum stehen. Erst die Existenz des (normierten) Raumes, von dem Heterotopien abgespalten werden, macht die Abspaltung selbst möglich. Die Heterotopien als „andere Räume" (so auch der Titel eines Vortrags von Michel Foucault zu den Heterotopien; Foucault 1999) stellen „eine zugleich mythische und reale Bestreitung des Raumes, in dem wir leben" (ebd.: 150) dar. In ihnen kann ein anderes Verhalten stattfinden, wobei auch Heterotopien in sich andere, neue Normen entwerfen. Die Abspaltung von Heterotopien ist ein Prozess, der Orte für Menschen in bestimmten Lebenslagen schafft.

Für die Beschreibung dieser anderen Orte entwirft Foucault einige Grundsätze, die die eigentliche Heterotopologie bilden.

Heterotopien nehmen verschiedene Formen an und sind nicht universal.
Die Heterotopien sind wandelbar.
Heterotopien können mehrere unvereinbare Bedeutungen vereinen.
Heterotopien können an eine andere Zeit gebunden sein.
Eine Heterotopie ist nicht ohne weiteres zugänglich.

Zumeist werden diese fünf Grundsätze bei der Beschreibung des Konzeptes genannt (z.B. Chlada 2005: 90ff). Eine Reduktion auf diese fünf Grundsätze nähme dem Konzept der Heterotopie allerdings den Witz, denn es dürfte ein Leichtes sein, nahezu jeden Ort anhand dieser Kategorien als Heterotopie zu bestimmen. Dies wäre eine intellektuelle Spielerei ohne großen Erkenntnisgewinn. Eine kritische Perspektive auf gesellschaftlich produzierte Räume ergibt sich erst, wenn „der letzte Zug der Heterotopien" (Foucault 1999: 155) in die Analyse einbezogen wird. Foucault rahmt die Heterotopologie mit dem Verhältnis von Heterotopien und Rest-Raum. Nicht die Erkenntnis der Existenz „anderer Räume", sondern erst die Analyse des Verhältnisses, in dem diese zum Rest-Raum stehen, kann eine kritische Perspektive eröffnen.

Foucault nutzt das Bild des Spiegels, der als Heterotopie wirke,

> in dem Sinn, dass der Platz, den ich einnehme, während ich mich im Glas erblicke, ganz wirklich macht und mit dem Umraum verbindet, und dass er ihn zugleich ganz unwirklich macht, da er nur über den virtuellen Punkt dort wahrzunehmen ist" (Foucault 1999: 150).

Die Heterotopien sind in diesem Sinne Reflektionen des Restraumes, dessen Ordnung nur aus der Heterotopie heraus erkennbar ist. Die Analyse einer Heterotopie entwirft somit ein Bild des normierten Raumes. Foucault differenziert zwischen Krisen- und Abweichungsheterotopien, zwischen Kompensations- und Illusionsheterotopien. Ohne näher auf diese einzugehen, ist ihnen gemein, dass sie Pole von Möglichkeiten bilden. All jene Orte haben die Funktion Verhaltensweisen oder räumliche Anordnungen zu ermöglichen, die im normierten Rest-Raum so nicht möglich oder nicht erwünscht sind. Heterotopien spalten Verhaltensweisen aus dem Rest-Raum ab, schließen sie aus. Die Entstehung von Heterotopien ist mit den historisch-spezifischen Regierungsweisen und Macht/Wissen-Formationen verknüpft. Die Art und Weise, wie und welche Heterotopien entstehen, um die Ordnung im Rest-Raum zu erhalten, wirft ein Licht auf die hegemoniale Ordnung. Dabei sind Heterotopien immer Instrumente der Macht. Entweder sie schließen im Sinne der Hegemonie spezifische Gruppen aus dem normierten Raum aus, oder sie entstehen im Kontext eines Widerstandes, sind Orte der Selbstermächtigung gegen hegemoniale Räume.

Bei der heterotopologischen Analyse ist immer das Verhältnis von Heterotopie und Rest-Raum zu betrachten. Im Kontext von Foucaults Macht- und Dispositivanalyse gelesen, ist die Heterotopologie ein Angebot zur kritischen Analyse konkreter Orte unter Einbeziehung der Machtverhältnisse und Dispositive, die sie hervorbringen. Da Heterotopien immer relational zum Rest-Raum stehen, wobei dieser den Raum der Norm darstellt und die Heterotopien die Orte der Abweichung sind, ist die Heterotopologie ein Angebot zur Analyse der Herstellung von sozialem Raum am Beispiel real existierender Orte.

Die Heterotopie ist somit ein Begriff, der als relationaler Begriff selbst verschiedene Funktionen erfüllt:

1. Durch die Identifizierung und Rekonstruktion einer Heterotopie können Gruppen, Individuen, Verhaltensweisen, die der Heterotopie zugeordnet sind, bzw. sich ihr zugeordnet haben, erkannt und sichtbar gemacht werden. Über die Analyse von Heterotopien ist es möglich, Ausschlüsse aus dem Normraum zu beschreiben.
2. Gleichzeitig wird damit der Restraum, die Norm selbst beschrieben. Durch die Analyse des Verhältnisses von Heterotopie und Restraum kann die Norm des Restraumes selbst sichtbar gemacht werden.
3. Kann die Heterotopie als relationaler Begriff in einen prozessualen räumlichen Begriff überführt werden, wenn das Verhältnis von Restraum und Heterotopie beschrieben wird. Allerdings nur, wenn bei der Anwendung des Begriffes Heterotopie und Restraum analog zum dynamischen Machtbegriff Foucaults betrachtet werden. Die starke Setzung Foucaults, dass die anderen Räume „wohl in jeder Kultur, in jeder Zivilisation“ (Foucault 1999: 149) zu finden

seien, wird zu einem Allgemeinplatz, wenn die Frage der Entstehungsprozesse dieser Orte vernachlässigt wird[3].

Dieser Beitrag wird genau dieser Frage nachgehen und anhand einer kommunalen Fallstudie das Konzept der Heterotopie in Bezug auf deren Entstehungsprozesse erweitern.

Prozesse der Heterotopiebildung

Zunächst konnten wir im Kontext der Studie drei Heterotopien identifizieren. Nah an Foucault: Die Grünfläche am Hauptbahnhof als Illusionsheterotopie, sowie die Einrichtungen Sozialer Arbeit, die ihr Angebot auf die Nutzer_innen der Grünfläche ausgerichtet haben als Mischform von Krisen- und Abweichungsheterotopie. Die niedrigschwelligen Angebote beider Einrichtungen sprechen für eine Kompensationsheterotopie. Hier wird ein im Restraum ausgeschlossenes Verhalten (entweder durch die Parksatzung oder durch das Betäubungsmittelgesetz, sowie über allgemeine Normvorstellungen über den Gebrauch von Rauschmitteln) ermöglicht und ihm ein spezifischer, geordneter Raum zugewiesen. Diese Zuweisungen sind weder eindeutig bestimmbar, noch zufriedenstellend. Allerdings ist es in diesem Beitrag nicht das Anliegen, die Heterotopien zu klassifizieren, sondern Prozesse ihrer Entstehung darzustellen. Die Angebote zur Therapie allerdings verweisen auf die Idee des Vorübergehens des abweichenden Verhaltens. In diesem Sinne wird Sucht als abschließbare Phase im Leben gesehen, quasi als mit Hilfe der Sozialen Arbeit zu überwindende individuelle Krise.

Aus den von uns geführten Interviews ließen sich anhand des Datenmaterials drei Prozesse der Heterotopie-Bildung herausarbeiten: 1.) Wanderungen, 2.) Grenzziehung 3.) (Un)Sichtbarmachung.

Wanderungen

Die Erzählungen aller Befragten decken sich in der Beschreibung, wie die Grünfläche zu einem wichtigen Treffpunkt wurde: Seit den 1980er Jahren etablierten

3 Heterotopie ist somit auch ein methodischer Begriff, über den ein dialogischer Forschungsprozess (Kleining 1995: 145ff) möglich wird: Zunächst kann ein konkreter Ort als „anderer Ort" identifiziert und beschrieben werden. In einem weiteren Schritt kann die Funktion der Heterotopie zum Restraum beschrieben werden. Darüber wird eine Beschreibung des Restraums möglich. In einem weiteren Schritt können die Entwicklungen beider Räume ins Verhältnis gesetzt werden und somit verschiedene Prozesse der Heterotopienbildung als ein räumlicher Ausschlusses beschrieben werden.

sich in der Innenstadt verschiedene Orte, an denen sich Wohnungslose, Alkohol oder Drogen konsumierende Menschen aufhalten. Diese Orte wurden durch verschiedene Maßnahmen – z.B. polizeiliche Kontrollen, Etablierung einer mobilen Polizeiwache, Entfernung von Sitzmöglichkeiten, Videoüberwachung – mehrfach aufgelöst. In den letzten zehn Jahren etablierte sich um den Stadtbahneingang ein gemeinsamer Treffpunkt. Im Jahr 2007 trafen sich nach Angaben der Stadt bis zu 250 Personen in der Grünanlage, was ohne Referenz auf die Größe der Anlage viel klingen mag, aber bei einer Fläche von knapp zwei Hektar gar nicht mehr so viel ist.

Begleitet wird diese neuere Entwicklung von einer Medienkampagne, bei der der Stadtbahneingang zu einem gefährlichen und schmutzigen Ort stilisiert wird, gleichermaßen aber der Verlust des repräsentativen Charakters für die Stadt beklagt wird. In den Worten des Stadtvertreters klingt das so:

> Also die ganze Klientel, die wir vor dem Bahnhof haben, auf der so genannten A-Seite, findet man normaler[weise] auf der B-Seite. Es gab ganz viele Leute, gerade Pendler, die sagen, äh a) ist es ein schlechtes Bild für die Stadt. Wenn man raus kommt, das Erste, was man sieht, eine Horde von 250 Leuten – also maximal – muss man dazu sagen. Aber lass es mal 40, 50 sein mit den Hunden eben dabei und so weiter. Dass die eben gesagt haben, wenn du raus kommst, das erste sind diese Typen. Wollen wir nicht." (I-SV_1)

Das Erscheinen einer bestimmten Gruppe „diese Typen", „Horde" „mit den Hunden" im Stadtbild ist unerwünscht. Repressive Ordnungs- und sicherheitspolitische Praktiken lösten eine *Wanderung* von Menschengruppen innerhalb der Stadt aus. Diese Wanderung wird von verschiedenen Interviewpartner_innen beschrieben:

> Ende der siebziger Jahre [...] entwickelte sich so ne Punkszene und die Punks saßen in der Bahnhofstraße. Und sammelten für ihre Hunde und waren auffällig, und saßen direkt zwischen den Kaufhäusern oder am Brunnen da an der Citypassage. Und dann irgendwann hat die Stadt sich dann entschieden: Wir machen eine mobile Wache dort. War ganz nett. Bürger hatten 'n sicheres Gefühl. [...] Und dann ging es um den Bürgerparkpark irgendwie, ach der Stadtpark... es gab so verschiedene Orte, wo immer mal so halt der bürgerliche Unwille auf irgendwelche Punkansammlungen traf. Und dann glaube ich, dass doch so Ende der achtziger Jahre zunehmend eine Drogenszene eigentlich (..) auch hier so auftrat und sich das ganze so vermischte. (..) Und gerade so dieser Bürgerpark so, den die Bürger so als ihren Park sehen, der ist denen quasi aus der Hand genommen worden durch die Drogenszene. Ja und dann ist die Szene alles immer so ein bisschen halt gewandert, mal hier, mal dort hin eigentlich. [...] Die Wanderungsbewegungen kommen dann dadurch zustande, dass wirklich Vertreibung stattfindet auch, ne? (..) Also dass dann die Interessen sag ich mal der Anwohner (S.:Hm.) (..) so stark anwachsen, dass Politik sich genötigt, sich genötigt sieht, einfach zu handeln." (I_SozA_1)

Interessant ist die Nennung verschiedener Gruppen: Punker, Drogenszene – aber auch Trinker_innenszene am Paulsplatz. Auch in anderen Gesprächen fanden wir Hinweise, dass die alten Orte jeweils von einzelnen Gruppen besucht wurden. Erst am Ziel ihrer Wanderung kamen diese Gruppen zusammen. Dass, was die Lokalpresse „störende Trinker-, Drogen- und Obdachlosenszene" (Stadtblatt, 16.07.08[4]) nennt, ist erst der Effekt der Wanderungsbewegung, einer *unkontrollierten Wanderung*, die durch Kontroll- und sicherheitspolitische Maßnahmen ausgelöst wurde.

Ein Nutzer Sozialer Arbeit beschreibt die Wanderung zunächst metaphorisch:

> Das, was die da machen, das ist unsinnig. Das hat keinen Sinn. Das hat keinen Sinn, das ist, von A nach B, A bleibst du 3 Monate, B bleibst du 3 Monate, C bleibst du 4 Monate und immer – wenn man das mal überprüft, wenn man das mal mit 'ner Kamera aufnimmt, wird man sagen, das stimmt, das ist einfach wie ein Schachbrett, wo die Bauern geschoben werden und die Könige stehen da.
> Wer sind die Bauern und wer die Könige?
> Wir. Wir sind die Bauern, einwandfrei, wir werden auch da wie Bauern behandelt. Ich weiß nicht. Das ganze Ding ist nichts. Da geht der Junkie dran kaputt. (I-PN-D_2)

Maßnahmen in diesem Schachspiel waren nicht nur Kontrollmaßnahmen, sondern auch räumliche Sonderregelungen. Ohne größere Diskussionen wurden Plätze zu Spielplätzen, auf denen in der Stadt ein generelles Alkoholverbot gilt, umgewidmet. Das Alkoholverbot dort ist akzeptiert, da es dem Schutz von Kindern dient. Diese Umwidmungspraxis war im Einklang mit dem Macht/Wissen, mit dem Sag- und damit auch Durchsetzbaren. Die mit dieser Praxis verbundene Botschaft des Unerwünscht-Seins als bestimmte Gruppe kommt bei den Platznutzer_innen an:

> „Am Paulsplatz, da haben wir auch immer gesessen. Bierchen getrunken. Immer ruhig geblieben. Da haben sie dann aufgeräumt da. Wie am Bahnhof auch. So. Weißt du, was die da gemacht haben? Da in der Ecke, da haben die die Bänke abgebaut und haben da die drei Geräte hin gebaut. Jetzt ist es ein Spielplatz. Haben uns verjagt. So. Jetzt sind da aber alles, also – das ist ein Studentengebiet. Die wohnen da alle. Die Studenten können sich da hin setzen und sich die Birne zu kippen. Da läuft keine Polizei auf. Wo die uns die Bänke weggenommen haben, drei Geräte hin gebaut haben, ist sofort, wo wir uns dahin gesetzt haben, ist sofort die Polizei gekommen. Alkoholtrinken. Uns haben sie weggeschickt. Die Studenten? Im Sommer musste mal sehen. Die besaufen sich da. Kotzen da alles voll alles." (I-PN-C_1)[5]

---

4 Der Text ist durchgehend anonymisiert. Die Nennung lokaler Medien als Quelle ebenfalls.

5 Die angesprochene Etablierung einer studentischen Trinker_innenszene am Paulsplatz wurde auf Grund der knappen Mittel und der Fokussierung auf Soziale Arbeit nicht näher untersucht. Jedoch ist eindeutig, dass mit der Vertreibung einer sozial-

Die alten Nutzer_innen des Paulsplatzes[6] mussten sich neue Orte suchen, um ihrem Alltag nachzugehen.

Durch das gemeinsame Finden eines (zunächst) geeigneten Ortes – mitten in der Stadt gelegen, an einem wichtigen Verkehrspunkt – war der Aufenthalt auf einer großzügigen Fläche möglich. Sehr verschiedene Gruppen nutzten den Ort, der den Schutz des öffentlichen Raumes bot.

Die Ausbildung der Heterotopie „Grünanlage" ist damit noch nicht abgeschlossen, denn die neuen Nutzer_innen werden im Rahmen der Öffentlichkeit toleriert, sind in gewissem Maße Teil dieser Öffentlichkeit. Mit der Etablierung verschiedener so genannter „Szenen" an der Grünfläche beginnt ein Diskurs über die Grünfläche und ihre Nutzer_innen. Erst durch verstärkte Medienberichte wird die Anwesenheit der neuen Nutzer_innen problematisiert und dieser Ort vom Restraum, als von „anderen" besetzten Orten abgespalten. Diese Abspaltung kann allerdings weder anerkennt, noch akzeptiert werden. Sie erhält keine Legitimation. Vielmehr wird die Nutzung durch drastische Formulierungen delegitimiert. Collageartig lässt sich die Delegitimierung folgendermaßen zusammenfassen:

> In der Grünanlage halten sich eine vornehmlich „verelendende" „randalierende" „störende Trinker-, Drogen- und Obdachlosenszene", „Mitglieder der sogenannten Randgruppen" auf (Stadtblatt, 16.07.08), die „Alkohol- und Drogenexzesse" sowie „Saufgelage" feiern, dabei einen wirtschaftlichen Schaden verursachen, dem ordnungspolitisch zu begegnen ist, weil das Bild der Stadt gefährdet wird.

Erst durch diesen Diskurs wird der Ort aus dem Restraum abgespalten und zum gefährlichen Raum der Anderen konstruiert und verfestigt. Auch der Mitarbeiter der Stadtverwaltung nutzt zur Beschreibung drastische Vokabeln und unterstreicht die Gefährlichkeit mit der Erfahrung der eigenen Tochter:

> Also wir hatten ganz viele Bürgerbeschwerden gehabt, die gesagt haben: Ich habe Angst. Ich geh da nicht mehr her. [...]Meine Tochter, die ist jetzt 15, die ist, äh, wenn sie zum Bahnhof muss, steigt sie eine Station vorher aus und geht zu Fuß." [...] „Das ist eine Vermeidungsstrategie, die viele gemacht haben." (I-SV_1)

---

benachteiligten Trinkerszene der Platz frei wurde und heute – wie der Interviewte beschreibt – von einem alternativ-studentischen Milieu bis in die späten Abendstunden besetzt wird. Die Etablierung dieser neuen Trinkerszene am Paulsplatz, die weitgehend toleriert wird, ist als eine weitere Wanderungsbewegung zu interpretieren. Offensichtlich ist jedoch auch, dass hier mit zweierlei Maß gemessen wird, es zweierlei Arten des öffentlichen Trinkens gibt.

6 Nahezu zynisch muten vor diesem Hintergrund die zum Zeitpunkt der Untersuchung an den Papierkörben angebrachten Aufkleber an: „Haltet unseren Paule sauber!"

Der Ort wird als für die Stadt verloren, als unnutzbar beschrieben. Eine Meldung eine lokalen Rundfunksenders ist betitelt mit: *„Grünfläche soll nutzbar werden“* (LokalRadio der Stadt).

Die aktuellen Nutzungen werden ignoriert. Die Grünanlage ist zu einem anderen Ort geworden, zu einer Heterotopie, an der sich die bürgerliche Norm ihrer selbst vergewissern kann. Sie wird als Gegenort (Hafner 2005) konstruiert. Gleichsam aber auch als ein Themenort (Lossau/Flitner 2005). Denn sie soll Aushängeschild der Stadt sein.

Folgerichtig wird im medialen Diskurs eine Lösung gefordert, die die Stadt mit der Satzung zum Park und der Erweiterung Sozialer Angebote parat hat. Ziel dieses Planes ist eine *kontrollierte Wanderung* an Orte Sozialer Arbeit:

> Der OB hat gesagt, so geht's nicht, da muss sozialpolitisch auch was passieren, Herr K. übernehmen sie. Herr K. hat gesagt, mach ich. Und dann gab's eben dieses Konstrukt, dass die sowohl Sozialanbieter haben, als auch die repressive Schiene haben. [...] wir haben eben festgestellt, repressiv sind unsere Hände gebunden. Jetzt geht es immer besser. Also die [DHE] wird immer voller, das [Café]: wir sind sehr zufrieden, dass wir auch da besser angenommen werden, [...] man merkte eben, dass sozialpolitische Feld klappt. Die Sozialarbeiter trafen sich. [...] Also das lief alles total toll. Und läuft auch wirklich gut. Also es gibt inzwischen auch ne Bereitschaft, miteinander zu sprechen.“ (I-SV_1)

Das Konzept der Stadt ist eindeutig: Durch repressive Maßnahmen sollen Menschen an gewünschte Orte gebracht werden. Dies transportieren auch die lokalen Medien:

> [S]tädtische Unterkünfte und die Drogenberatung [sollen] länger öffnen, damit die Alkoholiker, Obdachlosen und Junkies aus dem Bahnhofsumfeld dort betreut werden und nicht schon mittags am Bahnhof auftauchen. (NeueStadtZeitung, 08.03.08)

Das Konzept der kontrollierten Wanderung geht dank repressiver Maßnahmen in großen Teilen auf – wie der Vertreter der Stadt nicht ohne Stolz bestätigt:

> Dass die so schnell weg gegangen sind, liegt meiner Meinung auch nur daran, dass die Polizei ganz anders durchgegriffen hat. Es gab äh, im letzten Jahr, hatten wir im ganzen Jahr 70 Anzeigen oder 70 äh OWIS, Ordnungswidrigkeitsanzeigen, über 25 Euro im Schnitt wegen wildem Urinieren. Das war 2007 und wir haben in diesem Jahr 'ne Einheitsgruppe der Polizei, 'ne Vierergruppe, die das Gebiet macht. Die haben in zwei Monaten 200 Anzeigen geschrieben so 85 Euro im Schnitt. Und wenn die um die Ecke biegen, sind die weg. (I-SV_1)

Im Ergebnis dieser erneuten repressiven Maßnahmen ist die Grünanlage zum Untersuchungszeitpunkt nahezu menschenleer geworden. Lediglich am Eingang zur Stadtbahn standen noch kleine Grüppchen, die einer der Benannten zugeordnet werden könnten. Die beiden Einrichtungen der Sozialen Arbeit waren immer gut besucht und die Mitarbeiter_innen sprachen von Zuwächsen an Besucher_innen.

In dem untersuchten Fall können zwei große Wanderungsbewegungen beschrieben werden. Die erste unkontrollierte Wanderung – ausgelöst durch Repression – führte zu einer Sammlung verschiedener Gruppen an einem Treffpunkt, der in einem medialen Diskurs aus dem Restraum abgespalten wurde. Die entstandene Heterotopie selbst wurde aufgelöst durch eine initiierte zweite, kontrollierte Wanderung – ebenfalls durch Repression ausgelöst. Die Nutzer_innen des Raumes sollen an neue spezifisch für sie eingerichtete Orte Sozialer Arbeit geleitet werden. In diesem Prozess werden machtvoll neue Heterotopien geschaffen. Die, wie im Folgenden zu zeigen sein wird, die Nutzer_innen wieder in einzelne Gruppen spalten.

Es muss angemerkt werden, dass nicht alle im Zuge der „Nutzungssatzung für die Grünanlage" ausgelösten Wanderungen kontrolliert waren oder werden konnten. Einige der Nutzer_innen verweigerten sich der kontrollierten Wanderung und kämpften um ihren Treffpunkt – darauf wird weiter unten noch eingegangen. Andere wichen an andere Orte in der Stadt aus, wie der Mitarbeiter der Stadtverwaltung, aber auch verschiedene Nutzer_innen Sozialer Arbeit berichteten.

Grenzziehungen

Um die kontrollierte Wanderung auszulösen und zu begleiten, finden verschiedenen Grenzziehungsprozesse statt: 1) eine konkrete Grenzziehung im Raum, die den Ort bestimmt, an dem bestimmte Verhaltensweisen nicht erlaubt sind – eine *administrative Grenzziehung*, 2) eine *Grenzziehung zu sozialen Gruppen*, die Menschen anhand ihres Substanzenkonsums in die Gruppen Alkoholoker_innen und Konsument_innen illegalisierter Drogen auftrennt, um diese passgenauer Sozialer Arbeit zuzuführen, 3) eine *ungenaue Grenzziehung*, die über (Un)erträglichkeit der Anwesenheit bestimmter Gruppen entscheidet und über die die weiteren Interventionsmöglichkeiten/-notwendigkeiten begründet werden.

Administrative Grenzziehung

Die Nutzungssatzung der Grünanlage zieht zum einen Verhaltensgrenzen indem formuliert wird, welche Verhaltensweisen (nicht) erlaubt sind. Der Satzungszweck gibt eine positive Bestimmung vor. Demnach stellt die Stadt die Fläche ihren Einwohner_innen und Besucher_innen

> als öffentliche Einrichtung zur Naherholung, zur kulturellen Begegnung und für öffentliche Veranstaltungen im Rahmen der Aktivitäten der Stadthalle [...] zur Verfügung. (Nutzungssatunzg, §1)

Weiterhin bestimmt sie durch Verbot, welche Handlungs- und Verhaltensweisen diesem Zweck nicht entsprechen. §3 der Satzung regelt „das Verhalten in der Grünanlage“. Nach dem Gebot, sich in der Grünflache „so zu verhalten, dass andere nicht gefährdet, geschädigt oder mehr als nach den Umständen unvermeidbar behindert oder belästigt werden“ (Nutzungssatzung, §3), folgt ein Auflistung konkreter Verbote:

> a) das aggressive Betteln [...]; b) das Lagern und Übernachten; c) das Abbrennen von Feuern; d) das Verrichten der Notdurft außerhalb der hierfür vorgesehenen Toiletteneinrichtungen; e) das Konsumieren von Alkohol“ (ebd.). Darüber hinaus gilt für Hunde ein Leinenzwang, Verunreinigungen müssen entfernt werden und die Tiere dürfen nicht auf die Rasenfläche laufen (ebd., §4). Darüber hinaus ist jede Verunreinigung der Anlage verboten (ebd., §5).

Die Verhaltensregeln für die Grünfläche am Hauptbahnhof stimmen nahezu mit der Wegeordnung der Stadt überein. Mit der Differenz, dass das nicht regelmäßige Lagern in anderen Parks und Anlagen erlaubt ist, sowie der Genuss von Alkohol, so lange davon keine Störung ausgeht. Mit der Satzung für die Grünanlage am Hauptbahnhof wird ein spezifisches, dauerhaftes Verweilen in Kombination mit Alkoholkonsum ausgeschlossen. Die Frage nach dem „Stören“ wird nicht mehr gestellt. Stattdessen werden bestimmte Gruppen, denen dieses Verhalten zugeschrieben wird, räumlich ausgeschlossen.

Die Satzung hat einen engen, festgelegten Geltungsbereich, der zum Zeitpunkt der Untersuchung zwar festgelegt, aber nicht durch Schilder markiert war[7]. Es handelt sich um eine administrative Grenzziehung anhand von Gebäuden, Straßen und Eigentumsverhältnissen.

Während den Nutzer_innen der Grünanlage der Akt der Grenzziehhung zwar bekannt war (also die Satzung selbst), so war ihnen die genaue Lage der Grenzen nicht transparent. Sie hätten jedoch auch im Falle der Grenzkenntnis diese nicht ohne Weiteres anerkannt, und so loteten sie durch eine „trial and error“ Taktik die Grenzen aus. Diese widerständige Praxis beschreibt ein Nutzer:

> Manchmal sind das Proteste, wenn jetzt der Bahnhof hier zum Beispiel, [...], wo der Park da ist, hatten sie sich vorher aufgehalten. Und weil die Seite jetzt verboten ist, haben sie sich auf der anderen Seite hingestellt. Das ist dann wieder der Konflikt. Sie können uns sowieso nicht verscheuchen. Da sagen sie sich einfach, ja die wollen

7 Mittlerweile hängt dort eine Grenzen markierende Karte aus.

> uns hier loswerden, das ist öffentlicher Raum, öffentliches Gelände und wir dürfen eigentlich normalerweise hier stehen. Das ist einfach Protest, sich auf die andere Seite hinstellen, hier ist auch genauso öffentlich, da kann keiner was sagen. (I-PN-C_2)

Der Mitarbeiter der Stadt beschreibt es so:

> Was wir jetzt haben, ist das Problem an der gegenüberliegenden Straßenseite [...] Bei der Stadtbahn dürfen sie nicht. Jetzt versuchen sie Vermeidungsstrategien zu machen. Gehen 'nen bisschen weiter auf den Bürgersteig. Wenn sie da stehen und die Leute nicht durchlassen, da greift die OBVO, wo drin steht, du darfst da nicht so stehen, dass keiner mehr durchkommt. Da haben sie zu verschwinden. (I-SV_1)

Diese kleine Wanderung löste den Einsatz einer privaten Wachschutzfirma durch den Hauseigentümer aus, mit dem Auftrag, die Menschen durch Präsenz und Höflichkeit von dem Gehweg zu vertreiben. In dieser Dynamik – weichen, vorrücken, Bußgelder, Konfrontation mit Wachdiensten – wird deutlich, dass die administrativ gesetzte Grenze erst in einem machtvollen Aushandlungsprozess anerkennbar gemacht werden muss, um wirksam zu sein. Innerhalb kürzester Zeit konnten die Nutzer_innen beschreiben, in welchen Grenzen was möglich ist, und wer wen wo wie kontrollieren darf, also welche Kompetenzen den einzelnen Kontrolleur_innen in welchem Gebiet zugewiesen sind.

Die konsequente Grenzziehung durch polizeiliche (und private) Maßnahmen, zwingt die Nutzer_innen, sich neue Orte zu suchen und zu wandern.[8]

Grenzziehung zu sozialen Gruppen

Die zweite Form der Grenzziehung ist für die Herausbildung sozialarbeiterischer Heterotopien in der vorliegenden Fallstudie besonders wichtig. Die Einrichtungen der Drogen- und Alkoholikerhilfe trennen auf Grundlage einer fachlichen Begründung zwischen Alkohol- und Drogenszene.[9] Somit werden die Nutzer_innen der Grünfläche in jeweils voneinander getrennt zu bearbeitende Problemfelder – eben Alkoholabhängige und Nutzer_innen illegalisierter Drogen – aufgespalten.

---

8 Andere Nutzer_innen berichten von offensiveren Formen des Widerstandes gegen das faktische Verbot sich mit dem eigenen Alltag dort aufzuhalten: „Hab mir dann 'nen Spaß draus gemacht, Bier ausgekippt. Bei allen. Wasser eingefüllt. Bin dann allein da in die Welle gegangen, habe mich da hin gestellt. Beim Tanzen habe ich auf die Bullen gewartet.“ (I-PN-C_1).

9 Einzige Ausnahme ist ein christlich orientierter Träger Sozialer Arbeit. Er trennt die Nutzer_innengruppen nicht, sondern spaltet die Nutzer_innen der Grünanalage als Kranke komplett von der Gesellschaft ab: „Wir trennen keine Szenen. [...] Wir nehmen alle an. [...] Das sind ja einfach nur Menschen, die krank sind ne?“ (I-SozA_3) Diese Nichttrennung der Szenen ist jedoch eine Ausnahme.

Sie werden den beiden spezifischen Orten – DHE und Café – zugewiesen. Die DHE darf nur von Nutzer_innen illegalisierter Drogen aus der Stadt genutzt werden. Sie müssen eine behördliche Anmeldung in der Stadt vorweisen. Das Café darf nicht von Konsument_innen illegalisierter Drogen genutzt werden. Die Aufrechterhaltung dieser Grenze wird durch einen privaten Sicherheitsdienst kontrolliert, der in beiden Einrichtungen präsent ist und dessen Mitarbeiter_innen in Wechselschichten in beiden Einrichtungen arbeiten. Der Dienst agiert unauffällig, in ziviler Kleidung und ist speziell für diese Gruppen ausgebildet. Er wird von den Besucher_innen der Einrichtung sehr argwöhnisch betrachtet (nicht zuletzt weil er auch auf die Durchsetzung interner Regeln achtet).

Während der Interviews spricht keine Fachkraft diesen Dienst an. So ist er während der Studie lange unentdeckt geblieben. Auf Nachfrage allerdings wird von einer externen Mitarbeiterin aus der Sozialen Arbeit der Dienst folgendermaßen eingeschätzt:

> Dieser Sicherheitsdienst ist eigentlich ein ganz guter Sicherheitsdienst, der macht seit Jahren den Sicherheitsdienst in einer Drogenberatungsstelle. Und weil halt auch so eine (…) ja (…) Szenen müssen getrennt gehalten werden. (..) Drogen-, Alkoholszene (hm). Und damit man diese Trennung durchführen kann, nimmt man am besten den Sicherheitsdienst, der bei der Drogenberatung ist, weil die nämlich den Überblick haben – wer gehört zur – Drogenszene? Wobei man sagen muss, dieser Sicherheitsdienst, finde ich, ist extrem gut. Also der hat gute Leute einfach auch. […] Die haben halt auch eher ein sozialarbeiterisches äh Denken. Also die treten nicht sehr martialisch auf. […] Das ist ne Sparmaßnahme! […] Die sind viel billiger als Sozialarbeiter. Ja die sollten halt auch gucken, kontrollieren, […] wer dort rein kommt so in die DHE. Also auch so richtig so repressive Tätigkeiten machen. Was auch – find ich – vollkommen legitim ist. (..) Und man hat sie dann halt auch in das Café reingeholt, weil sie dort auch sozusagen gucken (hm) konnten, wer gehört zu welcher Szene. Und sie sind natürlich wirklich billiger, als wenn man das Sozialarbeiter machen lässt. Und sie haben, glaube ich, nicht so viele Probleme damit (..) halt ihre Kontroll- (..) Aufgaben wahrzunehmen. Das ist für Sozialarbeiter eh ein bisschen schwierig finde ich, oder? Das ist nicht so ihr Rollenverständnis eigentlich. […] Sie sind eigentlich, ne gute Bereicherung so hier in der Stadt, finde ich." (I_SA-4)

Der Einsatz des Sicherheitsdienstes dient zur Durchsetzung und Regulierung der kontrollierten Wanderung und zur Trennung der Nutzer_innengruppen. Sie überwachen auch, ob die Besucher_innen der DHE in der Stadt gemeldet sind, denn die lokalen Verantwortlichen wollen nicht, dass Drogenabhängige aus anderen Städten durch das Angebot der Drogenhilfe angezogen werden.

Diese von der Sozialen Arbeit vorgenommene Trennung der Szenen wird zwar von den Nutzer_innen selbst auch beschrieben, jedoch keineswegs in dieser strengen Form, wie sie von den Fachkräften suggeriert und vom Wachpersonal durchgesetzt wird. Die Nutzer_innen selbst differenzieren durchaus zwischen verschiedenen Gruppen. Sie sprechen von Punks, Kiffern, Alkoholikern oder Junkies. Jedoch werden Gruppenbildungen vielfach auch über persönliche Kontakte und Interessen untereinander beschrieben und nicht vornehmlich über den Substanzenkonsum:

> „Es gibt Cliquen. [...] Äh, wie gesagt, diese Nutznießergemeinschaften, ne? So man hat dann immer nen paar Leute, mit denen hängt man zusammen rum. Denen gibt man alles Mögliche ab, die geben einem alles Mögliche ab. Einfach so dieses, weil jeder mal nen Tag hat, da is er ganz oben und jeder hat nen Tag, da is er plötzlich so weit unten."(I-PN-D_1)

Es entstehen also Cliquen an gemeinsamen Interessen – darunter auch die Gemeinsamkeit der genutzten Substanz. Jedoch werden die Cliquen eben nicht als undifferenzierte Szenen, sondern als „Nutznießergemeinschaften" beschrieben, als temporär bestehende Gruppen, deren Gemeinsamkeiten mehr als das Nutzen der gleichen Substanz ist.

Andere beschreiben ebenfalls die Aufteilung in Gruppen, anhand von Substanzen. Die Abgrenzung ergebe sich aus zwei Gründen. Erstens schaffen ähnliche Substanzen ähnliche Probleme und geben somit auch Gesprächsstoff. Zweitens geht es um Abgrenzungen in der Art, dass Nutzer_innen weicher Drogen (ob illegalisiert oder legalisiert) sich von den Nutzer_innen illegalisierter harter Drogen abgrenzen. Sie wollen meist mit der Kriminalisierung nichts zu tun haben. Vereinzelte regelmäßige Kontakte untereinander gebe es aber doch.

Die Grenzziehung anhand des Substanzenkonsums weist den verschiedenen Nutzer_innen spezifische Orte zu, an denen sie sich im Rahmen der Regeln der Einrichtungen aufhalten dürfen. Dort ist es möglich die Substanzen zu konsumieren, was im Restraum so nicht möglich ist. Die Einrichtungen werden durch die fachliche Zielgruppenaufspaltung zu Heterotopien für vorher definierte Gruppen.

Ungenaue Grenzziehung der (Un)Erträglichkeit

Ein Mitarbeiter der Stadt berichtet auch von den durch die Nutzungssatzung ausgelösten unkontrollierten Wanderungen. An verschiedenen Orten der Stadt hätten sich Bürger_innen über verstärkte Ansammlungen von Alkoholiker_innen beschwert. Er wischt diese Beschwerden vom Tisch mit dem Argument:

> Was wir jetzt merken ist einfach, dass jetzt Stellen in der Stadt, äh die bekannt waren, einfach zunehmen. [...] viel mehr Leute jetzt wieder. Beim Arbeitsamt sind mehr Leute. Es verteilt sich. Wo ich wohne, äh, unten bei den Teichen, gibt's ne große Wiese, da trifft sich traditionsgemäß, sag ich mal so ne Alkoholikerszene. Das is jetzt mehr geworden, aber völlig unproblematisch. [...] Das is völlig in Ordnung.

> Das stört keinen Normalbürger. Wer sich daran stört, is eben selber schuld, sag ich mal so. [...] wir haben jetzt vermehrt Beschwerden aus anderen Bereichen der Stadt, die eben sagen, das sind mehr geworden. Das kann sein. Nur es ist nie unbelastet gewesen, die Gebiete. [...] Da stehen keine 250 Leute." (I-SV_1)

Der Vertreter der Stadt macht deutlich, dass die Anwesenheit von einer „Alkoholikerszene" eine Belastung darstellt – „diese Gebiete waren nie unbelastet". Darüber hinaus stimmt er einer von Bürger_innen beobachteten Wanderung zu. Interessant ist jedoch, dass er eine gewisse „Belastung" als normal ansieht, denn die momentane Zunahme sei so unproblematisch, dass es keinen „Normalbürger" störe. Die Frage besteht also, ab wann darf es einen „Normalbürger" stören? Ab wann werden Ansammlungen von Menschen nicht mehr „unproblematisch"? Die Zahl „250" wurde schon bei der Bahnhofgrünanlage als absolute Spitze, als Ausnahme angenommen. Beginnt die Unerträglichkeit dann, wenn sich genügend Bürger_innen beschweren, also die Beschwerde zur Normalität wird? Wenn sich die Ansicht der Unerträglichkeit als Wissen durchgesetzt hat? Wenn die Anwesenheit von bestimmten Menschengruppen nur genügend thematisiert und problematisiert wird? Diese Fragen bleiben unbeantwortbar und der Mitarbeiter der Stadt lässt das Maß der (Un)Erträglichkeit im Unklaren.

Hier wird eine ungenaue Grenze gezogen, die erst situativ bestimmt wird. In der Aussage des Stadtmitarbeiters steckt – unbestimmt bleibend – die *Grenze des (Un)erträglichen*: Es bleibt geradezu abzuwarten, wann diese Orte zu anderen Orten erklärt werden und interveniert werden muss.

Der Stadtmitarbeiter weist in diesem Kontext darauf hin, dass ein Viertel, das zwischen dem Hauptbahnhof und der DHE liegt, also von den Nutzer_innen der Einrichtung durchquert werden muss, besonders unter Beobachtung stehe:

> „zum Beispiel das Bahnhofs-Viertel: Da wohnen Professoren und so weiter auf der einen Seite und auf der anderen Straßenseite gegenüber eine der höchsten Polizeidichten, die wir hier haben, hoher Migrationsanteil und so weiter. Und dieses Viertel ist kippelig, aber das ist schön, das Viertel, nicht dass es schön kippelig ist, sondern es ist einfach ein schönes Viertel: viele Kinder, tolle Institutionen, die da sind und so weiter. Ich möchte, dass dieses Viertel zum Beispiel stabil bleibt. Und das ist aber äh, es ist nicht ganz stabil. Es muss aber stabil bleiben. Das heißt, wenn jetzt zum Beispiel so eine Szene im großen Maße da rein gehen würde und wir würden das nicht, wir würden das dulden, dann ist dieses Viertel gefährdet.
> Aber der Weg, ja zum Beispiel, von der Grünanlage zur Drogenhilfeeinrichtung da gehen sie ja genau durch das Viertel. Gehen sie dadurch. Gehen sie dadurch. Das ist aber kein Problem, solang es da keine Aufenthaltsqualität kriegt." (I-SV_1)

Die Aufenthaltsqualität scheint ein Bestandteil dieser unbestimmten Grenze der (Un)Erträglichkeit zu sein, jedoch bleibt auch hier unklar, ab wann diese erreicht ist. Eine Gesprächspartnerin aus der Sozialen Arbeit weist ebenfalls auf das Viertel hin:

> Ich arbeite relativ offen so mit der Stadtwache zusammen, und wenn wir dann so, wenn wir ab und zu so unsere Erfahrungen austauschen, wo sich was verändert, wo wir was sehen. Dann sage ich: Mensch. Ich sehe zwei, drei Leute (..), die laufen (..) in der Verbindung zwischen diesen beiden Straßen (..) wenn ich mit meinen Auto da lang fahre, zu 'ner ungewöhnlichen Zeit. (..) Sammeln die sich da am Bahnhofsviertel oder so was? (I_SA-4)

Die durch die Satzung angestoßenen Prozesse erhalten damit eine Relevanz für das räumliche Management der Stadt. Das genannte Viertel wird im Stadtentwicklungskonzept als „Gefährdetes Gebiet" benannt. Es hat also bereits die Aufmerksamkeit der Stadtpolitik. Die „Migranten", die mit einer „hohen Polizeidichte" in Beziehung gesetzt werden, würden das Viertel kippelig machen. Ihnen werden die bürgerlichen Anwohner_innen („Professoren") gegenübergestellt. Sie scheinen der Garant für die Stabilität des Viertels zu sein. Aufwertende Stadtentwicklungsmaßnahmen solle diese bürgerlichen Anwohner_innen halten: Ein staatlich gesteuertes Gentrifizierungsmanagement, gespickt mit rassistischen Diskurselementen. Darin stören weiter Unsicherheitsfaktoren, wie Nutzer_innen illegalisierter Drogen, die sich dort aufhalten. Gerade die genannte unbestimmte Grenze des Maßes, die Grenze der (Un)Ertäglichkeit, lässt es offen, wie und wann eine Intervention notwendig wird. Sie bleibt willkürlich und auf die jeweiligen Ziele anpassbar.

Die verschiedenen Grenzziehungsprozesse bestimmen die Orte, an denen sich bestimmte Gruppen aufhalten oder nicht aufhalten sollen/dürfen, bzw. bestimmte Verhaltensweisen aus Räumen ausgeschlossen werden. Bei der Heterotopiebildung im untersuchten Fall sind sie auschlaggebend für Wanderungsbewegung und für die Steuerung der Wanderungen sowie die ungenaue Bestimmung des Zeitpunktes nächster Interventionen über die unbestimmt gehaltene Grenze der (Un)Erträglichkeit.

UnSichtbarmachung

Weitere wichtige Prozesse in der Heterotopiebildung sind höchst ambivalente Prozesse der UnSichtbarmachung[10]. Schaffer beschreibt die „Ambivalenzen der

---

10 Die Schreibweise UnSichtbarmachung zielt auf die Ambivalenz der Sichtbarkeit. Wenn ein Phänomen „sichtbar" und benennbar wird, werden in den Repräsentationen

Sichtbarkeit" (2008) als Prozesse der bildlichen Repräsentation sozialer Gruppen. Sie führt den Begriff der Sichtbarkeit in die visuellen Wissenschaften zurück. Jedoch ist ihre Theoretisierung der Sichtbarkeit auch außerhalb der visuellen Wissenschaften insbesondere für eine Betrachtung von Räumen und Sozialer Arbeit interessant. Schaffer stellt die Frage, inwiefern Sichtbarkeit – als Form der bildlichen Repräsentation – mit einem Gewinn politischer Macht verbunden sei. Sie antwortet:

> Wenn der Zusammenhang zwischen visueller Repräsentiertheit und politischer Macht so kausal wäre, [...] folgte daraus, wie die feministische Performance-Theoretikerin Peggy Phelan bemerkt, dass in den Gesellschaften des hochindustrialisierten Nordens die Macht primär in den Händen junger, weißer, halbbekleideter Frauen liegen müsste. 'Aber', so Phelan, 'die Allgegenwärtigkeit ihres Bildes hat ihnen wohl kaum politische oder ökonomische Macht verliehen'" (Schaffer:2008, 15)

Schaffers Studie ist an den Kreuzungsbereichen von Gender-, Sexualitäts- und Rassediskursen angelegt. In den jeweiligen politischen Bewegungen wurde immer wieder die Forderung nach einer Sichtbarkeit, einer angemessenen Repräsentation gestellt. Schaffer beschreibt jedoch die Problematik von Repräsentationen. Diese entwerfen ein spezifisches Bild, das häufig Differenzen der repräsentierten Gruppen negiert. Oder es werden Repräsentationen entworfen, die beispielsweise Migrant_innen zwar in Filmen sichtbar und somit diskutierbar machen, jedoch in einer die bestehenden, rassistischen Bilder reproduzierenden Weise. Eine Frage besteht also darin, wer wen wie repräsentiert.

Dies ist eine Frage, die auch im Rahmen von neueren Parteilichkeitsdebatten in der Sozialen Arbeit (Plößer 2005) gestellt wird, zumal hier häufig Sozialarbeiter_innen für ihre Klientel sprechen.

Schaffer weist auch darauf hin, dass eine Unsichtbarkeit manchmal auch zum Vorteil der Unsichtbaren ist und greift das Beispiel illegalisierter Flüchtlinge auf, die als Indiviuum sichtbar, sofort von der Abschiebung bedroht sind.

Sichtbarkeit und Unsichtbarkeit sind eng verbunden mit Normvorstellungen. So verschwindet die Norm hinter ihrer Dethematisierung. Sie wird – als Norm vorausgesetzt – unsichtbar. Dies ist auch für räumliche Fragen von Relevanz: „Solange der Habitus der sozial-räumlichen Ordnung entspricht, bleiben die inhärenten sozialen Strukturen des (...) Raumes weitgehend unsichtbar und können als natürliche oder neutrale erscheinen" (Manderscheid 2008: 164)

---

bestimmte Teilaspekte gleichzeitig homogenisiert, verdeckt und im Endeffekt unsichtbar. Ebenso bedeutet auch eine reale Unsichtbarmachung oft eine Sichtbarmachung auf anderer Ebene.

Soziale Arbeit bewegt sich in dieser grundlegenden Ambivalenz. Sie muss bestimmte Problemlagen thematisieren und sichtbar machen, um sie bearbeiten zu können, zu dürfen und die Finanzierung zu erhalten. Dabei produziert sie notwendiger Weise Repräsentationen ihrer Klientel, macht sie sichtbar und markiert sie gleichermaßen als außerhalb der Norm stehend. Andererseits soll Soziale Arbeit diese Problemlagen beseitigen. In vielen Fällen ist das – so z.T. auch in der vorliegenden Studie – gleichbedeutend mit Formen der Unsichtbarmachung.

Wahrnehmbare UnSichtbarmachung

Zunächst scheint es recht offensichtlich: Die Ansammlung von Menschen an einem bestimmten Ort macht diese in der Öffentlichkeit sichtbar. Die Sichtbarkeit wird am repräsentativen Ort als störend empfunden. Die Auslösung kontrollierter Wanderungen soll diese Sichtbarkeit auflösen. Die Gruppen werden an spezifische Orte in der Stadt „geführt". Diese sind voneinander entfernt und jeweils außerhalb der besucherstarken Areale des Stadtzentrums. Die Drogenhilfeeinrichung liegt am Rande eines Industriegebietes gegenüber von einem Schrottplatz.[11] In direkter Nähe gibt es keine Wohnbebauung. Die Einrichtung ist durch eine hohe Mauer und ein blickdichtes Tor von der Straße abgegrenzt. Das Café liegt in einem Wohngebiet, ist aber mit Glasbausteinen blickdicht verglast. In beiden Räumen sind die Nutzer_innen nur beim Herein- bzw. Herausgehen zu sehen. Beide Räume sind durch die blickdichte Konstruktion als Nicht-Öffentliche Räume markiert (eine Markierung, die sich durch die Praxis des Sicherheitsdienstes fortschreibt) und sorgen durch Lage und Gestaltung für eine Unsichtbarkeit der Besucher_innen. Wer hier vorbeigeht, weiß vielleicht was sich dort befindet, aber sieht es nicht.

Während also der Ausschluss bestimmter Personengruppen aus der Öffentlichkeit und damit die UnSichtbarmachung dieser Gruppen kritisiert werden muss, denn für den „normalisierten" Restraum sind diese Gruppen nicht mehr existent, bringt eine Mitarbeiterin der Drogenhilfe eine Ambivalenz dieser Unsichtbarmachung auf den Punkt. Gefragt nach der Lage und der baulichen und optischen Abschottung, antwortete sie: „Wir sind doch kein Zoo!" (N_SozA_) Die Einrichtung hat als Ort eine doppelte Schutzfunktion. Der Restraum wird vor den Nutzer_innen geschützt und ist gleichzeitig ein Schutzraum für die Nutzer_innen, in dem sie illegalisierte Drogen konsumieren dürfen, Spritzen

11 Eine Nutzerin der Einrichtung kommentierte die Lage mit: „Noch ist es nicht die Müllverbrennungsanlage."

tauschen, Mahlzeiten zu sich nehmen können oder einfach nur vom Stress der Straße befreit sich aufhalten dürfen:

> Und es bietet ne gewisse Sicherheit auch, ne? Also einmal medizinisch betrachtet und auch rein rechtlich betrachtet, weil, rein ganz offiziell darf ich da sogar Drogen konsumieren. Ich darf die Drogen nicht gekauft haben, ich darf sie nicht besitzen, ich darf sie nicht im Blut haben hinterher, aber für die Zeit, die ich da drin sitze, verhalte ich mich absolut legal. So. [...] Soll ich mich noch in irgend 'nen Parkhaus setzen? Is' auch Scheiße. Kommt die Polizei, hab ich Stress, hab ich Hektik, is' alles dreckig." (I-PN-D_1)

Diskursive UnSichtbarmachung

Als weitere ambivalente Figur kann die *diskursive UnSichtbarmachung* beschrieben werden, die in der Problematik sozialarbeiterischen Handelns besteht, gesellschaftliche Problematiken benennen zu müssen, um sie professionell zu bearbeiten.

Auf dieser Figur sind wir bei der Frage nach der Funktion der Grünanlage für die Nutzer_innen gestoßen. Wir befragten unsere Interviewpartner_innen und die lokale Presse.

Letztere hatte die Funktion des Ortes mit „Saufgelagen", „Drogenexzessen" etc. sichtbar gemacht und damit eine ausschweifende und dekadente Funktion beschrieben. Mitarbeiter_innen der Sozialen Arbeit beschrieben die Funktion des Raumes folgendermaßen: „Und welche Bedeutung hat die Hauptbahnhofgegend für die Menschen, die sich da aufhalten? Das ist ihr Biergarten." (I-SozA_3)

Eine andere Person aus der Sozialen Arbeit meint:

> [...] dort treffen sich Menschen quasi in einem öffentlichen Wohnzimmer. In dem Ort, wo sie schlafen, übernachten, oder sonst was, gibt es <u>keinen</u> Raum, <u>Gemeinschaft</u> zu erleben (S.:Hm.). [...] Die versammeln sich, weil sie sozusagen ein <u>Wohnzimmer</u> brauchen – weil sie das nicht haben. (I-SozA_2)

In unserem Material finden wir aber auch detaillierte Beschreibungen der unterschiedlichen legalen und illegalisierten Produkte, die sich in der DHE erwerben lassen. Es werden von Haschisch-, Heroin- über zollfreie Zigaretten, Designerschuhe und Schmuck unterschiedliche Waren angeboten. Darin wird deutlich, dass der Schwerpunkt der Funktion ein anderer ist. Die Aufzählung der verschiedenen Verkäufer_innen und Waren macht deutlich, dass es sich bei der Grünanlage auch um einen Marktplatz handelt, auf dem verschiedenste Waren, verschiedenster Herkünfte gehandelt werden, um das eigene Überleben zu sichern. Folgerichtig beschreibt eine andere DHE-Besucherin den Ort auch als Arbeitsplatz:

> Manche Leute sehen das auch eiskalt als ihren Arbeitsplatz an. [...] Also teilweise hab ich's wirklich ne Zeitlang, hab ich's als Job empfunden hier hin zu kommen – und zwar insofern, ich gehe hier hin, um mein Tagwerk zu verrichten, um nach Möglichkeit mit mehr Besitz nach Hause zu gehen. Und das is'n Job. (I-PN-D_1)

Die Deutung als Arbeitsplatz deckt sich mit der oft verwendeten Differenzierung zwischen Freund_innen und Kolleg_innen. In einem Gespräch während der teilnehmenden Beobachtungen setzte eine Gesprächspartnerin an „Freunde" zu sagen und korrigierte sich dann zu „Kollegen". Auf Nachfrage erklärte sie: „In der Szene hast du keine Freunde" (N-PN-D_1)

Ein Nutzer des Cafés beschreibt, wen er in seine Wohnung einladen würde. Er verwendet hierbei das erste Mal gegen Ende eines einstündigen Gespräches das Wort Freunde, vorher benutzte er Kollege:

> Na sagen wir mal so, Kollegen sind die die man nicht so gut kennt. Und Freunde, die kennt man eben halt.
> Und triffst du die Freunde auch da wo du die Kollegen triffst?
> Ab und zu mal." (I-PN-C_2)

Der Aufenthalt in der Grünanlage ist für die Nutzer_innen mit einem Job zu vergleichen, sicher eine sehr prekäre Beschäftigung, aber eben ein Job, bzw. eine Tätigkeit zur Organisation des Überlebens. Denn es gibt noch weitere Beschreibungen, die die Nützlichkeit des Aufenthaltes dort, als Frage der Organisation eines prekären Lebens berühren:

> Dann hält man sich da ein bisschen auf, um etwas zu erfahren, um Informationen auszutauschen, wo was ist, wo man was machen kann oder vielleicht mal übernachten kann. (I-PN-C_2)

Als Informationsbörse beschreibt den Ort auch ein anderer Nutzer:

> Menschen, die aus einer anderen Stadt kommen (S.: Hm) da kommst du ja über äh mit Zug am Bahnhof an (S.: Hm.). So. Und wenn du aus einer fremden Stadt kommst, ist direkt die Szene sozusagen. Du fragst die Leute: Wo kann ich hier hin? Wo kann ich mich obdachlos melden? Und so weiter und so fort (S.: Hm). Und dann erzählen sie dir erst mal: Geh erst mal zum Paulsplatz. [...] Nebenan ist die Heilsarmee." (I-PN-C_1)

Es werden Informationen über überlebenswichtige Dinge ausgetauscht: Wo gibt es Hilfsangebote? Übernachtungsplätze? Wo ist die Polizei? Sie ist aber auch das einfache Aufrechterhalten eines sozialen Netzwerkes – Nutznießergemeinschaften – als dünner Decke sozialen Kapitals.

Ein Vergleich der Aussagen von Nutzer_innen auf der einen und Fachkräften und Medien auf der anderen Seite zeigt, dass die Nutzer_innen dem Ort Begriffe aus der Arbeitswelt zuweisen, während die Sozialarbeiter_innen sowie die Presse Begriffe der Freizeit nutzen. Der Aufenthalt in der Grünanlage wird durch die bürgerlich-normierte Sichtweise zu einem in der Öffentlichkeit ausgetragenen Privatvergnügen. Wobei die Mediendarstellung diese delegitimiert. Die sozialarbeiterische Interpretation versucht über das „Wohnzimmer" bzw. den „Biergarten" dem Aufenthalt eine Legitimation durch Normalisierung zuzuweisen. Entweder über das Recht sich in einem „Biergarten" zu vergnügen, das jeder habe, bzw. die Notwendigkeit eines Wohnzimmers, in dem Sozialkontakte gepflegt werden. Beide Argumentationen stützen sich auf fehlendes Kapital. Auf Grund des Geldmangels, bzw. des Wohnraummangels müssten die Nutzer_innen ihre (bürgerliche) Normalität in die Öffentlichkeit verlegen. Die Sichtweise der Nutzer_innen jedoch, die den Aufenthalt als überlebenswichtige Arbeit begreift, bleibt unsichtbar.

Auch hier haben wir es mit einer ambivalenten UnSichtbarmachung zu tun. Die sozialarbeiterische Sicht verweilt in einem bürgerlichen Diskurs, und versucht den Aufenthalt in der Grünfläche in den Begriffen bürgerlicher Norm zu legitimieren. Sie macht ihn damit verhandelbar. Die Sichtweise der Nutzer_innen jedoch bricht insofern mit dem bürgerlichen Diskurs, als dass sie einen delegitimierten Aufenthalt mit einer delegitimierten Form der Arbeit begründet. Eine Verhandlung dieser Position scheint illusorisch. Somit scheint der Aufenthalt der Nutzer_innen nur über eine Repräsentation verhandelbar, die die eigene Sichtweise ausblendet.

UnSichtbarmachung durch Verschweigen

Im Bereich des Hauptbahnhofes gibt es einen Straßenstrich, auf dem nicht-professionelle Frauen arbeiten.[12] Dort gibt es ein Hilfsangebot der Sozialen Arbeit für die Frauen. Dieses wird von der Stadt unter der Maßgabe finanziert, dass es nicht erkennbar ist. Es gibt Absprachen zwischen den angrenzenden Gewerbetreibenden und der Stadt, dass diese Arbeitsplätze solange toleriert werden, solange sie unsichtbar sind, d.h. die Frauen nicht als Prostituierte erkennbar werden. Zum Problem wurde dieses Arrangement für die Stadt, als ein Träger christlicher Sozialarbeit mit einem Bus vor Ort Kaffee ausschenkte und somit den Ort als solchen sichtbar machte und auch machen wollte. „Oh, Mann. Den wollten wir weg haben" (I-SV_1), kommentierte der Mitarbeiter der Stadtverwaltung. Der Stadt ist es wichtig, die Existenz des Straßenstriches nicht öffentlich zu thematisieren, hierzu muss dieser unsichtbar bleiben, d.h. das Verhalten an diesem Ort, die Kleidung an diesem Ort und die Anzahl der dort arbeitenden

12 Darunter auch einige Nutzer_innen illegalisierter Drogen.

Frauen, sowie die Anwesenheit von Hilfsangeboten soll die unbestimmte *Grenze des (Un)Erträglichen* nicht überschreiten.

Das Verschweigen des Straßenstrichs macht ihn in der Öffentlichtkeit unsichtbar, er ist nicht existent[13] und schützt gleichermaßen die Frauen in ihrer Berufsausübung. Sie werden diesbezüglich – die UnSichtbarkeit vorausgesetzt – nicht verfolgt. Die Kehrseite ist die Unmöglichkeit der Thematisierung der Berufsbedingungen an diesem Ort, die gerade durch die Unsichtbarkeit häufig gewaltvoll ist, bzw. die Machtposition der Freier stärkt (Zwangsausübungen durch Freier, Vorenthalten des Lohnes etc.).

Zusammenfassung

Ausgangspunkt der Studie war die Beobachtung der Herausbildung spezifischer Orte in einer Stadt, die als Untersuchungsfeld für Raumproduktionen Sozialer Arbeit gewählt wurde. Diese Orte wurden mit Foucault als Heterotopien begriffen und konnten gemäß den heterotopologischen Grundsätzen als solche bestimmt werden. Eine einfache Bestimmung bleibt jedoch vor dem Hintergrund der Frage nach der Herstellung solcher Orte unbefriedigend. Das foucaultsche Konzept kann zwar über die Bestimmung von Kompensations- und Illusionsheterotopien (Foucault 1999: 155f) bzw. Krisen- und Abweichungsheterotopien (ebd.: 150f) spezifische Funktionen von Heterotopien sowie eine Wandlung dieser Funktionen beschreibbar machen. Jedoch vermag es nicht, die Entstehungsweisen dieser Orte, die Prozesse die zur Herausbildung und zur Abspaltung der Heterotopien aus dem Restraum führen, zu beschreiben.

Hierzu ist es notwendig, die vielfach zitierte foucaultsche Werkzeugkiste zu durchstöbern und das Heterotopiekonzept an seine Machtkonzeption ebenso anzudocken, wie an den Dispositivbegriff. Somit werden Fragen nach dem Prozess der Herausbildung im Rahmen eines relationalen Raumkonzepts thematisierbar. Der Blick verschiebt sich auf die Prozesse der Entstehung von Raum. So konnten auf der Basis ethnographischer Beobachtung und ausführlicher Expert_inneninterviews die Prozesse der Wanderung, Grenzziehung und UnSichtbarmachung als relevante Prozesse der Heterotopiebildung herausgearbeitet werden. Das Konzept

13 Selbst das Wissen um diesen Ort macht es nach Einbruch der Dunkelheit nicht leicht, ihn zu entdecken. Die wohl zumeist männlichen Kunden kommen mit dem Auto, um die Frauen dann mitzunehmen. Wir haben den Ort zu Fuß erkundet und konnten zwar Frauen vor Ort sehen, jedoch keine Bestimmung ihrer Zugehörigkeit zur Prostitution machen.

der Heterotopien kann so in Richtung einer Theorie der Raumproduktion (Lefèbvre 1974, Schmid 2005) erweitert werden. Bliebe eine Analyse von Heterotopien auf der Ebene ihrer bloßen Existenz, gerieten die menschlichen – individuellen, kollektiven und gesellschaftlichen – Praxen, sowie deren diskursiven Verstetigungen und Materialisierungen aus dem Blick. Und damit auch Möglichkeiten ihrer Veränderung.

Schlüssel für die Interviewzitate

Die Zitate aus Interviews und ethnographischen Gesprächen sind mit einem Schlüssel versehen, der sich folgendermaßen erklärt:

I – Interview
N – Notizen/Ethnographische Gespräche

PN – Platznutzer_innen/Nutzer_in der Grünanlage
SV – Mitarbeiter der Stadtverwaltung
SozA – Fachkraft Soziale Arbeit

D – Drogenhilfeeinrichtung
C – Café für Menschen in besonderen Lebenslagen

Ziffer – laufende Nummer der Gesprächspartner_innen

I-PN-C_1 ist demnach ein Expert_inneninterview mit einer/m Nutzer_in der Grünanlage und Besucher_in des Cafés.

Literatur

Baum, Detlef (Hg.) 2007: Die Stadt in der Sozialen Arbeit. Ein Handbuch für soziale und planende Berufe. Wiesbaden: VS.

Biesel, Kay 2007: Sozialräumliche Soziale Arbeit. Historische, theoretische und programmatische Fundierungen. Wiesbaden: Deutscher Universitäts-Verlag.

Bundesministerium für Verkehr, Bau und Stadtentwicklung BMVBS (Hg.) 2008: Statusbericht 2008 zum Programm Soziale Stadt. Berlin.

Butterwegge, Christoph 2001: Wohlfahrtsstaat im Wandel. Probleme und Perspektiven der Sozialpolitik. (3. Aufl.), Opladen: Leske + Budrich.

Chlada, Marvin 2005: Heterotopie und Erfahrung. Abriss der Heterotopologie nach Michel Foucault. Aschaffenburg: Alibri.

Clarke, John 2007: Die Neuerfindung der Community? Regieren in umkämpften Räumen. In: Kessl, Fabian/Otto, Hans-Uwe (Hg.): Territorialisierung des Sozialen. Opladen/Farmington Hills: Barbara Budrich, S. 57-80.

Deinet, Ulrich (Hg.) 2009: Methodenbuch Sozialraum. Wiesbaden: VS.

Eick, Volker/Sambale, Jens/Töpfer, Eric (Hg.) 2007: Kontrollierte Urbanität: Zur Neoliberalisierung städtischer Sicherheitspolitik. Bielefeld: transcript.

Foucault, Michel 1978: Dispositive der Macht. Über Sexualität, Wissen und Wahrheit. Berlin: Merve.

– 1999: Andere Räume. In: ders.: Botschaft en der Macht. Der Foucault-Reader. Diskurs und Medien. (Hg. von Jan Engelmann), Stuttgart: DVA, S. 145-157.

– 2004: Geschichte der Gouvernementalität I. Sicherheit, Territorium, Bevölkerung. Frankfurt am Main: Suhrkamp.

Friebertshäuser, Barbara 1997: Feldforschung und teilnehmende Beobachtung. In: dies./Prengel, Annedore: Handbuch Qualitative Forschungsmethoden in der Erziehungswissenschaft. Weinheim/München: Juventa, S. 503-527.

Friebertshäuser, Barbara/Panagiotopoulou, Argyro 2010: Ethnografische Feldforschung. In: dies./Prengel, Annedore (Hg.): Handbuch Qualitative Forschungsmethoden in der Erziehungswissenschaft. Weinheim/München: Juventa, S.301-322.

Glasze, Georg/Pütz, Robert/Rolfes, Manfred (Hg.) 2005: Diskurs – Stadt – Kriminalität. Städtische (Un-)Sicherheiten aus der Perspektive von Stadtforschung und Kritischer Kriminalgeographie. Bielefeld: transcript.

Hafner, Sabine 2005: Wie aus Großraumsiedlungen Ghettos werden. Beiträge zur Entschlüsselung der Produktionsmechanismen von „Gegenorten". In: Lossau, Julia/Flitner, Michael: Themenorte. Münster: LIT, S. 75-90.

Hinte, Wolfgang/Treeß, Helga 2007: Sozialraumorientierung in der Jugendhilfe. Weinheim: Juventa.

Jessop, Bob 2007: Raum, Ort und Maßstäbe. Territorialisierungsstrategien in postfordistischen Gesellschaften. In: Kessl, Fabian/Otto, Hans-Uwe (Hg.): Territorialisierung des Sozialen. Opladen/Farmington Hills: Barbara Budrich, S. 25-56.

Kessl, Fabian/Otto, Hans U. (Hrsg.) 2007: Territorialisierung des Sozialen. Regieren über soziale Nahräume. Opladen/Farmington Hills: Barbara Budrich.

– (Hrsg.) 2008: Soziale Arbeit ohne Wohlfahrtsstaat? Zeitdiagnosen, Problematisierungen und Perspektiven. Weinheim: Juventa.

Kleining, Gerhard 1995: Lehrbuch entdeckende Sozialforschung. Band I. Von der Hermeneutik zur qualitativen Heuristik. Weinheim: Beltz/Psychologie Verlags Union.

Landhäußer, Sandra 2009: Community-Orientierung in der Sozialen Arbeit. Wiesbaden: VS.

Lefebvre, Henri 1974: La production de l'Espace. Paris: Anthropos.

Leipziger Kamera (Hg.) 2009: Kontrollverluste. Interventionen gegen Überwachung. Münster: Unrast.

Manderscheid, Katharina 2008: Pierre Bourdieu – Ein ungleichheitstheoretischer Zugang zur Sozialraumanalyse. In: Kessl, Fabian/Reutlinger; Christian (Hg.). Schlüsselwerke der Sozialraumforschung. Wiesbaden: VS, S. 155-171.

– 2006: Sozial-räumliche Grenzgebiete: Unsichtbare Zäune und gegenkulturelle Räume. Eine empirische Exploration der räumlichen Dimension sozialer Ungleichheit. In: Sozialer Sinn, 7. Jg., Heft 2, S. 273-299.

Meuser, Michael/Nagel, Ulrike 1997: Das Experteninterview – Wissenssoziologische Voraussetzungen und methodische Durchführung. In: Friebertshäuser, Barbara/ Prengel, Annedore: Handbuch Qualitative Forschungsmethoden in der Erziehungswissenschaft. Weinheim/München: Juventa, S. 481-491.

Michel, Boris 2005: Stadt und Gouvernementalität. Münster: Westfälisches Dampfboot.

Opitz, Sven 2004: Gouvernementalität im Postfordismus. Macht, Wissen und Techniken des Selbst im Feld unternehmerischer Rationalität. Hamburg: Argument-Verlag.

Penta, Leo (Hg.) 2007: Community Organizing. Menschen verändern ihre Stadt. Hamburg: Edition Körber-Stiftung.

Plößer, Melanie 2005: Dekonstruktion – Feminismus – Pädagogik. Vermittlungsansätze zwischen Theorie und Praxis, Königstein/Taunus: Ulrike Helmer.

Schaffer, Johanna 2008: Ambivalenzen der Sichtbarkeit. Über die visuellen Strukturen der Anerkennung. Bielefeld: transcript.

Schmid, Christian 2005: Stadt, Raum und Gesellschaft. Henri Lefèbvre und die Theorie der Produktion des Raumes. Stuttgart: Franz Steiner Verlag.

Simon, Titus 2001: Wem gehört der öffentliche Raum? Zum Umgang mit Armen und Randgruppen in Deutschlands Städten. Gesellschaftspolitische Entwicklungen, rechtliche Grundlagen und empirische Befunde. Opladen: Leske + Budrich.

Stövesand, Sabine 2007: Mit Sicherheit Sozialarbeit! Gemeinwesenarbeit als innovatives Konzept zum Abbau von Gewalt im Geschlechterverhältnis unter den Bedingungen neoliberaler Gouvernementalität. Hamburg: Lit.

Wehrheim, Jan 2009: Der Fremde und die Ordnung der Räume. Opladen/Farmington Hills: Barbara Budrich.

Nina Schuster

Heterotopien der Aushandlung geschlechtlicher und sexueller Normen

Räume werden im sozialen Miteinander produziert. In den Prozessen ihrer Herstellung spielen die sozialen Positionen der Akteur_innen eine entscheidende Rolle. Doch wie hängen Raumkonstitution und Geschlechtskonstruktion zusammen, und inwiefern sind sie von Machtmechanismen und Normen durchwoben? Welche Normen sind dies, und welche treten als relevant in Erscheinung? Und wie wirkt dabei Macht? Um diese Fragen zu erforschen, sind Michel Foucaults Perspektiven sowie sein Machtbegriff hilfreich. Zwar ist Foucault kein Methodiker im Sinne empirischer Methoden. Seine Entschlüsselungen, Interpretationen und Konzepte können jedoch helfen, einen Bezugs- und Interpretationsrahmen für die empirische Untersuchung von Raum konstituierenden Prozessen zu entwerfen, in dem das Wirken von Macht und die Rolle von Normen für diese Prozesse im Zentrum stehen. Das damit einhergehende Hinterfragen von Wahrheit und die Untersuchung der Verwobenheit von Macht und Wissen bieten für die raumbezogene und empirisch angelegte Forschung aufschlussreiche Blickwinkel. Prozesse und Praktiken der Gegenwart zu untersuchen, war Foucault eher selten ein Anliegen. Dennoch halten die Perspektiven seiner Analysen entsprechende Fokussierungen bereit. Für meine ethnographische Forschung zur Raumproduktion der Szene von Drag Kings und Transgender[1] war insbesondere die

---

1 Drag Kings sind meist, aber nicht immer, weiblich sozialisierte Personen, die sich mit der ihnen zugewiesenen Geschlechtszuweisung „Frau“ und damit zusammenhängenden heteronormativen Zuschreibungen aus verschiedenen Gründen und in unterschiedlicher Intensität nicht identifizieren. Sie loten die Grenzen der Zweigeschlechtlichkeit aus, indem sie zum Teil im Alltag, zum Teil im geschützten Bereich der Szene und auf der Bühne Männlichkeit aneignen und Zweigeschlechtlichkeit entnaturalisieren. Da es viele alltagspraktische Überschneidungen der Szenen und Konzepte von Drag Kings und Transgender gibt, habe ich mich im Rahmen meiner Forschung zur Bezeichnung „Drag King- und Transgender-Szene“ entschlossen. Diese Benennung findet sich in der Bezeichnungspraxis der Akteur_innen so eher selten wieder. Als Transgender bezeichnen sich Menschen, die sich produktiv und bewusst

Thematisierung der Verflechtung von Macht, Raum und Norm, die Foucault in seinem kurzen Text *Andere Räume* (2001b [1984]) am Konzept der Heterotopie entworfen hat, inspirierend.

Dieser Aufsatz zeichnet nach, wie mit Hilfe von Foucaults konzeptionellem Instrumentarium die Rolle von Normen für die Raumproduktion untersucht werden kann. Im Gegensatz zu sozialwissenschaftlichen Normkonzepten, die Normen für das soziale Handeln eher als neutral zugrunde liegende Vorschriften und als „Spezifikationen allgemeiner soziokultureller Wertvorstellungen" definieren (Peukert 2006: 213), hat Michel Foucault (1977; 1983; 2001c) zusätzlich den zurichtenden Aspekt von Normen im Blick. Er betrachtet Normen insbesondere unter dem Aspekt ihrer engen Verkopplung mit einer modernen Form der Disziplinierung der Individuen, die deutlich wird in Prozessen der Kontrolle, Überwachung und Einsperrung. Dabei fokussiert er den Zwang, der in modernen Gesellschaften von Normen ausgeht, und die damit einhergehende Frage, inwiefern Normen entscheidend an der Konstitution moderner Gesellschaften beteiligt sind. Normen bilden insofern den integrierenden Bestandteil einer Gesellschaft, als Abweichungen von der Norm die Norm stabilisieren. Die Macht nimmt dabei „die hinterlistige, alltägliche Form der Norm an und gibt sich als Gesellschaft" (Foucault 2001c: 53). Normen und Werte sind dabei umkämpft und werden in hierarchisch organisierten Machtprozessen ausgehandelt bzw. auch gewaltsam durchgesetzt.

Im Folgenden wird das in vielen Gesellschaften bedeutsame Normsystem der Heteronormativität, das auf der naturalisierten Vorannahme von Zweigeschlechtlichkeit und Heterosexualität beruht, fokussiert. Am Beispiel einer kleinen subkulturellen Szene zeige ich, wie deren Akteur_innen in ihrer Auseinandersetzung mit hegemonialen Normen von Geschlecht und Sexualität Raum produzieren. Die von der Szene neu hervorgebrachten Räume besitzen als Gesamtes bzw. in Teilen die Funktion einer Heterotopie. Um diese Einordnung vorzunehmen, ist zunächst das verwendete begriffliche Werkzeug zu klären, nämlich Foucaults Konzeptionen von Macht und Raum und deren Zusammenwirken. Da ich mich mit speziellen Räumen, *queeren*[2] Räumen, beschäftige, erläutere ich anschließend

mit der eigenen Geschlechtszuweisung und -identität und mit den Zumutungen der heteronormativen Gesellschaftsordnung auseinandersetzen.

2 Das Konzept *queer* ist ein Versuch, eine (zunächst vor allem auf Geschlechtszugehörigkeit und sexuelle Identität bezogene) Nicht-Identität zu schaffen. *Queer* (engl. 'eigenartig', 'verrückt', Schimpfwort für 'schwul', ins Deutsche am passendsten mit 'pervers' übersetzt) wurde von den damit zunächst abwertend Bezeichneten angeeignet und selbstbewusst positiv besetzt. Inzwischen dient *queer* international

die Verbindung von Heteronormativität und Raum, die derzeit vor allem in der angloamerikanischen Geographie thematisiert wird. Vor diesem Hintergrund stelle ich dann einige Ergebnisse aus meiner ethnographischen Studie zur Szene von Drag Kings und Transgender vor und diskutiere, inwiefern diese als Ganzes bzw. in Teilen als Heterotopie charakterisiert werden kann.

1 Raum – Macht – Heterotopie

Die Anordnung der Individuen entspricht sozialen Zuordnungen. Kategorisierungen sind nach Pierre Bourdieu (1991) sozial-räumlich. Bourdieu trennt klar zwischen sozialem und physisch-materiellem Raum, wobei er davon ausgeht, dass sich das Soziale in das Physisch-Materielle einschreibt. Anhand der gesellschaftlichen Verteilung von physisch-materiellem Raum lasse sich die Position von Individuen und Gruppen im sozialen Ranggefüge ablesen, und entsprechend ließen sich anhand von Rang-eleien um Raum die hierarchische Verteilung des Raums und die Möglichkeiten der Umverteilung sozialräumlicher Ressourcen zeigen. Kritisiert werden kann dieser Raumbegriff, insofern er einen statischen Container vorstellt, wie auch Martina Löw (2001: 183) anmerkt. Löw selbst entwirft demgegenüber einen relationalen Raumbegriff, der das Wechselspiel von gesellschaftlicher Struktur und dem Handeln der Subjekte ebenso fasst wie die sich gegenseitig konstituierenden Ebenen des materiellen und sozialen Raums. Die so beschriebene Raumkonstitution sei durch hierarchisch organisierte Macht- und Herrschaftsverhältnisse geprägt, die sich im Raum manifestierten. In Anlehnung an Foucault sei Raum eine „relationale (An)Ordnung von Körpern, welche unaufhörlich in Bewegung sind, wodurch die (An)Ordnung sich selbst ständig verändert“ (Löw 2001: 131). Die Raumkonstitution ist laut Löw durch zwei soziale Prozesse geprägt: durch den (gedanklichen) Prozess, in dem Güter und Menschen in Wahrnehmungs-, Vorstellungs- und Erinnerungsprozessen zu einem Raum zusammengefasst würden, den Löw *Syntheseleistung* nennt,

---

einer heterogenen Vielzahl von Menschen als Selbstbezeichnung, wobei nur wenige damit eine identitäre Ver*un*eindeutigung anstreben. Sowohl in der Alltagspraxis als auch in theoretischen Kontexten wird *queer* häufig nur im Sinne der Bedeutung 'lesbisch-schwul' verwendet. Ich bevorzuge dagegen eine nicht ausschließende und nicht auf Identitätskategorien basierende Konzeption von *queer*, die Geschlecht und Sexualität als miteinander verschränkte Kategorien betrachtet und zugleich deren unauflösliche und heterogene Verschränkungen mit ethnisierten Subjektpositionen und Alter, Klasse/Schicht und körperlichen Befähigungen im Blick behält (vgl. dazu Hark 1993, Jagose 2001, Engel 2002, Haritaworn 2005).

sowie durch die relationale Platzierung von Menschen und Dingen zueinander (*Spacing*). Löws Konzept erfasst damit die Wechselwirkung von menschlichem Handeln und gesellschaftlicher sowie gebauter Struktur. Es konzeptualisiert einerseits die Ortsgebundenheit des menschlichen Tuns, bettet dies andererseits in die gegebenen gesellschaftlichen Strukturen und entsprechenden materiellen Rahmenbedingungen ein. Zugleich enthält es den Aspekt der Prägung der gesellschaftlichen Bedingungen und des Materiell-Physischen durch das menschliche Handeln. Im Unterschied zu Bourdieus Annahmen eines einseitigen Einschreibungsprozesses gesellschaftlicher Bedingungen in den physisch-materiellen Raum wird das relationale Raumkonzept der wechselseitigen Durchdringung von sozialem und physisch-materiellem Raum gerecht.

Auch Foucault entwirft Raum als ein Beziehungsgeflecht, einen heterogenen Raum und einen Raum der Relationen, dem ein Wechselverhältnis sozialer und physisch-materieller Aspekte des Raums zugrunde liegt:

> „Wir leben nicht in einer Leere, innerhalb derer man Individuen und Gruppen einfach situieren kann. Wir leben nicht innerhalb einer Leere, die nachträglich mit bunten Farben eingefärbt wird. Wir leben in einer Gemengelage von Beziehungen, die Platzierungen definieren, die nicht aufeinander zurückzuführen und nicht miteinander zu vereinen sind." (Foucault 2001: 25)

Er skizziert zwar keine abgeschlossene Raumtheorie, bietet aber zahlreiche Anknüpfungspunkte zur Erforschung von Raum. Deutlicher als Löw fokussiert er dabei das Wechselverhältnis von Macht und Raum und die Bedeutung von Normen für die Raumkonstitution. Anders als Bourdieu, der von einem hierarchiegeprägten Machtmodell ausgeht, das in Unterdrückende und Unterdrückte unterscheidet, ist für Foucault Macht eine permanente Strategie und ein Verhältnis, ein dauerndes Gerangel, das sich u.a. im gesellschaftlichen Umgang mit Raum widerspiegelt. Raum wird so zu einer Dimension der Machtverhältnisse.

In *Der Wille zum Wissen* spricht Foucault von der Produktivität der Macht als „komplexe strategische Situation in einer Gesellschaft" (Foucault 1983: 114). Die vorzufindenden Machtzustände charakterisiert er als lokal und instabil. Dabei vollziehe sich Macht im Spiel ungleicher und beweglicher Beziehungen von unzähligen Punkten aus: „Nicht weil sie alles umfaßt, sondern weil sie von überall kommt, ist die Macht überall" (ebd.). Am Beispiel der abendländischen Diskurse zu Sexualität fragt er, welche lokale und taktische Rolle die Repressionshypothese seit dem 18. Jahrhundert innerhalb der zu beobachtenden Diskursstrategie spielte. In diesem Zusammenhang verdeutlicht er, wie Wahrheit, Wissen und Sexualität durch die sich historisch herausbildenden Machttechniken verknüpft sind. Wider bisherigen Annahmen zur Repressivität von Macht gegenüber Sexualität beobachtet er eine entgegengesetzte Entwicklung, nämlich die Ausweitung und Vervielfältigung der Diskurse zur Sexualität.

> „'Sexualität' ist der Name, den man einem geschichtlichen Dispositiv geben kann. Die Sexualität ist keine zugrunde liegende Realität, die nur schwer zu erfassen ist, sondern ein großes Oberflächennetz, auf dem sich die Stimulierung der Körper, die Intensivierung der Lüste, die Anreizung zum Diskurs, die Formierung der Erkenntnisse, die Verstärkung der Kontrollen und der Widerstände in einigen großen Wissens- und Machtstrategien miteinander verketten." (Foucault 1983: 128)

Dies weise daraufhin, dass Macht nicht repressiv, sondern produktiv erscheine. Sie wirke nicht von oben auf die Individuen ein, sondern verbreite sich horizontal in alle Richtungen und sei dynamisch mit Widerstand verflochten. Ein besonderes Augenmerk Foucaults liegt daher darauf, herauszufinden, wie Diskurse, die als Macht/Wissen-Komplexe funktionieren, dazu beitragen, dass die „polymorphen Techniken der Macht" (Foucault 1983: 22) bis in die letzten Winkel individueller Verhaltensweisen und alltäglicher Lust vordringen.

Für meine Argumentation ist Foucaults Machtkonzeption hilfreich, um diskursive Verschiebungen, Reflexionen und widerspenstige Praktiken im Umgang mit Geschlecht herauszuarbeiten. Martina Löws Raumkonzept, das auf Foucault Bezug nimmt, verwende ich, um das Zusammenspiel sozialer und materieller Aspekte der Raumproduktion zu konzeptualisieren.

2 Heteronormativität und Raum

Seit mehr als zwei Jahrzehnten wird in der queer/feministischen Theorie auf die heteronormativ geprägte gesellschaftliche Organisation und Konstruktion von Geschlecht und Sexualität hingewiesen. Im Anschluss an Michel Foucault (1983) werden nicht nur Gedanken einer machtgestützten historischen Zurichtung der Körper für die Geschlechterordnung aufgegriffen. Es wird auch die Kontingenz der Geschlechterbinarität (Ott 1998; Engel 2002) betont und vorgeschlagen, dabei die Materialität der Körper und das anatomische Geschlecht als Effekte machtvoller kultureller Formierungen anzusehen. Diese unterlägen soziokulturellen Konstruktionsprozessen und müssten keineswegs notwendig die Form einer exklusiven Geschlechterbinarität annehmen. Dafür knüpfen queer/feministische Ansätze u.a. an die Analysen Judith Butlers in *Das Unbehagen der Geschlechter* (1991) und *Körper von Gewicht* (1997) an, die in der feministischen Theorie kontroverse Debatten ausgelöst haben. Butler geht davon aus, dass eine „Matrix der Heterosexualität" die rigide zweigeschlechtliche Unterscheidung der Körper organisiert und sich durch deren Naturalisierung selbst legitimiert. Das Konzept der Heteronormativität benennt die Norm der Geschlechterverhältnisse, die das Gesamtgefüge der gesellschaftlichen Organisation strukturiert und damit sowohl Subjektivitäten als auch Lebenspraxen und symbolische Ordnung prägt.

> „Die Heteronormativität drängt die Menschen in die Form zweier körperlich und sozial klar voneinander unterschiedener Geschlechter, deren sexuelles Verlangen ausschließlich auf das jeweils andere gerichtet ist. Heteronormativität wirkt als apriorische Kategorie des Verstehens und setzt ein Bündel von Verhaltensnormen." (Wagenknecht 2007: 17)

Daran anschließende Forschungen zum Verhältnis von (Hetero)Sexualität, Zweigeschlechtlichkeit und Gesellschaft zeigen, dass die Gesellschaft auf vielen Ebenen von heteronormativen Strukturen geprägt und Heterosexualität im Großteil *aller* Alltagsumgebungen die dominante Sexualität ist (Valentine 1996), und die mit ihr verbundenen Normen von Zweigeschlechtlichkeit, Reproduktion und asymmetrischen Beziehungsformen das gesamte gesellschaftliche System durchziehen. Dies lasse sich an der Institutionalisierung der heterosexuellen Ehe (bzw. heute: deren Privilegierung gegenüber anderen Partnerschaftsmodellen), in vielen Gesetzen, der Steuergesetzgebung und den Systemen des Wohlfahrtsstaats ebenso wie an den öffentlich begangenen Ritualen der Eheschließung und der Taufe erkennen (Valentine 1993: 396). Heteronormativität sei daher als eine machtvolle gesellschaftliche Struktur aufzufassen.

Die britische Geographin Gill Valentine ist eine der ersten ihrer Disziplin, die sich mit den Zusammenhängen von Raum, Geschlecht und Sexualität beschäftigt hat. Sie verweist auf den Zwang, der auf den Individuen lastet, sich in die heteronormativ geprägten Alltagsräume einzupassen – oder die Konsequenzen zu tragen, die ein unangepasstes Auftreten und solche Identitäten haben können, die als nicht verständlich/lesbar (*intelligible*) gelten (Valentine 1993; 1996; s. auch Butler 2004). Valentine (1996) zeigt, dass die Heterosexualisierung von Alltagsräumen ein *performativer Akt* ist, der dementsprechend durch Wiederholung und Regulierung naturalisiert wird. In diesem Zusammenhang stellen viele alltägliche, öffentlich vollzogene Praktiken zur Schau, was als angemessenes Verhalten betrachtet werde, z.B. das Ausdrücken von heterosexuellem Begehren durch Küssen und Händchenhalten im Supermarkt, Werbeplakate und Schaufenster, in denen glückliche Kleinfamilien abgebildet werden, heterosexualisierte Gespräche an der Bushaltestelle, Musikstücke, in denen heterosexuelles Begehren artikuliert wird und deren Lärm die Geschäfte, Kneipen und Restaurants füllt (Valentine 1993: 410). Heterosexualität beinhaltet also zahllose Praktiken, die nichts mit Sex zu tun haben (Berlant/Warner 2005: 91). Die Verwobenheit von Geschlecht und Raum zeigt sich darin, dass Geschlecht als heteronormativ geprägte Zweigeschlechtlichkeit in den Raum eingeschrieben und dabei von Macht- und Herrschaftsverhältnissen durchzogen ist, die sich wiederum in Konflikten um Raum widerspiegeln.

Die Norm heterosexueller Zweigeschlechtlichkeit und die alltägliche Hegemonie heterosexueller Sozialbeziehungen (Bell/Valentine 1995: 7) ist besonders für diejenigen Menschen problematisch, die sich weder dem einen noch dem anderen der zwei zur Verfügung stehenden Geschlechter zuordnen könnten oder deren Begehren und sexuellen Praktiken sich in der heterosexuellen Matrix nicht verorten lassen. Überdies ist homophobe und transphobe Gewalt im öffentlichen und privaten Raum ständig präsent. Diese verweist auf die weiterhin prekäre Sicherheit von Menschen, die von der heteronormativen, die vereindeutigte Zweigeschlechtlichkeit privilegierenden Norm abweichen (Namaste 1996). Der gewaltsame Umgang mit denjenigen, die mit ihren Verkörperungen und Lebensformen für andere Normen stehen und deren Destabilisierung vorantreiben, zeigt in besonders drastischer Weise, wie machtvoll heteronormative Strukturen umkämpft sind.

3 Queere Öffentlichkeiten

Versuche einer zumindest temporären und punktuellen Verschiebung von Normen finden sich in Räumen, die von Menschen produziert werden, die sich selbst als von der heterosexuellen und zweigeschlechtlichen Norm abweichend positionieren. Genannt wird in diesem Zusammenhang zum einen die temporäre Überlagerung von Alltagsräumen durch queere Räume, z.B. durch Blicke und äußere Merkmale wie bestimmte Frisuren, Kleidungsstile und Accessoires (Valentine 1996).

Lauren Berlant und Michael Warner (2005) fokussieren auf gegenöffentliche Räume, denen sie ganz besondere Gestaltungskraft für gesellschaftliche Veränderungen zuschreiben. Sie gehen davon aus, dass in queeren Gegenöffentlichkeiten „kriminelle Intimitäten“ (Berlant/Warner 2005: 93) kultiviert und Beziehungen und Narrative entwickelt werden, die nur in der queeren Kultur als intim gelten. Damit entstehe eine eigene, öffentliche Kultur der Zugehörigkeiten, die gesellschaftstransformierende Kraft besitze. Andere intime und freundschaftliche Beziehungsformen als Ehe und Familie erlangen durch gegenöffentliche Räume (und deren Orte) eine zentrale Bedeutung im Alltagsleben vieler Lesben und Schwuler[3], z.B. Freundschaften, zeitlich begrenzte Lebens- und Beziehungsformen (auch

3 Sie beziehen sich nicht auf das oben erläuterte, weite und identitätskritische Konzept von *queer* (s. Fußnote 2), sondern verwenden es als Synonym für lesbisch und schwul.

sexueller Art), die die Idealvorstellungen eines monogamen, lebenslangen Beziehungslebens unterwandern. Dazu gehöre auch das Leben in der Szene weit über das Jugendalter hinaus. Sexuelle Praxis sei dabei nur *eine* Form der Gegenintimität. Wichtiger sei das kritische praktische Wissen, das es möglich mache, dass diese Beziehungen als intim gelten, „als gemeinsame Sprache der Selbst-Kultivierung, als gemeinsames Wissen und als Austausch von Innerlichkeit" (ebd.: 96).

Für die Entfaltung normabweichender Lebensweisen ist nach Berlant/Warner der Aspekt ihrer Öffentlichkeit besonders bedeutsam. Öffentlichkeit sei durch Zugänglichkeit und kollektive Erinnerbarkeit charakterisiert, und die in diesem Rahmen stattfindenden Aktivitäten seien kollektiv getragen. Keine gesellschaftliche Gruppe sei mehr von öffentlich zugänglichen Orten im urbanen Raum abhängig als Queers (ebd.: 98f.). Wenn es nicht gelänge, diese zu erhalten und weiterhin aufzubauen, wären Lesben und Schwule immer und überall in der Minderzahl und unterlegen. Berlant/Warner schreiben der (öffentlich gelebten) Sexualität das Potenzial zu, „einen Spalt für die Transformation" statischer und lebloser sozialer Normen zu eröffnen (ebd.: 102). Die soziale Sprengkraft liege in der Produktion öffentlicher, nicht-heteronormativer körperlicher Kontexte.

Berlant/Warner problematisieren dabei nicht die insbesondere in feministischen Auseinandersetzungen kritisierte Polarisierung von öffentlich und privat. Feministinnen gehen davon aus, dass das dichotome Denken von „außen – innen", „öffentlich – privat", „männlich – weiblich" und „Arbeit – Freizeit" hierarchische Macht- und Herrschaftsverhältnisse, die die Geschlechterverhältnisse durchziehen, widerspiegelt, befördert und aufrechterhält. Dabei werde alles weiblich Konnotierte abgewertet, während das männlich Konnotierte privilegiert werde. Feministische Entwürfe zur Auflösung der Polarisierung der öffentlichen und der privaten Sphäre beinhalten u.a., dass fließende Übergänge von einer Sphäre zur anderen konstatiert werden (Holland-Cunz 1993) sowie die Feststellung, dass die beiden Sphären einander durchdringen („Das Private ist politisch!").

Darüber hinaus verwenden Berlant/Warner ein idealisiertes Öffentlichkeitskonzept. Wie Bernd Belina (2006: 196 ff.) kritisch darlegt, wird das Konzept der Öffentlichkeit ebenso wie das des öffentlichen Raums häufig deskriptiv und/oder analytisch benutzt, „obschon es sich um ein rein normatives Ideal handelt" (ebd.: 202). Belina bringt dies mit den idealistischen „Debatten um Wege zu einer 'besseren Welt'" (ebd.) in Verbindung und regt an, die ideologiekritische Frage: „Warum, von wem und zu welchem Zweck werden Phänomene als 'privat' bzw. 'öffentlich' bezeichnet?" (ebd.: 203) zu stellen. Und tatsächlich geht es Berlant/Warner um die idealistische Perspektive einer eigenen queeren Welt, in der andere Normen gelten. Diese queere Welt ist sowohl als Gegenentwurf zur dominanten

Kultur zu verstehen als auch als Zuflucht für viele Menschen, die die Norm nicht erfüllen. Die Autor_innen idealisieren dabei die Ausstrahlungskraft und das Leben in dieser anderen Welt:

> „Für die Schaffung einer queeren Welt war es erforderlich, Formen der Intimität zu entwickeln, die nicht notwendigerweise auf den privaten Bereich, auf Verwandtschaft, Paarform, Besitz oder Nation Bezug nehmen. Queere Intimität nimmt vielmehr Bezug auf eine Gegenöffentlichkeit – eine unbegrenzt zugängliche Welt, die sich ihrer untergeordneten Stellung bewusst ist. Sie ist sowohl für den Einfallsreichtum, den das Schaffen einer queeren Welt erfordert, als auch für die Fragilität dieser Welt typisch." (Berlant/Warner 2005: 93)

Gleichzeitig erweitern sie durch die Thematisierung der öffentlich gelebten Sexualität die Debatte um Geschlechterverhältnisse und bringen binäres Denken durcheinander. Ich verstehe den Rückgriff auf die Bezeichnung öffentlich hier im Sinne von Kontexten, die eigens durch Gleichgesinnte geschaffen wurden und kollektiv genutzt werden, wobei es sich um Orte und Räume handelt, die relativ durchlässig für Fremde sind. Öffentliche bzw. gegenöffentliche Räume und Orte böten eine von mehreren Möglichkeiten, neue Formen der Verkörperung sowie Identitäts- und Beziehungsentwürfe kollektiv auszuhandeln und weiterzuentwickeln. Erhebliche soziale Sprengkraft schreiben sie einer öffentlich gelebten sexuellen Praxis zu, die keine auf das Private und auf Monogamie beschränkte Beziehungsform mehr ist.

4 Die heterotope Funktion der Bühnenshow

Raumbezogene Metaphern (wie Territorium, Boden, Gebiet, Region) durchziehen viele der wichtigen Arbeiten Foucaults (Foucault 2005b [1976]). Allerdings bezieht er sich nur in einigen auf tatsächliche physisch-materielle Räume, so z.B. in *Die Geburt der Klinik* (1988 [1963]) und besonders in *Überwachen und Strafen* (1977 [1975]) und im Aufsatz *Andere Räume* (2001 [1984]). In letzterem Text entwickelt Foucault eine Perspektive auf gesellschaftliche Räume, die verdeutlicht, wie wichtig Normen und Normierungen für die Raumkonstitution sind und wie die Gesellschaft sich hinsichtlich baulich-räumlicher (und damit sozialer) Platzierungen organisiert, um mit Abweichungen von der Norm umzugehen und dabei zugleich die Norm stabil zu erhalten. Im Kontext normierender bzw. normalisierender Diskurse wirkt dabei Macht sowohl disziplinierend als auch ermöglichend.

Bereits 1966 hat Foucault in einem Radiovortrag in Radio France das Konzept der Heterotopien entwickelt (Foucault 2005a); erst 1984 hat er es in *Des espaces autres* in Textform publiziert. Er unterbreitet darin die Annahme, dass alle Gesellschaften Heterotopien hervorbringen. In heutigen Gesellschaften seien insbesondere Abweichungsheterotopien bedeutsam, die Möglichkeiten zu vielgestaltigen Abweichungen von der Norm böten. Als tatsächlich realisierte Utopien, in denen die Norm gleichzeitig repräsentiert, bestritten und gewendet werde, fungierten sie als Spiegel der Macht. Beispiele für Heterotopien sind für Foucault Friedhöfe, Theater, Kinos, Gärten sowie Museen, Bibliotheken, Kasernen und Gefängnisse; auch die Sauna, Feriendörfer, Feste, Bordelle, Motels, selbst ganze Kolonien erfüllten entsprechende heterotope Funktionen. Da ein konkreter heterotoper Ort meist nicht ohne weiteres zugänglich sei, seien für die Heterotopie die je spezifischen Zugangssysteme und -rituale bedeutsam. Gemeinsam sei den Heterotopien, dass sie „gegenüber dem verbleibenden Raum eine Funktion haben" (Foucault 2001: 36), entweder als Illusions- oder als Kompensationsraum. Da sie als „Imaginationsarsenal" (ebd.: 38), als Ort der Träume und der Abenteuer, fungierten, seien Heterotopien für die Gesellschaft und ihre Entwicklung von zentraler Wichtigkeit.

In meiner ethnographischen Studie zur Raumproduktion durch soziale Praktiken habe ich das Zusammenwirken von Geschlecht und Raum vor dem Hintergrund einer Gesellschaft, die in vielen Bereichen heteronormativ strukturiert ist, untersucht (Schuster 2010). Im Zentrum stand dabei die Frage, wie soziale und materielle Aspekte der Raumproduktion miteinander verbunden sind. Der Gegenstand der mehrjährigen Forschung (2005-2009) war die Raumproduktion der Drag King- und Transgender-Szene in verschiedenen Städten der Bundesrepublik. In Bezug auf das Wechselverhältnis von sozialem und physisch-materiellem Raum war ein Ergebnis, dass die betrachtete queere Szene kaum über eigene Veranstaltungsorte verfügt und die Orte anderer Gruppierungen mit nutzt, d.h. sie arrangiert sich mit den gegebenen, relativ begrenzten materiellen Ressourcen. Im Zuge der Umwidmung von Orten schafft sie dabei neue Räume, für die z.T. eigene Regeln und Normen gelten. Die untersuchte Szene lässt sich dabei als ausgesprochen politisiert charakterisieren, insbesondere aufgrund ihrer ausgeprägten Reflexion gesellschaftlicher Prozesse der Geschlechtskonstruktion. Dementsprechend markiert die Szene ihre selbst geschaffenen Räume auch als Gegenentwürfe und distanziert sich von herrschenden Normen wie Zweigeschlechtlichkeit und heterosexuellen, monogamen Normen. Die durch die Szene-Akteur_innen geschaffenen Räume bieten, begriffen als heterotope Orte, schließlich die Möglichkeit, die soziale Konstruktion von Geschlecht und Sexualität und die Rahmenbedingungen einer heteronormativen Gesellschaftsstruktur zu reflektieren und zu wenden.

Die Situation der Bühnenshow

Foucault erwähnt die heterotope Funktionen von Theater(-bühne) und Kino als Illusions- und Kompensationsräume, führt dies aber nicht weiter aus (Foucault 2001: 31f.). Ich nehme dies als Anregung, um mir die Implikationen der sozialen Praktiken der Bühnenshow in der Drag King- und Transgender-Szene genauer anzusehen. Die Szene organisiert eigene Veranstaltungen und Veranstaltungsformen, wie Drag Workshops, Partys und alternative CSD-Paraden. Im Rahmen von Partys finden häufig Bühnenshows statt, die durch das Partygeschehen gerahmt werden; Shows existieren aber auch als eigenständige Veranstaltungsform. Bühnenshows sind ein wichtiger Bestandteil der Veranstaltungen der Szene. Die besondere Form der queeren Bühnenshow hat sich in den vergangenen Jahrzehnten in verschiedenen queeren Szenen etabliert. Von einigen Ausnahmen abgesehen (Newton 1979), wurde dieser Veranstaltungstypus bislang allerdings kaum erforscht.

Im Folgenden zeichne ich die Funktionen der Bühnenshow nach. Ich frage, inwiefern die Akteur_innen die Bühne für die Auseinandersetzung mit bestehenden gesellschaftlichen Machtverhältnissen nutzen, als Möglichkeit Realität zu spiegeln und ihr utopische Entwürfe und Illusionen entgegenzustellen, und was dies im Kontext der Raumproduktion heißt. Zu diesem Zweck fokussiere ich die sozialen Praktiken der Verkörperung von Geschlecht und die Verkörperung von Formen des Begehrens, die sich insbesondere im Rahmen der Bühnenshow wieder finden. Ich analysiere, mit welchen Praktiken Drag Kings und Transgender Normen produzieren, die für die Andersartigkeit ihrer Räume sprechen – z.B. durch die Verkörperung uneindeutiger Geschlechtlichkeit und einen fließenden Wechsel zwischen verschiedenen geschlechtlichen Existenzweisen. Damit stelle ich die Show als eine eigene, besonders gut erkennbare Heterotopie innerhalb der Szene heraus.

Die folgenden Analysen beziehen sich auf verschiedene Bühnenshows bei Drag (King)-Partys. Zur Inszenierung der Show gehört zunächst, dass der Partyablauf unterbrochen wird, und zwar zu einer Zeit, zu der bereits ein Großteil der Gäste eingetroffen ist. Dabei bringt die Show bei Partys ein völlig anderes soziales Setting in die Party, d.h. manche Praktiken (der Party) werden unterbrochen, andere fortgesetzt und durch neue Praktiken ergänzt. Nach der Show wird die Party in ähnlicher Form wie vorher fortgesetzt.

> Als die Party in vollem Gange ist und die meisten Gäste eingetroffen sind, beginnt gegen Mitternacht die Bühnenshow. Die Musik verstummt, die Scheinwerfer werden auf die Bühne gerichtet, ein_e Moderator_in betritt die Bühne. Das Publikum wendet sich zur Bühne, unterbricht das Tanzen und die Unterhaltungen, nicht aber

> das Rauchen und Trinken, und richtet seine Aufmerksamkeit auf das Geschehen auf der Bühne. Nach wenigen Begrüßungsworten wird die erste Nummer angekündigt, die Moderator_in verlässt die Bühne und die erste Person oder Gruppe tritt auf. (aus einem Beobachtungsprotokoll)

Diese Form der Inszenierung zeigt den besonderen Status der Bühnenshow während der Party. Die Show unterbricht das Geschehen und ergänzt es um ein neues Element. Sie eröffnet einen Rahmen für ein kollektives Erlebnis, indem sie der Gesamtheit der Partygäste ermöglicht, zum Publikum einer Bühnenshow zu werden. Diese situationsbezogene Rahmung kann als ein Hinweis auf die heterotope Funktion der Show gelesen werden.

Die Show besteht meist aus mehreren ein- bis sechsminütigen Nummern unterschiedlicher Darsteller_innen. Wie in einem Varieté-Programm haben die Nummern keinen gemeinsamen Plot, so dass jede eine neue Überraschung ist, sowohl hinsichtlich ihres Genres (Gesang, Halb-Playback/Playback, Tanz, Text...) als auch inhaltlich. Illustrierend sei hier die Beschreibung einer typischen Verwandlungsperformance aus einer Show eingefügt:

> M. kam im Kleid auf die Bühne, ganz Frau im kurzen Spitzenkleid und mit Strumpfhaltern und Seidenstrümpfen. Er[4] sang Playback mit sehr tiefer Stimme. Im Text singt ein Mann für jemanden, dass er ihr_sein Mann sein möchte und erklärt, was er dann alles für diese Person tun würde. Nach und nach verwandelt sich die Darsteller_in in eine eher männliche Person, zieht die Seidenstrümpfe aus, dann das Kleid, unter dem sie Boxershorts trägt, zieht ein Hemd und eine Krawatte an und bewegt sich immer ausgreifender, weniger schüchtern und geziert. Er fühlt sich sichtlich wohler, größer, strahlender und singt immer noch, dass er der Mann des Gegenübers sein möchte. Passte die Stimme erst nicht zu der Person auf der Bühne, wuchs sie durch ihren körperlichen Ausdruck immer mehr in ihre Stimme hinein, bis sie sie ganz verkörperte. (aus einem Beobachtungsprotokoll)

Gemeinsam ist den Nummern die Auseinandersetzung mit dem Geschlechterthema im weitesten Sinne, beispielsweise mit Geschlechterstereotypen, Geschlechtsuneindeutigkeit, Konstruktion von Geschlecht und Verwandlung sowie Sexualität, sexuellem Begehren und sexuellen Zuschreibungen. Die Show beinhaltet viele Referenzen zum Märchenhaften und zur Sciencefiction, also zu unwirklichen Welten, in die sich viele Akteur_innen zeitweise versetzen – dies sind Gegenwelten zur Realität, die sich als Fiktionen zugleich aus einer Außenperspektive „anderer Welten" mit den Bedingungen der sozialen Realität aus-

---

4 In der Beschreibung dieser Performance wechsle ich die Personalpronomina in Ermanglung weiterer sprachlicher Mittel ab, um das Geschlecht der_des Darsteller_in nicht zu vereindeutigen.

einandersetzen. So werden auf der Bühne (wie auch in der Szene insgesamt) viele heterotope Normabweichungen mit Hilfe des Körpers ausgedrückt, unterstrichen z.B. durch seine Ausschmückung und Benennung.

Namen im Transit

Neben ihrem Geburtsnamen verwenden und verkörpern viele Szenemitglieder einen zweiten Namen, der eine Person bezeichnet, die sich z.B. im *Transit*raum befindet, *von Morgen* ist, aus der Welt des Märchens und der Sciencefiction stammt oder einen starken sexuellen Bezug betont. Besonders die selbst gewählten Bühnennamen zeugen von einem spielerischen Umgang mit geschlechtlichen und sexuellen Anspielungen, Wörtern und Assoziationen aus verschiedenen fiktionalen und realen Kontexten. Bühnennamen, die auf fiktive Welten und Science Fiction verweisen, sind z.B. *Inge.Borg*, *Lulu Belinda* und *Martin von Morgen*; andere imaginieren nahe oder ferne Königreiche, wie das *Kingdom of Cologne* und entsprechende Könige wie *Océan LeRoy* und *Johnny Kingsize*; wieder andere thematisieren eine Positionierung im geschlechtlichen Dazwischen, wie *Toni Transit* und *Pussycoxx*. Auffällig ist, dass ein Teil der Namen eine geschlechtliche Vereindeutigung beinhaltet, die dem Geburtsgeschlecht der Namensträger_innen entgegengesetzt ist. Andere Namensschöpfungen sind geschlechtlich uneindeutig und bedeuten eine phantasievolle Verfremdung/Zweckentfremdung gewöhnlicher, vorhandener Namen.

Vergeschlechtlichte Kleidung und Gestik

Dazu passt, dass die Kleidung und die Art, wie die Darstellenden sich darin bewegen, auf eine epochenübergreifende und -durchkreuzende RaumZeit Bezug nimmt. Zwar legen bestimmte Kleidungsstücke ihren Träger_innen bestimmte Körperbewegungen nahe (Gaugele 2002: 9). So bestimmen ein enger Rock, Nylonstrumpfhosen und Schuhe mit hohen Absätzen die Bewegungen unwillkürlich. Jedoch verändern sich in der Szene die Bedeutungen von Gegenständen und Kleidungsstücken durch den körperlichen, bewegten Umgang mit ihnen, und zwar nicht hinsichtlich der geschlechtlichen Konnotation, sondern bezogen auf Stil und Epoche. Bei einer Bühnennummer rockten drei Drag Kings mit fliegenden Haaren in Frack und weißer Fliege zu gitarrenlastigem Hardrock, wobei sie ihre feinen Spazierstöckchen zur imaginären Luftgitarre umfunktionierten. Es findet dabei eine Vermischung von Stil und Epoche statt, bei der die Bedeutung von Kleidung und Accessoires durch die Praktiken der Akteur_innen verändert wird. In einer anderen Bühnennummer wurde die Darstellung von Weiblichkeit gebrochen. Nachdem die Darsteller_innen zu Beginn einer Show ein Rap-Stück in passender Rapperkleidung und mit entsprechenden Gesten vorgeführt hatten, wiederholten sie es am Ende der Show mit allen dazu gehörigen männlich konnotierten Bewegungen von Rappern und dem entsprechenden Gesang, allerdings in Frauenkleidern und Absatzschuhen, also explizit weiblich konnotierter Kleidung.

> Als Zugabe sangen die drei Jungs, die am Anfang der Show gerappt hatten, den Rap noch einmal im Kleid. Das war sehr witzig, weil sie Schwierigkeiten hatten, sich in den Kleidern und mit den Schuhen passend zu bewegen. Das Rappergehabe der ersten Szene gelang ihnen damit nicht. Im Hintergrund bewegten sich die drei anderen Show-Darsteller_innen mit, was wie eine Mischung aus Background-Gesang und Gruppenkuschelszene wirkte. (aus einem Beobachtungsprotokoll)

Die Darstellenden erzeugen in diesem Beispiel dadurch Komik, dass ihre (weitgehend männlich konnotierten) Rapper-Posen, die, zu Beginn der Show in männlicher Kleidung ausgeführt, noch cool wirkten, nun in schrillen Frauenkleidern und bunten Damenschuhen kaum noch umzusetzen sind. Rock und Absatzschuhe schränken ihre Bewegungsfreiheit ein und passen weder zum Stil der Musik (Rap) noch zur Bewegungsform (Rappen). Lächerlich gemacht wird dabei sowohl die männlich konnotierte Rapperpose der ersten Nummer als auch das Tragen unbequemer Frauenkleider, in denen die gewünschte Lässigkeit unmöglich ist. Mit ihrer Nummer stellen die Darstellenden stereotypisierte Formen von Männlichkeit und Weiblichkeit zur Schau und machen sich über sie lustig. Dabei hinterfragen sie deren Selbstverständlichkeit und verweisen auf die verschiedenen Bestandteile geschlechtlicher Verkörperung, die neben Kleidung auch Gestik, Mimik und Stimme umfasst.

Irritierende Bühnenshow

Über den Weg des Erlernens stereotypisierter, geschlechtlich konnotierter Bewegungs- und Interaktionsstile, z.B. in Drag-Workshops, üben die Szeneakteur_innen zunächst zweigeschlechtlich vereindeutigte Verkörperungen von Geschlecht ein. Auf der Bühne bringen sie diese Stereotypen jedoch oft bewusst durcheinander bzw. stellen Prozesse des Geschlecht-Werdens und des Geschlechtswechsels überzeugend zur Schau. Dies wird sowohl im Durchbrechen der angenommenen Zusammenhänge von Kleidung/Styling und Körperausdruck deutlich als auch im Verwirren der Kopplung von vereindeutigtem Namen und geschlechtlicher Verkörperung. Außerdem rufen die Darstellenden neue geschlechts- und sexualitätsbezogene Normen auf und dehnen die Bereiche des Existierenden aus, wenn sie die (heteronormativ geprägte) Verknüpfung von Geschlecht und sexuellem Begehren in Frage stellen. So werden auf der Bühne Übergänge zwischen stereotyp gedachten Männlichkeits- und Weiblichkeitsdarstellungen ebenso möglich wie das Unterlaufen von deren heterosexuellen Konnotationen. Themen, die auf der Bühne verhandelt werden, sind u.a. Selbstfindungsprozesse in Bezug auf die geschlechtliche Identität („in die eigene Stimme hineinwachsen"), Tabubrüche, unangemessenes Verhalten in Bezug auf Geschlechterstereotypen sowie Erotik und Sexualität, die einerseits die Paarnorm und andererseits heterosexuelle Vorgaben überschreiten.

Die Räume, auf die sowohl mit den Bühnennamen als auch in den Performances Bezug genommen wird, lassen sich häufig mit Sciencefiction-Welten, einer noch entfernten Zukunft und Märchenwelten (vor allem Königreichen mit vielen Königen) assoziieren. Es sind zudem Räume, in denen Personen einen sexuellen Körperbezug betonen. Als geschlechtliche und sexuelle Transiträume sind sie deswegen zu bezeichnen, da viele Personen, die diese Räume gestalten, sich als geschlechtlich uneindeutig darstellen und wahrnehmen. Sie bringen dabei die Zusammenhänge von eindeutig erscheinender Zweigeschlechtlichkeit und sexuellen Selbst- und Fremdzuschreibungen durcheinander.

Heterotopie und alltägliche Normalität sind in der Spiegelung auf der Bühne verbunden, etwa als politische Auseinandersetzung der Szeneakteur_innen mit der gesellschaftlichen Diskriminierung von Transgender und von Menschen, die von der heterosexuellen Norm abweichen. Die Show ist somit eine machtvolle Aneignung geschlechtlicher und sexueller Selbstdefinition. Sie ist geeignet, eine kollektive Auseinandersetzung mit dem Prozess der Konstruktion von Geschlecht und dessen Normen zu befördern. Die Heterotopie der Bühne bietet Darstellenden und Publikum die Möglichkeit, Konflikte, die zunächst als individuelle erscheinen, mit anderen zu teilen und in einen kollektiven Austauschprozess darüber einzutreten. Dem Publikum ermöglicht die Show, eigene Konflikte auf das Dargestellte zu projizieren. Damit erfüllt sie die Funktion einer Projektionsfläche für Wünsche und Konflikte im Rahmen der Auseinandersetzung mit der gesellschaftlichen Wirklichkeit, fungiert also als Illusions- und Kompensationsraum. Sie ist damit sowohl ein Ort für ein bewusstes Eingreifen in die machtvoll umkämpften sozialen Realitäten geschlechtlicher und sexueller Normalität als auch ein Ort, um deren Konstruiertheit bloßzustellen. Ihr Rückgriff auf Fiktionen dient den Akteur_innen dazu, durch utopische Elemente zur Veränderung dieser Wirklichkeit beizutragen.

Eine Szene als Heterotopie: Macht, Raum und Geschlecht

Inwiefern kann aus diesem kurzen Einblick in die Praktiken der Drag King- und Transgender-Szene geschlussfolgert werden, dass ihre Räume sowie einzelne ihrer Elemente wie die Bühne einen Gegenpol und Spiegel der heteronormativ geprägten Gesellschaft darstellen? Während die Akteur_innen ihre Verkörperungen im Hier und Jetzt der Bühnenshow platzieren, werden in ihren Inszenierungen, die sich auf eine noch zu gestaltende, noch nicht klar umrissene zukünftige Welt beziehen, Subjektpositionen jenseits normierter Muster möglich. In der expliziten und impliziten Auseinandersetzung mit Normen produzieren die sozialen Akteur_innen Räume, die sich durch eigene Normen auszeichnen.

Viele dieser Räume entziehen sich einer öffentlichen Sichtbarkeit. In Erweiterung der bereits existierenden Ansätze macht die vorgestellte Forschung die Bedeutung gegenöffentlicher Treffpunkte in ihrer Funktion als Heterotopien stark. Zwar enthalten auch große Events wie der CSD und das temporäre „Queeren" von Straßen und Plätzen möglicherweise heterotope Elemente. Basis und Bezugspunkt dieser Ereignisse sowie Alltagssituationen bilden jedoch nach wie vor die gegenöffentlichen Treffpunkte und informellen Netzwerke, die kleinen Orte und flüchtigen Erscheinungsformen. Hier werden Subversionen bestehender Normen erprobt. Was in der Heterotopie queerer Szenen zählt, sind queere Freundschaftsnetzwerke, geschlechtsuneindeutige Verkörperungen, nicht-heteronormative Begehrensstrukturen und ungeschriebene Wertvorstellungen, die einem rassistischen, homophoben und transphoben gesellschaftlichen Grundkonsens widersprechen. Das bedeutet nicht, dass in der Szene einheitliche und unwidersprochene Normen existierten. Regelmäßig und situationsbezogen gibt es Konflikte und Auseinandersetzungen um szeneeigene Zugänge und Normen. Diese stiften zwar Szenezugehörigkeit, erzeugen aber wiederum neue Ausschlüsse (Schuster 2010: 245ff.).

Am Beispiel der Bühnenshow konnte gezeigt werden, inwiefern Drag Kings und Transgender in kollektiven Prozessen geltende Konzepte von Geschlecht und Sexualität herausfordern. Als Akteur_innen, die komplexe, historisch neue Subjektpositionen verkörpern, agieren sie in nie abgeschlossenen Aushandlungsprozessen. Dies bedeutet auch, dass die geschaffenen Heterotopien zeitlich und räumlich prekär und zerbrechlich sind. Als eigene Räume ermöglichen sie es, zumindest partiell neue soziale Entwürfe und Lebensformen zu gestalten. Damit haben sie die Funktion von Kompensations- und Möglichkeitsräumen. Diese entstehen nicht im luftleeren Raum, sondern entfalten sich an Schnittstellen verschiedener bereits existierender sozialer und materieller Räume und im ausdrücklichen Widerstreit mit herrschenden Normen. An ihnen reflektieren die

Akteur_innen ihr Alltagswissen, indem sie andere Entwürfe von Geschlecht und damit zusammenhängend andere soziale Positionen erproben und (utopische) Möglichkeitsspielräume ausloten. Es handelt sich um eine Form der Raumproduktion, die durch ein kollektiv und subjektiv empfundenes Unbehangen und Leiden am gesellschaftlichen Zwang zu Zweigeschlechtlichkeit und Heterosexualität motiviert ist.

Anhand der Heterotopie queerer Räume lässt sich die machtvolle Verflechtung von Geschlecht und Raum exemplarisch veranschaulichen. Deutlich wird, wie gesellschaftlich marginalisierte Gruppen mit enormer Kraft, Erfindungsreichtum und Improvisationstalent in der Auseinandersetzung mit herrschenden Strukturen und Machtkonstellationen agieren. Indem sie durch ihr Handeln neue soziale Räume ermöglichen, gestalten und auffächern, arbeiten Drag Kings und Transgender soziale Verhältnisse um und rütteln damit an bestehenden gesellschaftlichen Strukturen. Sie verschieben soziale Normen und Normalitäten durch körperliche Praktiken, vertreten andere, von den hegemonialen Normen abweichende handlungsleitende Selbstverständlichkeiten und äußern Forderungen nach sozialen Veränderungen. An der Art der Räume von Drag Kings und Transgender und ihrer Produktion ist folglich zu erkennen, wie ein Teil der Menschen, die sich von heteronormativ geprägten geschlechtlichen und sexuellen Zuschreibungen distanzieren, sich selbst (im Zusammenhang dieser Abgrenzung) im gesellschaftlichen Raum positioniert. Normen spielen für die Räume und ihre Produktion insofern eine zentrale Rolle, als sich die Konstitution der Szene zu einem wichtigen Teil auf die kollektive Bearbeitung geschlechtlicher und sexueller Normen stützt.

So scheint zwar „eine Welt, die nicht von diesem hegemonialen [heteronormativen] Bündel dominiert würde, gegenwärtig unvorstellbar" zu sein (Berlant/Warner 2005: 91, Anm. d. Verf.), doch existieren Orte und Räume, an denen queere Gegenentwürfe die Norm destabilisieren und an denen die Norm hinterfragt, gewendet und neu organisiert wird. Solche Orte und Räume bringen die heteronormative Gesellschaft ihrem „worst nightmare, a queer planet" (Warner 1991: 16) ein Stück näher, indem sie neue Lebensformen entwerfen und Denkräume handelnd ausweiten.

Danke an Martin Geiger und Boris Michel für die konstruktiven Anmerkungen zu früheren Versionen dieses Textes.

Literatur

Belina, Bernd (2006): Raum, Überwachung, Kontrolle. Vom staatlichen Zugriff auf städtische Bevölkerung, Münster.

Bell, David & Gill Valentine (1995): Introduction: Orientations, in: David Bell & Gill Valentine (Hg.), Mapping Desire: Geographies of Sexuality, London/New York, S. 1-27.

Berlant, Lauren & Michael Warner (2005 [1998]): Sex in der Öffentlichkeit, in: Matthias Haase, Marc Siegel & Michaela Wünsch (Hg.): Outside. Die Politik queerer Räume, Berlin, S. 77-103.

Bourdieu, Pierre (1991): Physischer, sozialer und angeeigneter physischer Raum, in: Martin Wentz (Hg.): Die Zukunft des Städtischen. Frankfurter Beiträge, Bd. 2: Stadt-Räume, Frankfurt/Main/New York, S. 25-34.

Butler, Judith (1991 [1990]): Das Unbehagen der Geschlechter, Frankfurt/Main.

– (1997 [1993]): Körper von Gewicht. Die diskursiven Grenzen des Geschlechts, Frankfurt/Main.

Butler, Judith (2004): Undoing Gender, New York/London.

Engel, Antke (2002): Wider die Eindeutigkeit. Sexualität und Geschlecht im Fokus queerer Politik und Repräsentation, Frankfurt/Main/New York.

Foucault, Michel (1977 [1975]): Überwachen und Strafen. Die Geburt des Gefängnisses, Frankfurt/Main.

– (1978): Die Machtverhältnisse durchziehen das Körperinnere. Ein Gespräch mit Lucette Finas, in: Dispositive der Macht. Über Sexualität, Wissen und Wahrheit, Berlin, S. 104-117.

– (1983 [1977]): Der Wille zum Wissen (Sexualität und Wahrheit, Bd. 1), Frankfurt/Main.

– (1988 [1963]): Die Geburt der Klinik. Eine Archäologie des ärztlichen Blicks, Frankfurt/Main.

– (1994 [1984]): Des espaces autres, in: Dits et Écrits, Bd. 4, Paris, S. 752-762.

– (2001a): Short Cuts (hg. v. Peter Gente/Heidi Paris/Martin Weinmann), Frankfurt/Main.

– (2001b [1984]): „Andere Räume" (Übers. Walter Seitter), in: Ders., Short Cuts, S. 20-38.

– (2001c [1973]): „Die Macht und die Norm" (Übers. Ulrich Raulff), in: Ders., Short Cuts, S. 39-55.

– (2005): Les hétérotopies, in: Foucault, Michel (Hg.): Die Heterotopien. Der utopische Körper, Frankfurt/Main, S. 37-52.

– (2005 [1976]): Fragen an Michel Foucault zur Geographie, Dits et Écrits, Bd. 3, S. 38-54.

Gaugele, Elke (2002): Schurz und Schürze. Kleidung als Medium der Geschlechterkonstruktion, Wien/Köln/Weimar.

Hark, Sabine (1993): Queer Interventionen, in: Feministische Studien, H. 2, S. 103-109.

Haritaworn, Jinthana (2005): Queerer als wir? Rassismus, Transphobie, Queer Theory, in: Elahe Haschemi Yekani und Beatrice Michaelis (Hg.): Quer durch die Geisteswissenschaften. Perspektiven der Queer Theory, Berlin, S. 216-237.

Jagose, Annamarie (2001 [1996]): Queer Theory. Eine Einführung, Berlin.

Löw, Martina (2001): Raumsoziologie, Frankfurt/Main.

Newton, Esther (1979 [1972]): Mother Camp: Female Impersonators in America, Chicago/London.

Ott, Cornelia (1998): Die Spur der Lüste. Sexualität, Geschlecht und Macht, Opladen.

Peuckert, Rüdiger (2006): Norm, soziale, in: Schäfers, Bernhard und Johannes Kopp (Hg.): Grundbegriffe der Soziologie, Wiesbaden, S. 213-216.

Schuster, Nina (2010): Andere Räume. Soziale Praktiken der Raumproduktion von Drag Kings und Transgender, Bielefeld.

Valentine, Gill (1993): (Hetero)sexing Space: Lesbian Perceptions of Everyday Spaces, in: Environment and Planning D: Society and Space 11, H. 4, S. 395-413.

– (1996): (Re)negotiating the 'heterosexual street'. Lesbian productions of space, in: Duncan, Nancy (Hg.): BodySpace. Destabilizing geographies of gender and sexuality, London/New York, S. 146-155.

Wagenknecht, Peter (2007 [2004]): Was ist Heteronormativität? Zu Geschichte und Gehalt des Begriffs, in: Hartmann, Jutta u. a. (Hg.): Heteronormativität. Empirische Studien zu Geschlecht, Sexualität und Macht, Wiesbaden, S. 18-34.

Warner, Michael (1991): Introduction: Fear of a Queer Planet, in: Social Text, No. 29, S. 3-17.

Jan-Erik Steinkrüger / Swen Zehetmair

Heterotopien und Panoptiken der Freizeit
Das Beispiel Vergnügungsparks und Fußballstadien

Michel Foucaults Konzept der Heterotopie entstammt vor allem dem Radiovortrag *Des espaces autres* aus dem Jahr 1967, welcher allerdings erst 1984 posthum in schriftlicher Form veröffentlicht wurde. Es handelt sich dabei um einen ersten, noch recht fragmentarisch gebliebenen Entwurf dessen, was Foucault 'Heterotopologie' nennt, leider jedoch nie weiter ausführte. Dennoch spielt es, initiiert durch Edward William Sojas *Postmodern Geographies* (Soja 1989), gerade in der raumwissenschaftlichen Rezeption des Foucaultschen 'Werkzeugkastens' eine zentrale Rolle; bietet es doch den explizitesten Raumbezug in seinem Werk und gerade auch eine Rückbindung an den materiellen Raum.

Heterotopologie ist für Foucault „eine zugleich mythische und reale Beschreibung des Raumes, in dem wir leben" (Foucault 2002, 40). Sie soll den heterogenen Raum unseres Lebens zu verstehen ermöglichen. „Wir leben nicht innerhalb einer Leere, die nachträglich mit bunten Farben eingefärbt wird. Wir leben in einer Gemengelage von Beziehungen, die Platzierungen definieren, die nicht aufeinander zurück zu führen und nicht miteinander zu vereinen sind" (Foucault 2002, 38). Von besonderem Interesse sind für ihn jene Räume, „die die sonderbare Eigenschaft haben, sich auf alle anderen Platzierungen zu beziehen, aber so, daß sie die von diesen bezeichneten oder reflektierten Verhältnisse suspendieren, neutralisieren oder umkehren" (Foucault 2002, 38).

Diese Heterotopien erfüllen innergesellschaftlich eine Funktion – „ein ganz bestimmtes Funktionieren innerhalb der Gesellschaft" (Foucault 2002, 41) –, indem in ihnen verortet wird aber auch indem in ihnen möglich ist, was Gesellschaft ansonsten für sich negiert. Heterotopien können entsprechend nicht nur die Funktion der Ausgrenzung haben – „In sie steckt man die Individuen, deren Verhalten abweichend ist im Verhältnis zur Norm" (Foucault 2002, 40) –, sondern bieten auch die Möglichkeit der Kompensation dieser Normierung. Sie ermöglichen, sich durch den kurzen Ausbruch aus der Norm in eine normierte Gesellschaft einzugliedern.

Bevor wir in die Analyse von Vergnügungsparks und Fußballstadien mit Hilfe der Heterotopie einsteigen, sollten einige Kritikpunkte David Harveys und Arun Saldanhas diskutiert werden, die den Gehalt des Textes – bei all seiner Fragmentiertheit und allem Interpretationsbedarf – zu Unrecht schmälern. Harvey schreibt über Michel Foucaults Konzept der Heterotopie recht polemisch:

> [T]he commercialized cruise ship is indeed a heterotopic site if ever there was one; and what is the critical, liberatory, and emancipatory point of that? Foucault's heterotopic excursion ends up being every bit as banal as Kant's *Geography*. I am not surprised that he left the essay unpublished. (Harvey 2000, 538)

Dabei widerspricht er weniger der Analyse Foucaults, sondern bemängelt vielmehr einzig die fehlende emanzipatorische Ausrichtung dahinter. Letzten Endes ist allerdings eben diese Kritik banal, unterschätzt sie doch die gesellschaftskritischen Möglichkeiten auch solcher Analysen, die nicht explizit politisch Stellung beziehen. Zudem fordert sie von Foucault ein politisches Farbenbekenntnis, welches dieser auch an anderer Stelle nicht bietet. Es scheint doch gerade nicht Foucaults Anliegen, eine neue Ideologie einzuführen; dies bedeutet jedoch nicht, dass er keine politische Postition einnimmt.

Auch Saldanha problematisiert das Konzept und dessen Rezeption, „because it is both disproportionately influential and springs out as not being faithful to his own nomadic thought" (Saldanha 2008, 2081). Kritisiert Harvey vor allem die mangelnde gesellschaftspolitische Relevanz dieser seines Erachtens 'postmodernistischen' Worte um der Worte Willen, moniert hingegen Saldanha gerade umgekehrt die mangelnde poststrukturalistische Ausrichtung – also die mangelnde 'Postmodernität' – an Foucaults Heterotopie. Insofern deutet er Foucaults Nichtveröffentlichung des Textes auch als dessen Hinwendung zum Poststrukturalismus, die dem Konzept der Heterotopie durch eine starke „tendency towards structuralism" (Saldanha 2008, 2089) noch fehle.

Saldanhas Hauptargument dafür ist, dass die Bestimmung eines Ortes als Heterotopie und somit als Gegenposition der Gesellschaft nur durch Annahme einer 'totalen' Gesellschaft möglich sei:

> [T]he concept of heterotopia needs to present 'society' as a totality in which some spaces relate to it in terms of inversion, novelty, and neutralisation. To do this, heterotopology has to think of the whole as suspended, quasi-transcendent, sensible only as a 'slice of time'. A slice or section of time can only be thought of as a bounded territory." (Saldanha 2008, 2093)

Er bezieht sich dabei auf Jaques Derridas (1978 [1966]) Grundsatzkritik am Strukturalismus, wenn er schreibt, „that structuralism's notion of structure can only be upheld with the help of classic notions of a stable and originary core that remains outside the endless play of signs" (Saldanha 2008, 2088). Die 'totale

Gesellschaft' und die klar umgrenzten 'Zeitschichten' sind es also, die ihm zufolge für Foucaults Heterotopie zum unveränderlichen Kern würden.

Es stellt sich die hier nicht zu beantwortende Frage, was Saldanha eigentlich damit bezwecken will, das Konzept als 'strukturalistisch' zu entlarven; dies zumal der Begriff 'Poststrukturalismus', den Saldanha hochhält, von den Autoren des sogenannten Poststrukturalismus selbst – bei aller Kritik am Strukturalismus – nicht verwendet wird. Foucault und Derrida verwehren sich sogar einer solchen gemeinsamen Einordnung (Angermüller 2007, 9-10). Entsprechend ist es zumindest zweifelhaft, ob – wie es Saldanha tut – Derridas Kritik am Strukturalismus auch auf Foucault übertragbar und dessen Grund für die Nichtveröffentlichung ist. Die Behauptung, eine Zeitschicht brauche klare Grenzen, widerspricht sogar der Verwendung des Begriffes in den 'klassischen' Geschichtswissenschaften und ist ebenso wenig als Begründung anzuerkennen.

Auch die Annahme, Foucault brauche eine totale Gesellschaft, ist nur eine mögliche Interpretation oder sogar fraglich, denn: „Heterotopia [...] reveal the process of social ordering to be just that, a process rather than a thing" (Hetherington 1997, ix). Entsprechend ist eine Heterotopie nicht im Kontrast zu einer 'totalen' oder homogenen Gesellschaft zu verstehen, sondern der Teil des Versuches, eine solche überhaupt erst durch Ausgrenzung und Kanalisation herzustellen. In diesem Sinne ist Foucault nun auch entgegen Harveys Einschätzung sehr wohl politisch. Denn die Analyse der Gegenräume deckt ebendiese Tendenz zur Homogenisierung in den 'Normalräumen' der Gesellschaft auf.

Die im Folgenden nachgezeichneten Entwicklungslinien des Vergnügungsparks und des Fußballstadions bedienen sich des Konzepts der Heterotopie als Analyseinstrument. Die Feststellung, dass Vergnügungsparks und Fußballstadien als Heterotopien gelten können, wird erst einmal vorausgesetzt. Für den Fall des Vergnügungsparks (z.B. Legnaro u. Birenheide 2005, 39; Hasse 1998, 171) und des Fußballstadions (z.B. Bausenwein 1995, 163) wurde dies bereits durch andere Autoren begründet. Was uns hier vielmehr interessiert, sind die gesellschaftlichen Funktionen beider Einrichtungen und deren historischer Wandel. Dadurch kann die These Foucaults belegt werden, „ daß eine Gesellschaft im Laufe ihrer Geschichte eine immer noch existierende Heterotopie anders funktionieren lassen kann" (Foucault 2002, 41).

In den verschiedenen, zum Teil bereits aufgegriffenen Grundsätzen von Heterotopien erörtert Foucault exemplarisch Funktionen, die Heterotopien für die Normierung einer Gesellschaft erfüllen können, von denen wir die folgenden in den Fokus stellen werden, da sie für die von uns gewählten Beispiele zentral sind:

Heterotopien können Orte der Abweichung sein, können jedoch auch Orte sein, die bewusst zur Abweichung aufgesucht werden. So sind die von Foucault genannten Bordelle auch Orte, in denen gesellschaftlich ungewünschte Sexualität gelebt wird. Anders ausgedrückt: Wir brauchen Abweichungsheterotopien, „um die Alltagsmonotonie [...] ertragen zu können. Und wir brauchen sie als Ventil, sonst würden die Aggressionen auch außerhalb des Fußballstadions freiwerden und die Therapiebranche würde einer expansiven Entwicklung entgegen sehen" (Opaschowski 2000, 49).

Illusionsheterotopie und Kompensationsheterotopie stellen für Foucault zwei Pole dar, zwischen denen sich Heterotopien entfalten. Erstere schafft einen Raum, „der den gesamten Realraum, alle Platzierungen, in die das menschliche Leben gesperrt ist, als noch illusorischer denunziert" (Foucault 2002, 45). Als Illusionsheterotopie ermöglichen bestimmte Orte somit einen desillusionisierenden Blick auf gesellschaftliche Ordnungsideale. Foucaults Beispiel des Bordells ist nicht nur – wie bereits erläutert – ein Möglichkeitsraum; es ist zugleich auch der Beweis, dass sich Sexualität nicht durch Ächtung gänzlich unterbinden lässt. Die Kompensationsheterotopien hingegen realisieren zumindest die Illusion eines Ortes, „der so vollkommen, so sorgfältig, so wohlgeordnet ist wie der unsrige ungeordnet, mißraten und wirr" (Foucault 2002, 45). Sie sind real gewordene Utopien, „in denen die menschliche Vollkommenheit tatsächlich erreicht" (Foucault 2002, 45) scheint.

Heterotopien sind Orte von In- und Exklusion. In dieser Hinsicht existieren erneut zwei extreme Pole: „Entweder wird man zum Eintritt gezwungen, das ist der Fall der Kaserne, der Fall des Gefängnisses, oder [man] kann nur mit einer gewissen Erlaubnis und mit der Vollziehung gewisser Gesten eintreten" (Foucault 2002, 44). Heterotopien können sowohl Orte des Wegsperrens und folglich Ausdruck einer Exklusion von der Gesellschaft sein, aber auch Orte, die nur für bestimmte Personen oder Personengruppen zugänglich sind, also eine Exklusivität besitzen.

Auch hinsichtlich der Dimension Zeit lassen sich Heterotope Orte zwei extremen Polen zuordnen, der Ewigkeit (z.B. Friedhöfe und Museen) und der Flüchtigkeit (z.B. Festwiesen). Denn: „Die Heterotopie erreicht ihr volles Funktionieren, wenn die Menschen mit ihrer herkömmlichen Zeit brechen" (Foucault 2002, 43). Wie im Falle der Heterotopie ist auch diese Heterochronie nicht als Spiegel einer bereits etablierten 'totalen' (Normal-)Zeit zu verstehen, sondern als Versuch einer Gesellschaft, eine solche überhaupt erst herzustellen.

Wenn man die vorgestellten Aspekte Foucaults (Abweichung, Illusion, Kompensation, Exklusion und Heterochronie) berücksichtigt, ist es auffällig, dass

Fußballstadien und Vergnügungsparks – wenn auch die Entwicklungen leicht zeitversetzt sind und die dargestellten Prozesse auf verschiedenen Kontinenten stattgefunden haben – Parallelen im Wandel ihrer Funktionen aufweisen. Sicherlich wären noch weitere Funktionen zu finden, weshalb diese Liste keinen Anspruch auf Vollständigkeit erhebt. Auch ist die Rolle beider Einrichtungen in verschiedenen Diskursen (wie etwa Gender- und Rassismusdiskurs) interessant; deren Erörterung wird jedoch an anderer Stelle erfolgen.[1]

Von Coney Island nach Disneyland

Entgegen einem weit verbreiteten populären Irrtum sind Vergnügungsparks keine US-amerikanische Erfindung (Steinecke 2010, 141). Der erste kommerziell betriebene Vergnügungspark entstand bereits im 17. Jahrhundert in London. Der Pleasure Garden *Vauxhall Tivoli Garden* unterlag strengen Kleidungs- und Verhaltenskonventionen und richtete sich nicht zuletzt auch durch sehr hohe Eintrittspreise an ein sehr exklusives Publikum (Opaschowski, Pries u. Reinhardt 2006, 134). Ein Massenpublikum erreichten Vergnügungsparks erstmals im Laufe der Industrialisierung gegen Ende des 19. Jahrhunderts. Ihr Aufstieg wurde begünstigt durch steigende Einwohnerzahlen und Mobilität vor allem in den Städten, sowie durch die erst entstehende Unterscheidung von Arbeitszeit und Freizeit, die vor- und frühindustrielle Gesellschaften kaum kannten (Müller u. Henning 1998, 12-13). Im europäischen Kontext der 1930er Jahre verloren die Vergnügungsparks anders als in den USA an Bedeutung (Ebert 1998, 201). Die ersten Parks entstanden erst wieder in den 1960er Jahren (Scherrieb 1998, 693) auch initiiert durch den Erfolg von Walt Disneys *Disneyland* (Hinz 1987, 19). Disney plante zu dieser Zeit bereits seinen zweiten Park, *Walt Disney World*.

Vergnügungsparks sind heute wie damals außeralltägliche Orte mit einer Eigenzeit. Der Besucher erlebt eine Art 'Flow': „Die Alltagssorgen werden vergessen, die Zeit vergeht wie im Flug" (Anft 1993, 144). Die Entfernung vom Alltag ist dabei jedoch geringer als es scheint und eher eine Art 'Spaßarbeit', da „die gleichen Handlungsstrukturen, Planungsformen und Zwänge wieder aufgenommen werden müssen, die aus der Arbeits- und Obligationszeit internalisiert sind. Mit Planung, Anstrengung und Disziplin müssen Leistungen erbracht werden, auf die man dann genau so stolz sein kann wie auf Arbeitsleistung" (Kagelmann 2004, 175).

Gleichzeitig hat sich der Vergnügungspark aber auch gewandelt. Dies wird besonders deutlich, wenn man die Unterschiede von den Vergnügungsparks auf

1 Zur Thematik Gender, Fußball und Stadion siehe beispielsweise Bromberger (2010).

Coney Island Beginn des 20. Jahrhunderts – *Sea Lion Park, Lunapark, Dreamland* und *Steeplechase* – im Vergleich zu *Disneyland* betrachtet. Ursprünglich ein Seebad des Bürgertums hatte die Insel Coney Island in den 1890ern einen schlechten Ruf als unmoralisch, kriminell und vulgär entwickelt. Ab der Jahrhundertwende entstanden dort mehrere neuartige Vergnügungsparks, die durch Sicherheitskräfte und die Erhebung von Eintrittsgeldern sowie das Verbot von Glücksspiel und Prostitution Coney Island auch bei einem Mittelklasseklientel populär machten (Weinstein 1992, 137-138). Die Parks zogen insgesamt ein gemischtes Klientel quer durch Alter, Klassen und Geschlechter an, wenngleich aus verschiedenen Motiven.

> The middle class often sought escape from the crowd and distraction of urban space. By contrast, workers trapped in the life-long monotony of machines or of routine office work and under the thumb of employers and landlords sought a very different sort of release in vertigo, simulated violence and the empowering experience of 'boss-less' crowds. (Cross u. Walton 2005, 63)

Allen gemein war dabei der zumindest teilweise Ausbruch aus den strengen Regeln und Normen der Zeit.

Ab den 1920ern änderte sich das Bild Coney Islands. Durch mangelnde Innovationen im Angebot, leichtere Erreichbarkeit alternativer Orte der Freizeitgestaltung durch zunehmende Motorisierung und einen daraus resultierenden starken Preisverfall verlor Coney Island seinen bisherigen Charme. Die Große Depression setzte den dortigen Parks noch weiter zu. Der Neuheitswert der Vergnügungspark war vergangen und Rummel, Erotikshows und getürkte Glückspiele schmälerten den bereits angeschlagenen Ruf der Insel. Waren es zunächst Abweichungen in einem gesellschaftlich noch akzeptierten Rahmen, wurde die Abweichung nun aus Sicht einer Mittelklasse zu extrem. Alkoholismus, Prostitution und betrügerischen Geschäfte hatten sich breit gemacht (Weinstein 1992). Die bisher positiv wahrgenommene Abweichungsheterotopie war zur negativ erlebten Illusionsheterotopie geworden. Die vergangene Glanzzeit kannte Walt Disney nicht, als er in dieser Zeit Coney Island besuchte.

> His most depressing experience was seeing Coney Island. It was so battered and tawdry and the ride operators were so hostile that Walt felt a momentary urge to abandon the idea for an amusement park. (Thomas 1976, 241)

Dies alles sollte *Disneyland* anders machen; sollte das Gegenteil von Coney Island sein: „The well-ordered park is Walt Disney's answer to the rowdiness, dirt, and threat of social chaos and bodily excess that afflict amusement arcades and parks in decay – egregiously, Coney Island." (Tuan u. Hoelscher 1997, 191) Die Insel war zu einem Spiegelbild der gesellschaftlichen Verhältnisse industrieller Großstädte und gleichzeitig zum Schrecken der Mittelklasse geworden, auf die Disney mit seinem selbsternanntem „Happiest Place on Earth" und mit einem nostalgischen Bild eines kleinstädtischen Amerikas antwortete (Philips 2002, 30).

Disneyland sollte „Ersatz für das Elysium [...], das Utopia der Freizeitgestaltung" (Sorkin 1992, 100) sein. Der Vergnügungspark durchlief dafür einen 'Hygienisierungprozeß'. Der städtische Vergnügungspark „wandelt sich zur inszeniert-geregelten und cleanen Vergnügungsmaschinerie, bereinigt vor allem [...] vom potentiell kriminellen Nepp" (Ebert 1998, 206). Die Kehrseite dieser Kompensationsheterotopie ist nicht nur die Inkaufnahme hoher Eintrittspriese, sondern eine ständige Kontrolle von Besuchern und Mitarbeitern gleichermaßen[2]. „Opportunities for disorder are minimized by constant instruction, by physical barriers which severely limit the choice of action available and by the surveillance of omnipresent employees who detect and rectify the slightest deviation." (Shearing u. Stenning 1985, 344) Die Kontrolle verschwindet in der Dekoration, „where its presence is unnoticed but its effects are ever present" (Shearing u. Stenning 1985, 344).

Historische Entwicklung von Fußballstadien

Das moderne Stadion hat teilweise Ursprünge in den antiken Arenen. Für die funktionsanalytische Untersuchung des 'Stadions' erscheint es unseres Erachtens jedoch angebracht in der Moderne zu beginnen; zu unterschiedlich sind die Rahmenbedingungen und gesellschaftlichen Funktionen in der Antike, so dass keine bruchfreie Genealogie nachgezeichnet werden kann.

Das moderne, europäische Stadion erscheint in der zweiten Hälfte des 19. Jahrhunderts als architektonische Einrichtung zunächst in Großbritannien. Diese räumliche Entstehungskomponente ist eng mit der Geschichte und der Etablierung des Fußballsports verknüpft. Zum besseren Verständnis der gesellschaftlichen Funktion des Stadions ist ein kurzer Überblick über die Entstehungsgeschichte des Fußballs als Sport notwendig. Dieser hatte sich zunächst in England entwickelt.[3] Den Ausgangspunkt im Mittelalter bildete ein 'wilder'

---

2 Unter dem Begriff „emotional labour" widmet sich Alan Bryman (1999, 39 - 41) dem Phänomen, wie die Mitarbeiter der Disney-Themenparks kontrolliert werden, indem es vorgeschriebene Texte für den Umgang den Gästen gibt und ein strenges Disney-Vokabular verwendet wird. Nicht zu unterschätzen ist zudem der Selbstdisziplinierungsdruck, sich entsprechend der Disney-Werte zu verhalten.

3 Daher wird häufig von England als dem „Mutterland des Fußballs" gesprochen. Andere räumliche Ursprünge des Sport können an dieser Stelle nicht weiter vertieft werden.

Volksfußball, bei dem Dörfer, Stadtteile oder gar Städte mit einem Ball gegeneinander spielten. Den herrschenden Eliten waren diese Umtriebe ein Dorn im Auge und sie versuchten den Volksfußball mehr als nur einmal zu verbieten. Diese Verbote waren jedoch zunächst aufgrund der Beliebtheit des Spiels nicht von Erfolg gekrönt. Ende des 18. Jahrhunderts und vor allem zu Beginn des 19. Jahrhunderts wurde das Fußballspiel, eine abgewandelte Form des Volksfußballs, in den englischen Public Schools eingeführt. Public Schools waren Eliteschulen und der Fußball sollte der Disziplinierung, der Stärkung des Männlichkeitsideals dieser Zeit und der Ertüchtigung des Körpers dienen (Koller 2006, 15ff). Als Vereinssport wurden die ersten Fußballklubs in England von Abgängern der Public Schools gegründet. Aufgrund der Sozialstruktur der Gentlemen und Noblemen können diese ersten Vereine als elitär bezeichnet werden.

Im letzten Drittel des 19. Jahrhunderts fand ein grundlegender Wandel des Fußballs statt. Im Zuge der Hochindustrialisierung wurde der Fußball vom „Gentlemen Amateur“ zum „peoples game“ (Koller 2006, 19). Die britischen Industriearbeiter hatten sich den Samstagnachmittag zusätzlich zum Sonntag als arbeitsfreien Tag erkämpft und konnten nun erstmals Freizeitbeschäftigungen nachgehen. Die zeitlich entlasteten und finanziell gesicherten Arbeiter wandten sich vermehrt dem Fußball zu. Gleichzeitig wurde die Vereinsgründung durch die Eliten gefördert, da sie im Fußball die Chance zur Disziplinierung der unteren Klassen sahen. „Intendiert war die Disziplinierung einer mehr und mehr als bedrohlich wahrgenommenen Unterschichtenkultur“ (Koller 2006, 20).[4]

Schnell verbreitete sich der Fußball in Großbritannien und schon sehr bald begann eine Professionalisierung. Diese bestand zum einen in der umstrittenen Entlohnung der Aktiven als ‘Profis’. Zum anderen mussten dazu Einnahmen generiert werden, die zunächst ausschließlich durch die Eintrittspreise erzielt wurden. Im Zusammenhang mit dieser Ökonomisierung des Fußballs in Großbritannien entstanden die ersten Stadien: Der *Hampden Park* in Glasgow gilt als ältestes modernes Stadion und wurde 1867 errichtet.

Durch die Ausübung des Fußballs in den neuen Stadien traten neue gesellschaftliche Dimensionen in den Fokus. Es gab nun nicht mehr nur den Sport praktizierenden Fußballer, sondern darüber hinaus wurden die Stadien von zahlenden Zuschauern gefüllt. Beide Gruppen, Profifußballer und Stadionbesucher,

4 In dieser Zeit fand eine sozial-strukturelle Aufsplitterung des Fußballs in England in Rugby und Soccer statt. Wobei der Soccer von den Arbeiter- und Unterschichten praktiziert wurde und die Eliten sich durch Ausübung von Rugby davon abgrenzten. Die Trennung wurde durch eigene Regeln, Vereine und Ligen untermauert.

entstammten zunächst aus der Arbeiterklasse. Das Fußballstadion war nicht mehr nur der Sportplatz, auf dem die Aktiven einer sportlichen Betätigung nachgehen konnten. Es fungierte darüber hinaus auch als Heterotopie: Im Stadion kann der Besucher seinen Emotionen freien Lauf lassen. Man kann seine Mannschaft anfeuern, kann Fluchen, Gegner und Schiedsrichter beschimpfen und darf sie sogar bis zu einem gewissen Maß beleidigen. Das Stadion ist somit eine Abweichungsheterotopie. Die fortschreitende Popularisierung und Professionalisierung spiegelt sich auch in der Entstehung einer differenzierten Fankultur wider. Die Fanblöcke entstanden und in ihnen fand sich der kreative und vielleicht auch der 'emotionale' Kern des Stadions ein. Die Abweichung wird jedoch nur im Rahmen eigener Normen und Regeln gestattet. So sind verbale Beschimpfungen erlaubt, physische Gewalt wird selbst in der Abweichungsheterotopie Stadion nicht geduldet.

In der zweiten Hälfte des 20. Jahrhundert und besonders in den 1980er Jahren nahm jedoch die physische Gewalt im Stadion zu. Besonders im Phänomen 'Hooligans' – das übrigens ebenfalls aus England stammt – zeigt sich die Krise des Stadions. Die Zuschauerzahlen gingen zurück, wodurch die ökonomischen Grundfesten des professionalisierten Fußballs erschüttert wurden. Zudem wandelte sich der gesellschaftliche Diskurs. Gewalt, aber auch die vorherrschende Fankultur, die durch extreme Männlichkeit und Rohheit gekennzeichnet war, wurde zunehmend ablehnend von der Mehrheitsgesellschaft gedeutet. Verschärfend für die Krise waren die veralteten Stadien, die seit ihrer Erbauung fast unverändert geblieben waren. Ihren Höhepunkt erreichte die Krise durch eine Reihe von Katastrophen mit einer Vielzahl an Toten und Verletzten. Die bedeutendsten katastrophalen Ereignisse waren wohl das Europapokal-Endspiel zwischen dem FC Liverpool und Juventus Turin im Brüsseler Heysel-Stadion im Jahr 1985 und die *Hillsborough-Katastrophe* während des FA-Cup Spiels zwischen dem FC Liverpool und Sheffield United im Jahr 1989. Während bei erstem randalierende Liverpool-Hooligans der Auslöser waren, die in einen mit italienischen Fans besetzten Block stürmten, wurden in Hillsborough durch ein fehlerhaftes Katastrophenmanagement immer mehr Besucher in einen schon überfüllten Block gelassen. Diese beiden Ereignisse können als Höhepunkt der Krise und als Wendepunkt der Heterotopie 'Fußballstadion' beobachtet werden (Williams 1995, 219-220). Zwar waren es insbesondere britische Ereignisse und der Wendepunkt wurde in Großbritannien am raschesten und deutlichsten sichtbar. Die Ereignisse und die daraus resultierenden Veränderungen strahlten jedoch auch auf andere Länder und deren Stadien aus.

Die Hooligan-Problematik und die oben beschriebenen Katastrophen führten zu einem gesellschaftlichen Funktionswandel des Stadions. Zunächst wurden in

Großbritannien alle Stehplätze abgeschafft. Diese Entwicklung wurde von der FIFA und der UEFA für Länderspiele und für Europa- und Weltmeisterschaften übernommen. Gleichzeitig sollten andere Besuchergruppen in die Stadien gelockt werden (vgl. Williams 1995). Das Stadion sollte für die Mittelschicht attraktiver werden und auch die finanzkräftige Oberschicht anlocken. Dazu wurden – und werden heute noch – Stadions modernisiert und häufig völlig neue 'Arenen' errichtet. Große Anstrengungen werden auf eine ansprechende Architektur gelegt und aufwendige Innengestaltungen ausgeführt. Es werden Familienblöcke eingeführt und die Fanblöcke werden zwischen Zäunen eingepfercht. Zwar will man in Deutschland bislang nicht vollständig auf Stehplätze verzichten; deren Zahl wurde aber auch hierzulande stark eingeschränkt. Stehplätze scheinen für die heterotopische Funktion der Abweichung eine große Rolle zu besitzen. Die von dort ausgehende Stimmung ist für die 'Gesamtkomposition Stadion' unverzichtbar, wie aus dem Zitat des Managers des FC Bayern Ulli Hoeneß deutlich wird. Auf der Jahreshauptversammlung 2007 wurde er von Fanvertretern auf die schlechte Stimmung in der Allianz Arena angesprochen und antworte: „Das ist populistische Scheiße, was ihr hier erzählt. Dann müsst ihr euch einen anderen Verein suchen. Für die Stimmung im Stadion seid ihr doch verantwortlich."

Die Ambivalenz einer angestrebten 'neuen' Besucherstruktur und einer stärkeren ökonomischen Inwertsetzung sowie der notwendigen, durch die Fankurven erzeugten, Stimmung im Stadion wird aus einem weiteren Auszug der Rede von Hoeneß deutlich: „Wer glaubt ihr eigentlich, wer ihr seid? Dass ihr uns dafür kritisiert, dass wir uns dafür den Arsch aufreißen, dieses Stadion hinzustellen? Das ist mit sieben Euro aus der Südkurve nicht zu refinanzieren."[5]

Durchgesetzt wird die Umwandlung der Besucherstruktur durch eine massive Preissteigerung. Vor allem in Großbritannien hat dies zu einer starken zusätzlichen Belastung jener einkommensschwachen Besuchergruppen geführt, die trotz der teuren Eintrittskarten weiterhin Fußballspiele der Premier League im Stadion verfolgen wollen. Für die allermeisten der einkommensschwächeren, langjährigen Fans bedeutete die Preispolitik jedoch eine Exklusion (Williams 1995, 229-233). In Deutschland sind Preisdimensionen wie in Großbritannien zwar noch nicht erreicht, jedoch sind auch hierzulande die Eintrittspreise für Fußballspiele deutlich schneller gestiegen als die allgemeinen Lebenshaltungskosten.

Ganz direkt kommt Exklusion in zunehmenden Stadionverboten zum Ausdruck. Durch Stadionverbote können Personen, die straffällig geworden sind, am

5 http://www.rp-online.de/sport/fussball/bundesliga/Als-Uli-Hoeness-der-Kragen-platzte_aid_788434.html (abgerufen am 25.07.2011).

Stadionbesuch gehindert werden und dadurch soll eine Präventivwirkung erzielt werden. Die Erteilung eines Stadionverbots obliegt dem Verein im Rahmen seines Hausrechts. Es muss daher nicht mit rechtsstaatlichen Mitteln legitimiert werden und der reine Verdacht, dass die Person an einer unerlaubten Handlung im Stadion beteiligt gewesen war, kann zur Erteilung eines Stadionverbots ausreichen.

Die gezeigten Veränderungen des Stadions gehen mit einer modifizierten gesellschaftlichen Funktion des Stadions einher. Zwar bleibt das Stadion weiterhin ein Hort der erlaubten Abweichung, jedoch sind die Regeln verändert, verschärft; was früher noch erlaubt oder zumindest geduldet wurde, wird heute strafrechtlich oder durch Stadionverbote verfolgt. Die neuen Besuchergruppen sind weniger an der Funktion der erlaubten Abweichung – oder allenfalls als Konsumenten der Stimmung in den Fanblöcken – interessiert. Für sie spielt vor allem die Kompensation des alltäglichen Lebens durch Ablenkung und Zerstreuung beim Besuch eines Fußballspiels, das als 'gute Unterhaltung' präsentiert werden soll, die zentrale Rolle. Diese heterotopische Funktion war bereits von Anfang an mit dem Stadion verknüpft, scheint nun jedoch in ihrer Bedeutung stark zugenommen zu haben, was sich in der zunehmenden Inszenierung des Fußballspiels als Event zeigt. Das Stadion wird zunehmend zur Kompensationsheterotopie, zu einem anderen Ort, „der so vollkommen, so sorgfältig, so wohlgeordnet ist wie der unsrige ungeordnet, mißraten und wirr ist." (Foucault 2002: 45).

Panoptiken der Freizeit

Für die Ausgestaltung der Heterotopie Freizeitpark und Fußballstadion kommt ein weiteres Konzept aus dem 'Werkzeugkasten' Foucaults zum Tragen: Durch den Bedeutungzuwachs der Kompensationsheterotopie haben sich Freizeitpark und Fußballstadion in Richtung eines Panopticon entwickelt.

Der Begriff 'Panopticon' wurde von Jeremey Bentham (1791) am Ende des 18. Jahrhunderts für eine idealtypische, effiziente Gefängnisarchitektur eingeführt. Foucault beschreibt das Konzept von Bentham anschaulich:

> „Sein Prinzip ist bekannt: an der Peripherie ein ringförmiges Gebäude; in der Mitte ein Turm, der von breiten Fenstern durchbrochen ist, welche sich nach der Innenseite des Ringes öffnen; das Ringgebäude ist in Zellen unterteilt, von denen jede durch die gesamte Tiefe des Gebäudes reicht; [...] Es genügt demnach einen Aufseher im Turm aufzustellen und in jede Zelle einen Irren, einen Kranken, einen Sträfling, einen Arbeiter oder einen Schüler unterzubringen. Vor dem Gegenlicht lassen sich vom Turm aus die kleinen Gefangenensilhouetten in den Zellen des Ringes genau ausnehmen." (Foucault 1994, 256-257)

Das Zitat zeigt demnach, dass das architektonische Grundprinzip nicht auf Gefängnisse beschränkt bleiben muss, sondern auf eine Vielzahl weiterer Orte anwendbar ist.

Foucault bleibt in seiner Analyse der Disziplinargesellschaft nicht bei der architektonischen Idee stehen. Vielmehr wird das Panopticon zu einem grundlegenden Schema der modernen Gesellschaft weiterentwickelt (Foucault 1994, 251-292). Das panoptische Schema dient der Disziplinierung, besser gesagt der *Selbstdisziplinierung* durch das eingesetzte Kontroll- und Überwachungsregime. Sowohl Freizeitpark, wie auch Fußballstadion bedienen sich dieses panoptischen Schemas.

Im Freizeitpark findet eine flächendeckende und allumfassende Überwachung der Besucher statt. Neben einer Vielzahl von Videokameras fungiert jeder Angestellte des Parks (auch die Reinigungskräfte) als Überwacher und Kontrolleure und sollen jedes vom Park nicht geduldete Verhalten melden. Die Freizeitparks sind folglich ein immens kontrollierter Freizeitort, der eine Selbstdisziplinierung nach den Vorgaben des erwünschten Verhaltens nahe legt. Im Stadion wird das Panopticon (dazu auch Bale 1995, 11) sowohl durch Architektur, wie durch weitere Kontroll- und Überwachungsmaßnahmen gewährleistet. So verfügen die meisten modernen Stadion über eine Kanzel, die über den Zuschauerrängen unter dem Dach angebracht wird. In dieser befinden sich während des Fußballspiels die Verantwortlichen der Sicherheitskräfte. Von dieser Kanzel aus hat der Aufseher einen Überblick über den gesamten Innenraum des Stadions. Zusätzlich kann von dort auf sämtliche im Stadiongebäude angebrachte Überwachungskameras zugegriffen werden, so dass eine Vollüberwachung der Besucher möglich wird.

Das Kontroll- und Überwachungsregime ist der Preis, den der Besucher bezahlen muss, um die Heterotopie – insbesondere in ihrer Funktion als Kompensationsheterotopie – ungestört und 'aller Gefahren beraubt' genießen zu können. Zur Durchsetzung des Überwachungsregimes in Freizeitparks und Fußballstadien wird auf das panoptische Schema und damit auf das Prinzip der Selbstdisziplinierung zurückgegriffen.

Zusammenfassung

Wie wir zeigen wollten, lassen sich im Wandel der heterotopen Funktionen von Vergnügungsparks und Fußballstadien Parallelen aufzeigen: Beide wurden als Ausgleich oder Ausbruch aus gesellschaftlichen Regeln und Normen zu einer Zeit von einem Massenpublikum aus verschiedener Gesellschaftsschichten genutzt. Die gesellschaftlich noch akzeptierte Abweichung wich mehr und mehr einer ungewollten. Vergnügungspark und Fußballstadion wurden zu Illusionsheterotopien und gerieten auch ökonomisch in eine Krise, die unter anderem durch die Intensivierung eines Kontrollregimes überwunden wurde. Die neuen Vergnügungsparks und Fußballstadien wurden zu Kompensationsräumen, die jedoch erkauft wurden mit steigender Exklusivität und ständiger Selbst- und Fremdüberwachung.

Ziel des Aufsatzes war es zu zeigen, dass Heterotopien, wie Foucault schreibt, sich wandeln. Gleichzeitig wollten wir der Frage nachgehen, wie Foucaults Konzepte der Heterotopie und des Panoptikums auch in Freizeitorten zusammenhängen können. Dass sich für die gewählten Beispiele dabei Parallelen in der Abfolge ergeben, die – so deutet es sich im Kontext der Vergnügungsparks zumindest an – sich evtl. noch zyklisch wiederholen, wirft die Frage auf, ob sich nicht auch weitere Fälle mit ähnlichen Mustern finden. Foucaults Heterotopie scheint zumindest aus unserer Sicht ebenso wie das Panopticon ein interessanter Ansatz, um die Heterogenität gesellschaftlicher Räume aber auch die Versuche der Homogenisierung von Gesellschaft zu verstehen, egal ob es nun strukturalistisch oder poststrukturalistisch ist und ob Foucault selbst sein eigenes Konzept nachhaltig vertrat oder nicht.

Literatur

Anft, Michael (1993): Flow. In: Hahn, Heinz u. H. Jürgen Kagelmann (Hrsg.): Tourismuspsychologie und Tourismussoziologie. Ein Handbuch zur Tourismuswissenschaft. München, 141-147.

Angermüller, Johannes (2007): Nach dem Strukturalismus. Theoriediskurs und intellektuelles Feld in Frankreich. Bielefeld.

Bale, John (1995): Introduction. In: Bale, John und Olaf Moen (Hrsg.): The stadium and the City. Keele, Staffordshire, 11-20.

Bausenwein, Christoph (1995): Geheimnis Fußball. Auf den Spuren eines Phänomens. Göttingen.

Bromberger, Christian (2010): Sport, Football and Masculine Identity: The Stadium as a window onto Gender Construction. In: Frank, Sybille u. Silke Steets (Hrsg.): Stadium Worlds. Football, space and the built environment. Milton Park, New York, 181-194.

Bryman, Alan (1999): Disneyization of Society. *The Sociological Review* 47.1, 25-47.

Cross, Gary S. und John K. Walton (2005): The playful Crowd. Pleasure places in the twentieth century. New York.

Derrida, Jaques (1978 [1966]): Structure, Sign, and Play in the Discourse of the Human Sciences. In: Derrida, Jaques: Writing and Difference. London, 278-294.

Ebert, Ralf (1998): Vergnügungsparks: „Das ist ja besser als eine Weltreise!" Entwicklungsgeschichte und Zukunft großflächiger Vergnügungsparks. In: Müller, Sebastian

u. Gerd Hennings (Hrsg.): Kunstwelten. Künstliche Erlebniswelten und Planung (=Dortmunder Beiträge zur Raumplanung Blaue Reihe 85), 193-212.

Foucault, Michel (2002 [1967]): Andere Räume. In: Barck, Karlheinz: Aisthesis. Wahrnehmung heute oder perspektiven einer anderen Ästhetik. 7. Auflage, Leipzig, 34-46.

– (1994 [1975]): Überwachen und Strafen. Die Geburt des Gefängnisses. Frankfurt am Main.

Harvey, David (2000): Cosmopolitanism and the banality of geographical evil. *Public Culture* 12, 529-564.

Hasse, Jürgen (1998): Das künstliche Paradies. Eutrophie der Wünsche. In: Frank, Jochen et al. (Hrsg.): Kathedralen der Freizeitgesellschaft. Kurzurlaub in Erlebniswelten. Trends, Hintergründe, Auswirkungen (= Bensberger Protokolle 83). 2. erw. Auflage. Bergisch Gladbach, 163-174.

Hetherington, Kevin (1997): The Badlands of Modernity. Heterotopia and Social Ordering. London.

Hinz, Hans-Martin (1987): Walt Disney World in Florida. *Praxis Geographie* 7-8, 18-22.

Kagelmann, Jürgen (2004): Themenparks. In: Kagelmann, Jürgen und Reinhard Bachleitner (Hrsg.): Erlebniswelten. Zum Erlebnisboom in der Postmoderne (= Tourismuswissenschaftliche Manuskripte 13). München, 160-180.

Koller, Christian (2006): Von den englischen Eliteschulen zum globalen Volkssport: Entstehung und Verbreitung des Fußballs bis zum Ersten Weltkrieg. In: Bouvier, Beatrix (Hrsg.): Zur Sozial- und Kulturgeschichte des Fußballs. Trier.

Legnaro, Aldo u. Almut Birenheide (2005): Stätten der späten Moderne. Reiseführer durch Bahnhöfe, shopping malls, Disneyland Paris (= Entwicklungswelten 6). Wiesbaden.

Müller, Sebastian und Gerd Hennings (1998): Künstliche Erlebniswelten. Die Kraft hinter dem Trend. In: Müller, Sebastian u. Gerd Hennings (Hrsg.): Kunstwelten. Künstliche Erlebniswelten und Planung (=Dortmunder Beiträge zur Raumplanung Blaue Reihe 85), 10-31.

Opaschowski, Horst (2000): Kathedralen des 21. Jahrhunderts. Erlebniswelten im Zeitalter der Eventkultur. Hamburg.

Opaschowski, Horst, Pries, Michael u. Ulrich Reinhardt (Hrsg.) (2006): Freizeitwirtschaft. Die Leitökonomie der Zukunft (= Zukunft, Bildung, Lebensqualität 2). Hamburg.

Philips, Deborah (2002): Consuming the West. Main Street, USA. *Space and Culture* 5.1, 29-41.

Saldanha, Arun (2008): Heterotopia and Structuralism. *Environment and Planning A*, 40.9, 2080-2096.

Scherrieb, Heinz Rico (1998): Freizeitparks und Freizeitzentren. Ziele und Aufgaben als touristische Leistungsträger. In: Haedrich, Günther et al. (Hrsg.): Tourismus-Management. Tourismus-Marketing und Fremdenverkehrsplanung. 3. neu bearb. und erw. Auflage. Berlin, 679-698.

Shearing, Clifford D. u. Philip C. Stenning (1985): From Panopticon to Disney World. In: Doob, Anthony N. und John L. Edwards (Hrsg.): Perspectives in Criminal Law. Essays on honour of John Ll. J. Edwards. Aurora, 335-349.

Soja, Edward William (1989): Postmodern Geographies: The Reassertion of Space in Critical Social Theory. London.

Sorkin, Michael (1992): Wir seh'n uns in Disneyland. *Arch+* 114/115, 100-113.

Steinecke, Albrecht (2010): Populäre Irrtümer über Reisen und Tourismus. München.

Stemshorn, Max (2000): Hohenheim, Prater, Tivoli. Über Vorläufer des Freizeitparks. In: Stemshorn, Max (Hrsg.): Die Inszenierung der Freizeit. Die künstliche Welt der Freizeitparks und Ferienparadiese. Ulm, 9-25.

Thomas, Bob (1976): Walt Disney. An American Original. New York.

Tuan, Yi-Fu u. Steven D. Hoelscher (1997): Disneyland. Its place in world culture. In: Marling, Karal Ann (Hrsg.): Designing Disney's Theme Parks. The Architecture of Reassurance. Paris, 191-200.

Weinstein, Raymond M. (1992): Disneyland and Coney Island. Reflections on the Evolution of the Modern Amusement Park. *Journal of Popular Culture* 26.1, 131-164.

Williams, John (1995): English Football Stadiums after Hillsborough. In: Bale, Jogn und Olaf Moens (Hrsg.): The stadium and the city. Keele, Staffordshire, 219-253.

Katharina Klung

„C'est l'histoire d'un homme qui tombe d'un building de cinquante étages..."[1]

Visualisierungen von Raum und Macht in Filmen des *Cinéma de banlieue*: Mit Foucault über Film nachdenken

Die Phantasmen setzen nicht die Organismen ins Imaginäre fort;
sie topologisieren die Materialität des Körpers.
Darum gilt es, sie vom Dilemma
wahr/falsch, Sein/Nicht-Sein freizumachen...
und sie als „Außer-Sein" tanzen und schauspielern zu lassen.
Michel Foucault

Mit Michel Foucault eine Lesart der Filme des *Cinéma de banlieue* im Hinblick auf die Parameter von Raum und Macht zu entwickeln, scheint erstaunlich abwegig, denn Foucault hat sich – im Hinblick auf die Quantität seiner Schriften – nur peripher mit dem Film als dem Sichtbaren auseinandergesetzt.[2] Auch innerhalb seiner Ausführungen über den Raum kommt dem Kino-Raum als Heterotopie und dem Ort der Sichtbarkeit nur am Rande Beachtung zu (Foucault 2006a). Zugleich verwundert Foucaults „Desinteresse" am Filmischen, beschreibt er doch in seiner berühmten Analyse des Bildes *Las Meninas*[3] (Foucault 2007) bereits

1 „Dies ist die Geschichte eines Mannes, der aus dem 50. Stock eines Hochhauses fällt..." (*La Haine*, F 1995)

2 Auf das Medium Film geht Foucault mit seiner Methode der archäologischen Analyse nicht ein. Dieses Fehlen kann mit dem „Primat der Aussagen" erklärt werden, was allerdings nicht heißt, dass sich Foucault ausschließlich auf die Aussagen konzentriert. Auch wenn das Sichtbare jenseits des Diskurses nur noch eine Unterscheidung zur Aussage bedeutet, würde – wie es Deleuze zum Ausdruck bringt – eine Leugnung des Sichtbaren die Verstümmelung von Foucaults Denken bedeuten. Foucault hat demnach „nur deshalb eine geheime Freude an der Aussage, weil er auch eine Leidenschaft für das Sehen hat: Die Augen, die Stimme" (Deleuze 2005: 233f). Eine an diesem Punkt angebrachte Kritik der methodischen Verfahrensweisen soll am Ende dieser Ausführungen diskutiert werden.

3 Diego Velázquez, 1656, Öl auf Leinwand, 276cm x 318cm, Museo del Prado.

eindrucksvoll die diesem Bild immanente Zeitlichkeit, welche die abgebildeten Figuren agieren, zeigen, blicken lässt – kurz: diese Zeitlichkeit versetzt die Figuren und den abgebildeten Raum in Bewegung. Seine Beschreibung folgt damit der im Bild angelegten und von ihm ausgehenden Raumzeitlichkeit kontinuierlichen Werdens (Bachtin 2008).

Dennoch ist das Medium Film nicht gänzlich an Foucaults Aufmerksamkeit vorbei gegangen, denn in seinen Schriften lassen sich vereinzelte Aussagen zu Filmen finden, unter anderem zum Film *Moi, Pierre Rivière, ayant égorgé ma mère, ma soeur et mon frère* (F 1976). Mit der Veröffentlichung der Dokumente zum Fall Rivière lieferte Foucault die niedergeschriebene Vorlage für Allios Film,[4] zu dem er sich in einigen Interviews aus dem Jahr 1976 äußert (Foucault 2003a-c). Aus den vereinzelten Anmerkungen kann ein für diesen Sachverhalt sehr interessanter Aspekt herausgelöst werden. So antwortete Foucault im Interview mit F. Châtelet auf die Frage, wo eigentlich Pierre Rivières Platz war: „[...] er ist gleichsam unsichtbar geworden, und er kommt an mit seinem Mord und seiner Erzählung, wo doch niemand ihn sieht" (Foucault 2003b: 143). Pierre Rivière wird nicht gesehen auf dem Land, wo die Menschen ihn (er)kennen, nicht aber den Mord sehen, den er begangen hat. Er wird aber auch nicht in der Stadt gesehen, wo er ein Gesicht unter vielen ist. Im Dialog mit Foucault spricht F. Châtelet die politische Stellungnahme an, die der Film damit eigentlich zum Ausdruck bringe. Diese handelt von der Dichotomie zweier Welten, der Land-Welt und der Stadt-Welt. Pierre Rivière hat in beiden Welten kein Wort und keinen Ort. Dieser Verweis folgt einem zweifach geäderten Pfad. Zum einen scheint darin Foucaults Auseinandersetzung mit der Unsichtbarkeit des Sichtbaren auf, zum anderen verweist er unweigerlich auf die den filmischen Bildern immanente formal ästhetische sowie inhaltliche Spannung anwesender Abwesenheit und der damit in enger Verbindung stehenden Spannung von Sichtbarkeit und Unsichtbarkeit. Darauf werden die folgenden Analysen auch immer wieder hinweisen.

In Foucaults Aussage scheint mithin ein kleines Licht auf, das uns, auch wenn es uns nicht um die Dichotomie von Stadt und Land gehen soll, dennoch unwei-

4 Mit der Wiederaufarbeitung und Zusammenstellung der Rivière-Dokumente stellt Foucault erneut die Frage „Wer ist Pierre Rivière?" und: Was hat die Strafmedizin und Kriminologie „nach einhundertundfünfzig Jahren" dazu zu sagen? Mit dem Mord an seiner gesamten Familie stellte Rivière nicht nur die Ärzte, sondern – wie Foucault es ausdrückte – die gesamte Jurisprudenz vor Rätsel. Jedoch ist dieser Fall und die Person Rivière bereits kurz nach der Tat vollkommen in Vergessenheit geraten. Foucault arbeitete die Dokumente und Gutachten also wieder auf, aus denen schließlich Allios Film entstand.

gerlich zum Denken des *Cinéma de banlieue*, zum Raum-Denken des Films und schließlich zu Foucaults Konzept des Raumes und der damit eng in Verbindung stehenden Machtmechanismen zurückführen muss.

Es wird schließlich danach zu fragen sein, welches Raum-Denken das *Cinéma de banlieue* entfaltet und wie es die Dichotomien französischer Großstädte zeichnet. Dazu gehören unter anderem Filme wie *Regarde Moi* (F 2007), *Wesh Wesh. Qu' est ce qui ce passe?* (F 2001), *Ma 6-T va crack-er* (F 1997), *La Haine* (F 1995), *Raï* (F 1995) sowie *Le thé au harem d'Archimède* (F 1985).[5] Sie zeigen uns Bilder von und erzählen Geschichten über Menschen, die aus dem Zentrum des gesellschaftlich-städtischen Lebens verbannt werden und eingeschlossen-ausgeschlossen im segregierten Raum „Banlieue" leben. Die Filme zeichnen ein Bild dessen, was Loïc Wacquant in Bezug auf die soziale Wirklichkeit der französischen Banlieues wie folgt zum Ausdruck bringt: „In einer einkommensschwachen Siedlung [...] zu wohnen, bedeutet, in einem gebrandmarkten Raum zu leben, einer befleckten Umgebung, die als 'Falle' erlebt wird" (Wacquant 2004: 154).

Die Banlieue-Bewohner_innen haben kein Wort in diesem Stadt-Gefüge. Sie sind die Anderen in der Peripherie, die dem Stadtzentrum antithetisch gegenüber stehen. Ähnlich wie in Foucaults Aussagen im Interview über den Fall Rivière beschrieben – ohne dabei die Situationen ahistorisch gleichsetzen zu wollen – stellt sich dennoch auch an diesem Punkt die Frage, wo die Banlieue-Bewohner_innen letztendlich ihren Ort und ihr Wort haben.[6] Die Filme des *Cinéma de banlieue* verorten sich auf der Seite dieser Anderen, der Ausgeschlossenen innerhalb der Grenzziehungen zwischen Zentrum und Peripherie. Auch wenn nun – in Foucaults Sinne – der Gedanke nahe liegt, die Filme könnten den Banlieue-Bewohner_innen, den Nicht-Gehörten nur symbolisch das Wort erteilen, scheint es mir doch angebracht, einen Blick mitten in die gesellschaftlichen Gegen-Diskurse, nämlich dorthin zu werfen, wo sich die Filme kritisch und (selbst)reflexiv positionieren.[7]

---

5 Diese Auflistung umfasst bei Weitem nicht das gesamte Korpus des *Cinéma de banlieue*. Es handelt sich hierbei lediglich um einen verkürzten Überblick. Eine detaillierte Auflistung der Filmografie findet sich in Carrie Tarr (2005).

6 Es geht hier lediglich um eine Analogie in Bezug auf eine Dichotomisierung des Raumes. Damit sei auch festgestellt, dass die Bewohner_innen der Banlieue nicht aufgrund von Wahnsinn aus dem städtisch-kulturellen Leben ausgeschlossen werden. Zur Debatte um die Ausgeschlossenen siehe Castel (2008).

7 Foucault bezieht sich in *Die Ordnung des Diskurses* auf Grenzziehungen als Prinzip der Ausschließung und die damit in Verbindung stehende Entgegensetzung von Vernunft und Wahnsinn. Dabei bezieht sich Foucault unter anderem auf das Theater,

Somit stellen sich in Bezug auf eine Analyse der Darstellung von Raum- und Macht-Beziehungen im *Cinéma de banlieue* die Fragen, ob es denn nicht gerade die Filme und die in ihnen zur Erscheinung kommenden Bild-Räume sind, anhand derer sich diese Beziehungen aufspannen lassen. Sind nicht gerade diese Stadt-Bild-Räume dazu befähigt, mit Unordnungen, Heterogenitäten, Vielfältigkeiten, auch Widersprüchlichkeiten und Spannungen, eben Macht-Formungen zu dialogisieren? Sind es nicht gerade die Bewegt-Bilder des Films, die soziale und historische Formationen von der Seite des Anderen aus zu betrachten in der Lage sind? Um diesen Fragen auf die Spur zu kommen, können wir versuchsweise einmal die Filmdose von einer anderen Seite öffnen, um – wie es Deleuze einmal formulierte – herauszufinden, „[...] in welcher Weise [in dieser oder jener Schicht] das Licht auftaucht und das Sichtbare bedingt [...]" (Deleuze 2005: 235). Die Filmdose von einer anderen Seite öffnen heißt für uns: das Licht in Foucaults Sinne einmal nicht das Sichtbare *bedingen* zu lassen. Das heißt aber auch, dass sich eine Betrachtung der Film-Bilder nicht ausschließlich auf deren Materialität konzentrieren sollte, auch wenn sie unerlässlich für eine Analyse der Sichtbarkeit ist. Vielmehr unterstellen wir den Bildern stets eine Beziehung zu, einen Dialog mit soziokulturellen Kontexten jenseits der Grenzen ihres fiktionalen Universums (Bachtin 2008).

Mit den Filmen *La Haine* sowie *Regarde Moi* soll folgend ein Einblick in die Möglichkeiten filmischer Transformation von Raum und Machtbeziehungen gegeben werden. Die Filme zeigen das Leben, die Konflikte Jugendlicher mit sich selbst, mit Freunden oder anderen Banlieue-Bewohner_innen und schließlich mit Familie und Staatsgewalt. Dabei entstehen die Auseinandersetzungen meist im Spannungsfeld von Raumbesetzung, -nutzung und -verteidigung. Was diesen und den Filmen des *Cinéma de banlieue* im Allgemeinen immanent zu sein scheint, ist der quälende Alltag, der Müßiggang einer 3. Generation in einer segregierten Stadt, der gelegentlich aus seinen gelangweilten Fugen gerät, wenn sich die Spannungen zwischen gesellschaftlich gesetzten Normen und den Alltagspraktiken der Ausgeschlossenen punktuell entladen. Die Filme des *Cinéma de banlieue* befinden sich damit im Schnittpunkt zwischen der ästhetischen Wirklichkeit des Bildes und urbanen Wirklichkeiten der Stadt. In diesen entwickeln sie Denk-Bilder und Denk-Räume des Anderen, entsprungen aus dichotomen Unterscheidungen, aber dennoch jenseits von ihnen.

---

wo dem Wahnsinnigen lediglich „symbolisch" das Wort erteilt wurde, während er „entwaffnet und versöhnt auftrat, weil er die Rolle der maskierten Wahrheit spielte" (Foucault 2007: 12).

Raum, Macht, Subjektivität – Die Banlieue als umkämpftes Gebiet: *La Haine*

Diese Machtform gilt dem unmittelbaren Alltagsleben,
das die Individuen in Kategorien einteilt,
ihnen ihre Individualität zuweist,
sie an ihre Identität bindet und ihnen das Gesetz
einer Wahrheit auferlegt, die sie in sich selbst
und die anderen in ihnen zu erkennen haben.
Michel Foucault

Abb. 1-2: Spielplatz und Blick durch die Reporter-Kamera in La Haine (Kassovitz, F 1995), Screenshot.

Im Film *La Haine* korrelieren zwei Denkweisen des Raumes miteinander, an denen die Dichotomie von Zentrum und Peripherie der Stadt Paris mitsamt ihren Macht- und Ausschlussmechanismen zur Sichtbarkeit gelangen. Innerhalb des segregierten Raumes treffen wiederum zwei sich miteinander verschachtelnde, aber dennoch gegenseitig widersetzende Raumkonzepte, räumliche Formierungen diskursiver Ereignisse aufeinander, überlagern sich, greifen ineinander und verteilen sich im Spiel der Beziehungen. Auf visuell ästhetischer Ebene trifft ein architektonisch stringent parzellierter, undurchdringlicher Raum fordistischer Architektur auf ein Raumkonzept, das diese diskursiven Formungen aufbricht, indem es Orte und Räume gemäß spezifischer Bedürfnisse generiert, in Folge dessen imaginäre Topografien erschafft, die sich den stringenten Ordnungen widersetzen. *La Haine* visualisiert damit ein Spannungsverhältnis zwischen Raumaneignung, -konstruktion und -verteidigung jugendlicher Banlieue-Bewohner_innen und den repressiven Maßnahmen staatlicher Gewalt.

Die Jugendlichen entwickeln in *La Haine* eigene kulturelle Strategien der Raumnutzung und Umgestaltung. So wird ein leer stehender Supermarkt kurzerhand zum Breakdance-Schauplatz oder ein Hausdach seiner architektonischen Bestimmung entledigt und zu einem Grillplatz umfunktioniert. Dass sich die Jugendlichen damit nicht nur architektonischen, sondern auch sozialen Ordnungen widersetzen, zeigt sich durch ständige Konfrontation mit und Präsenz der Staatsmacht. So wird ein alter, nicht mehr als solcher genutzte Supermarkt stets von einem Polizisten mit Wachhund kontrolliert und so werden die Jugendlichen von der Polizei vom Dach eines Hochhauses auf einen wenig belebten Spielplatz inmitten eines Wohnkomplexes verwiesen (Abb. 1).[8] Diese Szene, die Folgen des „Sturzes" vom Hausdach auf den Spielplatz, soll nun vor allem auf ästhetischer Ebene einen vertiefenden Einblick in die Formen filmischer Translation von Machtbeziehungen im und am Raum geben.

Nach einem Schnitt, der den Ausgang der Dachszene einer Aporie überlässt, zeigt die Kamera darauf folgend die drei Protagonisten inmitten einer Bildkomposition, die deutliche Bildspannungen zeichnet. Sie konstituiert sich zum einen entlang der kompositorischen Linienführung zwischen den kantig erstarrten Ensembles architektonischer Elemente im Bildhintergrund und den organischen Körpern der Jugendlichen in der Diagonalen sowie den Rundungen der Spielplatzfigur des Flusspferdes. Dieses Ensemble scheint die Figuren jeglicher Bewegungsfähigkeit zu berauben. Das Bild ordnet sich zudem in zwei grob ein-

---

8 Zur ausführlichen Beschreibung und Analyse beider Szenen im Kontext raumsoziologischer Betrachtungen siehe Klung (2010).

zuteilende Ebenen. Die erste Ebene bildet einen flächigen, hell erleuchteten, planimetrischen Bildhintergrund. Eine Häuserfront ist zu sehen sowie die Begrenzungsmauer des Spielplatzes. Im Bildvordergrund gestaltet sich hingegen die Anordnung der Figuren und Objekte in einer Diagonalen, die von rechts unten nach links oben verläuft. Der sich auf dieser zweiten Bildebene konstituierende Raumeindruck korreliert mit der flächig angeordneten Komposition im Hintergrund. Dieses Zusammenspiel von Fläche und dem Eindruck von Räumlichkeit, wird verstärkt durch starke Lichtkontraste. Die Figuren im Bildvordergrund führen dabei wahrlich ein bewegungsloses Schattendasein, während die Häuser im Hintergrund stark beleuchtet werden, wodurch der Eindruck der Fläche noch stärker hervorgehoben wird. Einzig die schwarzen Löcher der geöffneten Fenster lassen einen weiteren, stark in die Tiefe gehenden Raum vermuten. Diese Form der Lichtführung zieht den Blick einerseits in die Tiefe der schwarzen Fensteröffnungen hinein, lässt den Häuserblock jedoch andererseits optisch dem Zuschauerblick entgegen kommen, der folglich auf die sitzenden Jugendlichen trifft. Die Ebenen des Bild-Raumes korrespondieren folglich über Lichtführung und Schattenwurf miteinander.

Bildvordergrund und Bildhintergrund werden durch die Spielplatzmauer gleichzeitig architektonisch voneinander getrennt jedoch ebenso über den Dialog der Grauabstufungen im Bildfeld miteinander verbunden. Alles Wesentliche organisiert sich zudem im Verlauf horizontaler, vertikaler und diagonaler Achsen, die den Blick des Zuschauers anhalten, im Visuellen zu verweilen, nicht abzuschweifen, sondern ebenso wie die Figuren und Objekte, an Ort und Stelle zu verharren. Nach einer anfänglich unbewegten Kamera versetzt eine Weißblende diese in Bewegung und visualisiert damit die Zeit und den Prozess des Werdens innerhalb des visualisierten Zustandes fehlender Aktionen. Es ist die erfahrbar werdende Zeit, die das Bild in eine weitere, außerhalb dessen existierende Dimension versetzt und somit den in ihm abgebildeten und visuell stark begrenzten Raum virtuell öffnet.

Wir beobachten die Situation nun aus einem leicht versetzten Winkel. Die Kamera vollzieht dabei einen fast unmerklichen Zoom auf die Protagonisten zu, bis Vinz, der sich an der Spitze der Diagonalen befindet, in halbnaher Einstellung zu sehen ist. Die Schwerfälligkeit der Kamera lässt eine opake Atmosphäre entstehen, einen Dunst, der den Bild-Raum im Vordergrund mit dem gestauchten Raum im Hintergrund verbindet. Die Weißblende enthebt das Bild somit nicht nur aus seinem schockstarren Zustand, sondern sie bindet den abgebildeten Raum, nicht zuletzt auch durch den einsetzenden Dialog der Figuren, an eine (mögliche) physische Entsprechung zurück.

Aus dieser Beschreibung heraus stellt sich die Frage, wie die Verbindung von Raum und Zeit zu deuten ist. Dabei sind zunächst einmal an die Ausführungen Erwin Panofskys (1999: 25) zu denken, der von einer Dynamisierung des Raumes sowie der Verräumlichung der Zeit im Film spricht, insoweit bereits auf dessen Relationalität verweist. Damit sei nicht nur auf das Potential des Filmes hingewiesen, den Raum gemäß seiner Eigenlogik zu transformieren, sondern auch darauf, dass dies nur in Verbindung mit der Kategorie der Zeit geschehen kann. Raum und Zeit müssen im Film folglich zwingend eine Verbindung eingehen, denn nur wenn dies geschieht, kann die spezifisch filmische Transformation des Raumes wahrgenommen werden. Der unleugbaren Zeitlichkeit des filmischen Bildes, wie sie sich anhand dieser Beispielszene zeigt, kann mit Gilles Deleuze' Begriff des Zeit-Bildes auf den Grund gegangen werden (Deleuze 1991). Es verwandelt die Protagonisten in schauende Subjekte, in Betrachter der Situation.

Wir haben es hier jedoch mit einem doppelten Blick zu tun. Der Rezipient blickt auf das Geschehen und wird in dieses als „imaginierende Instanz" (Ott 2005: 134) eingebunden. Zugleich aber findet er sich selbst über die Zeit in der abgebildeten Situation, im Werden wieder. Mit dem Verweis auf Deleuze lässt sich in diesem Zusammenhang vor allem an Michail Bachtins Terminus des Chronotopos denken, der wörtlich als „Raumzeit" zu übersetzen wäre. Dieser denkt ein Bild als eine in die Zeit gesetzte Aussage. Bachtin beschreibt den Chronotopos folgendermaßen:

> Die Zeit verdichtet sich hierbei, sie zieht sich zusammen und wird auf künstlerische Weise sichtbar, der Raum gewinnt Intensität, er wird in die Bewegung der Zeit, des Sujets, der Geschichte hineingezogen. Die Merkmale der Zeit offenbaren sich im Raum, und der Raum wird von der Zeit mit Sinn erfüllt und dimensioniert. (Bachtin 2008: 7)

Die Zeit materialisiert sich in den Bildern. Als „blickende" Architektur schreibt sie sich in den zeitlich-historischen Kontext des Bildhintergrundes ein. In dem Raum konstituierenden Zusammenspiel von Vorder- und Hintergrund, also vom aktuellen Ort, dem Spielplatz, und dem virtuellen, historischen Raum Banlieue, verdichtet sich die Zeit und lässt den sichtbaren Raum opak erscheinen.[9]

Oberhalb des Spielplatzes fährt indes ein Auto von links nach rechts durch das Bild, das einen Raum zwischen den beiden Bildebenen entstehen lässt und mit

---

9 Zur Unterscheidung von filmischen Orten und filmischen Räumen vgl. Frahm (2010) unter Hinzuziehung von André Gardies' Theorie des Ortes als „fragment d'espace" im Unterschied zum Raum als dem „ensemble des lieux" (Gardies zitiert in Frahm 2010: 135).

physischer Bewegung füllt. Aus dem Dach des Autos ragt eine stehende Figur, die eine Kamera in der Hand hält. Es sind Reporter, die nun hinter einem Zaun und von erhöhter Position, auf die Jugendlichen blicken, die erbost über deren Fragen mit Steinen in Richtung der Kamera werfen und ihnen damit genau das Bild liefern, auf das die Bildschirme aller Pariser Wohnzimmer zu warten scheinen. Aber auch wir müssen nicht auf diese Bilder verzichten. Grobkörnig und mit einem Querstreifen erscheint uns der Steine schmeißende Vinz in einer Aufsicht aus der Reporterkamera (Abb. 2).

Mit dieser medial evozierten, quasi doppelt geschichteten Blickkonstruktion als Film im Film, findet eine Objektivierung der Subjekthaftigkeit in Foucaults Sinne ihren Höhepunkt. Die Jugendlichen sahen sich zuvor mit der Macht des Staates durch die Polizei konfrontiert, der sie sich mit der Aneignung des Daches widersetzten. Die erprobte Erschütterung staatlicher Herrschaft[10] durch die Besetzung des Hausdaches schlug fehl. Die Jugendlichen stürzten wie Ikarus vom Dach hinab auf den Boden der Tatsachen einer segregierten Stadt, deren „Text" sie zuvor noch von der Höhe des Hausdaches aus zu verstehen glaubten. Die Neuaneignung des Daches befähigte die Jugendlichen dazu, sich dem „mächtigen Zugriff der Stadt" (de Certeau 1988: 180), dem Labyrinth, das ihnen vorgefertigte Wegweisungen und Irrungen lieferte, kurzfristig zu entreißen. Darin zeigt sich eine – topographische – Objektivierung ersten Grades. Die Bilder visualisieren mit der Reglosigkeit der Figuren und der sich fast schmerzlich dehnenden Zeit die lähmende Macht gesellschaftlicher, (post-)fordistischer Normierungsmechanismen, die sich im Hintergrund in die Architektur der Häuserfront einschreibt. Wie Augen schauen die vielen Fenster der weißen Hausblöcke auf den Spielplatz hinab.

Es entsteht somit der Eindruck, als würde sich hier ein panoptischer Blick quasi umkehren. Nicht die sich inmitten der Häuserblocks befindenden Figuren im Sinne eines anonymen, zentralen Blicks, können alles ungesehen durch- und überschauen, sondern es sind andere Anwohner, die von erhöhter Position ungesehen aus den schwarzen Löchern ihrer Fenstern heraus auf den Ort des Spielplatzes (hinab-)schauen können. Damit wird noch einmal deutlich, was Jürgen Mümken in Rückbezug auf Foucault zum Ausdruck bringt, für den „...die Architektur ein Mittel für die Wirkungsweise der Macht im Raum" sei (Mümken 1997: 39).[11]

---

10 Zum Herrschaftsbegriff bei Foucault siehe Klass (2008: 159f).

11 In einer anderen Szenen in *La Haine* wird dieses Sehen und Kontrollieren durch die Fenster hindurch deutlich. Ein Mann neigt sich aus einem Fenster und schimpft

Das Zeit-Bild versetzt dabei den Blick des Zuschauers in eine ambivalente Position. Zum einen lässt es ihn zu Beginn der Szene am „Werden", an der Visualisierung der Zeit im Bild teilhaben. Zum anderen jedoch gestattet es dem Zuschauerblick, aus der zuvor erfahrenen Erniedrigung durch polizeiliche Repressionsmaßnahmen über die intermediale Translation emporzusteigen und sich der reinen Betrachtung der Figuren „von oben und außen" hinzugeben.

Damit ist die zweite Objektivierung gezeichnet, die sich durch den Blick der Reporterkamera konstituiert. Denn das Zeitbild visualisiert die Auswirkungen der Macht durch die Architektur. Es versetzt die Protagonisten in Deleuze' Sinne visuell wahrlich in einen Zustand des Unterworfenseins als Subjekte. Zudem – das wird besonders durch den Mechanismus der Objektivierung durch die Kamera der Reporter deutlich – binden sich die Protagonisten in dieser medialen Repräsentation an Identifikationen, die sie gemäß gesellschaftlicher Erwartungen und Zuschreibungen agieren lassen. Wenn wir uns den Film also durch eine Foucaultsche Brille anschauen, dann können wir sagen, dass sich der Raum durch eine spezifische Gebrauchsart diskursiv formen, gestalten, regulieren und ordnen lässt und dass sich diese Formungen wiederum auf das Handeln der Subjekte übertragen. Damit wird deutlich, dass der Film *La Haine* tatsächlich ein audiovisuelles Netz aus Raum- und Machtbeziehungen spannt, dessen Maschen sich gegenseitig affizieren. *La Haine* verortet das Spannungsverhältnis von Raum- und Machtbeziehungen auf einer vertikal verlaufenden Linie. Die dargestellten Konflikte um Raumaneignung -besetzung und -verteidigung ereignen sich dabei meist in einem Aktions-Feld, das sich zwischen den Bewohner_innen und der Staatsmacht aufspannt. Damit kann beispielsweise der Konflikt um die Besetzung des Hausdaches gemeint sein oder aber auch die beschriebene Spielplatzszene, in der die Spannungen (in)direkt von den Architekturen der Banlieue selbst ausgehen, die nicht nur innerhalb der Sichtbarkeit des zweidimensionalen Filmbildes, sondern auch in Bezug auf eine Hierarchisierung vertikal verlaufen. Dieser Einteilung folgend, der auch, in Bezug auf die soziale Wirklichkeit des Banlieue-Raumes, mit Wacquants Begriff der „Mikro-Örtlichkeiten" (Wacquant 2004: 155) begegnet werden kann, soll jetzt der Blick auf den Film *Regarde Moi* gerichtet werden. Wie auch *La Haine* knüpft *Regarde Moi* ein Netz aus Raum- und Machtbeziehungen, verortet diese jedoch innerhalb jener von Wacquant beschriebenen „Mikro-Örtlichkeiten". Die Machtbeziehungen verlaufen demzufolge nicht vertikal im Spannungsfeld zwischen den Interessen der Jugendlichen, den Normungen der

mit Saïd, der inmitten der Häuserblocks steht, nach oben schaut, unablässig und vergeblich nach Vinz ruft, der ihn seinerseits jedoch nicht hören kann.

Abb. 3-5: Visuelle Raum-Trennungen in Regarde Moi (Estrougo, F 2007), Screenshot.

Gesellschaft und der ausführend-regelnden Polizei, sondern sie lokalisieren sich vielmehr in einem Feld horizontal angeordneter Beziehungspunkte.

Fläche und Raum – die „Freude am Geschichteten"[12] *Regarde Moi*

Die jugendlichen Banlieue-Bewohner müssen in *Regarde Moi* den Fußballer 'Jo', ein Mitglied aus ihrer Clique, verabschieden. Jo soll zukünftig für die Jugendmannschaft des Vereins Arsenal London spielen (Abb. 4). Er hofft, seine Freundin Julie nach London mitnehmen zu können (Abb. 5, Julie rechts im Bild zu sehen). Diesem Vorhaben stellt sich jedoch Fatima entgegen, die ebenfalls in Jo verliebt ist. Um seine Blicke von den naturblonden Haaren der weißen Julie auf sich zu ziehen, macht sie sich mit einer blonden Perücke in und vor den Augen ihrer Freunde zur Närrin (Abb. 3).

Während *La Haine* mit den drei Protagonisten Hubert, Saïd und Vinz einen rein männlichen Blick auf die umkämpften Außenräume der Banlieue konstituiert – die Innenräume sind für Frauen, Traditionsverpflichtungen und Tradierungen reserviert – wirft *Regarde Moi* auch einen dezidiert weiblichen Blick auf die soziale Kontrolle innerhalb des Zusammenlebens auf engstem Raum. Die Machtstrukturen, die am und im Raum zur Sichtbarkeit gelangen, werden aus zwei Perspektiven elliptisch und fragmentarisch visualisiert. Der Perspektive der männlichen Bewohner folgt die weibliche Sicht auf dieselben Ereignisse und schließt damit Lücken aus der ersten Version der Geschichte.[13] Interessant ist dabei, dass der Film sowohl auf narrativer als auch auf bildästhetischer Ebene mit der fragmentiert parzellierten Architektur der Banlieue in einen Dialog zu treten scheint. Die Banlieue ist im Film geprägt durch Einkerbungen, die den Raum in einzelne Teilräume und Schichten aufgliedert, die jeweils mit sozialen Normierungen konnotiert und besetzt sind. Das Bild der Banlieue zeichnet sich

12 Wölfflin 1983: 84.

13 Die Termini Perspektive und Sicht beziehen sich auf die zwei Versionen der Narration, die sich aus der Sicht der Jungen und daran anschließend der Sicht der Mädchen konstituieren. Damit ist nicht etwa eine perspektivische Änderung einer gender-spezifischen Wahrnehmungsperspektive gemeint. Ob der Film einen dezidiert weiblichen Blick im Visuellen konstruiert und wie dieser, wenn er denn ausfindig gemacht wurde, aussehen könnte, bedarf einer ausführlichen, separaten Betrachtung an anderer Stelle. Zu weiteren Ausführungen multipler Logik filmischer Perspektivierung siehe Schweinitz (2007). Da sich die Figurenkonstellation in *Regarde Moi* zudem plural vernetzt und verschiedene Knotenpunkte bildet, siehe dazu auch Tröhler (2007).

entlang der Wiederholungen und Ergänzungen innerhalb der multiplen Fokalisierung, als eine Kopplung unverbundener, einander überlagernder, kreuzender oder nebeneinander existierender Fragmente. Wie ein kaleidoskopartiges Mosaik formieren und verändern sich die Beziehungskonstellationen im elliptischen Verlauf der Narration. Einst konstruierte Wahrheiten werden erschüttert, revidiert und neue Facetten des Geschehens in einer enormen Vielfalt räumlicher Spannungsverhältnissen zur Ansicht gebracht, wobei jedoch das Mosaik in der Wahrnehmung in seiner Struktur, durch den Rückgriff auf das Visuelle, erhalten bleibt. Somit gestaltet die Ellipse nicht nur die multiple Fokalisierung, sondern gehört zu den sichtbaren – und durch die elliptische Struktur eben auch den unsichtbaren – Ereignissen und Situationen selbst (Frahm 2010: 311). Dabei verlaufen die Beziehungen und Vernetzungen nicht in einem Nirgendwo, sondern sind eng miteinander verknüpft und bleiben stets auf einen gemeinsamen Zusammenhang, auf ein Ganzes bezogen. Der Film-Raum wird dabei durch plurale Verteilungen, Verknüpfungen und Verflechtung von Figuren im gekerbten Feld der Beziehungen gekennzeichnet.

Regarde Moi zeigt auf vielfältige, narrative ebenso wie visuell-ästhetische Art und Weise die sich im Raum manifestierenden Machtmechanismen. Im Unterschied zu *La Haine* formieren sich diese jedoch nicht zwischen Staatsgewalt und den Bewohnern, sondern verteilen sich in einem intersektionalen[14] Feld von Differenzen, die sich entlang der Strukturkategorien Ethnie, Geschlecht, und Körper aufspannen und damit den filmischen Raum entlang der Mikroebene konfigurieren. Ähnlich wie auch in *La Haine* werden die Innenräume der Banlieue den weiblichen Figuren zugeschrieben, während die Außenräume nicht ausschließlich, jedoch vorwiegend von den männlichen Bewohnern besetzt und kontrolliert werden. Um diesen vielfältig konstruierten Verknüpfungen im Banlieue-Raum auf den Grund gehen zu können, ist es notwendig, anhand einer konkreten Bildanalyse die verschiedenen Ebenen der Raumfragmentierung zu extrahieren und die Schichtungen abzutragen. Im Vordergrund der Betrachtungen steht dabei das Beziehungsgeflecht zwischen den drei Protagonist_innen Jo, Fatima und Julie.

In einer Einstellung sehen wir Jo seitlich in der Großaufnahme (Abb. 4). Die Mädchengruppe verschwimmt im Bildhintergrund, wobei sich dieser nur durch die Größenverhältnisse der Figuren als ein solcher zu erkennen gibt, denn sie verteilen sich im Bildfeld eher in einem Neben- als einem Hintereinander. So nimmt Jos Kopf in der Großaufnahme die gesamte linke Bildhälfte ein, während

14 Zum Konzept der Intersektionalität siehe Degele/Winker (2009).

sich die Mädchen in der rechten Bildhälfte befinden. Die Fokussierung auf Jos Kopf lässt den Hintergrund als einen „beliebigen Raum" (*espace quelconque*) nach Deleuze (1989) erscheinen, der die Bildfläche in zwei Schichten aufteilt, die dem Zuschauer lediglich einen Eindruck von Räumlichkeit gewähren. Das Bild teilt sich in zwei bildparallele Ebenen auf. Wir sehen eine erste Ebene, in der Jo in der Großaufnahme zu sehen ist und eine zweite Ebene, die den verschwommenen Bildhintergrund bildet. Diese Schärfenebenen werden darauf folgend in derselben Einstellung durch Änderung der Tiefenschärfe vertauscht. Durch die Schärfenverlagerung entsteht mitunter ein paradoxer Raumeindruck, der sich in einem Feld von Distanzierung und gleichzeitiger Annäherung bewegt. Der „beliebige Raum" verabschiedet sich damit von konventionellen zentralperspektivisch-konstruierten Raumorganisationen, die stringente Ordnungen von Nähe und Distanz gewährleisten (Ott 2005: 150). Einzig das Ziehen der Schärfe, die Transformation der Aggregatzustände des Unscharfen und des Scharfen, generiert eine sich in der kurzzeitigen Bildbewegung konstituierenden Verbindung der Raumsegmente (Smid 2008: 226f.).

Das Filmbild konstituiert infolgedessen zahlreiche Bildspannungen. Diese verorten sich auf der Ebene des Visuellen, des filmischen Raumes, zwischen dem Eindruck räumlicher Tiefe und gleichzeitiger Verflachung sowie auf einer narrativen Ebene zwischen An- und Abwesenheit der Figuren innerhalb ihres sozialräumlichen Beziehungsgefüges.

Indem sich Jos Konturen klar vom beigefarbenen Hintergrund der Hauswand abzeichnen, separieren und verbinden sich damit zwei Raum-Ebenen in einem starken Kontrast. Vorder- und Hintergrund rücken weiter auseinander, während sich allerdings die innerhalb der Bildfläche liegenden, dunkleren Farbflächen einander anzunähern scheinen. Diese Farbflächen und -gruppierungen sind im Bildfeld zum einen der Kleidung der Figuren zuzuordnen, zum anderen deuten sie durch Schattenwurf Raumtiefe an. Eine räumliche Verbindung lässt sich also innerhalb der Farbaufgliederung erkennen. Die wechselnden, visuellen Schärfenverhältnisse hingegen lassen eine räumliche Trennung in Kraft treten, die auf eine geschlechtsspezifische Raumaufgliederung auf narrativer Ebene zurückgreift.

Innerhalb des ästhetisch generierten, fiktionalen Universums können demzufolge diverse Wirklichkeiten aufeinandertreffen, nebeneinander verweilen oder sich überlagern. Im Bild kollidiert die sich deutlich abzeichnende Wirklichkeit von Jo mit dem verschwommene Feld und der Wirklichkeit der Mädchen, darunter auch Julie, die zwar nahe an Jos sozialen sowie physischen Raum herankommt, diesen jedoch aufgrund der banlieueinternen, geschlechtsspezifischen Gesetzmäßigkeiten nicht durchdringen kann. Eine filmräumliche Trennung vollziehen demzufolge die planimetrisch konstruierten Bild-Schichten am „beliebigen Raum“ in der Großaufnahme, die das Spannungsfeld von An- und Abwesenheit generieren, auch wenn die Distanz durch die optische Fokussierung auf das Entfernte und vorher Unbestimmte, scheinbar überwunden wird. Die Mädchengruppe kommt damit zwar dem Zuschauerauge entgegen, jedoch entfernt sich das physisch Nahe in den Bereich des visuell Unbestimmten, Beliebigen, Verschwommenen.

Eine ähnliche Spannung von visueller An- und Abwesenheit deutet sich mit einem weiteren Raum in der rechten Bildhälfte an, in dessen Dunkelheit Julie fast zu entschwinden droht. Dieser Raum bricht den planimetrisch geschichteten Bild-Raum in die Tiefe auf und lässt durch die Flächen- und Farbaufgliederungen hindurch jedoch gleichzeitig eine allein auf die räumliche Komponente bezogene Verbindung zwischen Jo im Bildvordergrund und Julie im Bildhintergrund erkennen. Bemerkenswert ist dabei, inwiefern die Bildschichten über ihre Schärfentrennung hinaus mittels Hell-Dunkel-Aufteilungen und Kontrastflächen in ein dialogisches Verhältnis treten, welches sich auch noch über die reine Visualität hinaus auf der Narrationsebene fortsetzt und auf die Figurenkonstellationen überträgt. So erwidert die Kamera im späteren Verlauf der Narration Jos Blick in einer Art nachgelagertem Gegenschuss, aus ebendiesem, angedeuteten Raum heraus (Abb. 5).

Die filmischen Bilder versetzen den abgebildeten Raum also nicht nur in Bewegung, schieben ihn zusammen, verdrehen und vertauschen Nahes und Fernes, überwinden dabei epistemisch gesicherte Ordnungen und Unterscheidungen, sie befinden sich gleichzeitig auch in einem ständigen und von ihnen letztendlich initiierten Dialog mit außerfilmischen Kontexten. Somit ist es möglich, dass Julie in Jos Welt nicht nur metaphorisch anwesend abwesend ist. Ergo ist es nicht zuletzt der in der Großaufnahme sich konstituierende beliebige Raum, in dem sich Annäherung und Entfernung zeitgleich begegnen.

Insofern kann gesagt werden, dass durch diskursiv konstruierte Regelungen Konflikte und Spannungen zwischen den Geschlechtern entstehen, die sich bereits im Visuellen andeuten und dort zur Geltung kommen. Anhand der Darstellung des Raums, seiner Aufgliederung sowie der ihn maßgeblich bestimmenden Korrespondenz zwischen Farbflächen und Kontrasten, zeichnet sich deutlich das Bild einer Binnenfragmentierung durch Selbst-Objektivierung und -Führung der weiblichen Bewohnerinnen, die hegemoniale Normen und Stereotype reproduzieren. Anhand des visuellen Spannungsverhältnisses zwischen Julie und Jo (Abb. 4) wird deutlich, dass die Mädchen versuchen, ihr Erscheinungsbild den männlich dominierten Außenräumen anzupassen und sich diese gleichermaßen anzueignen.

Das Konstrukt des Anderen innerhalb der Segregation des Stadtraumes wird auf eine Definition von „Mikro-Örtlichkeiten" übertragen und findet sich im Zuge postfordistischer und neoliberaler Regierungsrationalität im Modell der Selbstführung (Foucault 2006: 314) innerhalb einer horizontalen Hierarchisierung.

Am Beispiel von Fatima, einem Mädchen, deren Elterngeneration aus den ehemaligen Kolonialgebieten Frankreichs kommt, zeigt sich diese Form der Selbstobjektivierung besonders deutlich, in deren Folge wir ihre Identifikation mit einer abwesenden Anwesenheit nicht nur und generell innerhalb des gesellschaftlichen Spannungsverhältnisses von Peripherie und Zentrum, sondern auch in der Banlieue selbst erkennen können. Indem sich Fatima eine blonde Perücke aufsetzt, versucht sie – das wäre eine direkte Bedeutung, die sich kausallogisch aus der Narration speist – den gesellschaftlich konstruierten und in der Banlieue durch Selbstannahme dieser Konstrukte festgesetzten soziokulturellen Raum der weißen Französin Julie, zu durchdringen. Der verzweifelte Versuch, ihrer zugeschriebenen Subjektivität zu entkommen, scheitert beim Betreten des Außenraumes der Banlieue. Sie wird von ihrem Bruder erniedrigt und muss den Weg zurück in die Wohnung antreten. Fatima befindet sich damit in einem Spannungsfeld von An- und Abwesenheit, dem Gesehen-Werden durch die Anderen, dem Sanktionen folgen, und dem Übersehen-Werden durch Jo. Diese Spannungen formen sich im und am Bild-Raum. Während Julie und Jo in der Zweidimensionalität der Bildfläche zwar nebeneinander erscheinen, werden sie dennoch durch fehlende Tiefenschärfe in zwei separaten visuellen Räumen sichtbar. Anders verhält es sich jedoch zwischen Fatima und Jo. In ihrer Welt ist Jo nicht anwesend-abwesend, sondern regelrecht unsichtbar (Abb. 3).[15]

In der Großaufnahme von Fatima teilt sich der filmische Raum zwar ebenso in planimetrische Schichtungen, sie lassen jedoch keinerlei Verbindungen zwischen Fatima und Jo erkennen. Vielmehr wird sie durch zusätzliche physische Abgrenzungen von Jos Welt separiert. Einzig ihr Blick in einen sich jenseits der Kamera, im visuellen *Off,* befindenden Raum, lässt eine Anwesenheit Jos in diesem vermuten. Tatsächlich aber deutet ihr Blick in dieser Sequenz auf etwas Unsichtbares. Im Feld des Sichtbaren – und damit in Fatimas Lebens-Raum – fehlt Jo; die Abtrennung wird absolut. Jo wird im momentanen Feld

15 Der Blick auf Fatima erfolgt in dieser Einstellung aus dem Feld der Fußball spielenden Jungen. Das heißt aber nicht, dass dieser Blick einen spezifisch männlichen Blick konstituiert. Eine andere Einstellung zeigt dieselbe Situation von der anderen Seite des Zaunes, wo sich Fatima befindet. Dieser beliebige Wechsel der Standpunkte und der daraus generierten Sichtweisen, gibt vielmehr Aufschluss über die Ubiquität und Autonomie der filmischen Kamera.

des *Off* imaginiert, seine Anwesenheit verschiebt sich in die Virtualität – und damit in die Unsichtbarkeit – des filmischen Bildes sowie in eine Welt, die sich Fatima zu imaginieren scheint. Beiden Mädchen werden innerhalb der Banlieue gender- und ethnizitäts-spezifische Grenzen auferlegt, die sich sowohl in den physisch-materiellen Raum als auch in den visuell-ästhetischen Bildraum einschreiben. Fatima allerdings ist Jos Lebens-Raum jedoch noch unzugänglicher (Abb. 3), beide sind „...gleichsam unsichtbar geworden..." (Foucault 2003b: 143). Mit diesem Gedanken Foucaults finden wir erneut zum Ausgangspunkt zurück. Fatima ist mit ihrer Perücke – jedenfalls für die anderen Jugendlichen – zwar rein visuell fast noch sichtbarer als zuvor, jedoch ausschließlich im diskursiv erzeugten Feld intersektionaler Wirkmechanismen, die sich auf Geschlecht, Ethnie und Körper konzentrieren. Gleichzeitig geht ihre Sichtbarkeit einher mit der Unsichtbarkeit der Person, in deren Lebensraum Fatima mit Hilfe der Perücke eigentlich vordringen sollte.

Die Filme des *Cinéma de banlieue* zeigen uns auf ästhetischer Ebene die Vielstimmigkeit filmischer Raum-Transformationen, die nicht nur darin besteht, Räume und Orte zu stauchen, zu dehnen, sie zu verzeitlichen. Der Film ist zudem auf narrativ-ästhetischer Ebene dazu befähigt, die vielfältigen Machtstrukturen und -beziehungen, die sowohl vertikal zwischen den Bewohnern der Banlieue und der Staatsgewalt als auch horizontal als banlieue-interne Spannungen verlaufen, zu *denken*. Sie visualisieren Widerstandsformen (*La Haine*) sowie die Reproduktion hegemonialer Normen und Stereotypen (*Regarde Moi*), welche die Figuren in ihrem Alltag performativ hervorbringen, reproduzieren und somit indirekt Macht- und Herrschaftsverhältnisse stützen. Sowohl *La Haine* als auch *Regarde Moi* visualisieren auf ihre spezifisch-ästhetische Art und Weise diese sich im und am Raum formenden Machtbeziehungen und -vernetzungen. Dabei wurde deutlich, dass gewisse Raum- und Machtstrukturen nicht nur audiovisuell zur Darstellung gelangen, sondern zeigen auch, dass Form und Inhalt des Films stets miteinander korrelieren, dass Abgebildetes und Erzähltes sowohl untereinander, als auch mit außerfilmischen Kontexten im Dialog stehen, allerdings nicht allein durch diese zur Sichtbarkeit gelangen.

Das Sehen der Unsichtbarkeit des Sichtbaren
Eine Lücke ist entstanden

Man möge mir meinen Mangel
an Kompetenz verzeihen. Ich bin kein Kunsthistoriker.
Bis vor einem Monat habe ich noch nichts von Panofsky gelesen

Michel Foucault

Dieser oben abschließend formulierte Gedanke, dass die Filme des *Cinéma de banlieue* in einem steten Gedankenaustausch mit außerfilmischen Kontexten und Diskursen stehen, führt uns auf den Pfad der zu Beginn fragend geäußerten Vermutungen zurück, die letztendlich versuchsweise die Filme als Gegen-Diskurse verorteten. Die beispielhaften Analysen der beiden Filme geben sich nun im Nachgang als Bestätigungen der zu Beginn zaghaft formulierten Befürchtungen zu erkennen. Sie knüpfen an den gesetzten Standpunkt, Foucault habe sich nur wenig mit der Ästhetik des Films auseinandergesetzt. Da er uns nun einmal kein ausgefeiltes Analyseschema des bewegten Bildes präsentierte, musste nunmehr auf ein anderes Bildverständnis zurückgegriffen werden, um eine theoretische Anbindung an eine Bildanalyse im Hinblick auf Foucaults Darstellungen von Raum- und Machtbeziehungen abzurunden und die Lücke zu schließen, die sich bereits zu Beginn andeutete und ohne diese „Hilfestellung" bisweilen auch nicht zu schließen wäre. Eine Rückbindung an Raum- und Machtbeziehungen kann deshalb ausschließlich durch die Brille eines Bildverständnisses hindurch geleistet werden, das uns erkennen lässt, dass Film-Bilder eigenständige Äußerungsformen, eigene Wirklichkeiten sind, die gegenüber sozialen Wirklichkeiten eben nicht nur „...Schall und Rauch, Verzerrung und Lüge..." darstellen, sondern eine Eigenlogik besitzen, die sich zuweilen auch aus anderen Diskursen speist (Jäger zitiert in Wrana/Langer 2007), mit ihnen also in Verbindung stehen, nicht aber von ihnen abhängig sind. Foucault schien dahingehend jedoch anderer Ansicht zu sein. Um an dieser Stelle nicht zu sehr in die kontrovers geführte Debatte über sein Verhältnis zu den Sichtbarkeiten abzuschweifen, soll uns stattdessen eine erste Schlussfolgerung gleich zur Thematik der Filmanalyse zurückführen: Wir fragten also zunächst danach, mit welchem Bildverständnis der Blick auf den Film im Sinne Foucaults fruchtbar gemacht werden kann, ohne einer alleinigen Übertragung des Diskurses auf die Stadt-Raum-Motive der Filmbilder Vortritt zu gewähren. Hier faltet sich ein Problem auf, das Foucault selber erkannte, jedoch lediglich unter der Bedingung des Primats des Sagbaren ausführte: „Diskurs und Figur haben jeweils ihre eigene Seinsweise; aber sie unterhalten komplexe, verschachtelte Beziehungen. Ihr wechselseitiges Funktionieren gilt es zu beschreiben" (Foucault 2001: 796). Nicht nur, dass er das Sichtbare als Figur vom Diskurs trennt, er spricht damit implizit den autonomen Charakter des Sichtbaren als ein für sich stehendes Monument an. Das ist in dem Sinne von Bedeutung, als dass es sich von einer Auffassung des Sichtbaren unterscheidet, die das Bild als ein Dokument, das für etwas anderes steht, auffasst.

Aussagen und Sichtbarkeiten sind – folgt man Foucault weiter – nicht zu vereinbaren, aber sie treten in enge Beziehungen miteinander. So ist beispielsweise die Delinquenz als Aussage dem Gefängnis als Sichtbarkeit enthalten und steht ihr gleichzeitig gegenüber. Die von Foucault erwähnten Verschachtelungen bringen also nichts anderes zum Ausdruck, als dass das wesentliche Moment letztendlich die Sprache sei, ohne die das Sichtbare im Verborgenen bleiben würde. Aufschlüsse darüber lassen sich aus seinen Ausführungen zu den Gemälden Manets (vgl. Foucault 1999 [1989]), seiner Beschreibung der archäologischen Analyse (Foucault 1981) sowie im Nachgang aus seiner detaillierten, wenn auch umstrittenen Analyse von Velázquez' *Las Meniñas* (Foucault 2007) extrahieren. Diese Trennung mit verschachtelten Beziehungen von Diskurs und Figur wirft für unsere Überlegungen bisweilen zwar keine weiteren Probleme auf, jedoch muss dabei bedacht werden, dass eine Analyse des Visuellen, seien es Bilder, Architekturen, Fotografien oder Filme, nicht mit den gleichen Analyseinstrumenten operiert wie eine Diskursanalyse, die einen Text, also Sprache als Grundlage der Wissensproduktion wählt (Schlottmann/Miggelbrink 2009). Die Trennung, die Foucault vornimmt, führt er demnach nicht konsequent aus.

Es sei außerdem bemerkt, dass aus Foucaults Analyse und Bestimmung der Sichtbarkeiten zuweilen keine Unterscheidung hervorgeht zwischen Sichtbarkeiten, die einen überwachenden (Medizin) oder strafenden Blick (Gefängnis) evozieren, und Bildern (Repräsentationen oder Imaginationen), die dem Bereich des Kunstschaffens zuzuordnen sind. Für jede Sichtbarkeit bestehen dahingegen wiederum andere Analysemethoden. Dementsprechend ist ein Teil der oben gestellten Frage beantwortet, denn Foucault gab dem gesprochenen und geschriebenen Wort den (methodischen) Vortritt vor dem Sichtbaren, weshalb er nach Martin Jay als „antivisual thinker" (Jay 1994) bezeichnet wird. Auch wenn Deleuze Foucault emphatisch eine Leidenschaft für das Sehen zuspricht, muss dennoch hinzugefügt werden, dass für Foucault allein die Sprache das Licht darstellt, das die Sichtbarkeiten hervorbringt. So resümiert Ellen Harlizius-Klück Foucaults Denken über das Sichtbare: „Die Sichtbarkeiten sind nicht unmittelbar wahrnehmbar, sie würden ohne die Worte, die ihnen Namen geben, im Dunkeln bleiben" (Harlizius-Klück 1995: 121).

Dem ist entgegen zu halten, dass eine Analyse des Sichtbaren vom Primat der Aussage Abstand nehmen sollte, denn sonst läuft sie Gefahr, das Bild lediglich abstrahierend zu betrachten, die von den Bildern selbst generierte ästhetische Eigenlogik folglich aus den Augen zu verlieren. Es ist hingegen diese Translationsleistung der (filmischen) Bilder, die ihre Diskursivitäten, Regeln und Funktionsweisen generieren, die wiederum eng mit historischen und kulturellen Kontexten in Verbindung stehen. Die Ordnung des Sehens ist den Bildern demzufolge immanent und wird nicht erst durch die Sprache hervorgebracht. Das soll aber nicht heißen, dass eine solche Eigenlogik nur einen Sinn zu erkennen gebe. Es geht dabei vielmehr – was Foucault auch zu Recht an Panofskys Ausführungen begeistert – um die wechselseitigen Funktionsweisen und nicht zuletzt auch um die Untrennbarkeit von Inhalt und Form. Bezogen auf eine Analyse des *Cinéma de banlieue* bedeutet es zum einen, die Filme gerade nicht als Monumente, als reine Artefakte zu behandeln. Wir müssen sogar noch deutlicher werden: Texte und auch Bewegt-Bilder „sind nie monadisch" (Ha 2005: 8), dass heißt sie sind stets mit einem sozialen und kulturellen Kontext verbunden, den sie nicht nur abbilden, sondern selbst auch hervorbringen. Die Bilder konstituieren ihre Autonomie gerade aus dem dialogischen Verhältnis zwischen den Dingen, Figuren und Ereignissen, die sie ästhetisch in Erscheinung bringen sowie ihren stetigen kontextuellen Verknüpfungen. Damit verorten sich die Filme selbst innerhalb von Machtverhältnissen, aus denen sie hervorgehen, in die sie eingreifen und die sie selbst initiieren, im Zuge dessen sich schließlich Fragen nach Produktions-, Distributions- sowie Rezeptionsbedingungen ableiten lassen, denen sich jedoch an anderer Stelle zugewandt werden müsste. Die Analyse konnte zeigen, dass den Filmen ein von ihnen selbst hervorgebrachtes Raum-Denken zu unterstellen ist, das uns nicht erst durch hinzugefügte Sprache im Sinne eines dem Film äußerlichen und ihm nachträglich hinzugefügten Diskurses sichtbar machen würde. Die Filme des *Cinéma de banlieue* erschaffen eine ganz eigene, spezifisch ästhetische Raumwahrnehmung, die stets ihre Vernetzungen und Verknüpfungen zu außerfilmischen Kontexten und Diskursen aufrecht erhält und die deutliche Abdrücke hinterlassen kann. Foucaults Postulat der Unsichtbarkeit des Sichtbaren stellt sich einer Analyse dieser Sichtbarkeit in seinem Sinne selbst entgegen. Dabei setzt sich gerade die Ästhetik filmischer Bilder, mit den „[...] Unordnung[en] des Unstimmigen [...]" auseinander und lässt mitunter „[...] die Annäherung dessen, was nicht zueinander passt [...]" (Foucault 1974: 20), aufleuchten.

Literatur

Bachtin, Michail M. (2008): Chronotopos. Frankfurt a.M.: Suhrkamp [zuerst russisch 1975].

Castel, Robert (2008): Die Fallstricke des Exklusionsbegriffes, in: Die Debatte über die Überflüssigen. Hg. v. Heinz Bude & Andreas Willisch, Frankfurt a.M.: Suhrkamp, 69-87.

Degele, Nina; Winker, Gabriele (2009): Intersektionalität. Zur Analyse sozialer Ungleichheiten. Bielefeld: transcript.

Deleuze, Gilles (1989): Das Bewegungs-Bild. Kino 1. Frankfurt a.M.: Suhrkamp [zuerst franz. Als Cinéma 1. L'images mouvement, Les Edition de Minuit, Paris, 1983].

– (1991) : Das Zeit-Bild. Kino 2. Frankfurt a.M.: Suhrkamp [zuerst franz. als Cinéma 2. L'image-temps. Les Edition de Minuit, Paris, 1985].

– (2005): Über die wesentlichen Begriffe von Michel Foucault, in: ders. Schizophrenie und Gesellschaft. Texte und Gespräche 1975-19955. Frankfurt a.M.: Suhrkamp, 231-250.

Fielder, Adrian (2001): Poaching Public Space: Urban Autonomous Zones in French Banlieue Films, in: Cinema and the City. Film and Urban Societies in a Global Context. Hg. v. Mark Shiel & Tony Fitzmaurice. Oxford: Blackwell, S. 270-281.

Foucault, Michel (1974): Die Ordnung der Dinge. Frankfurt a.M.: Suhrkamp [zuerst franz. als Les mots et les choses, Edition Gallimard, 1966].

– (1981): Archäologie des Wissens. Frankfurt a.M.: Suhrkamp [zuerst franz. als L'archéologie du savoir. Gallimard, Paris, 1969].

– (1999): Die Malerei von Manet. Berlin: Merve [zuerst franz. als „La Peinture de Manet", in: Les cahiers de la Tunisie. Numéro spécial: Foucault en Tunisie. Tunis, 1989].

– (2001a): Worte und Bilder,[1967]. in: Michel Foucault. Dits et Ecrits. Schriften in vier Bänden. Band I, Hg. v. Daniel Defert & François Ewald, Frankfurt a.M.: Suhrkamp, S. 794-796 [zuerst franz. als Dits et Ecrits I. 1954-1969, Edition Gallimard, 1994].

– (2001b): Die Sprache des Raumes, in: Michel Foucault. Dits et Ecrits. Schriften in vier Bänden. Band I, Hg. v. Daniel Defert & François Ewald, Frankfurt a.M.: Suhrkamp, S. 533-538 [zuerst franz. als Dits et Ecrits I. 1954-1969, Edition Gallimard, 1994].

– (2003a): Gespräch mit Michel Foucault, in: Michel Foucault. Dits et Ecrits. Schriften in vier Bänden. Band III, Hg. v. Daniel Defert & François Ewald, Frankfurt a.M.: Suhrkamp., S. 129-134 [zuerst franz. als Entretien avec Michel Foucault, Cahiers du Cinéma, 271, 1976].

– (2003b): Warum das Verbrechen des Pierre Rivière? (Gespräch), in: Michel Foucault. Dits et Ecrits. Schriften in vier Bänden. Band III, Hg. v. Daniel Defert & François Ewald, Frankfurt a.M: Suhrkamp., 141-143.

– (2003c): Die Rückkehr des Pierre Rivière (Gespräch), in: Michel Foucault. Dits et Ecrits. Schriften in vier Bänden. Band III, Hg. v. Daniel Defert & François Ewald, Frankfurt a.M.: Suhrkamp, 152-164.

– (2006a): Von anderen Räumen, [zuerst franz. 1967] in: Raumtheorie. Hg. v. Jörg Dünne & Stephan Günzel, Frankfurt a.M.: Suhrkamp.

– (2006b): Die Geburt der Biopolitik. Geschichte der Gouvernmentalität II. Frankfurt a.M.: Suhrkamp.

– (2007): Die Ordnung des Diskurses. Frankfurt a.M.: Fischer, [zuerst franz. als: Lordre du discours. Gallimard, 1972].

Frahm, Laura (2010): Jenseits des Raumes. Bielefeld: transcript.

Ha, Kien Nghi (2005): Hype um Hybridität. Bielefeld: transcript.

Harlizius-Klück, Ellen (1995): Der Platz des Königs. 'Las Meniñas' als Tableau des klassischen Wissens bei Michel Foucault. Passagen: Wien.

Jay, Martin (1994): Downcast Eyes. The Denigration of Vision in Twentieth-Century French Thought. Berkeley, Los Angeles, London: University of California Press.

Klass, Tobias N. (2008): Foucault und der Widerstand: Anmerkungen zu einem Missverständnis, in: Widerstand denken. Hg. v. Daniel Hechler & Axel Philipps, Bielefeld: transcript, 149-168.

Klung, Katharina (2010): Trialektik und Heterotopie: Raum, Film und die Dialektik von Zentrum und Peripherie, in: *Transeo Review* 2-3/2010 [http://www.transeo-review.eu].

Schlottmann, ' Antje und Miggelbrink, Judith (2009): Visuelle Geographien. Ein Editorial. *Social Geography*, 4, 13-24. URL: http://www.soc-geogr.net/special_issue2.html

Ott, Michaela (2005): Gilles Deleuze zur Einführung. Hamburg: Junius.

– (2009): Der beliebige Raum in der Filmtheorie von Gilles Deleuze, in: Umwidmungen – architektonische und kinematographische Räume. Hg. v. Gertrud Koch, Berlin: Vorwerk, 150-161.

Mümken, Jürgen (1997): Die Ordnung des Raumes. Die Foucaultsche Machtanalyse und die Transformation des Raumes in der Moderne. Pfungstadt und Bernsheim: Editon Ergon.

Panofsky, Erwin (1999): Stil und Medium im Film. & Die ideologischen Vorläufer des Rolls-Royce-Kühlers. Frankfurt a.M.: Fischer.

Schweinitz, Jörg (2007): Multiple Logik filmischer Perspektivierung. Fokalisierung, narrative Instanz und wahnsinnige Liebe., in: montage/av, Marburg, Berlin ' 16/1/2007, 83-100.

Smid, Tereza (2008): Zwischen Schärfe und Unschärfe. Zur räumlichen Dimension der Schärfenverlagerung, in: Mehr als Schein. Ästhetik der Oberfläche in Film, Kunst, Literatur und Theater. Hg. von Hans-Georg von Aburg & Philipp Brunner, Zürich/ Berlin: diaphranes, S. 219-235.

Tarr, Carrie (2005): Reframing difference: beur and banlieue filmmaking in France. New York, London: Continuum.

Treber, Karsten (2005): Auf Abwegen: episodisches Erzählen im Film. Filmstudien, Band 42, Remscheid: Gardez.

Tröhler, Margrit (2007): Offene Welten ohne Helden. Plurale Figurenkonstellationen im Film. Marburg: Schüren.

Wacquant, Loïc (2004): Roter Gürtel, Schwarzer Gürtel: Rassentrennung ' Klassenungleichheit und der Staat in der französischen städtischen Peripherie und im amerikanischen Ghetto, in: An den Rändern der Städte. Frankfurt a.M.: Suhrkamp, S. 148-200.

Wölfflin, Heinrich (1983): Kunstgeschichtliche Grundbegriffe. Das Problem der Stilentwicklung in der neueren Kunst. Dresden: Verlag der Kunst.

Wrana, Daniel; Langer, Antje (2007): An den Rändern der Diskurse. Jenseits der Unterscheidung diskursiver und nicht-diskursiver Praktiken: in: Forum Qualitative Sozialforschung. 8(2), Art. 20, http://nbn-resolving.de/urn:nbn:de:0114-fqs0702206 [Stand 2011-07-08].

Susanne Schregel

Raum-Macht-Beziehungen und wie man sie erforschen kann
Erfahrungen aus einem Projekt über den „Atomkrieg vor der Wohnungstür"

Einleitung

Ein jeder Versuch, dem Phänomen Macht durch empirische Forschung auf die Spur zu kommen, steht vor schwerwiegenden Problemen: Macht ist als solche nicht sichtbar. Sowohl als Phänomen wie als Denkfigur begriffen, ist sie historisch veränderlich. Bereits wie diese Veränderung selber gedacht werden soll – etwa ob als Variation der Form nach, oder als Veränderung einer Verteilung –, ist kontingent. Als Kernelement des politischen Denkens können Konzeptionen von Macht zudem zwar über begriffsgeschichtliche Zugriffe erschlossen werden. Als Praxis aber ist Macht lediglich indirekt erschließbar; denn das, was als Macht bezeichnet wird, fällt nicht zwingend in eins mit dem, was Macht als Praxis kennzeichnet. Umso drängender wird die Frage, wie eine Machtanalyse praktisch durchzuführen sei: Wie kann die Frage nach Macht und Machtveränderung empirisch gestellt, wie möglicherweise beantwortet werden?

Diese Fragen sollen hier im Kontext eines Forschungsprojektes erörtert werden, das die Wechselbeziehung von Raum und Macht im Kontext politischer Bewegungen der 1970er und 1980er Jahre untersucht hat. Das Projekt, das sich Raumkonstitutionen im Kontext der „neuen" Friedensbewegung gewidmet hat, versuchte Veränderungen in Raumverhältnissen als Transformationen in Machtverhältnissen lesbar zu machen. Es beschreibt die friedenspolitische Wendung in den Nahraum als Ausdruck parallel verlaufender Transformationen der Macht. Dass im Kontext der Friedensbewegung dem „Nahen" und „Kleinen", dem „Konkreten" und „Erfahrbaren" ein besonderer politischer Stellenwert zugewiesen wird, deute ich als Ausdruck einer Hochschätzung relationaler, dezentrierter Machtkonzeptionen und als Ausdruck des Ansatzes, auf dieser Grundlage politisch zu handeln. Im Folgenden sollen die grundlegenden methodischen Fragen erörtert werden, mit denen sich das Projekt auseinander setzen musste.

Machtbegriffe: Zwischen empirischer Sättigung und typologischer Reduktion

Wer das Projekt einer Machtanalyse auf empirischer Basis angehen möchte, kommt kaum umhin, dieser Arbeit einen Machtbegriff als Ausgangspunkt zu unterlegen. Gerade mit dem Blick auf die 1970er und 1980er Jahre, die als eine Begründungsphase des gegenwärtigen Globalisierungsdiskurses gelten können, erweist sich dabei die Perspektive als fruchtbar, nach der Bedeutung relationaler Machtkonzepte zu fragen. Denn die Transformationen von Staatlichkeit seit den frühen 1970er Jahren stellten die Steuerungsfähigkeit des Staates in vielfältiger Weise in Frage. Dies hatte auch eine stärkere Relativierung einer „zentral" gedachten Macht, die ein Staat und die ihn tragenden Institutionen „haben" kann, durch dezentrierte, relationale Mächte zur Folge (vgl. Schregel 2011). In diesem Sinne wirft sich die Frage nach Macht jenseits einer einigenden Mitte gerade für diese Zeitphase besonders stark auf.

Die Schriften Michel Foucaults haben auf die Bedeutung eines relationalen Machtkonzeptes aufmerksam gemacht; sie regen dazu an, einen Blick auf Macht zu wagen, welcher in dieser mehr sieht als ein repressives Potenzial oder einen Unterdrückungsmechanismus. Macht kann „mit" Foucault bekanntlich als etwas Produktives begriffen werden, als etwas, das anderes möglich macht und das die Sphären staatlicher Repression oder Gewalt in seiner Vielfalt bei Weitem übersteigt. Dies überwindet das Verständnis von Macht als einer punktförmigen, von Wenigen ausgeübten, lediglich einengenden und begrenzenden Ressource einiger derer, die Macht „haben". Macht „mit" Foucault dagegen erscheint als Relation, als Verhältnis, das andere Verhältnisse erschließen und begründen kann, als plurales und produktives Geschehen eher denn als eine bloße Instanz der Repression. [1]

Die Frage nach relationalen Machtkonzepten zu stellen, ist dabei nicht allein für die untersuchte historische Phase produktiv; auch die forschungspraktischen Konsequenzen, die sich aus dieser Perspektive für die Eingrenzung des konkreten Untersuchungsfeldes ergeben, haben für den beschriebenen Fall deutliche Vorzüge. Denn der Blick auf Macht als dezentriert und relational impliziert zum einen die Ausweitung der Perspektive von Sphären institutionell-politischen Handelns, von Regierungstätigkeiten oder Parlamenten, auf die Macht „delegiert" worden wäre, hin zu auch kleinschrittigen Formen direkter Machtpraktiken.

1 Einschlägig für diese Beschreibung von Macht: Foucault, 1977, S. 113 ff.; 1994, S. 178 ff.; 2003, S. 231-250; 2005, S. 240–263.

Dieses Handeln auch jenseits der institutionalisierten Politik, das gleichwohl mit dem Ziel verbunden wurde, umfassende gesellschaftliche Veränderungen zu erzielen, erscheint im Kontext der neuen Friedensbewegung häufig – etwa das Aufstellen einer Kerze „für den Frieden", das Fasten „für den Frieden", die Erklärung einer atomwaffenfreien Zone im eigenen Haushalt. Gerade ein Handeln, das auch dann als politisch begriffen wird, wenn kein institutionell Verantwortlicher davon direkt Kenntnis erhält, ist dann am besten als sinnvoll zu verstehen, wenn ihm relationale Machtkonzepte zu Grunde gelegt werden.

Durch die Möglichkeit, Macht als relational zu verstehen, entfällt auch die Notwendigkeit, das Produktivwerden derartiger Handlungsformen nach einfachen Aktion-Reaktion-Mustern konzipieren zu müssen; die Herbeiführung politischer Veränderungsprozesse ist jetzt auch jenseits von Kausalketten nach einem Ursache-Wirkungs-Prinzip erwartbar zu machen. Praktiken der Selbstveränderung, Körper-Politiken und mikropolitische direkte Aktionsformen im eigenen Lebensumfeld, wie die Konstituierung von Wissen über lokale Militäranlagen oder die Veränderung von Regeln der Sichtbarkeit und Sagbarkeit bezüglich der atomaren Bedrohung, werden aus dieser Perspektive als machtbasiert lesbar.

Um diese Machtbeziehungen praktisch zu erforschen, ist es einerseits unerläßlich, zumindest eine grobe Einordnung dessen, was Macht ist, zu geben; diese sollte andererseits soweit formal bleiben, dass sie Erkenntnisprozesse aus dem Material ermöglicht. Aus diesem Grund schien mir eine Fokussierung auf Macht-Typen und eine grobe idealtypische Eingrenzung des zu untersuchenden Feldes methodisch die beste Lösung zu sein. Dabei gehe ich davon aus, dass Macht im Prinzip in zwei idealtpyisch zugespitzten Formen auftritt: Sie erscheint als Relations- und Ermöglichungsmacht (relationaler und modaler Machtbegriff), und/oder als Ursprungs- oder Ressourcenmacht (Macht als Zentrum und Besitz) (vgl. Röttgers 1990; Krause/Rölli 2008).

Während Macht als Ressourcenmacht auf einen Mittelpunkt oder Ursprung eines Macht-„Habenden" zurückzuführen ist, stellt sich die Relations- oder Möglichkeitsmacht als nicht zentriert dar. Sie kann nicht von einigen Wenigen, dem Staat oder Gott „besessen" werden, sondern spannt sich als Beziehung auf. Als das, was entscheidet, was möglich ist oder wirklich wird, ist die Relationsmacht wesentlich deutlicher produktiv gedacht. Sie kann nicht gesammelt oder gebündelt werden, sondern bringt Subjekte erst hervor, statt diese als Träger der Macht bereits vorauszusetzen.

Diese tendenziell inhaltsleere und lediglich formal fixierende Bestimmung möglicher Machttypen ermöglicht eine Durchsicht des Materials auf Entwicklungen und Tendenzen im Denken und in Praktiken der Macht. Es vermeidet die Notwendigkeit, einen elaborierten Machtbegriff bereits voraussetzen zu müssen. Stattdessen kann innerhalb der formalen Zuspitzung auf verschiedene Machttypen das Material selber darauf befragt werden, welche Tendenzen und Veränderungen im untersuchten Feld der Macht zu Tage treten.

Die reine Setzung eines analytischen Machtbegriffs, gleichsam als idealtpyische Begrifflichkeit, kann also zwar zur Erweiterung der Perspektive methodisch legitim und sinnvoll sein. Dennoch wird die produktivste Lösung eine sein, welche den Machtbegriff so weit offen lässt, dass am Ende der Untersuchung die jeweils historisch singulären Konturen der Macht – oder der Mächte – neu gezeichnet werden können.

Methoden/Vorgehensweisen zur praktischen Erschließung von Macht

Wie untersuche ich Macht nun praktisch? Das Studium einer Ursprungsmacht ist hier wesentlich einfacher als das Studium einer Relationsmacht. Denn wenn ich davon ausgehe, dass man Macht „haben" und „besitzen", „sammeln" und „übertragen" kann, so kann ich Macht als etwas in den Blick nehmen, das Personen oder Gruppen anhaftet; ich begreife sie als etwas, das sich als Besitz erfassen und beschreiben lässt. Dagegen sind die Probleme evident, relationale Macht zu erforschen und in irgendeiner Weise Aussagen über Macht zu ermöglichen, die nicht Aussagen über Aussagen von Macht sind. Wie Kurt Röttgers ausgeführt hat, birgt es extreme Komplikationen, Macht als Vorbedingung davon zu untersuchen, dass etwas möglich wird. Denn das Feld der Möglichkeiten ist kaum zu untersuchen, wenn nicht in dem, was bereits wirklich geworden ist; in diesem Fall habe sich die Macht aber bereits aus ihren Fußstapfen fortgeschlichen. Eine „Semiologie" oder „Spurenkunde" der Macht müsse deshalb dort ansetzen, wo Macht in Wirkungen sichtbar werde, und wo sich „aus dem bloß symptomatisch (als Spur) Anwesenden auf die Merkmale des Abwesenden schließen" lasse (Röttgers 1990: 29 ff).

> „Spuren sind zwar nicht als Zeichen gemacht, aber sie können als Zeichen gelesen werden. Spuren der Macht wären in diesem Sinne jene Veränderungen in Texten und an Körpern, die nicht als Symbolisierungen, als Verkündigungen der Macht gemeint waren, sondern die sich ungewollt einstellen und dem Semiologen der Macht ihr Anwesend-gewesen-Sein verraten." (Röttgers 1990: 35f)

Die Untersuchung von Raum-Macht-Verhältnissen kann ein Ansatz einer solchen Spurenkunde der Macht sein.

Die von Foucault hergestellte Beziehung von Raum und Macht ist eine Möglichkeit, die Konturen einer Machtanalyse zu entwickeln, die Raumkonstitutionen und Positionierungen im Raum als Spuren der Macht lesen kann. Diese Herstellung einer Raum-Macht-Beziehung bietet eine Antwort auf die Frage, wie eine Machtanalyse praktisch überhaupt anzulegen wäre, die sich nicht auf Aussagen „über“ Macht beschränkt. Der Ansatz wäre hier, Machtanalysen topologisch anzulegen und Platzierungen und Platzierungsveränderungen im Raum als Machtspuren zu lesen.[2]

Fraglich bleibt allerdings, wie diese Beziehung zwischen Veränderungen im Raum und Machtverhältnissen konkret herzustellen ist: Wie kann die Beziehung zwischen Raum und Macht im Einzelfall hergestellt werden? Denn gilt der Schluss vom Raum und von der Topologie zur Macht immer, manchmal, oder nur in Ausnahmefällen? Welche Schlussrichtungen sind wann legitim? Ist der Schluss von Raum auf Macht, oder von Macht auf Raum jeweils in beide Richtungen möglich? Oder lediglich von Macht auf Raum, oder von Raum auf Macht? Und wenn der Schluss nicht immer trägt, wie sind hier Unterscheidungen zu treffen, ohne auf hermeneutisch gewonnene Zusatzannahmen zurückzugreifen?

Nach meiner Überzeugung bietet es sich an, zur Lösung dieses Problems Ansätze mit einzubeziehen, die als „Theorien mittlerer Reichweite“ beschrieben werden können. Diese sollten erfahrungsbasiert sein und möglichst nahe am Untersuchungsgegenstand liegen. Konkret habe ich die Frage nach der Macht in den 1970er und 1980er Jahren mit der Debatte um eine politics of scale kombiniert. In der kulturgeografischen Debatte um eine politics of scale rückt nicht allein der Raum in den Mittelpunkt des Interesses. Untersucht wird hier vielmehr auch die Maßstäblichkeit sozialer Beziehungen. Die Erkenntnis, dass soziales Handeln und Raumkonstitutionen auf verschiedenen Ebenen der räumlichen Skalierung angesiedelt werden, Maßstäblichkeiten selber sozial produziert und somit auch historisch variabel sind, kann nutzbar gemacht werden, um Raum-Macht-Beziehungen erschließbar zu machen. Denn scale, so eine Erkenntnis dieser Auseinandersetzung, und Transformationen von scale, hängen wesentlich mit sozialen Machtverhältnissen zusammen. So resümierte Erik Swyngedouw bereits 1997:

2 Dies betrifft im Wesentlichen die Gestaltung des Raumes und seine Implikationen für Macht, wie sie in Überwachen und Strafen erörtert werden: Den Raum zu parzellieren und zu ordnen, und Körper im Raum zu platzieren, nimmt eine zentrale Bedeutung in der Entwicklung der Disziplinargesellschaft ein. Vgl. Foucault: „Die Disziplin ist die Kunst des Ranges und die Technik der Transformation von Anordnungen. Sie individualisiert die Körper durch eine Lokalisierung, die sie nicht verwurzelt, sondern in einem Netz von Relationen verteilt und zirkulieren läßt.“ (Foucault 1994, 187)

> "Scale becomes the arena and moment, both discursively and materially, where sociospatial power relations are contested and compromises are negotiated and regulated. Scale, therefore, is both the result and the outcome of social struggle for power and control." (Swyngedouw 1997: 140)[3]

Auch soziale Bewegungen nutzen Angriffe auf etablierte Festschreibungen räumlicher Maßstäblichkeiten als Strategie, Machtverhältnisse zu verändern und politische Potentiale neu zu erschließen. So kann das Wechseln oder Verändern räumlicher Maßstabsebenen auf einer Ebene angesiedelte Kompetenzen oder verfestigte Handlungsmodi umgehen, neue Kompetenzen zuweisen und damit andere Schritte zur Erzielung politischer Veränderung implizieren (Mayer 2008; Tarrow/McAdam 2005; Miller 2000; Gilbert 2007).

Diese Strategie lässt sich auch im Kontext der neuen Friedensbewegung beobachten. Denn auffällig war, dass mit der Friedensbewegung ein ausgeprägter Trend in den Nahraum einherging: Friedensaktivisten betrachteten die Gefahr des Atomkriegs nicht allein aus einer Perspektive der Staatskritik und des institutionell-repräsentativen Handelns; sie „übersetzten" national skalierte Politik vielmehr in politische Handlungsansätze des Nahräumlichen, Kleinteiligen, nach eigenem Verständnis „von unten" Ausgehenden, „Basis"-orientierten. Die im Kontext dieser Bewegung hervorgebrachten Räume, wie etwa friedenspolitische „atomwaffenfreie Zonen", temporäre Räume des Protestes wie im friedenspolitischen „die-in", in der Menschenkette, dem Schweigekreis und vielen anderen mehr, deute ich als Ausdruck einer Hochschätzung relationaler beziehungsförmiger Macht, die auch jenseits punkt- oder ressourcenförmiger Mächte politisch zum Tragen kommen sollte.

Durch diese Perspektive untersuche ich einerseits, wie soziale Praktiken auf einer „horizontalen" Ebene angeordnet und platziert werden: Welche Ansätze politischen Handelns treten im Rahmen der Nahraumorientierung der Friedensbewegung auf? Wie lassen sich diese beschreiben? Andererseits betrachte ich die Variation entsprechender Platzierungen auch auf einer „hierarchischen", „vertikalen" Ebene: Wie „übersetzen" die beschriebenen Praktiken und Strategien Modelle politischen Handelns so, dass sie auch als nahräumlich konstituiert werden können und hier praktische Wirkungen auch über den Nahraum hinaus versprechen? Denn das Spiel mit den Anordnungen von Praktiken in einem hierarchisch geordneten Raum sozialen Handelns und die Frage, wie politi-

3 Vgl. auch zusammenfassend: Belina (2006, S. 73ff). Zur Frage, wie scale auf Macht (und umgekehrt) zu lesen wäre, vgl. Füller/Michel (2008)

sche Handlungsmöglichkeiten gerade durch Verschiebungen innerhalb dieser Anordnungen erzielt werden können, steht im Zentrum der Machtfrage selbst.

Die qualitative Einordnung von Neujustierungen im Feld Macht/Raum

Neben der Frage nach Machtbegriffen am Beginn einer Untersuchung und der Frage, wie Raum-Macht-Beziehungen zu erschließen wären, sind zudem grundsätzliche epistemologische Fragen zu klären. Diese richten sich auf die Unterscheidung und Unterscheidbarkeit zwischen „einfachen" und „grundsätzlichen" Neujustierungen im Feld der Macht. Konkret betrifft das Problem die Frage, wie mit Neujustierungen im jeweils untersuchten Gegenstandsbereich der Raum-Macht-Beziehungen umgegangen werden kann.

Das Problem ergibt sich aus den folgenden Zusammenhängen: Will ich Macht analysieren, so bin ich – wie ausgeführt – immer in der einen oder anderen Weise auf ein Verweisungssystem angewiesen. Ich untersuche etwas, das auf Macht referiert, beziehungsweise das sich als „Spur der Macht" lesen lässt. Damit bleibt aber für die Anlage eines Untersuchungsdesigns die Frage, wie Machtveränderungen von Machtveränderungen zu unterscheiden sind, wenn dies nicht direkt aus der Macht selber geschehen kann. Genauer: Wie sind dynamische Prozesse innerhalb eines Komplexes von Raum-Macht-Beziehungen zu erschließen? Und wie eigentlich sind Variationen innerhalb eines bestehenden Feldes der Macht – im Sinne von bloßen Kräfteverschiebungen – abzugrenzen von Bewegungen, die dieses Feld selber neu formieren?

Auch hier gibt es verschiedene Möglichkeiten, diese Frage zu beantworten. Mir erscheint es sinnvoll, an dieser Stelle auch Aussagen „über" Macht in die Untersuchung mit einzubeziehen. Dies ist nicht im ideengeschichtlichen Sinne gemeint, dass ein Sprechen über Macht als direkte Aussage über diese gedeutet werden könnte. Dennoch scheint mir der Einbezug von Machtdiskursen in die Untersuchung plausibel. Denn zwar ist ein Machtdiskurs nicht unbedingt als direkte Aussage über Machtpraktiken lesbar; auch der Machtdiskurs ist letztlich taktisch polyvalent (vgl. Foucault 1977: 122 ff). Umgekehrt scheint es aber unwahrscheinlich, dass es eine Machtveränderung ohne Diskursveränderung, oder zumindest: ohne ein verstärktes Sprechen oder Schreiben über Macht, geben kann. Veränderungen im Sprechen oder Schreiben über Macht sind in diesem Kontext als wichtiger Hinweis zu verstehen, dass im Feld der Macht möglicherweise Veränderungen entstehen; sie müssen aber nicht als „direkte" Aussage „über" Macht übernommen werden, sondern entwickeln ihre Aussagekraft im

Zusammenspiel mit machtbasierten Praktiken und Handlungsweisen, kurz in dem, was man umfassender auch als Machtdispositiv kennzeichnen könnte.

„Mit Foucault" – „mit Foucault" ohne Foucault?

Inwiefern wäre nun ein solches Vorgehen ein Arbeiten „mit Foucault"? Es ist offensichtlich, dass das beschriebene Untersuchungsdesign in jedem Fall „ohne" Foucault kaum möglich gewesen wäre. Gleichwohl spricht auch vieles dagegen, es als ein Arbeiten „mit" Foucault im engeren Sinne zu begreifen. Dieses Problem sei abschließend erörtert. Zwei Hauptgründe seien an dieser Stelle diskutiert: Zum einen das Problem der Schaffung von Diskurspluralität, zum anderen die Frage nach der Historizität und damit Singularität der Macht.

Erstens: Zum Problem der Wahrung von Diskurspluralität. Als ich mit meiner Studie über Macht in den 1970er und 1980er Jahren begonnen hatte, war ich erfreut über die erstaunliche Passigkeit, mit der Denkansätze Foucaults die politischen Grundsatzannahmen der von mir untersuchten linken Szene aufschließen konnten. Körperpraktiken und Technologien des Selbst, etwa Selbstveränderung durch Fasten, durch Anordnungen von Körpern zu Schweigekreisen oder Menschenketten, schienen wie in den Foucaultschen Schriften auch als durchaus politische Instrumente, die übergreifende Veränderungen implizieren konnten. Die Zentralität des Lebensbegriffes im friedenspolitischen Diskurs war erstaunlich. Der Stellenwert von Wissenspolitiken sowie „biopolitischen" Praktiken und die Annahme einer politischen Produktivität von Selbstverhältnissen konnten frappieren. Gerade die Betonung des Raums vor der Zeit machte Foucaultsche Denkansätze zentral für die Betrachtung der 1970er und 1980er Jahre; und das Interpretament der Heterotopie schien die politischen Praktiken linker Raumkonstitutionen mit geradezu erschreckender Treffsicherheit zu durchdringen.

Mit der Zeit schlich sich dann aber ein Unbehagen ein, ob diese von mir zunächst erfreut festgestellte Passigkeit Foucaultscher Perspektiven nicht konsequenter doch eher als Überevidenz gekennzeichnet werden müsste. Denn tatsächlich blieben Foucaultsche Deutungen so nah auch am Selbstverständnis der von mir studierten politischen Bewegung, dass kaum mehr produktive Reibung, sondern eher Übereinstimmung, letztlich: elaborierte Paraphrase stand. Dies führte bei mir zu der Frage, ob ein Arbeiten „mit Foucault" deshalb möglicherweise gerade für die Zeitphase der 1970er und 1980er Jahre unfreiwillige methodische Komplikationen mit sich bringt.

Das Problem sollte vielleicht nicht unbedingt mit „Foucault als Zeitzeuge" überschrieben werden. Präziser geht es eher darum, Foucaultsches Denken als Teil ein und desselben Diskurses zu begreifen, der selber untersucht werden soll. Dies als problematisch zu empfinden, hängt nicht unbedingt mit dem Wunsch nach einer zeitüberdauernden Erkenntnis zusammen; dies scheint ohnehin ein wenig versprechendes Ziel. Aber das Ziel historischen Forschens sollte doch zumindest die Variation möglicher Perspektiven sein, das Ausprobieren und Neugestalten von Blickwinkeln aus der Perspektive der Gegenwart. Dies scheint aber so lange nicht möglich, wie die Phänomene, die ich erforschen, und die Theorien, die ich zu deren Erschließung nutzen will, im Prinzip ein und derselben Formationsregel folgen. Während die Zeitgeschichte gegenwärtig auch aus diesen Gründen eine Distanz zu soziologischen und politikwissenschaftlichen Deutungsansätzen der 1970er und 1980er Jahre zu schaffen versucht – so werden etwa die Ingleheartsche These vom Wertewandel oder die Becksche Risikogesellschaft seit einigen Jahren mit deutlich mehr Distanz zitiert –, hat diese Absetzbewegung die Foucault-Rezeption freilich noch nicht erreicht. Im Gegenteil beziehen sich gerade kluge und innovative Arbeiten zu dieser Zeitphase gerne auf Foucaultsche Perspektiven (vgl. Eitler 2010; Reichardt 2008; Marszolek/Buggeln 2008). Ob nicht auch das Arbeiten „mit Foucault" in der Zeitgeschichte zu methodisch-inhaltlichen Tautologien beziehungsweise Überevidenzen führen kann, wird nach meiner Überzeugung jedenfalls noch im Detail zu diskutieren sein.

Zweitens: Zur Historizität und Singularität von Macht. Die Probleme einer von Foucault inspirierten Machtanalyse liegen sehr nahe bei dem, was dieses Unterfangen überhaupt erst interessant erscheinen läßt. Denn wenn die „Möglichkeitsbedingungen der Macht" nicht in der „ursprünglichen Existenz eines Mittelpunktes" zu suchen sind, sondern gerade in „dem bebenden Sockel der Kräfteverhältnisse, die durch ihre Ungleichheit unablässig Machtzustände erzeugen, die immer lokal und instabil sind" (Foucault 19882), so bedeutet dies: Jede Macht hat eine bestimmte und damit begrenzte räumliche Erstreckung, sie ist immer partikular; und jede Macht ist fragil und vergänglich – damit ist sie in ihrer Gestalt aber tendenziell singulär, und jedenfalls immer historisch.

Diese Feststellung hat erhebliche methodische Konsequenzen, grenzt sie doch die Möglichkeiten eines Arbeitens „mit" Foucault in einem sehr hohen Maße ein. Denn ein direktes Übertragen, ein direktes Anschließen an Foucaultsche Ansätze oder gar ein darauf aufbauendes deduktives Vorgehen erscheint – selbst in der milderen Variante lediglich begrifflich-formaler Parallelisierungen – als zumindest problembehaftet. Das Übertragen der Annahme, es gebe Raum-Macht-Beziehungen, etwa durch das bloße Aufgreifen des Heterotopie-Begriffs, erscheint als zu kurz gegriffen. Wie aber kann dann eine Machtanalyse „mit" Foucault aussehen? Petra Gehring hat dieses Problem zum Schluss ihrer Foucaultdeutung

„Die Philosophie im Archiv" adressiert. Die Frage, wie eine Machtanalyse „mit" Foucault aussehen könnte, komprimiert sich für sie in der Frage „Ist Machtanalyse lernbar?". Gehring argumentiert: Die Annahme, dass Machtanalyse in einem annähernd standardisierten Verfahren wiederholbar wäre, scheint philosophisch zumindest fragwürdig. Denn wenn Macht immer in Singularitäten auftritt, dann gibt es gute Gründe für die Annahme, dass sich auch Machtanalyse nicht im strengen Sinne durch methodische Normierung einhegen lässt. Im besten Sinne müsse man an die Foucaultschen Machtanalysen deshalb nicht als – wiederholbares – Werk herangehen, sondern sie im Hinblick auf eine Methode lesen, als eine Form der Arbeit, an die sich anschließen lässt (Gehring 2004: 154 ff).

Aus einer historischen Perspektive haben diese Überlegungen eine hohe Plausibilität. Denn setzen wir „mit Foucault" eine hohe Kreativität und Variabilität der Macht, so erfordert es die Konsequenz, dass bereits die Annahme, dass Macht „immer" als Kräfteverhältnis, als Relation zu lesen wäre, nicht ohne Weiteres gesetzt werden kann, dass in manchen historischen Situationen eine Komprimierung der Macht auf eine Mitte hin zu beobachten ist, und in manchen eine Bewegung hin zu relationalen Mächten und einem Möglichkeitsbegriff der Macht. Dabei geht es natürlich nie um Ausschließlichkeiten; gleichwohl scheint die Anlage mal der einen, mal der anderen Machtkonzeption zu verschiedenen Zeiten und in verschiedenen Kontexten ergiebiger zu sein als in anderen. Wie genau Macht sich ausrichtet, mit welchen Folgen, in welchen Effekten, ist also nicht durch Literaturreferenzen zu klären, sondern das Resultat empirischer Forschung im Einzelfall.

Die manifesten methodischen Probleme, die beim Versuch auftreten, in einem direkten Anschluss an Foucaultsche Deutungen vorzugehen, begründen den Schluss, dass es eine Machtanalyse „mit Foucault" im strengen Sinne kaum geben kann. Dies ist insofern beunruhigend und auch nicht zufriedenstellend, als ein Arbeiten „ohne" Foucault in jedem Fall dazu geführt hätte, analytische Trennschärfe zu verlieren und auch das Funktionieren von Macht schlechter zu verstehen. Letzten Endes scheint es mir deshalb plausibel zu sein, dieses Fehlen als ein „mit" Foucault ohne Foucault zu begreifen, als eine durchaus definierte Abwesenheit, die besagt: Vielleicht nicht „mit" Foucault, aber jedenfalls nicht dahinter zurück.

Literatur

Belina, Bernd (2006): Raum, Überwachung, Kontrolle. Vom staatlichen Zugriff auf städtische Bevölkerung, Münster.

Eitler, Pascal (2010): „Alternative" Religion. Subjektivierungspraktiken und Politisierungsstrategien im „New Age" (Westdeutschland 1970–1990). in: Reichardt, Sven und Siegfried, Detlef (Hg.): *Das alternative Milieu. Antibürgerlicher Lebensstil und linke Politik in der Bundesrepublik Deutschland und Europa 1968–1983*, Göttingen: Wallstein, 335–352.

Foucault, Michel (1977): Der Wille zum Wissen. Sexualität und Wahrheit 1. Frankfurt am Main.

– (1994): Überwachen und Strafen. Die Geburt des Gefängnisses, Frankfurt am Main.

– (2003): Vorlesung vom 14. Januar 1976, in: Defert, Daniel und Ewald, François (Hg): *Dits et Ecrits.* Schriften in vier Bänden, Band 3, Frankfurt am Main, 231–250.

– (2005): Subjekt und Macht, in: Defert, Daniel und Ewald, François (Hg): *Analytik der Macht*, Frankfurt am Main, 240–263.

Füller, Henning und Michel, Boris (2008): Zur poststrukturalistischen Kritik des Scale-Konzepts in: Wissen, Markus et. al (Hg.) *Politics of scale*, Münster, 144–168.

Gehring, Petra (2004): Foucault – Die Philosophie im Archiv, Frankfurt am Main; New York.

Gilbert, David (2007): The geographies of protest marches, in: Reiss, Matthias (Hg.): *The street as stage. Protest marches and public rallies since the nineteenth century.* German Historical Institute London, Oxford, 41–48.

Krause, Ralf und Rölli, Marc (2008): Einleitung, in: dies. (Hg.): *Macht. Begriff und Wirkung in der politischen Philosophie der Gegenwart*, Bielefeld, 7–16.

Marszolek, Inge und Buggeln, Marc (2008): Bunker. Kriegsort, Zuflucht, Erinnerungsraum, Frankfurt am Main; New York.

Mayer, Margit (2008): Multiskalare Praxen städtischer sozialer Bewegungen, in: Wissen, Markus et al. (Hg.) Politics of scale, Münster, 268–289.

Miller, Byron A. (2000): Geography and social movements. Comparing antinuclear activism in the Boston area. Social movements, protest, and contention, Minneapolis, London.

Röttgers Kurt (1990): Spuren der Macht. Begriffsgeschichte und Systematik, Freiburg.

Schregel, Susanne (2011): Der Atomkrieg vor der Wohnungstür. Eine Politikgeschichte der neuen Friedensbewegung, Frankfurt am Main.

Swyngedouw, Erik (1997) Neither global nor local. „Glocalization" and the politics of scale, in: Cox, Kevin R. (Hg.), *Spaces of globalization. Reasserting the power of the local*, New York, 137–166.

Tarrow, Sidney und McAdam, Doug (2005): Scale shift and transnational contention, in: Porta, Donatella Della und Tarrow, Sidney (Hg.), *Transnational protest and global activism*, Oxford, 121–147.

Verzeichnis der Autorinnen und Autoren

Katharina Abdo, Dipl. Geographin, ist wissenschaftliche Mitarbeiterin am Institut für Humangeographie der Goethe-Universität Frankfurt a.M. Sie interessiert sich für die Herstellungsprozesse von Grenzen und Märkten aus einer poststrukturalistischen Perspektive.

Sebastian Dirks, Dipl. Päd., arbeitet als Sozialpädagoge in einem arbeitsmarktpolitischen Projekt. Seine wissenschaftlichen Interessen umfassen Raum(re)produktionen im Kontext Sozialer Arbeit, kritische Gemeinwesenarbeit und Normierungen durch Soziale Arbeit.

Henning Füller, Dr. phil., ist wissenschaftlicher Mitarbeiter am Institut für Geographie der Universität Erlangen-Nürnberg. In seiner Forschung thematisiert er die Schnittstelle von Macht, Raum und Sicherheit auf der Ebene der Stadt, derzeit in einem Projekt zu Fragen von Biosicherheit und Biopolitik.

Martin Geiger, Dr. rer. nat., arbeitet als Banting Research Fellow an der Carleton University (Ottawa). Seine Forschungs- und Lehraktivitäten konzentrieren sich auf internationale Migration und den politischen Umgang mit grenzüberschreitenden Mobilitätsprozessen.

Katharina Klung, M.A., ist Doktorandin im ProDoc Projekt „Diffusion – Über das transnationale Zirkulieren filmischer Bilder und Bildformeln“ am Seminar für Filmwissenschaft der Universität Zürich mit einem Dissertationsprojekt zur „Migration und Grenze in diffundierenden Bild- und Erzählformen – Ein transnationaler Dialog der Filmkulturen“ (gefördert durch den Schweizer Nationalfonds).

Katharina Manderscheid, Dr. phil., arbeitet als Oberassistentin am Soziologischen Seminar der Universität Luzern. Ihre Forschungs- und Lehrschwerpunkte bestehen in poststrukturalistischen Zugängen zu Mobilitäts- und Verkehrsforschung, der Raumsoziologie, der Ungleichheits- und Geschlechterforschung sowie in quantitativen und qualitativen sozialwissenschaftlichen Forschungsmethoden.

Nadine Marquardt, Dr. phil., Nadine Marquardt ist wissenschaftliche Mitarbeiterin am Institut für Humangeographie der Goethe-Universität Frankfurt am Main. Ihre Forschungsinteressen liegen im Bereich von Stadt- und Sozialgeographie. Derzeit arbeitet sie an einem DFG-geförderten Postdoc-Projekt zu historischen und aktuellen Geographien der Wohnungslosigkeit.

Boris Michel, Dr. phil., ist wissenschaftlicher Mitarbeiter am Institut für Geographie der Universität Erlangen-Nürnberg. Seine Forschungsschwerpunkte liegen in der geographischen Stadtforschung, Entwicklungsländerforschung und poststrukturalistischer Theorien in der Geographie.

John Pløger, Dr. Art., arbeitet am Department of Environmental, Social & Spatial Change (ENSPAC), Roskilde University (Denmark). Seine Lehre und Forschung befassen sich hauptsächlich mit Theorien des Urbanen, Theorie und Praxis der Planung sowie mit dem Zusammenleben in der Stadt.

Susanne Schregel, Dr. phil., ist zur Zeit Research Fellow am Internationalen Kolleg für Kulturtechnikforschung und Medienphilosophie (IKKM) an der Bauhaus-Universität Weimar. Ihre Forschungsschwerpunkte liegen in der Geschichte des Politischen und der raumorientierten Gesellschaftsanalyse.

Verena Schreiber, Dr. phil, ist wissenschaftliche Mitarbeiterin am Institut für Humangeographie der Goethe-Universität Frankfurt am Main. Ihr Forschungsinteresse gilt geographischer Stadtforschung sowie Raum- und Gesellschaftstheorien.

Nina Schuster Dr. phil., ist Soziologin und wissenschaftliche Mitarbeiterin am Fachgebiet Stadt- und Regionalsoziologie der Fakultät Raumplanung der TU Dortmund. Ihre Forschungsschwerpunkte sind intersektionale soziale Ungleichheit und Vielfalt in der Stadt, Queer Studies, Soziale Bewegungen und qualitative Methoden empirischer Sozialforschung.

Jan-Erik Steinkrüger, M.A., ist wissenschaftlicher Mitarbeiter am Geographischen Institut der Universität Bonn in der Arbeitsgruppe Historische Geographie. Seine Forschungsschwerpunkte liegen im Bereich der Historischen Geographie, der Freizeit- und Tourismusgeographie und der (Neuen) Kulturgeographie.

Marcus Termeer, Dr. phil., ist freier Autor. Seine Forschungsschwerpunkte sind Kultursoziologie, Stadt- und Raumsoziologie, gesellschaftliche Naturbeziehungen und Geschlechterforschung.

Swen Zehetmair, Dr. phil,, ist wissenschaftlicher Mitarbeiter im Forschungsbereich „Sozioökonomie des Raumes“ am Geographischen Institut der Universität Bonn. Seine Forschungsschwerpunkte liegen in der geographischen Risiko- und Sicherheitsforschung sowie der sozialwissenschaftlichen Systemtheorie.